U0689619

审美与休闲

和谐社会的生活品质与生存境界研究

潘立勇等 著

代序　审美与休闲

——自在生命的自由体验[1]

潘立勇

休闲与审美之间有内在的必然关系。从根本上说，所谓休闲，就是人的自在生命及其自由体验状态，自在、自由、自得是其最基本的特征。休闲的这种基本特征也正是审美活动最本质的规定性，可以说，审美是休闲的最高层次和最主要方式。我们要深入把握休闲生活的本质特点，揭示休闲的内在境界，就必须从审美的角度进行思考；而要让审美活动更深层次地切入人的实际生存，充分显示审美的人本价值和现实价值，也必须从休闲的境界内在地把握。前者是生存境界的审美化，后者是审美境界的生活化。休闲与审美作为人的理想生存状态，其本质正在于自在生命的自由体验。

休闲是人的理想生存状态，审美是人的理想体验方式。休闲之为理想在于进入了人的自在生命领域，审美之为理想在于进入了生命的自由体验状态，两者有着共同的前提与指向。就中国的传统思想资源考察，儒家的“曾点之乐”、道家的“逍遥游”、佛家的“林下风流”、理学家的“浑然天成”与“无入而不自得”，均表达了休闲的理想与境界，也蕴含着审美的神韵与旨趣；就西方的传统思想资源考察，从亚里士多德到马克思再到海德格尔，无不把休闲和审美作为理想人性及生存状态的表征。随着国民经济的发展、国民收入的提高、国人自由支配时间的日益充裕，休闲与审美将愈益成为人们的日常理想生存状态与方式。而休闲较之审美，更切入了人的直接生存领域，使审美境界普遍地指向现实生活。

[1] 本文发表于《浙江大学学报》(人文社科版)，2005年第6期；中国人民大学《复印报刊资料：美学》2006年第1期、《新华文摘》2006年第7期全文转载。

一、休闲作为审美

——休闲的审美本质：生存境界的审美化

一般意义上的休闲是指两个方面：一是解除体力上的疲劳，恢复生理的平衡；二是获得精神上的慰藉，成为心灵的驿站。将休闲上升到文化的层面，是指人在社会必要劳动时间之外，为不断满足多方面需要而呈现的一种文化创造、文化欣赏、文化建构的生命状态和行为方式。休闲的价值不在于实用，而在于文化，它使人在精神的自由中历经审美的、道德的、创造的、超越的生活方式，呈现自律性与他律性、功利性与超功利性、合规律性与合目的性的高度统一，它是人的一种自由活动和生命状态，一种从容自得的境界。[①] 休闲的这种根本特点也正是审美活动最本质的规定性，因此，从本质上说，休闲与审美之间有内在的必然关系，审美正是休闲的最高层次和最主要方式。我们要深入把握休闲生活的本质特点，揭示休闲的境界，就必须从审美的角度进行思考。可以说，休闲的根本内涵就是生存境界的审美化。

休闲意蕴古已有之。从字义上考察，"人倚木而休"，"休"在《康熙字典》和《辞海》中被解释为吉庆、欢乐的意思，《诗·商颂·长发》有"何天之休"之句，"休"含吉庆、美善、福禄的意蕴。"闲"通常引申为范围，多指道德法度，《论语·子张》称："大德不逾闲。""闲"还有限制、约束之意，《易·家人》中"闲有家"，即此之谓。另外，"闲"通"娴"，具有娴静、纯洁与安宁的意思。"休闲"的词意组合，表明其含有特定的文化内涵，它不同于一般的闲暇、空闲、消闲，而是"从心所欲不逾矩"的自由自在与超越自得。"人倚木而休"，这个颇具哲学意味的象喻，表达了人类生存过程中劳作与休憩的辩证关系，又喻示着物质生命活动之外的精神生命活动，使精神的休整和身体的颐养活动得以充分地进行，使人与自然浑然一体，使人的自由创造与世界的对象化欣赏浑然无间，从而赋予生命以真、善、美的价值。

在西文词义学的考证中，也可以看到相似的隐喻。英文"leisure"源于法语，法语又源于希腊语的"skole"和拉丁语的"scola"，意为休闲和教育，在闲暇中通过娱乐而提高文化水平；发展到"leisure"时，休息和消遣的因素退隐，"必要劳动之余的自我发展"之意显现。马克思"free time"（自由时间）的概念在人类活动的意义上就是"leisure"，这是"不被生产劳动所吸收"的时间，是"娱乐和休息""发展智力，在精神上掌握自由"的时间，是摆脱了异化状态"自由运用体力和智力"的时间。在这种"自由时间"里，人的劳动是自由的创造而不是奴役状态下

① 参见马惠娣女士相关论述。

的被动的劳作，人对劳动产品的享受是自由的欣赏而不是私有欲中狭隘的占有；在此，人的“自由”“自觉”的本性得以充分体现，人不仅按其固有尺度生存，也按“美的规律”生活。显然，在马克思看来，休闲与人的全面发展及社会的理想状态密切相关，而这种理想状态本质上与审美境界相通。

我国古人很早就对休闲有独特的理解和实践方式。孔子向往“冠者五六人，童子六七人，浴乎沂，风乎舞雩，咏而归”的人生境界；庄子欣赏“忘适之适”的“逍遥游”；陶渊明忘情于田园，“采菊东篱下，悠然见南山”；苏轼喜欢率性而为；朱熹主张“玩物适情”；王阳明追求“无往而非乐”“无入而不自得”；到近代朱光潜、宗白华、林语堂等人明确提出“人生艺术化”的主张。这些关于人生的深刻理解，既包含着休闲思想，也体现着一种审美理想。一直到20世纪90年代中期，于光远先生更是从人类的基本需求的角度强调休闲的人本价值，指出：“玩是人生的根本需要之一，玩是人的一种本能，它是人处于放松和自由的一种状态……要玩得有文化，要有玩的文化，要研究玩的学术，要掌握玩的技术，要发展玩的艺术。”[①]这样就直接把休闲的本质内涵与人生的审美境界内在地结合了起来。

国外的休闲研究已有100多年历史。最早可追溯到席勒《审美教育书简》一书中的“游戏说”，其要义是人在游戏中摆脱了物质感性的和外在道德的强制而进入自在自由的状态，从而成就人性。进入20世纪，美国教育哲学家阿德勒提示人们牢记亚里士多德的教导，以休闲追求幸福、宁静与美德，呼吁人们珍惜休闲、善待休闲。荷兰学者赫伊津哈的《游戏的人》进一步论述了游戏的人性本真、自由和创造性本质。德国哲学家皮珀的《闲暇：文化的基础》把休闲作为人之灵魂和理智的一种“静观的、内在安详的和敏锐的沉思状态”，指出休闲是从容地纳取，是默默地接受，是淡然处之，并强调“文化的真实存在依赖于休闲”。美国学者艾泽欧－阿荷拉在《休闲与娱乐的社会心理学》中，认为休闲就是人们自由选择的、实现自我、获得“畅”或“心醉神秘”（ecstasy）的心灵体验。美国心理学家契克森米哈赖在《畅：最佳体验的心理学》中，更将“畅”（flow）作为休闲活动的心理学本质和标准，认为只要能够获得“畅”的内在心理体验，有益于个人健康发展，就是休闲。美国哲学家查尔斯·K. 布莱特比尔在《休闲的挑战》和《休闲教育的当代价值》中，将休闲形象地描述为“以欣然之态做心爱之事”，主张人们从生活的态度提高休闲的境界。[②]所有这些休闲的基本理念，无一例外地将休闲的本质指向审美境界，“以欣然之态做心爱之事”就是以审美的态度对待生活，实现生存境界的审美化，用海德格尔的话来说，就是“诗意地栖居”。

从审美的角度看休闲，它的最大特点就是可以自由地愉悦人的身心。建立于审

---

① 于光远：《论玩》，《消费经济》，1997年第6期，第6—10页。

② 马惠娣、刘耳：《西方休闲研究评述》，《自然辩证法研究》，2001年第5期，第45—49页。

美境界的休闲情趣，或是休息、娱乐，或是学习、交往，都有一个共同的特点，即获得一种畅快的、愉悦的心理体验，产生自由感和美好感。马克思说过，“忧心忡忡”的穷人和“满眼都是利害计较”的珠宝商都无法欣赏珠宝的美，因为他们或是被生活的压力逼迫，或是被利害的计较束缚，都无法自由自在地对待生活，对待产品，对待世界。在理想的休闲状态即生存的审美境界中，生存没有附加，没有负赘；它不为贫所累，不为利所缚；它手挥五弦，目送归鸿，思如流水，欲如白云；它坦荡豁达，神经松弛，能感觉奋斗后的愉悦，能尽情地享受大自然赐给人间的一切美的东西。这是人生对自在、真实生命的自由体验，是超然物外、天人合一，参透人间世相、悟出生活真谛后的一种生存境界，是一种超道德的审美境界。

二、审美作为休闲

——审美的休闲旨趣：审美境界的生活化

我们不仅应该从审美的角度看休闲，也有必要从休闲的角度看审美。前者是生存境界的审美化，后者则是审美境界的生活化。强调审美的休闲旨趣或休闲意义，也就是强调了审美走向生活，强化了审美在生活中的实践指导意义，使美学从纯粹的“观听之学”变成实践的“身心之学”。

国内已有不少学者指出了这样两个方向相反，结果却相同的事实：一是现实物质生活领域中渗入了越来越多的精神性享受、审美因素；二是审美走出传统艺术领域，正以更丰富、朴实的方式融入公众日常物质生活、衣食住行的各个方面。[①]对前者而言，是当代人现实物质生活的丰富与提升；对后者来说，则是人类审美价值更广泛的自我实现。我们应当同时对这两者，特别是后者有足够的敏感与重视；若仍抱住传统象牙塔里的艺术中心论不放，就会偏离当代社会大众的审美现实和审美需求，失去时代精神。所以，走出传统的艺术中心论，走进当代社会大众丰富活泼的日常生活审美领域，对传统美学以前有意无意忽视了的其他审美活动形式，诸如工艺审美、自然审美和生活审美等展开深入系统的研究，也许可以为当代美学研究拓展出新领域，可以改变美学界长期以来抽象的观念研究倾向，让美学有更多的现实性品格，让这门人文学科能切实地发挥其应有的社会文化功能。

强调审美的休闲指向，是审美走向生活的一个现实切入点，社会发展的绝对水平已为这种指向提供了实现的可能性和必要性。成思危先生指出，在农耕时代，人类只有 10% 的时间用于休闲；当工匠和手工业者出现时，则省下了 17% 的时间用

① 张天曦：《日常生活审美化：当代审美新景观》，《山西日报》，2004 年 3 月 16 日。

于休闲；到了蒸汽时代，由于生产力水平的提高，人类将休闲时间增加到23%；而到了20世纪90年代，电子化的动力机器提高了每一种工作的速度，因而使得人们能将生活中41%的时间用于追求娱乐休闲；到2015年，人类已有50%的时间用于休闲。我国从1995年5月起实行每周五日工作制，从1999年起又开始实施春节、十一长假，这不仅从制度上保证了人的自由时间，而且对人的实际生活、价值观念也产生了极其深刻的影响。休闲已成为我国居民的一种新的追求，一种崭新的生活方式。如果说，在农耕时代，休闲只是贵族们的特权，审美对于农民来讲还只是一种精神上的奢侈；在蒸汽时代，休闲只是上层“有闲阶级”的专利，审美对于工人来讲还远远无法融入日常的生活；那么，到了电子化、信息化、数字化时代，休闲对于平民百姓已不再是一种遥不可及的奢侈，审美通过休闲进入生活已是生活的普遍现实与必要需求；而到了21世纪，“全民有闲”使休闲在公民的个人生活中占据越来越突出的地位，而如何将审美的态度和境界，转化为人们日常生活的休闲方式，已是刻不容缓的世纪课题。因此，美学必须放下传统的精英架子，跳出传统的象牙塔圈子，在保持其哲学品位的基础上切实地融入日常生活。

以休闲作为审美境界生活化的切入点，可以把当代社会大众审美活动的各种形式、各个领域的许多事物都包括进来，比如美容、服饰、旅游、体育竞技、康体养生、工艺制作、影视娱乐、歌舞表演等活动。诚然，这些活动，传统美学亦有所涉及，但是，它只是被抽象地视为一种审美的活动而已。现在则不同，它有了一个很具体的支点——休闲或消遣娱乐，而且更有了一个充满活力和前景的产业基础——体验经济与文化产业。通过休闲活动，抽象的审美转化为人的具体生活态度和生活方式，纯粹的艺术转化为人生的艺术活动和艺术享受，精神的境界转化为生存的实在，审美的更广泛的现实价值由此得到切实的体现。

值得注意的是，随着社会闲暇时间总量的大大增加，如何健康而丰富地度过越来越充裕的闲暇，如何让这种物质生活所溢出的闲暇变得更有意义，如何切实丰富、提升当代社会大众的生活质量，也就是说，如何聪明地休闲，如何掌握玩的艺术，已成为极为重要的文化课题。在社会生产力极大提高与科技飞速发展的今天，社会必要劳动时间越来越短，人们的空闲时间越来越多，但人们并不因此而越来越休闲，相反，人们整天沉醉在物欲享受和感官刺激之中，空闲时间再多，也无法满足他们的物欲；就是说，物理意义上的空闲，并不能给他们带来真正意义上的满足。之所以出现这种“闲而无休”或“休而无闲”的状态，关键就在于这种“空闲”没有注入审美的内涵，没有提升到审美的境界，反过来也表明审美还没有足够地切入生活。这就要求我们的精神工作者，尤其是美学工作者，更积极主动地研究休闲的境界与休闲的艺术，使审美态度与审美境界在提升人们的休闲水平中起到更积极的作用。

例如，在旅游活动中，“观光旅游”向“休闲旅游”的发展已是一个不争的事实和必然的趋势。旅游需要休闲的状态，需要自由的感受，需要艺术的想象，需要审美的情趣。在阿尔卑斯山上山的公路上立着一块提示牌：“慢慢走，请欣赏。”这正道出了旅游的真谛。日本著名美学家今道友信将审美知觉表述为“日常意识的垂直中断”，这也可以作为对旅游状态的描述。真正的旅游者不应该是浮光掠影、走马观花、直奔目的地的匆匆过客，而应该是玩物适情、情与物游、品味全过程的体验者。这就需要我们在旅游景观的营造、旅游服务的提供等各方面充分地考虑人的休闲、审美与体验的需求。如何提升旅游景观的审美境界，如何提升旅游服务者自身的审美文化素质，如何引导旅游者的审美情趣，正是审美境界生活化的重要课题。

三、休闲与审美作为人类生存的理想状态
——自在生命的自由体验

哲学家研究休闲，从来都把它与人的本质联系在一起。休闲之所以重要，是因为它与实现人的自我价值密切相关。休闲是人的一种自由生存方式，是人的创造能力和个性精神得以充分发挥的一种生命状态，是一种“成为人”的过程，审美则是其内在灵魂和最高境界。休闲不仅是在寻找快乐，也是在寻找生命的意义。罗素有句名言：能否聪明地休闲是对文明的最终考验。所谓聪明地休闲，最高境界正是恩格斯所说的，每一个社会成员都能完全自由地发展和发挥他的全部才能和力量。没有理想的社会就不可能有普遍的休闲，没有普遍的休闲也就不是理想的社会与理想的生存状态。

马克思指出，人的需要包括生存、发展和享受三个层次。生存是基础，发展是趋向，享受则是人生自在生命的自由体验。没有享受的生存不是理想的生存，甚至不是真正意义上的生存。当代著名阐释学家伽答默尔有一个重要的观点，他认为节日对于人的重要，正在于人为自身的自在自为生活创造了合理的借口。在其他时间，人是为生存的条件而工作，为生存的手段而活着；而在节日里，人才真正、纯粹为自身而生活。休闲的一个重要方面，是把生活从被动的劳动状态与负有责任的其他活动中分离出来，实现自由的创造和自得的体验；这是享受的基础，也是人的生存整体的本质部分和理想状态。在本质上，它与马斯洛的人的需求“五层次理论”中最高级的“自我实现”理念相一致，其要义是通过充分释放精神世界中人的创造力和鉴赏力，促使人对自在自为的生存意义进行自由的思索与体验，从而促进人的全面发展和个性的成熟，使人真正地走向自由。它的价值不在于提供物质财富或实用工具与技术，而是为人类构建意义的世界和精神的家园，使人类的心灵不为政治、经济、科技或物质力量的绝对左右，使现实世界摆脱异化的扭曲而呈现其真实的意义，使人真正地为自在生命而生存，使心真实地由“本心”去自由地体验。

人类对“进步”的看法正在发生根本的变化。传统意义上的进步往往意味着物

质生活水平的不断提高；现今物质财富的满足，却促使人们渴望追求充实的精神生活，进步越来越意味着不断地增加休闲时间，以提高生命质量，即以一种更为健康的方式生存。几百年来，人类一直致力于改造世界，而在新的世纪中，人类将会更多地致力于改造自身，也就是通过休闲解除身心疲惫，发展爱好、挖掘潜能，充实人生内容，提高人生品位，从中体会自己在自然、社会各种关系中的和谐与畅达。斯坦福国际研究所（Stanford Research International）1991 年的一份报告曾列出了未来 10 年最重要的社会地位象征，其中包括：自我支配的自由时间、工作与玩乐的统一、对个人创造力的认可、非金钱的回报、对社会的回报。这从一个角度表明了人的身心和谐、精神的健康发展与自我实现已成为人类进步的重要标志。

然而在物质主义、消费主义的误导下，人的全面丰富性曾经并仍在遭受着异化的压抑，人在某种程度退化为单向度的怪物，马克思、尼采、海德格尔、弗洛姆等都对此发出过由衷的悲叹和批判。不仅如此，人所赖以生存的自然环境和生态曾经并仍在遭受着人为的破坏，海德格尔、马尔库塞、奈斯比特、池田大作等都对此发出过警告，要求人们寻求新的生存模式，与自然协调，进而使人的灵肉和谐，而这种生存模式的追求与指向正是休闲与审美的生存境界。在这方面，以中国为代表的“东方智慧”可以为当代人类生存境界提供有益的精神资源。西方智者早已意识到了这一点，世界诺贝尔奖获得者曾在巴黎发表共同声明：人类要想在 21 世纪生存下去，就要回首 2500 年前，向孔子寻求智慧；第 17 届世界哲学大会也发出了“虚心向东方智慧学习”的呼吁。这不是空穴来风，而是西方智者的深刻心得。我们今天探讨休闲与审美的价值，探讨人类生存的理想境界，探讨自在生命的自由体验，确实仍可从中国的先哲那里获取可贵的资源。

中国的休闲智慧最早始于老子，他“无为而无不为”的观念主张人要活得自然、自在、自由、自得；孔子虽然积极进取，却又视富贵如浮云，推崇“曾点之乐”，提倡“游于艺”而“从心所欲不逾矩”。在儒道休闲境界中，流水之声可以养耳，青禾绿草可以养目，观书绎理可以养心，弹琴学字可以养脑，逍遥杖履可以养足，静坐调息可养筋骸，真是“无往而非乐”“无入而不自得”。陶渊明的“采菊东篱下，悠然见南山”，更形象地道出了中国休闲的境界：自我生命与自然生机交融为一，自然无遮蔽地向自我呈现，自我无间隔地融入自然。中国先哲的休闲思想，没有对物质条件的过多计较，即使是“一箪食，一瓢饮，在陋巷”，也会因“谈笑有鸿儒，往来无白丁”而“不改其乐”。这是一种人性的达观境界，休闲不仅是人与自然的和谐，是人与社会关系的和谐，更是人自身肉体与灵魂的和谐。

这里特别值得一提的是中国古人津津乐道的“曾点之乐”，它能在休闲与审美的境界上给我们直接的启发。孔子一生兢兢业业，克己复礼，鼓吹仁义礼智，主张兼济天下，而在与门生们讨论人生理想时却喟然叹曰：“吾与点也。”理学大师朱熹认为孔子之所以推崇“曾点之乐”，“盖有以见夫人欲尽处，天理流行，随处充满，无少欠阙。故其动静之际，从容如此。而其言志，则又不过即其所居之位，乐其日用之常，初无舍己为人之意。而其胸次悠然，直与天地万物上下同流，各得其所之妙”。[①] 这正是一种“大乐与天地同和”的天地境界，既是人生的最高道德境界，又是人生的艺术境界或审美境界，艺术和道德在人生境界的极致上得到了统一，这正是休闲与审美境界的形象写照。

在笔者看来，孔子之所以欣赏与推崇曾点，正因为曾点体现了“君子不器”的境界。“器”仅局限于一事一物之用，如其他三子仍“规规于事为之末者”[②]，而曾点作为“君子”则“无可无不可”“无往而不自得”，这就是一种摆脱了日常功利束缚的休闲境界。按现代哲学的解释，人一生都在殊相的有限范围内生活，一旦从这个范围解放出来，就会感到自由和快乐；从有限中解放出来就会体验到无限；从时间中解放出来就会体验到永恒。所谓“浑然与物同体”“即其所居之位，乐其日用之常”“而其胸次悠然，直与天地万物上下同流”，所谓“浑然天成”“端祥闲泰”“俯仰自得，心安体舒”“鸢飞鱼跃”，都是这种理想休闲境界的形象表述。因此，程明道这首诗历来为古人所称道：

> 闲来无事不从容，睡觉东窗日已红。
> 万物静观皆自得，四时佳兴与人同。
> 道通天地有形外，思入风云变态中。
> 富贵不淫贫贱乐，男儿到此是豪雄。[③]

这正是一种充满美学趣味的休闲境界，其精神实质在于通过“静观”，即审美式的超越体验，感受到人与天地万物的“浑然一体”，“入于神而自然，不思自得，不勉而中”，达到自在生命的自由体验。在这里，人的道德精神与自然界的化者之道合而为一，人能真正地“从心所欲”而又“自然中道”。

休闲不仅具有绝对的社会尺度，还是一种相对的人生态度。所谓绝对的社会尺度是指社会发展的绝对水平，如果社会的生产力和发展水平尚未能提供给人们足够的闲暇时间和经济基础，人们的休闲就缺乏必要的外在条件。但中国哲人的智慧在于，人们可以通过对人生态度的恰当把握，超越这种绝对尺度，在当下的境地中获得相对的自由精神空间，由此进入休闲的人生境界，这就是人生体验的相对态度。从人本哲学上讲，人的存在本体就是世界向人的无遮蔽的呈现，也就是人对世界的本真的体验。这个世界对于人的意义，取决于人对世界的自由感受。自在的生命才

---

① 朱熹:《四书章句集注》，北京：中华书局，1983年版，第130页。
② 同上。
③ 程颢:《秋日偶成》,《二程集》，北京：中华书局，1981年版，第59、60页。

是人的本真生命，自由的体验才是人的本真体验。我们可能无法绝对地左右物质世界，但我们可以通过对心灵的自由调节，获得自由的心灵空间，进入理想的人生境界。所以，我们在注重不断发展物质世界、提高物质水平以提升生存的外部环境和条件的同时，不能忽略自我心灵境界的调节与提升。这就是中国传统的生存智慧在审美与休闲领域可以给我们的启示。

上编　审美、休闲的当下生存理论与实践

◎ 第一章　审美、休闲与生存境界 / 2
◎ 第二章　审美、休闲与和谐社会 / 15
◎ 第三章　审美、休闲与消费文化 / 32
◎ 第四章　宜游：旅游与审美休闲 / 58
◎ 第五章　宜乐：文体娱乐与审美休闲 / 71
◎ 第六章　宜心：宗教与审美休闲 / 85
◎ 第七章　宜居：城市与审美休闲 / 103

下编　审美、休闲的传统生存智慧与境界

◎ 第一章　西方关于审美休闲与人性自由的理论 / 122
◎ 第二章　西方关于审美休闲与心理体验的理论 / 134
◎ 第三章　西方关于审美休闲与社会发展的理论 / 144
◎ 第四章　孔子、庄子的审美与休闲境界 / 174
◎ 第五章　陶渊明、白居易的审美与休闲境界 / 201
◎ 第六章　苏轼、邵雍的审美与休闲境界 / 233
◎ 第七章　陈白沙、李渔的审美与休闲境界 / 260

后　记 / 282

上编

审美、休闲的当下生存理论与实践

第一章　审美、休闲与生存境界

审美与休闲，最终体现为人的一种理想的生存境界。因此，我们首先有必要从人的生存哲学、人本需求分析入手，揭示审美与休闲作为自由生命的自在体验的本质规定与特征，彰显审美与休闲在人的理想生存状态和社会理想状态中的本体意义。休闲是人的生命存在的理想状态，是一种本真的“成为人”的过程；休闲不仅是在寻找快乐，也是在寻找生命的意义。在这一点上，中国古代哲人的生存智慧，无疑还能给我们深刻的启示。我们不妨按照中国哲人“本体—工夫—境界”的三重结构模式，展开休闲与生存人本关系的分析。

按中国传统的休闲哲学，休闲的本体为适度之“闲”，“闲”即“各得其分”的生命本真和“从心所欲不逾矩”（《论语·为政》）的生存体验。休闲的工夫为“适”，既指对生存活动和生存方式的适度把握，亦指通过“心适”达到“物闲”的境界生成，其深层含义指人在身心欲求得以合乎限度地舒适满足之后，在当下的人生境遇中享受生命之安闲。传统的休闲审美境界分为三种，即遁世境界、谐世境界、自得境界，其中超然自得是休闲审美所能达到的最高境界。中国传统休闲审美哲学对当代人类生存还具有重要的启示意义。

第一节　休闲本体

本体论是对世界存在的根据与意义的探讨。[①] 这里所谓“本体”，与西文的 ontology 无关，指的是中国传统的“本体”概念，即本然、本根、本质，事物的本然状态和终极意义。按中国传统哲学的理念，本体在当下呈现，本体与工夫一体两元，密不可分。本体即工夫，工夫即本体。本体为工夫所依之预设，工夫为本体现

① 学界关于“本体论”曾有过非常热烈的讨论，“本体”一词在中西不同的语境下有着很大的差异，其间复杂的关系可参见潘立勇:《西学“存在论”与中学“本体论”》,《江苏社会科学》, 2004 第 4 期。笔者在此所提“本体”正如其所言乃“中学思想本体的理论”，即“这里所谓本体是本来状态之义，也是应然状态之义；按其思辨的逻辑，本然即应然，应然即本然，心之本体既指心的本来状态，亦指心的应然状态；本然为逻辑本体，应然为理想境界，在王阳明，本体即境界，境界即本体，两者合而为一”。

实之呈现。休闲存在的一种形式，必然也要以休闲之本体论为重要研究对象。现在的休闲学研究更多附属在社会学、经济学的研究之下，哲学的休闲学研究相对薄弱，这就导致休闲本体理论的研究也几乎付之阙如。没有本体论的休闲学是无根之学，不从本体论入手研究休闲便很难对休闲之于人类的存在价值做更深入的理解，休闲学理论也就难以有大的突破。

休闲之本体为“闲”，因而需要发现“闲”的价值、认可“闲”的价值、推崇“闲”的价值。“闲”较“忙”的生活更有意义，更值得人去过。在古代中国社会中，士大夫之“闲”有着较为深刻的人生内涵，它受儒家、道家、佛家思想的多重影响与制约，更体现出个体在家庭、社会、国家中所进行的价值抉择。“闲”有时表现为与国家政治的不合作，有时表现为对社会的退避。“闲”的本体价值在古代社会士大夫文化心理结构中的最终确认的标志是，士大夫将“闲”同深刻的人生存在之思相联系。过一种“闲”的生活，并高度认同“闲”的价值，并非是士大夫消极地对外界、人生的逃避与否定，而是更实在、更坚定、更真实地去拥抱生活，面向生活，面向自我生命。在这里，“闲”不仅成为本体，而且成为境界。

本体的“闲”更侧重内在的精神品格，而不仅仅指外在身体的休闲。作为本体的“闲”意味着“人之初，性本玩”（于光远语），人本然的状态是闲暇的状态，应然的状态是闲暇的超越境界。人生在世就是要做事，任何超越的价值都要在“事上磨”（王阳明语），不做事的人生是不现实的。就知识分子（士人）来说，“士者，事也”（《说文解字》），就是要在职事中才能实现人生的价值。然而做事不代表“不闲”。若只知做事而不知休闲，这就意味着失其本心，是驰心于外而不知返。驰心于外是对象化的表现，而不知返则会流于异化。人可以对象化但不可以异化，若人在对象化的同时也做到了物化，即与物同化、天人合一，也就是用一颗闲心容纳周围的世界，就可以避免异化。休闲的深刻价值并不在于能够不做事，而是在做事的同时游刃有余、从容不迫、悠然自得；更在于懂得做事或者工作、劳动的目的是休闲。对于人性来说，劳动是工具性的，休闲是目的性的，这就是休闲的本体意义所在。

休闲的本体价值并不只是体现在人类世界中，作为本体的“闲”，更具有宇宙的普遍意义。在中国古人看来，不仅人类本应休闲，万物也是“闲”的。“寒波淡淡起，白鸟悠悠下。怀归人自急，物态本闲暇。”① 宇宙万物本体为闲暇，人也是万物之有机的一部分，故人之闲的根据是万物之闲。孔子言“天何言哉？四时行焉，百物生焉，天何言哉？”（《论语·阳货》），这是天道之无为；又说“无为而治者，其舜也与”（《论语·卫灵公》），这是人道之无为。“无为”显然是儒道两家共有的价值观。“无为”即“闲”，因此从终极意义上讲，儒道都是认同宇宙之闲的本体地位的。

① 元好问：《颍亭留别》，钟星选注：《元好问诗文选注》，上海：上海古籍出版社，1990年版，第48页。

“休闲”在西方常用一个词来表达，即leisure，而在中国是由两个分别具有意义的字构成。“休”与“闲”有其内在的相关性，但也并不完全相同。“休”，更侧重的是外在的生理的维度，“闲”则是内在的精神的维度。一般来讲，“休”能导向“闲”，但并不具有必然性。而“闲”是更具有本体意义的范畴，是休闲之本质所在。

“闲”作为人的本体价值观，要从内在心理情感层面去理解。从闲的本义来看，“闲”从外在防范、设置栅栏的意义逐渐演化到闲静、闲情等人的情感领域。一方面表明“闲”并非无所事事，或随心所欲而不顾忌，“闲”乃是本真生命之守护，这体现了“闲”的理性特征；另一方面，“闲”最终是以情感的面貌体现在经验层面，“闲”的活动是富于情感的活动，是自然、自在、自由的心理体验与人生实践，这是“闲”的感性特征。情与理的交融与和谐共存乃闲之本体的根本特征。在情理的二维结构中，情感当是更为本体内在的一维。理性是一种规则性、约束性的心理能力，它是劳动的法则。

一般说来，理性分为知识理性与道德理性，二者都是以外在于人的实体为旨归，在两种理性约束下的人很容易造成一种紧张与敬畏的心理状态。苏轼曾说“人生识字忧患始”[①]，并说要打破程颐等理学家之“敬”字，这都是看到了两种理性对人过度的约束而致使异化的倾向。凡是过度崇拜人类理性而贬低情感的哲学或人生观，最后大多会走向其反面，即不合理、非理性的一面。这种哲学通常以“理”为本，从而压抑人的情感。它或许只承认人的最为基本的欲望，欲望一旦盈余，便被视为“恶”。因此，以“理”为本的哲学往往会成为人类休闲的障碍，在对是非、善恶、利弊的左右权衡之下，休闲的机会也许会擦肩而过。在此，王阳明的观念较为明达，他曾言：“洒落为吾心之体，敬畏为洒落之功。”[②]又云：“乐是心之本体。”“悦则本体渐复矣。”[③]他以本心为本体，以本心的自然洒落状态为本然和应然状态，“敬畏”只是达到“洒落”本体的工夫。所以回到自然情感，即是回到人类生命的本体。回到人类生命的本体，就是回到自然、自在、自由的情感体验之中，这样人就从外在世界的异化之中回归到个体自我之主体性上来。此时的情感也非即是放纵的情欲，恰恰相反，从异化世界的回归，正是一种“休”的姿态，停止的是无止境向外用心的企图，收回的是人的本心，此即“求放心”。因此，以情感为本体，回到人的情感体验上来，其终极之处也就是一种合理性的存在方式，而且是最自然的方式。

从某种角度说，休闲是人的自然化，它要求人与社会空间要保持一定的距离。“如果说工作是一种社会功能之表现，那么闲暇的观念与这种意象显然也是互相对立

① 《石苍舒醉墨堂》，苏轼：《苏轼全集》（上册），张春林编，北京：中国文史出版社，1999年版，第39页。文中所引苏轼诗文，除特别说明外，皆引自此书，只随注篇名，不再加脚注。

② 《答舒国用（癸未）》，选自王守仁：《王文成公全书》卷5，钦定四库全书本。

③ 《与黄勉之·二（甲申）》，选自王守仁：《王文成公全书》卷5，钦定四库全书本。

的。”[①] 但人的自然化也并非完全的与世隔绝，它不是避世也不是避人。人的自然化可以说更是一种参与，是以自然之本性更好地参与到社会与宇宙的创化之中。休闲的自然化本质，其形而上的自然本性的回归以及形而下的在自然山水中游玩、亲近大自然的现实活动，无非就是想表明休闲是人的私人领域的回归。对于休闲来说，私人领域这一概念是非常重要的。所谓的私人领域“是指一系列物、经验以及活动，它们属于一个独立于社会天地的主体，无论那个社会天地是国家还是家庭”[②]，也即苏轼所言“勾当自家事”[③]。人在社会化的过程中，私人领域往往被占用，这就意味着个体生命的自由体验被剥夺，异化也就因此而生。我们在工作、劳动中经常会有一种被机器化的体验，即自我生命异化为机器的一部分，成为机器的延伸，或者个体生命沦为群体延续的手段；我不再是我，我感觉到存在家园的丧失等。我们已经习惯让外在的力量或权威奴役自己，将个体的私人领域让位给公共领域或他人。当这个外在的力量或权威一旦离去，自由出现在我们眼前时，我们却感到了莫大的空虚与恐惧。回到私人领域已经开始让我们对自己感到陌生，因为我们早已习惯了被客体化的命运。这就是为什么有些人一旦闲下来，一旦从公共领域中脱身而出便无所事事，不知做什么好，甚至丧失自主生命的权利而走向堕落与犯罪。苏轼说得好：“处贫贱易，处富贵难。安劳苦易，安闲散难。”（《春渚纪闻》）那些驰心于外在公共事务中的人，一旦面对私人领域就会无所适从。苏轼认为“人能碎千金之璧，不能无失声于破釜；能搏猛虎，不能无变色于蜂虿”（《颜乐亭诗并序》），所以只有那些能够真正地关注私人领域、重视私人领域的人，才是一个完整的人，也是最自由的人。那些能够掌握自己命运的人才是自己的主人；将自己的命运寄托于外在的公共空间的人，则很容易失去自由，丧失本真的自我。重视私人领域的人，无论是在其私人空间，还是身处公共空间，都能游刃有余、闲暇自适。退回到私人领域，是为了更好地参与自己生命的创造，也更好地参与社会、宇宙的创造。也就是说，“安于闲散”之人，不仅在空闲的时候能够自由地支配闲暇，体现出自我生命的创造力，而且即便是在繁忙的工作、坎坷的人生中，无论顺境、逆境，始终能做到“安时处顺”，无往不适。

必须指出，处于闲情的私人领域之中，并非仅仅是一己之私欲的表现，而是“克小己之私、去小我之蔽以成就个体人格”[④]，是一种处于“天地境界”的生存状态。私人领域的休闲本体通向的是消弭了善恶、公私、是非对立殊异的人生境界。

---

① ［德］约瑟夫·皮珀：《闲暇：文化的基础》，北京：新星出版社，2005 年版，第 44 页。

② ［美］宇文所安：《中国“中世纪”的终结：中唐文学文化论集》，北京：生活·读书·新知三联书店，2006 年版，第 71 页。对于“私人领域”概念的具体分析请参见第四章第一节的内容。

③ 李廌：《师友谈记》，孔凡礼点校，北京：中华书局，2002 年版，第 34 页。

④ 潘立勇：《“自得”与人生境界的审美超越：王阳明的人生境界论》，《文史哲》，2005 年第 1 期。

“这是一种即道德而超道德、即审美而化道德的最高的理想境界”[①]，它表现为“无入而不自得”（《礼记·中庸》）的审美人生体验，却也内在地含有了“至诚”“至善”的真理与道德境界。正如潘立勇分析王阳明的人生本体境界时所言的那样：“阳明的思想当从其辩证的两面，两面的一体去理解，在其人生境界上则是入世与出世，实落与超越的统一。他的事功意识使其注意时时处处在现实用功，他的超越意识又使其注意时时处处在心灵自得。诚境、仁境都是需要实地用功的入世境界，而他的精神境界又不局限于实地用功，他更需要精神的超越。‘吾心便是宇宙’，宇宙在一念中明觉，人生在一念中自由。工夫的积累终需至一念的灵觉。”[②]这里所说的“私人领域”概念所显示的休闲之本体也应是这样一种“两面的一体”。

第二节　休闲工夫

工夫是通往或呈现本体之手段、途径。如何才能达到休闲之本体存在，或者通过什么样的途径来通达“闲”，这是关系一个人能够自觉地寻求“闲”、得到“闲”的关键所在。工夫是汉语哲学中的词，对于西方休闲学研究者来说，他们并不讲休闲之工夫，而当他们关涉到人类如何才能休闲时，考虑最多的是制约休闲的因素有哪些，然后再去寻找解除休闲制约因素的途径、减小休闲制约因素的消极影响，或者主体设法取得与休闲制约因素的协商，由此来通达休闲之路。

制约即限制约束，休闲制约即限制约束进行休闲，或影响休闲质量提高的因素。杰弗瑞·戈比认为休闲是“从文化环境和物质环境的外在压力解脱出来的一种相对自由的生活，它使个体能够以自己所喜爱的、本能地感到有价值的方式，在内心之爱的驱动下行动，并为信仰提供一个基础”[③]，这一定义显然即是着眼于对休闲制约的摆脱。可见总体看来，休闲制约因素来自文化环境和物质环境两个方面，其中文化环境作用于人的情感理智，属于内在的制约；而物质环境则主要影响人的生理存在，属于外在的制约。因此，当杰弗瑞·戈比从制约理论对休闲展开研究时，其提出的制约因素的分类便很具有代表性。他把休闲的制约因素分为三类：（1）结构性制约（例如时间、金钱或其他资源及家庭生活周期，表现为“我没有时间或者金钱做这些事”）；（2）个人内在制约（例如心理方面的压力或压抑等，表现为“我不想做那些事来出洋相”）；（3）人际制约（例如合适的休闲伙伴的缺乏，表现为“没有

---

① 潘立勇：《“自得”与人生境界的审美超越：王阳明的人生境界论》《文史哲》，2005年第1期。

② 同上。

③ ［美］杰弗瑞·戈比：《你生命中的休闲》，康筝译，昆明：云南人民出版社，2000年版，第14页。

人会和我一起做那些事的”)。[①]

虽然盖瑞·奇克等人提出文化对休闲的制约因素当更为内在，逻辑上更先于这三种制约，但毫无疑问在西方休闲制约理论中，无论是从文化层面还是从社会的经验层面来考察休闲的制约因素，都体现出休闲在西方文化传统中的社会化特征。也就是说，在西方人的眼中休闲并不是一个人的事情，而是在公共空间的活动方式。因此，在他们看来，想要进行休闲，并不是要取消这些制约因素，而是要与这些制约因素进行协商。这是一种“外向调节”获得休闲的方式。因此，我们看到在西方，休闲学一般是放在社会学的理论框架下进行阐释研究，这样的休闲研究就非常重视对休闲的时间、休闲的经济条件、社会建构、休闲载体等影响人们休闲的外在条件的关注。外向调节的休闲工夫虽在一定程度上可以给人创造一些休闲的契机与条件，但并不能从根本上解决休闲作为本体的问题。有时候这种外向调节的休闲反而会求闲而得忙，总是在个人与社会、休闲与工作的对立矛盾中去寻求休闲，反倒会给休闲制造更多的障碍。

中国传统的休闲观把“闲”作为人生本体的价值与意义所在，因此，它的休闲工夫更为强调的是“内向调节”。在中国人看来，休闲更重视的是内在的精神品格。“心闲”相对于“身闲”更具有根本之意义，所谓由“内向调节”达至休闲也就意味着是一种心灵的自我调适。孟子尝言：“行有不得者，皆反求诸己。”(《孟子·离娄上》)这种向内反省的文化心理结构体现在中国人的休闲观上，即表现为“适”的工夫论。

“适”何以成为“闲”之工夫?《说文解字注》中云：“适，之也。”段玉裁注：“女子嫁曰适人。”[②]故“适”又有宜义。之且宜，这就是“适”。又曰“往自发动言之，适自所到言之”，“适”不同于“往”在于“适”是目的地的到达。从这个核心延伸出去，就产生适会、偶合诸义；进一步延伸就有了偶尔、刚刚等更抽象的含义。《说文解字注》中云：“适从啻声。”[③]“适”“啻”同源，它们又都有从止义而引申出来的仅限义。对“适”之义稍加总结可以看出，“适”原本具有到达、宜、刚刚、仅限的意思，后来就又自然发展出满足、舒适、当下、适度等意思。《易传》云：“文明以止，文人也。”朱熹的解释是：“止，谓各得其分。”[④]也即我们现在所说的恰到好处、恰如其分。“适”作为“闲”的工夫，其强调的是对生存活动和生存方式的适度把握，是人在身心欲求得以合乎限度地满足之后，在当下的人生境遇中享受生命之安闲。在这里，“适”即《易传》所谓“止”，也即《中庸》所谓“和”。“止”是

---

① ［美］杰弗瑞·戈比：《你生命中的休闲》，康筝译，昆明：云南人民出版社，2000年版，第92、93页。
② 许慎：《说文解字注》，段玉裁注，上海：上海书店出版社，1992年版，第71页。
③ 同上。
④ 《原本周易本义》卷3，钦定四库全书本。

“各正性命”，“和”则是“天下之达道”。唯其“适”而有度，方能“各正性命”，把握生命之本真，体验休闲之真意，达到天人合一的本体境界。

从本体论上言，人之闲与万物之闲同体。从工夫论上言，万物之闲亦依心之适而现。苏轼有诗云：“禽鱼岂知道，我适物自闲。悠悠未必尔，聊乐我所然。”（《和陶归园田居》）诗中暗用了庄子“鱼之乐”的典故，以说明鱼鸟的悠然之乐，实际上是来自人的“适”。人能适则物也显现出闲暇之貌，物的闲暇即是人的闲暇。而这一切的前提便是“我适”。

真正将“闲”与“适”相连，使“心适”成为物闲之工夫的最早应推庄子。由于浓厚的伦理功利性人生观，儒家那种杀身成仁的人生理念必然会导致在一定情况下可以舍弃个体自我之适来获得集体的利益。当鱼与熊掌二者择一时，宁取其一而后已。如果这也算是一种“适”的话，也只能是舍小我成全大我之适，这样的人生观不在于享受而在于奉献，不在于闲于自适而在于忙于兼济。所以，真正将“适”转向休闲人生观的不是儒家，而是道家。庄子哲学是无为之哲学，是人的自然化的诗意阐释。休闲，本质上来说也即无为自然。庄子以自然无为为本，即指向了一种以休闲为本的哲学。

潘岳对庄子可谓心领神会，其《闲居赋》曰：

> 于是览止足之分，庶浮云之志，筑室种树，逍遥自得。

可见，“适”，一定是自我满足，而不是智思和情欲向外无限地驰骋。“适”是“闲”之工夫，只有“适”然后才能得闲。可以说无适不成闲。相反地，如果“不适”，则无论如何也不能得以闲暇：“幽人清事，总在自适。故酒以不劝为欢，棋以不争为胜，笛以无腔为适，琴以无弦为高，会以不期约为真率，客以不迎送为坦夷。若一牵文泥迹，便落尘世苦海矣！”①

为什么“不适”就难以休闲呢？李渔给予我们这样的答案：

> 弈棋尽可消闲，似难借以行乐；弹琴实堪养性，未易执此求欢。以琴必正襟危坐而弹，棋必整槊横戈以待。百骸尽放之时，何必再期整肃？万念俱忘之际，岂宜复较输赢？常有贵禄荣名付之一掷，而与人围棋赌胜，不肯以一着相饶者，是与让千乘之国，而争箪食豆羹者何异哉？故喜弹不若喜听，善弈不如善观。人胜而我为之喜，人败而我不必为之忧，则是常居胜地也；人弹和缓之音而我为之吉，人弹噍杀之音而我不必为之凶，则是长为吉人也。或观听之余，

① 常万里主编：《菜根谭智慧》，北京：中国华侨出版社，2002年版，第490页。

不无技痒，何妨偶一为之，但不寝食其中而莫之或出，则为善弹善弈者耳。①

“不适”的时候往往是利欲交攻于心胸，得失计较于眼前的时候，此时想得休闲而不能得。所以只有自然本性恰到好处的满足才能给人带来足够的闲暇，也会令人安于闲暇。这正如《富翁和渔夫》故事中那个渔夫一样，面对富翁辛勤劳作便可以利滚利地发财的诱惑，渔夫的回答显然表示了一种知足常乐的人生观，他得以在沙滩上恣意地晒太阳休闲的行为，也正是自适心理带来的。②这也正应了《庄子》中这样一句：“鷦鷯巢于深林，不过一枝；偃鼠饮河，不过满腹。”（《庄子·逍遥游》）于是，我们可以说，自足自适者方能“芒然彷徨乎尘垢之外，逍遥乎无为之业”（《庄子·大宗师》），“无为也，则用天下而有余”（《庄子·天道》，郭庆藩疏“有余”，即闲暇）。无为自然，则我自适自得，而天下万物闲暇有余。

第三节 休闲境界

境界原为佛教用语，后成为中国哲学特有的范畴；境界至迟在唐就已经出现，是继意象、意境之后中国美学理论的又一重要范畴。中国哲学不是实体论哲学，而是境界形态的哲学。③中国传统的休闲审美哲学亦是如此。境界必然与人的心灵相关，是精神状态或心灵的存在方式，是心灵“存在”经过自我提升所达到的一种境地和界域。休闲与审美，终将归结于境界的追求。

中国学界多有论境界者，较为有影响的境界论如冯友兰的四境界说：“各人有各人的境界，严格地说，没有两个人的境界是完全相同底。每个人的境界，都是一个个体底境界。……人所可能有底境界，可以分为四种：自然境界，功利境界，道德境界，天地境界。”④他认为自然境界的特征为“其行为是顺才或顺习底。此所谓顺才，其意义即是普通所谓率性”⑤，并举苏轼之语“行乎其所不得不行，止乎其所不得不止”。在苏轼的思想中，这种率性而行是一种自然主义的人生境界，其实并不与冯友兰所言自然境界相等。所以冯友兰又说自然境界之人“对于其所行底事的性

---

① 李渔：《闲情偶寄》，江巨荣、卢寿荣校注，上海：上海古籍出版社，2000年版，第361页。

② ［德］海因里希·伯尔：《一桩劳动道德下降的趣闻》，《伯尔中短篇小说选》，黄文华译，北京：外国文学出版社，1980年版。在地中海风景如画的海边，一名美国游客兴奋地拍照，而一名渔夫却懒洋洋地睡觉。游客兴奋之余问渔夫，为什么睡懒觉而不出海打鱼。渔夫说已经打到四只龙虾和三十来条鲭鱼了。游客说，为什么不多打些鱼，赚够钱，可以买艘游艇，躺在上面享受美好的阳光。渔夫奇怪地说，我刚才不是在享受吗？是你把我吵醒了。

③ 参见蒙培元：《心灵超越与境界》，北京：人民出版社，1998年版，第455页。

④ 冯友兰：《冯友兰集》，北京：群言出版社，1993年版，第306页。

⑤ 同上。

质，并没有清楚的了解”，“他的境界亦似乎是一个浑沌”，[①]“此种境界中底人，不可以说不知不识，只可以说是不著不察”[②]，也就是对所行之事之理并未有自觉之体认。他认为功利境界的人，“其行为是‘为利’底”；道德境界的人，“其行为是‘行义’底”。“在功利境界中，人的行为都是以‘占有’为目的。在道德境界中，人的行为，都是以‘贡献’为目的。”[③]据我们的理解，占有是损人而利己，贡献是损己而利人，两者虽然有境界之高低，然都是将己与人、个体与社会做一对立关系来看待的。因此这两种境界就都还未获得完全的超脱。

至于天地境界，冯友兰认为在这种境界中的人，“其行为是‘事天’底”[④]。天地境界是人所能达到的最高境界，是“天人合一”的境界。冯友兰认为自己所提的天地境界就是道家所指的“道德境界”：

> 我们所谓天地境界，用道家的话，应称为道德境界。《庄子·山木》篇说，“乘道德而浮游”，“浮游乎万物之祖，物物而不物于物”，此是“道德之乡”。此所谓道德之乡，正是我们所谓天地境界。不过道德二字联用，其现在底意义，已与道家所谓道德不同。[⑤]

冯友兰也曾说过要以天地胸怀来处理人间的事物，以道家的精神来从事儒家的业绩。他的这种超脱功利、摆脱世俗，“物物而不物于物”的最高境界观，李泽厚直接指出此即为审美的人生境界。

另外，唐君毅则根据心与境的通感关系，将人生境界划为三类：客观境、主观境、通主客观境。表面看来此三类境界的划分与冯友兰不一样，实际上多有暗合之处，如唐的第一境界客观境，即相当于冯的自然境界；主观境则相当于冯的功利境界和道德境界；而主客观相通的境界即是冯的天地境界。[⑥]

国外学者在描述人类的存在状态时常用模式（modes）抑或形态来表示，如克尔凯郭尔将人的存在模式（modes of existence）区分为三种：审美的、伦理的和宗教的。这一境界论模式基本可以代表西方对人的生存层次的理解。其中非常明显的是将审美的（或感性的）境界视为最底层，而将宗教的境界放到了最高层。除了用这种模式来阐述人类境界，有的西方学者还从人类所择取的“价值”及其体验与意义上来表达类似的意思，如德国结构主义心理学家施普兰格尔将人的价值等级划分

---

① 冯友兰：《冯友兰集》，北京：群言出版社，1993 年版，第 306 页。
② 同上书，第 307 页。
③ 同上书，第 308 页。
④ 同上书，第 309 页。
⑤ 同上书，第 309 页。
⑥ 唐君毅：《唐君毅集》，北京：群言出版社，1993 年版，第 631—637 页。

为“经济的、理论的、审美的、社会的、政治的、宗教的”[①]，共六个层次。[②]而人本主义心理学家马斯洛立足动机理论所提出的著名“需要层次”学说，其实也可以看作是对人生境界的描述：生理需要、安全需要、爱的需要、自尊的需要、自我实现的需要。有需要即要寻求满足，通常是当一种需要得到满足后，另一种需要便会马上出现。人的心理需要的逐级满足，也象征着人的境界的提升。当最后一个需要也是最高级的需要——自我实现得以满足时，人便会产生一种“高峰体验”，“感受到一种发自心灵深处的战栗、欣快、满足、超然的情绪体验”，由此获得的人性解放，心灵自由，照亮了人的一生。马斯洛认为：“高级需要的满足能引起更合意的主观效果，即更深刻的幸福感、宁静感，以及内心生活的丰富感。”[③]法里那认为马斯洛的这种“自我实现”与休闲是等同的。[④]我国学者也指出：“休闲作为人的生命的自觉，经历了从生理体能的要求，到生存消费的需求，再到文化精神诉求的过程，即从物质的需要进入精神的需要。”[⑤]这种精神的需要，其实就是自我的最终实现。

就休闲学领域来说，我们似乎更多地认识了休闲作为人类一种生活方式也是一种人生境界，然而就休闲活动本身的境界问题则很少见有专门且深入的论述。休闲活动本身其实存在着多重维度，休闲也便有境界与格调的高低不同。我们不能一提休闲，就简单地将之理想化，也不能把休闲视为生命的挥霍与沉沦。就休闲活动的丰富性与复杂性来讲，它体现了人类生命与生存活动的复杂性。我国古代就有对休闲境界的多种描述，比如自古《尚书》中就有记载“玩物丧志”，而至朱熹则言“玩物适情”[⑥]。同样是玩物，一丧志，一适情，此乃不同境界之表现。另外苏轼常言“寓意于物”与“留意于物”之别，这也是看到了休闲娱乐活动的不同境界。可见，休闲的境界也有高低差异。

如前所述，休闲与审美之间有内在的必然关系。对休闲的境界高低进行衡量即是休闲美学的任务。深入把握休闲生活的本质特点，揭示休闲的内在境界，就必须从审美的角度进行思考；而要让审美活动更深层次地切入人的实际生存，充分显示审美的人本价值和现实价值，也必须从休闲的境界内在地把握。前者是生存境界的审美化，后者是审美境界的生活化。通过美学的视角对休闲活动与方式进行审美的判断，可以让我们甄别休闲层次的高低、雅俗，从而不仅可以选择那些最适合自己

---

① ［美］马斯洛等著，林方主编：《人的潜能和价值》，北京：华夏出版社，1987年版，第16页。

② 值得注意的是，舍勒也根据人的存在的不同领域，区分了四类价值：感性价值、生活价值、精神价值、宗教价值，他的这一价值的区分也可以看作是对不同人生境界的区分。参见赵敦华主编：《西方人学观念史》，北京：北京出版社，2004年版，第454页。

③ ［美］马斯洛等著，林方主编：《人的潜能和价值》，第202页。

④ ［美］亨德森等主编：《女性休闲》，刘耳等译，昆明：云南人民出版社，2000年版，第150页。

⑤ 张立文语，参见吴小龙：《任情适性的审美人生：隐逸文化与休闲》，昆明：云南人民出版社，2005年版，总序一第2页。

⑥ 朱熹：《四书章句集注》，北京：中华书局，1983年版，第94页。

休闲的活动，也可以自觉地抵制或远离那些格调低下、对健康不利、损害生命和浪费时间的活动。

休闲实践表明，越是高层次的休闲越是充满了审美的格调，越是体现出休闲主体对自我生命的爱护与欣赏，也越是能体验到生命—生活的乐趣。由此，人们不仅会为自己拥有了生命的自由、自得与自在而感到愉悦，而且这种愉悦一旦与其他同类的自由生命相感召，甚而与天地自然、周围环境的自由生命相呼应，其愉悦程度会更加强烈。在这样的休闲实践中，人们感到的是个体自我生命意义的扩大与充满（孟子所谓“充实之谓美”《孟子·尽心下》、“万物皆备于我”《孟子·尽心上》，儒道常言的“仁者，以天地万物为一体”）。相反地，越是低层次的休闲，离审美的生活就越远。低层次的休闲活动更多的是受本能欲望的驱使，以满足生命自我的物质性需求为目的。因此，越是低层次的休闲活动，越是表现出狭隘、自私的特点。表面看来，低层次的休闲也是一种对个体生命的自由支配，但是这种自由往往是狭隘的自由，它过多地依赖外界的事物，它要获得物质性的满足，就要不停地向外索取和占有。因此，这种对生命的自由支配往往是以对有限生命的挥霍与浪费为条件的。相比于高层次的休闲活动，低层次的休闲活动往往更容易达到，其休闲快感的程度也更强烈，但是这种休闲的快感常常是短暂而狭隘的。低层次的休闲活动往往是以自由始，以异化终。真正的休闲是一种高层次的休闲，它没有更多的快感，但内心常常充满了愉悦。在高层次的休闲活动中，我们会体验到如大海般平静的精神状态——看似平静却充满了生命的生机与能量。

根据中国古代的休闲思想和智慧，休闲境界可以分为三种，即自然或遁世境界、谐世或适世境界、超然或自得境界。

在古代中国，文人士大夫的休闲常态往往表现为自然或遁世境界。休闲体现了人的一种自然主义的生活方式，当休闲成为人自觉去追求的价值时，如何休闲就等于人如何回到自然主义（自然化）的存在状态。一般说来，人的自然化体现在两个层面：一是外在的自然化，即优游于自然山水中寻求一份闲适；二是内在的自然化，也即人的内在性情的本真化、自然化。我们所理解的休闲的本质更侧重在自然化的第二个层面。然而，往往第二个层面的自然化要通过第一个层面，即人在自然山水的游玩中充分体现出来。更有甚者，为了使个体的性情得以率真自然，便主动地以自然山水作为摒隔公共事务的手段，通过隐遁于深山僻水中，即遁世而回到人的自然状态。以山水自然作为屏障，别人就很难再奴役自己。而自己由于摆脱了公共事务的侵扰，从而获得了大量闲暇时间，这为达到一种闲适自然的生活提供了最大的方便。我们可以称这样的休闲境界为自然境界或遁世境界。卢梭提出的“自然的自由”，与休闲境界的自然境界多有相通。卢梭认为“自然的自由”，即人在自然状态中的自由。人享受天赋自由，每个人是自己的主人，不受任何人的奴役，如果要有所服从，也必须经过他自己的同意。每个人对他自己企图要求的一切东西，都有无

限的权利，这种自由在进入社会状态时便丧失了。[①] 陶渊明是自然休闲境界的典型代表。遁世所营造的“空间隔绝”对于休闲生活的获得不失为一种有效的策略，如庄子所言鸟高飞以避矰弋之害，鼷鼠深穴以避熏凿之患，亦做如是暗示。然而人毕竟不是动物，对空间的要求越高、依赖越高，其自身的脆弱性越是明显。因而，这种休闲境界最大的局限之处在于个体对自然的执着与依赖。

休闲的第二个境界是谐世或适世境界。明代袁宏道曾说：“观世间学道有四种人，有玩世，有出世，有谐世，有适世。”[②] 谐世之意即与社会能够和谐共处。谐的意思有两种：一是和谐，二是协调。在和谐的意义上，谐世即指能够融入社会并且与周围的环境和谐相处；在协调的意义上，那就比较主动一些，不仅自己能够融入这个社会，还能够发挥自己的主观能动性，把周围的人和事的关系协调好，并从中获取生存的效益。谐世的休闲观也可以说是一种入世的休闲观。

按现代学理的解读，休闲的因素有很多，而时间、经济基础以及心理状态无疑是最核心的三个因素。如果说休闲的遁世境界是通过逃避世界来获得大量的自由时间，从而达到休闲的话，那么谐世境界就是充分认识到经济基础，即物质条件对于实现休闲的重要性，并努力地寻求足以令其闲适的经济基础。在这一休闲境界中的人相对比较重视或依赖世俗功利的生活，具体表现在对工作、职位包括社会地位、名誉都非常重视。他认为工作是为了休闲，因为工作所得来的物质基础是其休闲得以进行的前提条件。如果没有这个物质基础，休闲便难以实现。谐世境界的典型代表是白居易。白居易曾说：“贫穷心苦多无兴，富贵身忙不自由。唯有分司官恰好，闲游虽老未能休。”（《勉闲游》）[③] 他的“中隐”理论，无非就是通过隐于吏职，既不用劳心费神于国计民生，又能轻松获得适宜休闲的物质财富。

因此，谐世境界对遁世境界的超越体现在不再执着于出世、逃到纯自然的状态中忍受贫困的折磨，而是依然存在于公共的行政领域，享受由于从政而得到的钱财俸禄以及优越的社会地位，从而能够更自由地休闲。但谐世境界在解决休闲的物质基础的同时，又陷入对这种功利生活的依赖。从有所依赖而言，谐世境界和遁世境界是相似的，这两种境界如果在其前提条件皆能满足的情况下，人们便能很容易地获得休闲。但是如果这种条件——自然的、功利的——一旦失去，作为人生本体的休闲能否达到，便成为一个未知数了。这也就是说，真正的休闲人生还需要更为超越的境界。

超然或自得境界则是休闲所能达到的最高境界。事实表明，通过遁世回到自

---

① 赵敦华主编:《西方人学观念史》，第 61 页。

② 《徐汉明》，袁宏道:《袁宏道集笺校》卷 5，钱伯城笺校，上海：上海古籍出版社，1981 年版，第 217 页。

③ 白居易:《白居易集笺校》（三），朱金城笺校，上海：上海古籍出版社，1988 年版，第 1906 页。文中所引白居易诗文，除特殊说明外，皆引自此书，只随注篇名，不再加脚注。

然状态或通过谐世获得世俗功利，都未必能达到真正的休闲。两者均还是庄子说的“有所待”，未能达到“自适其适”（《庄子·大宗师》），更未能达到“无入而不自得”“无往而非乐”。因为回到自然状态意味着要冒贫困的危险，且有避世之讥；而依赖于世俗条件，则又让人很容易“怀禄而忘返”，溺于物中不能自拔。只有从精神上做到超然，才能化解各种执着的生活方式，而完全回归内在的精神，“它不受任何外在的限制，只服从人自己的意志和良心……因为仅有嗜欲的冲动便是奴役状态，而唯有服从人们自己为自己所规定的法律，才是自由”。[①] 正如有论者指出的境界之闲即是绝对的“心闲”，“这是主体内在精神完全超越状态下的自然自由，它可以完全超越对象”[②]。

王阳明曾有名言：“无善无恶心之体。”[③] 对此，我们可以从休闲审美哲学上做这样的理解：当良知呈现于“乐”的休闲审美世界时，面对的是本真的自由体验的世界，在自在生命的自由体验中，一切物和事都脱去了它们实用的或伦理的片面实相，呈现在人们面前的是它们的真如本相，而且人们对其的体验甚至无须执着于是是是非、是善是恶，真可谓“天人一体”“与物无对”。其弟子王龙溪更有“四无句”：“无心之心则藏密，无意之意则应圆，无知之知则体寂，无物之物则用神。”[④] 正可作为休闲的超然自得境界的生动写照。

“无心”意味着超越，即不让人执着于现实功利的过分纠缠，能时刻超脱于客观世界的变化与纷扰。同时“无心”并非极端的消极无为，无心于世事，而是通过一种超然的心境以更加积极的心态参与到社会宇宙的创化之中。人类的休闲活动毕竟是以一定的物质基础为前提的，并且休闲活动要求人与物打交道。而“物”遵循的是客观法则，具有很大的偶然性。超然于物外的休闲境界能够让人们在这偶然的客观法则下寻求一种无往而不适、无往而不闲的人生自由境界。也就是说，既承认物的法则对休闲的重要性，又能从物的休闲之中超脱出来，真正回归休闲主体的内在本性。

休闲本是人的生活方式之一，但如果以超然之心态休闲，那么休闲同时也就是人的理想的生存境界。作为理想生存境界的休闲并不是狭隘意义上的休闲，即不是摆脱劳动、不去工作意义上的休闲，而是更为积极主动地参与到人的生命创造中去，人无论在劳作中，还是在空闲中，内在的精神都是无往而不闲的。此时的休闲实现了自身，完成了自身，休闲成为人的本体存在。

---

① 赵敦华主编：《西方人学观念史》，第61页。

② 苏状：《“闲”与中国古人的审美人生》，复旦大学博士论文，2008年，第5页。

③ 黄宗羲：《明儒学案》，北京：中华书局，1985年版，第217页。

④ 王畿：《龙溪王先生全集》卷1，明万历四十三年张汝霖校刊本。

第二章　审美、休闲与和谐社会

构建社会主义和谐社会，是全面建设小康社会的一项重要的战略任务，适应了我国改革发展进入关键时期的客观要求，体现了广大民众的根本利益和共同愿望。和谐社会的核心理念是“以人为本”。民众不仅是和谐社会建设的主体，更是和谐社会建设的最终受益者。建设和谐社会的目的是使社会成员在与自身、他人（社会）和自然的相处中达到协调有序的状态，使民众都能享受到改革和发展带来的福祉。构建和谐社会是一项系统工程，需要从经济、政治、文化等多方面进行努力。如果说经济与政治分别是和谐社会的基础和保障，文化则是和谐社会的灵魂。审美与休闲是和谐文化的集中体现。作为自在生命之自由体验，审美与休闲在改善人的生活品质、提升人的生存境界和增强人的幸福感方面起着无可替代的作用。要建成真正的和谐社会，必须对人们的审美和休闲给予高度关注。

第一节　和谐社会的审美与休闲意蕴

一、和谐：人类社会的永恒主题

在汉语中，“和谐”一词是由“和”“谐”二字组合而成的同义复词[①]，其本义是音乐中高低长短不同的声音互相配合与协调的状态，后来演变为一个抽象的哲学概念，意指事物的各组成部分协同、适应、相辅相成或相反相成的关系，是一种优化的整体结构和功能状态[②]。在西方文化中，“和谐”概念最早由毕达哥拉斯、赫拉克利特等古代哲学家提出，也均是从音乐和谐的具体形象引申、扩展为多样统一的哲学抽象。[③]

作为人类生存的理想状态，和谐是人类社会的永恒主题。千百年来，无论是在

① “和、谐训同，变文以见义。”参见孙诒让：《周礼正义》（第1卷），北京：商务印书馆，1955年万有文库本，第42页。

② 孙中原：《和谐源自音乐》，《中国社会科学报》，2009年8月11日，第12版。

③ 朱立元主编：《西方美学范畴史》（第3卷），太原：山西教育出版社，2006年版，第318、319页。

中国还是在西方，人们莫不对此孜孜以求。

早在先秦时代，华夏先贤们便对理想的和谐社会进行了畅想式描述。道家始祖老子设想了一个百姓“甘其食，美其服，安其居，乐其俗”（《道德经》第 80 章）的小国寡民式的理想社会；庄子则提出天和、人和、心和的思想[①]。在儒家,《尚书·尧典》的“百姓昭苏，协和万邦”,《周易·乾卦》的“首出庶物，万国咸宁”，均是希望邦国之间和睦相处，百姓能过上安宁的生活。《礼记·礼运》则构想了一个高度和谐的大同社会:“大道之行也，天下为公。选贤与能，讲信修睦。故人不独亲其亲，不独子其子，使老有所终，壮有所用，幼有所长，矜、寡、孤、独、废疾者，皆有所养。”孔子认为“礼之用，和为贵”(《论语·学而》)，并憧憬一个“四海之内皆兄弟”(《论语·颜渊》)、“老者安之，朋友信之，少者怀之”(《论语·公冶长》)的礼乐盛世。孟子继承孔子的思想，高倡“人和”，提倡统治者与民同乐，认为非此不能达到社会和谐。荀子也希望通过礼乐教化实现“天下皆宁，美善相乐”(《荀子·乐论》)。在中国长达两千年的封建社会里，儒家思想一直占据正统地位，儒家致力于社会和谐的“内圣外王”的理念也不断被历代仁人志士付诸实践，并取得了一定效果。到了近代，康有为以其生花之笔在《大同书》中描绘了一幅消灭了私产和阶级，社会安定团结，百姓幸福美满、平等相亲的无限美好的未来社会图景。进入 21 世纪的今天，建设“和谐社会”已经上升到国家理念的高度，成为执政者自觉的追求，并得到广大民众的普遍认同。

在西方，早在两千多年前，柏拉图也曾构想过正义、和谐的城邦社会——“理想国”。柏拉图的“理想国”由统治者、保卫者和劳动者三个阶层组成，他们分别具有智慧、勇敢和节制的德行，各阶层依其德行行事并和谐相处。亚里士多德更是古希腊和谐思想的集大成者，他既强调城邦社会的民主正义和安定有序，认为公民幸福在很大程度上依赖于城邦整体的和谐，也注重公民个人素质的培养，提倡以艺术尤其是音乐为核心的和谐教育。在中世纪，神学思想家们一般认为自然和社会的和谐是上帝意志的体现。欧洲启蒙运动时期，洛克、卢梭、狄德罗等人提倡自由、平等、博爱以及社会契约等理念，其中也包含社会和谐的思想。到了 19 世纪，圣西门、欧文、傅立叶等空想社会主义者对当时的资本主义社会进行了猛烈批判，并在此基础上提出了带有乌托邦性质的和谐社会构想。[②]由于空想社会主义者们没能找到实现和谐社会的主导力量和可行道路，他们对和谐社会的设计只能流于空想。马克思、恩格斯在批判地继承前人思想的基础上，全面深刻地提出了科学社会主义理论，

---

① 刘俊英:《庄子和谐观对现代人的启示》,《烟台大学学报》(哲学社会科学版)，2006 年第 1 期。

② 傅立叶甚至将其代表性著作直接命名为《全世界和谐》，在书中他明确提出了建设“和谐制度”的主张，并设计了一种叫作“法郎吉”的联合组织，作为“和谐制度”的基本单位。参见章士嵘编:《西方思想史》，上海：东方出版中心，2004 年版，第 211—213 页。

论述了关于和谐社会的一系列重要的理论观点：资本主义由于其自身固有的矛盾和难以避免的危机，无法实现真正的和谐，只有在社会主义取代了资本主义之后，才可能进入真正的和谐社会；和谐社会应包括人与自身的和谐、人与他人（社会）的和谐、人与自然的和谐等不同的方面。[①] 马克思和恩格斯关于和谐社会基本内涵的真知灼见和科学论断已经成为建设社会主义和谐社会的共识。我们今天所要做的，应该是在充分汲取古今中外“和谐”思想的基础上，本着以人为本的科学发展观，从人与自身、人与他人（社会）以及人与自然的关系出发，扎实推进社会的和谐进步与人的自由全面发展。

二、审美与休闲：和谐文化的集中体现

和谐社会是集政治文明、物质文明和精神文明三个维度于一体的社会。政治文明体现在体制日益完善，社会政治秩序不断优化；物质文明体现在经济持续发展，民众物质生活水平日益提高；精神文明则体现在文化日益繁荣，并能落实到人的精神层面，使民众的文化生活品质和生存境界得到切实的改善与提高。审美与休闲主要属于精神文明的维度，是和谐文化的集中体现。

在东西方美学史上，和谐都是一个历史悠久、影响深远的美学范畴。在我国，“中和”思想起源很早，产生于远古时代的太极图就是体现中和美的范本。后来儒家提出“中庸”的思想，墨家注重义与利的统一，道家特别强调人与自然的和谐，法家则主张个体行为与社会功利的协调一致。诸家思想虽各有特点，但都对上古“中和”思想有所继承，都认可个体与对象的和谐统一。[②] 在西方，自毕达哥拉斯学派从数的和谐关系来论述音乐的审美特征，并进而论述天体和整个宇宙的美开始，以和谐为美的观点持续了两千余年，不仅影响到近现代西方的美学思想，还影响到当代的生态美学和科技美学。[③] 虽然中西文化中都有以和谐为美的传统，但儒家思想长期占正统地位的传统中国文化更多地侧重人际关系和整个社会的和谐；起源于古希腊的西方传统美学则更多地侧重形式元素关系的和谐。只是到了近现代以后，中西方思想家们才开始从人与自身、人与他人（社会）、人与自然等相和谐的角度全面地、多方位地考察和谈论和谐之美。

从以追求自在、自由的生命体验为最根本特征的角度来讲，休闲与审美内在相通，甚至可以说两者具有同一性。休闲作为审美，也强调以和谐为本的核心理念。中国传统休闲文化受儒释道三家思想的影响，所追求的大多是一种宁静和谐的休闲

---

① 宋德勇：《马克思关于和谐社会的思想及其现实意义》，《求实》，2006 年第 1 期。

② 曹利华：《中国传统美学体系探源》，北京：北京图书馆出版社，1999 年版，第 112 页。

③ 朱立元主编：《西方美学范畴史》（第 3 卷），第 318—378 页。

体验，一种优美或曰优雅的审美化生存状态。然而和谐并不必然与宁静和优美为伍，在以动态为休闲之主要特征的西方休闲文化中，和谐同样是一个核心概念。美国心理学家米哈里·契克森米哈赖曾对人的休闲心理进行过深入研究，并提出了“畅”（flow）的概念。所谓“畅”即“一个人完全沉浸在某种活动当中，无视其他事物存在的状态”[①]。从心理层面来讲，“畅”意味着意识的和谐有序，即“没有脱序现象需要整顿”[②]。能带来“畅”之休闲体验的，不仅有静态的休闲方式，也包括动态的休闲活动。信奉“生命在于运动”的西方人推崇动态、激烈的休闲活动（其中有些具有相当的冒险性和刺激性，如攀岩、蹦极、冲浪、滑翔、跳伞等），人在其中体验到的往往并不是宁静的美，而是与之相对的（体育美的）崇高[③]。然而，康德指出，崇高与和谐并不是对立的，它同优美一样也能产生和谐，“这个判断本身在这里仍然只是停留于审美上，因为它并不把一个确定的客体概念作为基础，而只是把诸内心能力（想象力和理性）本身的主观游戏通过它们的对照而表象为和谐的”[④]。总而言之，休闲审美的本质在于自由的体验，无论是静态的休闲，还是动态的休闲，也无论是静态休闲带来的美感体验，还是动态休闲带来的崇高感受，都可以是属于“畅”的最佳体验，也都内在地蕴含着（心灵的）和谐。

和谐美的本质在于协调有序。和谐社会是一个全体民众各尽所能、各得其所，社会各要素相互依存、相互协调、相互促进的有序社会，也即是美的社会。作为在物质生产实践的基础上形成的人类生活与关系的共同体，社会是由人建造出来的，而人懂得如何“按照美的规律来建造”[⑤]，以求得合规律性和合目的性的统一。人类的建造，无论是建造有形的产品，还是建造社会制度与秩序，也无论是对于自然的改造，还是对于人自身的改造，都蕴含对美的追求，用马克思的话说：“社会的进步，就是人类对于美的追求的结晶。”[⑥]社会的和谐之美体现在多个方面：既有社会成员自身的人格之美、道德之美，也有社会运行的秩序之美，还包含着人化的自然之美。和谐社会也是一个广大民众普遍享有休闲的社会，营造良好的休闲文化是社会主义和谐社会的内在要求。陈鲁直曾从马克思主义理论中挖掘出丰富的休闲思想，指出马克思主义、社会主义所追求的理想社会就是“民闲社会”，而“所谓‘民闲’者，就是人，或者人民，普遍拥有自由发展自己的时间”。[⑦]

---

① ［美］米哈里·契克森米哈赖：《幸福的真意》，张定绮译，北京：中信出版社，2009年版，第7页。
② 同上书，第52页。
③ 李一新：《论体育美的崇高》，《海南师范大学学报》（社会科学版），2007年第5期。
④ ［德］康德：《判断力批判》，邓晓芒译，北京：人民出版社，2002年版，第97页。
⑤ ［德］马克思、恩格斯：《马克思恩格斯全集》（第42卷），中共中央编译局译，北京：人民出版社，1979年版，第97页。
⑥ 转引自陆一帆主编：《爱美名言与轶事》，海口：海南人民出版社，1988年版，第8页。
⑦ 陈鲁直：《民闲论》，北京：中国经济出版社，2004年版，第209页。

构建和谐社会能为审美和休闲提供必要的条件。只有物质生活和社会秩序有了相当程度的保障，人们才可能并愿意去追求精神层面的审美与休闲；也只有在人与外在世界的关系和人的内心世界已经处于相对和谐的状态，人们才可能在休闲中与对象形成审美关系，获得审美享受。反过来，审美与休闲对构建和谐社会也能起到极大的促进作用。我们正在进入一个体验经济和审美经济的时代。在这样一个时代，提倡“日常生活审美化”，积极发展休闲，无疑具有促进经济发展、提供就业岗位等现实的社会功用，有利于和谐社会的建成。但更为重要的是，审美和休闲作为精神文化活动，能够为构建和谐社会提供坚实的精神基础。席勒说过：“只有审美趣味才能把和谐带入社会，因为它在个体身上建立起和谐。”① 而审美趣味产生于“游戏冲动”，即人的自由创造的审美活动。休闲、审美通过锻炼和培养人的审美心理能力，引发和塑造人的审美情感，促使人们养成健康的审美趣味和高尚的道德情操，以良好的精神风貌积极推动社会和谐程度的不断提升。

三、幸福：审美、休闲与构建和谐社会共同的目标指向

幸福是人们追求的终极目标之一。然而，幸福到底是什么？千百年来，无数哲人智者乃至平民百姓都试图找到这一问题的答案，并给出了成百上千种不同的幸福定义。虽然对幸福的界定并不统一，但人们一般认为，幸福与快乐是分不开的，而且这种快乐不应该是转瞬即逝或者会带来某些严重后果的快乐。莱布尼茨和霍尔巴赫都曾明确指出，幸福就是持续的快乐。② 现代心理学认为幸福就是“人们对于生活状态的正向情感认知评价”③，就是主观幸福感。显然，无论是把幸福界定为持续的快乐，还是将其认作主观幸福感，都是认为幸福并不依赖任何外在的客观标准，而是来自人们内在的心理感受。对幸福的这两种界定都是建立在体验论的基础之上，可谓异曲而同工。

人们进行审美和休闲，从根本上说，都是出于对幸福的追寻；或者说，审美与休闲共同指向人的幸福。④ 审美和休闲都具有愉悦性，能带来快乐的心理体验，而快乐的体验正是幸福感不可或缺的基本成分。契克森米哈赖将其“最佳体验”理论建

---

① ［德］席勒：《审美教育书简》，冯至、范大灿译，上海：上海人民出版社，2003 年版，第 236 页。

② ［德］莱布尼茨：《人类理智新论》，陈修斋译，北京：商务印书馆，1982 年版，第 188 页；北京大学哲学系外国哲学史教研室编译：《十八世纪的法国哲学》，北京：商务印书馆，1963 年版，第 649 页。

③ 奚恺元、王佳艺、陈景秋：《撬动幸福》，北京：中信出版社，2008 年版，第 6 页。

④ 说审美和休闲以幸福为共同的目的指向，并不意味着审美过程和休闲过程本身是有特定外在目的的。恰恰相反，审美和休闲过程本身是“无目的”的；如果要说有目的，也只是以其自身为目的。然而，审美和休闲能增强人的幸福感，这又体现出“合目的性”，即“把人的无意识活动提升到了有意识的认识高度，在有意识的层面又获得了无意识的精神境界”（黄兴：《论休闲美学的审美视角》，《成都大学学报》［社会科学版］，2005 年第 1 期）。用康德的话说，此即“无目的的合目的性”。

立在“畅”概念的基础上，其所谓“畅”，正是一种人沉浸于其所从事的活动中并感到极度快乐的状态，是心灵对于幸福的领受。① 审美和休闲又都带有一定的超越性，即在某种程度上实现了对以追求实用功利为特征的日常生活意识的超越，因而其所带来的愉悦感属于较高级的精神享受，较之物质欲望的满足带来的快乐更为丰富和深沉，也相对较能持久，因而与幸福的关系更为密切。心理学家马斯洛将人的需求分为由低到高的不同层次②，越是低层次的需求越基本，求得满足的欲望也越强烈。然而，就带给人的幸福感来说，则越是高层次的需求带来的幸福感越强。因为低层次需求虽然也能带来快乐，但这种快乐往往随着需求的满足而消逝，并非真正的幸福。审美和休闲满足的都是人的较高层次的需求，故而更有利于幸福感的获得。

审美和休闲还通过促进人的全面发展而指向幸福。幸福体现为人的“基本需求”和“根本需求”都能得到满足;“基本需求”是人的生存需求，“根本需求”则在于实现人的潜力和可能性，在于发展和完善自身。③ 人的全面发展是马克思关于未来社会发展目标的设想，包括人的需要和能力的全面发展，人的个性的自由发展，以及人的社会关系的丰富。④ 审美和休闲本身就体现了人的较高层次的精神需求，有利于形成健康高雅的趣味与和谐完善的人格，并在此基础上提高人的鉴赏能力和创造能力，以及个体与自我和他人（社会）和谐相处的能力。不仅如此，社会性、大众性的审美与休闲活动还直接为人们创造了大量的交往机会，有利于丰富人们的社会关系。因此，审美和休闲能通过满足人的“根本需求”而实现人的全面发展，进而增强人的幸福感。

构建和谐社会的最终目的，也是增进民众的幸福。目前，很多国家都提出了用以衡量民众幸福感的国民幸福指数，每年对该指数进行调查统计并公布于众。中国也已将国民幸福指数作为评价和谐社会发展状况的重要指标。依据体验论幸福观，幸福感体现的是民众对自身生存与发展状况的一种主观体验，而我们所要构建的全体人民各尽所能、各得其所而又和谐相处的和谐社会，也无非是为了使民众的基本生存需要得到很好的满足，使民众可以通过充分发挥自身潜能而实现自由全面发展。因此，幸福感的内在含义与构建和谐社会的目标有着高度的一致性。幸福不仅是审美和休闲的目标指向，也是构建和谐社会的目标指向。

---

① 契克森米哈赖甚至认为“畅”可以直接作为幸福的代名词，参见［美］米哈里·契克森米哈赖:《幸福的真意》，第 7 页。本书英文书名原为 *Flow: The Psychology of Optimal Experience*（《畅：最佳体验的心理学》），中文版将其译为“幸福的真意”，或许是出于营销的考虑，却也准确地反映了全书的基本思想。

② ［美］弗兰克·戈布尔:《第三思潮：马斯洛心理学》，吕明、陈红雯译，上海：上海译文出版社，2006 年版，第 32—47 页。

③ 张玉方:《幸福：人的全面发展的生活指向》，《天府新论》，2010 年第 1 期

④ 李炳炎、向刚:《马克思关于人的发展理论的内涵和逻辑》，《改革与战略》，2010 年第 5 期。

第二节　审美、休闲与身心和谐

一、身心和谐：构建和谐社会的基础与前提

人既是社会的存在物，也是自然的存在物，而且首先是自然的存在物，是身与心的结合体。身心和谐是指人在生理和心理上达到一种融洽、和合的状态，体现为人的生理组织、身体机能和心理活动之间的和谐，以及心理活动与人的言语行为等的和谐。身心处于和谐状态的人既有健康的体魄，也有健全的人格和饱满、稳定的精神状态，能乐观而理性地应对生活中的种种问题。不仅如此，身心和谐的人还具有体验现在的能力，能在习以为常的生活中发现美好、感受美好，获得激动、愉悦的幸福体验。

人的身心和谐是构建和谐社会的基石。和谐社会包括人与自身的和谐、人与他人（社会）的和谐，以及人与自然的和谐。身心和谐就是人与自身的和谐，是构建和谐社会的基本内容之一。同时，人与他人（社会）的和谐与人与自然的和谐也须以人的身心和谐为基础和前提。

只有处于身心和谐的状态，人才可能对自己与他人（社会）的关系、对自己在社会中的权利和义务有清醒的认知，才可能以一种积极、健康的态度参与到社会关系的营建中去。斯宾诺莎曾经说过："人要保持他的存在，最有价值之事，莫过于力求所有的人都和谐一致，使所有的人的心灵与身体都好像一个人的心灵与身体一样，人人都团结一致，尽可能努力去保持他们的存在，人人都追求全体的公共福利。"①也就是说，在社会个体身心和谐的基础上，不同的社会成员可以通过思想、感情和认识水平等方面的相互交流与促进，逐步产生强大的社会凝聚力，形成整个社会共同的心境和价值追求，使社会从整体上达到和谐的状态。

身心和谐还有助于使人认清自己在自然界中的位置，破除人类中心主义的错误观念，以一种更加亲善、理性的态度对待自然。马克思曾指出："人靠自然界生活。这就是说，自然界是人为了不致死亡而必须与之不断交往的、人的身体。"②因此，从人作为一种精神性存在的角度来讲，自然与人的关系是一种放大了的身心关系。这种关系的失调从根本来说源于人自身的身心关系的失调。人为了满足自己的物质贪欲，不顾后果地向自然索取，导致资源开采过度和环境破坏。为扭转这种局面，首先应该从治理人的身心关系入手。只有当人理性地克制了其内在物欲，恢复了对自然的精神依恋，才可能以正确的心态去善待自然这一"人的无机的身体"，并采取

---

① ［荷兰］斯宾诺莎：《伦理学》，贺麟译，北京：商务印书馆，1983 年版，第 184 页。

② ［德］马克思、恩格斯：《马克思恩格斯全集》（第 42 卷），第 95 页。

积极有效的措施去改善与自然的关系，求得人与自然的和谐。

二、身心失调：当代人的生活之累

随着现代社会生活节奏的日益加快、社会竞争的日益激烈化和社会关系的不断复杂化，身心失调已经是相当普遍的问题。身心失调在生理上的表现主要是身体处于亚健康状态。亚健康是一种介于健康和疾病之间的中间状态或“灰色状态”，在很大程度上是慢性病的潜伏期。一项全球性调查结果表明，全世界真正健康的人仅占 5%，经检查、诊断患有疾病的人也只占 20%，其余 75% 的人均处于亚健康状态。我国卫生部对 10 个城市的工作人员的调查结果也表明，处于亚健康状态的人占总人群的比重高达 48%。[①] 在精神和心理方面，身心失调主要表现为：精神出现空虚，体验不到生活的意义；人格出现障碍，无法正确地对待和处理自己与他人以及社会的关系；情绪出现失调，常处于心理紧张、焦虑的状态。人的身心原不可分，二者之间存在相互影响的关系。生理的失调可能引起精神和心理层面的失序，精神和心理的危机也常常对人的身体健康状况产生负面影响。

在当代，人们普遍信奉自由的生存方式，且多将自由理解为对物质财富的无穷追逐和贪婪攫取，理解为对商品的自由消费。这种追求物质财富的自由观极易导致人性的异化和意义的缺失。在市场经济条件下，人的逐物欲望总是不断地被刺激，人们往往在物欲中迷失了自我，沦为物的奴隶。无穷逐物的人最终将发现：对物的追求并不能为之带来真正的幸福，反倒会使自己感到身无所安、命无所立，丧失了心灵的安宁、平和与幸福。自由地消费商品非但不能填补人生的空虚，反而可能加重人的意义危机，使人产生“形而上的焦虑”。

相比于人生的意义危机所导致的“形而上的焦虑”，人格和情绪失调带来的心理上的问题则要具体得多。人格是人的心理特征的整合统一体，其健康和稳定有赖于人的正确的世界观和人生观。人格出现障碍的人容易表现出性格偏激、行为异常，无法正确处理与他人的关系。人格失调也容易使人沾染各种不良习气，是家庭暴力、社会危害的重要源头和成因之一。人格失调的人还很容易产生焦虑情绪。然而焦虑实乃一种时代病——在我们这个高度重视速度和效率的时代，大多数人（包括人格健全者在内）都难以完全避免这一负面情绪的侵袭。对不善于调理自己情绪的人来说，焦虑可能会成为其挥之不去的心头阴影。频繁、持久的焦虑极易引起和加剧人的健康状况的下滑。不仅如此，长期的心理焦虑还可能导致或加重人格障碍。严重的焦虑症患者甚至可能走上自杀之路。据报道：在中国，每年有 27.8 万人死于自杀，有 200 万人自杀未遂；平均每两分钟就有 1 人死于自杀，8 人自杀未遂。专家

---

① 杨占清:《认识亚健康》,《解放军健康》, 2010 年第 4 期。

分析认为，不少人之所以选择自杀，是因为焦虑感和抑郁感超出了其心理的承受能力。[①] 自杀现象频发，显然与建设和谐社会的宗旨不合。

三、审美与休闲对身心失调的疗治

提高全民族的健康素质是构建和谐社会的目标之一。与此同时，民众的身心健康也作为一种重要的资源，对构建和谐社会产生着不可忽视的影响。从事审美、休闲活动，能将人从生活和工作的压力中暂时解脱出来，解除人的身心疲劳，使人摆脱亚健康状态，获得快乐、幸福的心理体验，并能使其以旺盛的精力和饱满的热情再次投入到社会实践中去。马克思认为，人在余暇时间的活动分为两种：一是休息和娱乐等普通活动，二是发展智力、在精神上掌握自由的高级活动。法国社会学家杜马哲迪尔也曾指出，休闲包括三个密不可分的部分，即所谓“休闲三部曲”：放松、娱乐和个人发展。[②] 休息、娱乐、放松都是对工作、学习等导致的身心紧张状态的疏解，是压力的释放或转移，是对身心和谐的复归，是休闲最基本的功能。审美从本质上讲，也是一种娱乐。但不同于对人的身心和谐会产生破坏性影响的消极娱乐（如嗜酒、赌博、吸毒等），审美是一种积极、高尚、高雅的感性精神娱乐[③]，因而也能起到调剂生活、放松身心进而促进健康的作用。

审美和休闲不仅具有放松身心的功能，能使人解除精神与身体上的疲劳和紧张，更重要的是，有助于找寻和确立生命的意义，使人解除“形而上的焦虑”。如前所述，所谓“形而上的焦虑”乃是一种迷失了生活的方向、感觉不到人生之意义的精神上的生存危机。这种危机产生的原因，在于将自由作为人生的目标并视自由为物欲的满足。要克服“形而上的焦虑”，就必须重新审视人生存的意义。我们并不反对人应当追求自由的生存方式，但将追求自由仅仅理解为对物质商品的追逐和消费则是我们不能赞同的。诚然，人的自由离不开一定的物质条件作为保障，但过分逐物不仅不能带来真正的自由，反而会使人陷入物质主义和虚无主义的泥淖。在全面建设小康社会的今天，我们应该大力提倡追求精神上的自由。审美和休闲恰恰能满足人对精神自由的追求。自由是审美体验的根本特征之一。审美体验的自由建立在超越实用功利的基础上，如黑格尔所说：“审美带有令人解放的性质。它让对象保持它的自由和无限，不把它作为有利于有限需要和意图的工具而起占有欲和加以利用。”[④] 有学者提倡人们应该追求一种新的生存方式——“优雅生存”，以取代原有的

---

① 马炜筠：《略论我国自杀现状和干预体系的建立》，《江南论坛》，2007 年第 5 期。
② 李仲广、卢昌崇：《基础休闲学》，北京：社会科学文献出版社，2004 年版，第 88、89 页。
③ 薛富兴：《美学三题》，《思想战线》，2004 年第 1 期。
④ ［德］黑格尔：《美学》（第 2 卷），朱光潜译，北京：商务印书馆，1979 年版，第 147 页。

以自利性、物欲性、贪婪性、异化性和破坏性为特征的“自由生存方式”。[①] 在我们看来，人们通过审美和休闲能体验到精神上的自由和满足，审美化、休闲化的生存方式就是“优雅”的生存方式，是“诗意地栖居”。也正是在这个意义上，我们可以说，审美和休闲是克服虚无主义的有力武器，因为人们通过审美和休闲能找寻到生存的意义，回归自己的精神家园。

审美和休闲还具有丰富情感、健全人格的功能。人的身心和谐离不开健全的人格。作为人的心理特征的总体结构，人格是“知、意、情”三种机能的统一。“知、意、情”即认知能力、意志能力和情感体验能力（或曰审美能力）。对一个健全的人来说，这三种机能都是必不可少的，它们紧密联系，互相渗透，共同构成一个完整的人格结构。在当前，日常生活审美化已成为势不可挡的社会潮流，尤其是随着全民有闲时代的来临，审美正通过休闲渗透到人们生活的每一个角落。通过休闲审美，人们能体验到超越现实物欲的精神自由，建立并丰富人格中“情”的维度。审美能力或情感体验能力的提高对人格结构中的其他两种机能也能产生正面促进作用。在休闲审美的精神实践中，人的情绪、感知、想象、理解、意志等诸种心理能力都被调动起来，以一种极其自由、和谐的方式进行统一的演练；在其中每一种能力都能得到充分的发挥，而又不至于妨害整体的和谐。主体通过这种演练，可以不断完善自身的人格结构，使感性与理性、美与真善得到高度融合。体现在具体的日常生活实践中，善于休闲、具备良好审美能力的人往往能快速有效地调节自己的情绪，能从容不迫地应对生活的种种挑战，能敏锐地发现并体验生活之美好，能积极地悦纳自我、欣赏自我，能真诚地尊重他人、善待他人，能通过自身的人格魅力去影响他人、感染他人，从而促进民族整体人格的健全与和谐。

第三节　审美、休闲与人际和谐

一、人际和谐：和谐社会的核心内容

人是社会的存在物，用马克思的话说：“人的本质并不是单个人所固有的抽象物，在其现实性上，它是一切社会关系的总和。”[②] 社会是由人组成的社会，是人的物质实践和精神实践的产物；社会和谐的直接表征就是社会中人与人的和谐相处。当代西方哲学提倡回归生活世界，而生活世界乃是一个人际关系的领域，是一个交

① 江畅：《和谐社会与优雅生存》，《哲学动态》，2005 年第 3 期。
② ［德］马克思、恩格斯：《马克思恩格斯全集》（第 1 卷），中共中央编译局译，北京：人民出版社，1972 年版，第 18 页。

互主体性的世界；正是个体间的交互作用造就了生活世界。和谐社会的理想状态是社会成员的交互主体性和谐，体现为一种主体间的相互理解、相互接受、相互影响、互惠互利、平等和谐的交往状态。

人际和谐是构建社会主义和谐社会的核心内容。作为社会的人，个体自身的和谐（身心和谐）只有在社会之中才能得以实现并表现出来。身心和谐要求人的各种基本需求（生理需求、安全需求、交往需求、尊重需求、自我实现需求）都能得到满足，而这些需求的满足都是在社会中实现的。尤其是较高级的交往需求、尊重需求和自我实现的需求，更是离不开对与他人结成的社会关系的依赖。人与自然的和谐（天人和谐）也有赖于人际和谐。只有人与人之间能达成善待自然的共识，并相互配合，采取协调有力的措施，人与自然的关系才可能得到彻底改善。

社会关系有各种表现形式，既有社会个体在衣食住行、婚丧嫁娶、消费娱乐、言谈交往等日常生活领域中构成的社会关系，也有在政治活动、公共事务、经营管理和社会化大生产中构成的社会关系。生产关系、经济关系、政治关系、法律关系、伦理关系、宗教关系等等，从本质上看均是人际关系在不同领域、以不同方式的表现。可以说，人际关系渗透在一切社会关系之中，将社会上具有不同利益需要的人连接在一起，构成一个纷繁复杂的社会关系网络。不断化解和消除社会成员之间的隔阂与矛盾，积极打造互相尊重、互相关心、互相协调、互相促进的人际关系，使社会关系网络庞而不杂、繁而不乱，既是社会繁荣稳定的保障，也是文明进步的标志。

人际和谐是共时性与历时性的辩证统一。从共时性的角度看，人际和谐是一种社会成员相互依存、协调共处的相对静止的社会状态；从历时性的角度看，人际和谐则表现为人际关系随着社会的发展而不断调整和优化，表现为一个不断化解矛盾、减少摩擦的动态过程。构建以人际和谐为核心的和谐社会也是一个长期的，甚至永无止境的过程。人际和谐既是构建和谐社会的核心要素，也能为和谐社会的动态发展提供良好的动力支持。现在有一种说法认为人际关系也是生产力，尽管我们并不认同这一说法，因为从根本上说，人际关系属于生产关系的范畴，但我们也认为，良好的人际关系对社会生产力能产生巨大的促进作用。《荀子·王制》中说："和则一，一则多力，多力则强，强则胜物。"如果人与人之间能互尊互爱、互谅互信、互帮互助，人们就能处在一个温馨和睦、友好亲善的环境中，小至个人、家庭，大至社区、单位、行业、社会，就都能激发出最大的积极性和创造力，使整个社会充满朝气和活力，并不断地从较低级的和谐走向较高级的和谐。

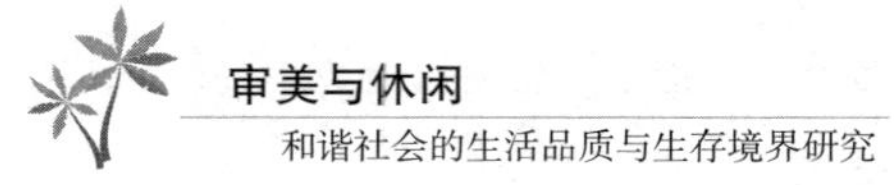

二、审美与休闲：和谐社会的润滑剂

随着全民有闲时代的来临，日常生活休闲化正日益成为人们当下的生活现实。与此同时，作为一种审美景观，日常生活审美化也渐已蔚然成风。这两股趋势的合流，便是审美精神被贯注到休闲中，于是休闲即是审美，审美即是休闲，人们通过休闲的生活方式达到审美化的生存境界。休闲化、审美化的生存是一种优雅的生存，是一种“诗意的栖居”，这种生存方式和境界既是社会和谐的表现，又能起到消弭社会矛盾、融洽人际关系的作用。

传统意义上的审美以艺术审美为中心，强调的是审美主体对客体的静观。现代休闲审美则突破了传统审美的艺术中心论，它虽然也要求主体做到心无羁绊，对世俗功利保持一定的超越态度，但却并不拒绝“参与”。许多休闲方式都需要不同主体的参与，而不仅仅是在一旁做冷眼静观。人们在参与中交往，在参与中互动，在参与中以自由的实践对待他人。通过人们的“参与”，社会和谐所需的“礼”被逐步培养起来。和谐社会理应是一个重“礼”的社会。孔子有言：“道之以政，齐之以刑，民免而无耻；道之以德，齐之以礼，有耻且格。”（《论语·为政》）荀子也说：“人无礼则不生，事无礼则不成，国无礼则不宁。”（《荀子·修身》）当然，我们今天提倡的“礼”不同于孔子、荀子所提倡的封建之“礼”，而是扬弃了传统礼仪、注入了现代内容的建立在人本主义基础上的“礼”。这样的“礼”体现的是对人的发自内心的尊重、对和谐秩序的自觉遵守，是一种新时代的社会美。作为一种主体间的态度和关系，“礼”的习得与养成离不开“参与”。休闲、审美正好提供了这样的机会和空间。通过参与性的休闲和审美活动，在个人可以学礼、知礼、守礼、行礼，以养成彬彬有礼的人格气象；在社会则可树立和传扬重“礼”之风，重铸礼仪之邦的文明风采。

人际关系的矛盾多来自因私欲而引发的功利计较。而在休闲、审美中，支配人的不再是物质性私欲，而是席勒所说的“游戏冲动”。处于“游戏冲动”中的人具有超越、自由的审美精神。经历过“游戏冲动”洗礼的人，往往能积极、愉悦地融入群体活动和组织行为中去，能自觉地参与营建和维护良好的人际关系。不同于经济生活中的劳动分工关系和物质交换关系，人们在休闲和审美中结成的是一种情感关系。由于情感关系是建立在“游戏冲动”的基础上的，如席勒所说，它能将出之于感性物欲的“感性冲动”和出之于意志法则的“理性冲动”完满地结合起来，所以，休闲审美情感的孕育能涤除人性中肮脏、卑污的成分，能消融人的非理性的物质私欲，人从而不再汲汲于对实用功利或效用的理性算计，而是能自由舒畅地徜徉于与他人的情感交流中。①

① 张世英：《哲学导论》，北京：北京大学出版社，2002 年版，第 196 页。

人与人之间的情感关系能自然、顺利地过渡到道德关系，因为审美意识超越了并包含着道德意识，善是美的必然结论。审美和休闲通过对人的情感的涵育，能陶冶人的情操，提升人的道德水平，进而促进人际关系的和谐。和谐的人际关系内在地蕴含着对人的道德要求。审美、休闲所孕育的情感关系也可以说是一种爱的关系，它能促使人产生“民吾胞也”的情怀，能使人超越个人中心主义和自我中心主义，使人“抛弃人与人是兽性关系的自然主义理解和‘他人是地狱’的灰暗的存在主义理解，建立人与人是平等友爱的伙伴关系的人道主义理解”①。上一节曾谈到，审美和休闲可使人情感丰富、人格健全。情感丰富、人格健全者不仅善于处理与自身的关系以保持身心和谐，往往也能对他人的各种需求保持灵敏的觉察和友善的理解，能与他人建立良好的情感关系，并在人际交往中处处体现出利他的精神。在全民有闲的时代，应该大力提倡普及审美化的休闲方式，使社会的绝大多数成员都能拥有丰富的情感和健全的人格，都能具备高尚的情操，如此则可在人际交往的基础上形成融情感关系和道德关系为一体的“爱”的关系网，营构出全社会互帮互助、诚实守信，全体人民平等友爱、融洽相处的和谐氛围。

第四节　审美、休闲与天人和谐

一、天人和谐：人类绿色的精神家园

在早期的人类观念中，人与自然往往被看作和谐统一的有机整体，并不存在像今天这样的紧张关系。先秦时期的儒家就有天人相通的思想。虽然这种看法主要是从心性论的角度做出的（儒家所谓的“天”多指“义理之天”或“道德之天”），并非我们今天所提倡的人与自然和谐相处意义上的“天人合一”，但儒家的某些论述，如《中庸》的“致中和，天地位焉，万物育焉”、孟子的“仁民爱物”等，仍然包含人与生态自然和谐一致的意思，只是尚不太直接和明朗。道家在这方面的态度要明确得多。老子说：“人法地，地法天，天法道，道法自然。”（《道德经》第25章）庄子也指出：“天地与我并生，万物与我为一。”（《庄子·齐物论》）这都明确表达了人对宇宙自然的归宿感与融合感。古代西方哲学家则有“大宇宙”和“小宇宙”的理论。“大宇宙”指整个自然界，“小宇宙”指人；大小宇宙在本质上是相同的，“大宇宙”照耀着“小宇宙”，“小宇宙”反映着“大宇宙”。古人对人与自然关系的这种认识是一种天才的猜测。与这种猜测相对应，古人对待自然的态度也以依顺为主，不太重视对自然实施主观能动的改造。

---

① 曾繁仁：《论美育的现代意义》，《山东大学学报》（哲学社会科学版），1999年第3期。

近代启蒙运动以后，人类对待自然的态度发生了根本的变化。人类中心主义逐渐成为主流，取代了原始的天人和谐的观点；自然不再被人们视为应该亲和对待的温馨家园，而是成了独立于人、仅仅为人提供服务的工具性存在。尤其是工业革命以来，在人类中心主义观念的支配下，凭借科技进步和经济发展带来的空前强大的能力，人类对自然的控制、掠夺、征服和奴役也达到了史无前例的程度。然而，伴随着社会物质财富的急剧增长，各种生态危机也接踵而至：能源和资源渐趋紧张，大气和海洋污染严重，植被遭到破坏，生物多样性减少，自然灾害频发……用恩格斯的话说，人类对自然界的每一次胜利，自然都报复了我们[①]。“人与自然的关系不和谐，往往会影响人与人的关系、人与社会的关系。”[②]对自然资源的过度掠夺和对生态环境的严重破坏，会使社会矛盾不断涌现和加剧，如果不采取有效措施加以克服，将会使人类陷入无休止的利益冲突，最终导致人类社会出现全面的不和谐。

为克服生态危机以及由此带来的种种社会不和谐，必须改变占主流地位的人类中心主义观念，为此则须对人在自然界中的地位和作用、对人与自然的关系进行重新审视。这一奠基性工作由马克思在《1844年经济学哲学手稿》中出色地完成了。在《1844年经济学哲学手稿》中，马克思提出了一个著名的论断：人是对象性的存在物。作为对象性的存在物，人与自然互为对象、互为中介：人以自然为对象表现自身的生命本质；人也作为自然的对象表现自然的生命本质。将人与自然统一起来的，是人所特有的对象性的实践活动。通过实践，主体对象化（外化）为“物态性”的客体，客体对象化（内化）为“人态性”的主体。此即所谓“人的自然化”和“自然的人化”，它们是同一过程的两个方面。人与自然的这种双向转化表明：人在自然之中，自然也在人之中；人与自然在本质上具有内在的一致性。马克思指出，人与自然的这种一体性关系在资本主义生产方式下产生了异化：人对自然采取了单纯占有和征服的态度，“一切肉体和精神的感觉，都被这一切感觉的单纯异化即拥有的感觉所代替”[③]；而反过来，自然也不再是人的自然，而是“作为敌对的和相异的东西”同人相对立。在马克思看来，只有在扬弃了资本主义生产方式的公有制社会，才有可能克服人与自然关系的这种异化，实现“社会是人同自然界完成了的本质的统一，是自然界的真正复活，是人的实现了的自然主义和自然界的实现了的人道主义”[④]。

20世纪的西方马克思主义者、法兰克福学派的代表人物之一马尔库塞对马克思

① ［德］恩格斯：《自然辩证法》，北京：人民出版社，1971年版，第158页。

② 胡锦涛：《在省部级主要领导干部提高构建社会主义和谐社会能力专题研讨班上的讲话》，《人民日报》，2005年6月27日，第1版。

③ ［德］马克思：《1844年经济学哲学手稿》，中共中央编译局译，北京：人民出版社，2000年版，第55页。

④ 同上书，第83页。

关于人与自然关系的论述给予了极高的评价，并在阐释马克思著作的基础上提出了"解放自然"的理论。马尔库塞认为：把自然界当作解放的领域，是马克思《1844年经济学哲学手稿》的中心论题；解放自然是解放人的手段。而解放自然的首要前提，是把自然界看成"它的真实样子的主体""生活于共同的人的宇宙中的主体"，而不是看成"男性原则"统治下的客体。只有以这种主体间的态度对待自然，与自然保持平等的伙伴关系，才可能将"商品化了的自然界，被污染的自然界，军事化了的自然界"解放出来，使自然恢复其本性并实现其合法的潜能。[①] 马尔库塞（以及后来在西方出现的生态学马克思主义者）的理论，连同马克思本人的科学分析，为现代社会重新确立了人与自然的一体性关系，摆正了人在自然界中的位置，对我们今天克服生态危机、实现天人和谐具有非常积极的启示作用。

二、审美与休闲的生态智慧

对于如何实现自然的解放，马尔库塞开出的药方是"审美还原"。"审美还原"原是黑格尔提出的一个概念，又称"艺术还原"，指的是艺术使对象摆脱偶然性和压抑性，把对象还原到展示出自由与满足的状态。马尔库塞借用"审美还原"这一概念，旨在恢复艺术的技术合理性，通过创造一种艺术化的新技术，将人和自然从破坏性的科学技术中解放出来，使人成为具有"新感性"的人，使自然恢复其主体性地位。[②] 马尔库塞所设想的这种新技术是否可能姑且不论，其通过审美介入来解决生态问题的思路却是极可借鉴的。人与自然关系的紧张缘于人对自然采取了单纯的实用功利的态度。在人和自然之间构建一个超功利的审美的维度，正可以削减人们对大自然急功近利的心态，使人们认识到自然"除了有用之外还能如此丰盛地施予美和魅力，因此我们才能够热爱大自然，而且能够因为它的无限广大而以敬重来看待它"[③]。这种对待自然的审美的态度，也可以说是一种"天人合一"的态度。但是我们这里所说的"天人合一"与中国传统的"天人合一"有所不同，它不是人对自然的消极依顺，而是像马克思说的那样，在人的对象性活动中"按照美的规律"来改造自然、美化自然，在较高的程度上通过双向的对象化达成人与自然的和谐相处。

人要与对象产生审美关系，就不能与之保持过远的距离。休闲正可使人与自然产生亲密接触，从而激发起人欣赏自然、归依自然的情感。从"休""闲（閒）"二字的本义可知，休闲象征着人与自然物象的合一。中国古人最为崇尚的休闲境界就

---

① 复旦大学哲学系现代西方哲学研究室编译:《西方学者论〈1844年经济学哲学手稿〉》，上海：复旦大学出版社，1983年版，第144—163页。

② ［美］赫伯特·马尔库塞:《审美之维》，李小兵译，北京：生活·读书·新知三联书店，1989年版，第92—105页。

③ ［德］康德:《判断力批判》，第231页。

是徜徉在自然的怀抱中，体味“天人合一”的无穷妙趣。庄子有“与天和”之说，宋代吕惠卿注：“无为而与天和，……与天和者谓之天乐。”[①] 天乐即是自然之乐，是人对天地之无言大美的沉醉。陶渊明有名句“采菊东篱下，悠然见南山”[②]，描写一种从容潇洒的闲情雅趣，这两句诗被王国维标举为诗家最高境界——“无我之境”。“无我之境，以物观物，故不知何者为我，何者为物”[③]，陶诗表现的正是这样一种“天人合一”、彼此不分的高渺意境。从这里我们也可以看出，自然不仅是人的“闲身”的寄托之所，更是人的“闲心”的寄托之所。“闲心”即摆脱了是非功利的自在、悠然、洒脱、空灵的心态。“有了闲心，就有审美眼光，就能发现生活中本来的美”[④]；有了闲心，就能够感受到自然界“春有百花秋有月，夏有凉风冬有雪”带来的无穷乐趣。

构建人与自然的和谐关系除了要有审美的维度，还需要有伦理的维度。人类应该认识到大自然除了经济价值之外还有生态价值和审美价值，应超越狭隘的人类中心主义和短视的实用功利主义，以高度的责任心和广博的胸怀“泛爱万物”，自觉地尊重自然、呵护自然。亲近自然的休闲方式有利于提高人的生态伦理意识。审美意识可顺利、自然地过渡到道德意识。“天人合一”的审美体验往往能激起人泛爱天地万物的情怀，赋予人道德的高度，一如康德所说：“对自然的美怀有一种直接的兴趣（而不是具有评判自然美的鉴赏力），任何时候都是一个善良灵魂的特征。”[⑤] 不仅如此，通过在休闲中接触自然、观察自然，还能丰富人们关于自然的知识，有利于形成对生态环境状况以及人在自然界中的地位与责任的正确认识和评价，从而促使人们积极采用环境伦理去规范其改造自然的实践活动，促进社会—生态系统的可持续发展。

提倡、普及良好的休闲方式有利于减轻自然的压力。马尔库塞曾经指出，浪费性的生产和消费是引起人与自然冲突的根本原因。他说：“通过浪费和摧毁变得更加富有、强大和美好，它减轻了一大部分人的生活负担，它巩固了人对自然的统治，一句话：它的非合理性作为理性而出现。”[⑥] 休闲可以从供给和需求两个方向对这种非合理性进行矫正。一方面，休闲的增加意味着劳动的减少，从而能对生产的盲目扩大起到一定的抑制作用，减轻对资源和环境的压力；另一方面，良好的休闲方式

---

① 转引自孟庆祥、关德民等译注：《庄子译注》，哈尔滨：黑龙江人民出版社，2003 年版，第 192 页。

② 《归园田居》，陶渊明：《陶渊明集》，逯钦立校注，北京：中华书局，1979 年版，第 40 页。文中所引陶渊明诗文，除特殊说明外，皆引自此书，只随注篇名，不再加脚注。

③ 王国维：《人间词话》，郭绍虞主编：《中国历代文论选》（第 4 册），上海：上海古籍出版社，1980 年版，第 371 页。

④ 叶朗：《美学原理》，北京：北京大学出版社，2009 年版，第 106 页。

⑤ ［德］康德：《判断力批判》，第 141 页。

⑥ ［美］赫伯特 · 马尔库塞：《论高度发达的工业社会中的意识形态问题》，转引自李忠尚：《第三条道路？——马尔库塞和哈贝马斯的社会批判理论研究》，北京：学苑出版社，1994 年版，第 255 页。

更注重精神层面的享受，而不把对物的消费视作幸福的代名词，因而减少了对（最终以自然资源为原料的）商品的依赖。事实上，鉴于自然生态价值的无比重要性，是否有利于减轻对自然的压力可以成为评判一种休闲方式合理与否的直接依据。虽然现代休闲大多与消费相联系，但这并不意味着消费越奢华这种休闲方式就越可取。良好的休闲要求把对外物的消费控制在一定的程度内，把重点转向人的内心体验。亲近自然的休闲一般都能满足这种要求。如果将对自然美的欣赏也视作一种消费，则此种消费“实际上是一种对自然摒弃物质欲望的纯粹精神消费，人们所消费的只是自然的外在的合目的性形式，而非其内在的满足感官欲望的物质内容”[①]，因而和一般的物质性消费有着截然的区别，是一种值得提倡的休闲方式。

合理控制物质消费的休闲也可以说就是简单的休闲。休闲并不一定要大量地、浪费性地消费外物，它可以既相当简单又不失其丰富性与趣味性。中国古人素有崇尚简单休闲的传统。孔子谓“饭疏食，饮水，曲肱而枕之，乐亦在其中矣”（《论语·述而》）；道家则极力提倡“无欲”“去奢”。明末清初的文学家李渔在《闲情偶记》中介绍了大量高雅的休闲方式，却也并不提倡奢华，而是往往以所费不多为前提。比李渔稍晚一些的名儒陈遇夫则有言：“流水之声可以养耳，青禾绿草可以养目，观书绎理可以养心，弹琴学字可以养脑，逍遥杖履可以养足，静坐调息可以养筋骸。”[②] 他所列举的这些高雅的休闲方式可以说都是相当简单的，无须凭借昂贵奢侈的消费。为缓和人与自然的紧张关系，减少对资源和环境的破坏，我们应该从中国传统休闲文化中汲取智慧，大力提倡简单的休闲。当然，借鉴传统并不意味着对现代的彻底排斥。在即将步入体验经济时代的今天，以产业的方式发展休闲已成为大势所趋，休闲与消费的关系将变得愈益紧密。在此背景下，我们一方面应该借鉴古人的智慧，提倡简单的休闲消费，自觉抵制消费主义的诱惑；另一方面，在发展休闲产业时应该尊重自然生态，在消费主体、消费客体、消费环境等方面尽量“按照美的规律”来建造，以确保人和自然的和谐相处不至于因休闲消费而遭到破坏。

---

① 申扶明：《生态美育的时代意义》，《美与时代》，2009 年第 7 期。

② 陈遇夫：《迂言百则》，王云五主编：《丛书集成初编》（第 381 册），北京：商务印书馆，1939 年版，第 16 页。

第三章 审美、休闲与消费文化

休闲的形上层面是人类生存的理想与境界；休闲的形下层面则是人类满足身心的活动与方式，它涉及许多载体，由此形成了庞大而丰富的体验产业和消费文化。休闲活动是连接体验和产业的中介和载体，休闲活动既是一种体验，而其活动的载体又是一种产业。休闲活动满足的是人高层次的内在的需求，满足这种需求的产品的精神附加值特别大，于是，休闲活动及其载体就成为天然的“体验经济”，乃至“美学经济”。休闲体验与消费，使审美活动真正现实地切入生存实际，体现了人本价值和产业价值，使美学与产业内在地结合起来，这是文化产业的人本基础和内在灵魂，也是“美学经济”的现实前景所在。休闲必然涉及消费，休闲消费是一种人本的消费经济。作为人本体验，休闲消费与审美文化息息相关，它需要审美文化的引导，以实现消费领域的审美生成。

第一节 休闲与消费

现代意义上的休闲消费研究发端于1899年美国著名学者凡勃伦出版的《有闲阶级论》，该书从经济学角度分析了休闲与消费的联系，探索了休闲与社会建制的关系，标志着现代意义的休闲研究进入了一个新的历史时期。凡勃伦在该书中提出，休闲已经成为一种社会建制，成为人的一种生活方式和行为方式，并论述了宗教、美学、学术讨论与休闲的关系，分析了闲暇时间消费的各种形态和消费行为方式。

一、消费的词源学解释

“消”字在目前为止已经考证的甲骨文、金文词汇中未被记载。有据可查的是，该字最早出现在《诗经》当中，为春秋郑国邑名[1]；《诗经·角弓》中有“见晛曰消”，

---

① 《汉语大词典》卷5。

指消融、融解。至元朝，“消”开始有享受、受用之意，如乔吉《金钱记》第一折中的“没福消轩驷马，大费高牙”[1]。“费”字，在商周时期金文中写作“[illegible]”。先秦两汉时期表意为大量花费、浪费等，如在《论语·尧曰》中有“君子惠而不费”，《左传·襄公二十九年》中有“施而不费，取而不贪”。[2]

“消费”一词，汉朝即已出现，可解释为消磨、浪费之意，如王符《潜夫论·浮侈》中云：“此等之俦，既不助长农工女，无有益于世，而坐食嘉谷，消费白日。”[3]之后在唐宋时期泛指开销、耗费，如唐姚合《答窦知言》云：“金玉日消费，好句长存存。”《宋书·恩倖传·徐爰》中云：“比岁戎戍，仓库多虚，先事聚众，则消费粮粟。”[4]现今，在《汉语大词典》中对消费的解释是“为了生产和生活而消耗物质财富”，已仅仅成为一种经济行为的描述，而不再具有任何贬义。[5]

消费（consumption）在中古英语中拼作 consumpcyon，源于拉丁语 consumption- 词干，意思是消费、浪费，在很长一段时间里都具有明显的贬义，带有过度使用和耗费的含义。18 世纪中期以后，逐渐成为一个与“生产”（production）相对的概念，成为社会生产关系的一部分，成为一种与生产、交换、分配相联系的经济形式。进入现代商品社会以后，消费指的是“物品和劳务的最终耗费”[6]。消费超越了对物品和劳务的购买和占有，而成为一个过程和一种已然的状态。

英文中动词消费（consume）来自拉丁文的 cnsmere，由 cn + smere 构成；cn 后来演变成了前缀 com-，意思是一种集中的或强化的程度，smere 指的是一种获取的倾向。从这一意义上，消费可以被理解为一种对外物所具有的强烈的获取欲望。第一，消费首先是一种欲望。作为一种主观性的欲望，消费不可避免地带有个体性和偶然性的特征，这就决定了其必然具有一定的意义性维度。第二，消费是对外物的欲望。作为一种欲望的消费，不是面向自身的，而是朝向外物的。消费作为一种经济行为，必然受控于一定的物质生产条件，这就决定了它必然具有一定的物质性维度。夏莹进一步指出，文化与消费的契合性可以归结为以下三点：第一，它们都包含着物质性与意义性的双重维度；第二，物质性与意义性在社会历史的发展过程中都逐渐形成了一种对立；第三，这种对立又构成了一种批判力量，使二者都具有了一种内在的批判性。[7]

---

① 《汉语大词典》卷 5。

② ［瑞典］高本汉：《汉文典》。

③ 《汉语大词典》卷 5，《联锦字典》卷 3。

④ 《汉语大词典》卷 5。

⑤ 杨魁、董雅丽：《消费文化：从现代到后现代》，北京：中国社会科学出版社，2003 年版，第 4 页。

⑥ 《大不列颠百科全书》卷 4。

⑦ 夏莹：《消费社会理论及方法论导论》，北京：中国社会科学出版社，2007 年版，第 189、190 页。

二、休闲与消费的关联

> 当消费远远超出经济范围而成为社会和文化问题的时候，消费这种行为就涵盖了越来越多的社会和文化的性质。因此，后现代社会的一个重要特征就在于：消费不只是经济行为，而且也是社会行为和文化行为。新的消费行为改变了原有的消费概念，使社会中出现了一系列由消费活动所开创的新领域，这些新领域几乎横跨了社会的各个部门，例如观光、旅游和休闲问题，除了经济以外，还包括文化的各种复杂因素，成为经济、政治和文化相交叉的问题，也成为当代社会的一种重要问题。①

于是，消费就必然地与休闲关联。消费满足着消费者生活中各种各样的需要，同时，消费反映消费者的内心世界，是消费者自我的展示，是消费者生活态度的展示。这种展示有着丰富的文化内涵，人们通过消费活动表达个性，表达对外部世界的见解。消费是综合的文化活动，消费行为承载着多种多样的文化功能。消费改变了传统的社会结构，改变了人与人、人与物的关系；休闲表征着崭新的生活方式；休闲消费预示着社会形式的改变，预示着生产方式和消费方式的改变，也预示着思维方式、文化方式的全面转变。

曾经受到新教伦理深刻影响的西方人，对休闲所带来的享乐主义心存疑惑，休闲消费的刺激意味着对原有生活方式的改变，甚至是颠覆。因为，在资本主义得以发展的岁月中，固有的观念是“先劳动后享受”。对消费的约束导致资本得以积累，也产生一种生活方式，即马克斯·韦伯指出的，赚钱本身成为一种目的②。但最终，社会由生产型转向了消费型。我们不得不承认，当代社会是由消费引导的。杰弗瑞·戈比认为：“我们当中的大部分人在休闲时所从事的活动总是要与花钱联系在一起，或者花钱成为休闲的必要条件，或者花钱本身就是休闲的表达方式。”③当代社会，消费无处不在，休闲的重要性与日俱增，消费为休闲提供了合理性，作为一种新的消费形式的休闲消费应运而生。

休闲、消费这两个词语在汉语中可以直接并列，但如果用英语表述，则暗含着三个方面的含义：一是 consumptive leisure，直接地说，就是需要花钱的休闲；二是 consumption in the name of leisure or consumptive behavior that related to leisure interests，即出于休闲目的的消费行为或者说是与休闲兴趣相关联的消费行为；三是 leisure & consumption，休闲与消费，即两者之间的关系。

---

① 高宣扬：《后现代论》，北京：中国人民大学出版社，2010 年版，第 72 页。
② ［美］丹尼尔·贝尔：《资本主义文化矛盾》，严蓓雯译，南京：江苏人民出版社，2007 年版，第 300 页。
③ ［美］杰弗瑞·戈比：《你生命中的休闲》，第 14 页。

从“需要花钱的休闲”的角度来分析，人们花钱的动机是什么？花钱购买什么休闲产品？答案是明显的，即休闲消费是一种以获得休闲的生存状态而产生的消费行为，其目的和意义在于休闲，而消费的直接收获就是休闲的生存方式。“传统经济学意义上的消费主要在生活与生产用品上，以维持人的生存与发展。而休闲消费，试图达到的是对文化精神产品的拥有，不是对外在东西的满足，而是内在的心理满足、欣赏、愉悦，由我对‘物’的消费，到‘物’对我的完善。”[①]

休闲何以与消费相关联？如果说“消费者市场是一个既提供又获得自由和确信的地方”[②]，我们就不难理解，通过消费，休闲者获得了自由和确信，这种自由和确信，比起其他休闲活动来，具有更大的诱惑力，甚至成为当今社会中最为显著的休闲活动方式。借由消费活动，休闲者在消费关系中获得了自身身份的确认和满足，虽然这些满足往往是象征性的。但同时，将两者放在一起论述的另一个深层原因来自一种担忧。休闲是美好、幸福的代言，是所有人积极向往的；但不能忘记的是休闲并不总是能给社会和个人带来积极的结果，其消极结果很大程度上就与消费相关。实际上，这样的隐忧在于“休闲异化”的警醒。劳动已经被异化，休闲不能被异化。“异化休闲似乎比异化劳动更公平也更严酷，它是工人和资本家共同遭遇的社会问题，都成为它的受害者。”[③]

休闲是人必需的，而休闲消费却不属于必需的消费。用“需求价格弹性”概念来分析：在资本主义发展早期，休闲消费价格富有弹性。富有弹性的商品是非必需品，价格上涨，人们就放弃休闲的花费。也就是说休闲所花费的金钱并不属于必要开支。按照桑巴特的说法：“奢侈是任何超出必要开支的花费。”[④]这是一个非常有意思的界定。“必要开支”是一个非常主观化的范畴。但不可否认的是，当一个人的基本生存（比如穿衣、吃饭）需要得不到满足的时候，是绝不会花钱去“消费”休闲的。休闲消费似乎被排除在“必要开支”之外，那么休闲消费是否就是奢侈呢？在资本主义早期，奢侈只是属于少数人，如王公贵族、城市绅士等等；发展到大众消费阶段，休闲消费对大多数人来说并不是奢侈，而是生活的一部分，这时休闲消费又是缺乏弹性的。

毋庸置疑的是：消费对于休闲具有约束力。也正因为此，人们有时对休闲消费不以为然，甚至暗含批判。这里批判的逻辑前提是消费的不平等，就直接带来了休闲的不平等；而休闲是一个与自由、个性如此相关的词语。如同自由是一种社会关

① 于光远、马惠娣：《于光远马惠娣十年对话：关于休闲学研究的基本问题》，重庆：重庆大学出版社，2008年版，第154页。

② ［英］齐格蒙特·鲍曼：《自由》，杨光、蒋焕新译，长春：吉林人民出版社，2005年版，第87页。

③ 刘晨晔：《休闲：解读马克思思想的一项尝试》，北京：中国社会科学出版社，2006年版，第340页。

④ ［德］维尔纳·桑巴特：《奢侈与资本主义》，王燕平、侯小河译，上海：上海人民出版社，2000年版，第79页。

系，其本质是一种比较利益一样，哲学意义上绝对的自由在社会学中是不存在的。既然没有绝对的自由，也就没有绝对的休闲。各种休闲活动都有各种各样的限制条件。也就是说，没有任何约束条件的休闲活动是不存在的。如果说，休闲也有缺憾的话，消费约束就是休闲的缺憾，这一缺憾源于对消费不平等的容忍。“对当代社会大多数成员来说个人自由（如果可以获得的话）是以消费自由的形式出现的。”① 休闲消费所暗含的“具有消费能力限制的休闲”也并不是不可以接受的。休闲总会受到各种各样的条件约束，消费能力即购买能力的限制只是其中之一。相反，消费甚至为休闲活动提供了一定的确定性，这种确定性为休闲活动提供了可能。当然，消费的确定性并不是休闲活动得以进行的唯一确定性。而且大多数情况下，消费的机制，通过市场的细分化，使休闲的个性得以彰显和满足。

“休闲本质上是一种自身的指号过程，一种生产关于自我的意义的时间，一种为了被工作领域所拒绝的自我生产意义的时间。”② 正如社会学家齐格蒙特·鲍曼于1988年所提出的，非政治化就是将“生活”越来越远离“政治”，大多数人的选择是把精力和志向放到同群体社会活动不相干的个体化的闲暇娱乐活动中去。③ 正因为休闲消费在工业资本主义社会的发展中成为一个重要的动力源，消费也成为“休闲”的新的合理性因素。④ 这样，休闲观已然成为休闲消费的价值基础。反过来看，基于消费在社会生活的主导地位，由休闲消费而引领的休闲观念逐步深入人心，进而使得休闲逐步成为人们价值观的基础。从“我思故我在”到“我买故我在”，未来则是“我闲故我在”。

休闲消费的核心在于休闲，而非消费，消费只是休闲的一种形式。在感知和体验中，休闲既是我们的状态也是我们的行为，并将成为生活的价值核心。

> 从希腊哲人的时代起直到今天，那些思想丰富的人一直认为要享受有价值的、优美的或者甚至是可以过得去的人类生活，首先必须享有相当的余闲，避免跟那些为直接供应人类日常生活需要而进行的生产工作相接触。在一切有教养的人们看来，有闲生活，究其本身来说，就其所产生的后果来说，都是美妙的、高超的。⑤

---

① ［英］齐格蒙特·鲍曼:《自由》，第113页。

② ［美］约翰·菲斯克:《解读大众文化》，杨全强译，南京：南京大学出版社，2006年版，第65页。

③ ［英］弗兰克·莫特:《消费文化：20世纪后期英国男性气质和社会空间》，余宁平译，南京：南京大学出版社，2001年版，第6页。

④ 许斗斗:《休闲、消费与人的价值存在：经济的和非经济的考察》，《自然辩证法研究》，2001年第3期。

⑤ ［美］凡勃伦:《有闲阶级论》，蔡受百译，北京：商务印书馆，1964年版，第32页。

闲，是一种美妙的生活，而且对闲的向往深深地植根于人们的观念之中。“在人们的观念和习俗中，扩散着一种宽容观念，表达了官方对寻求快乐的认可，但这是一种有收益的快乐，承担着某种交换价值，是从生者不做付出的前提下获取的，以便为新的商品秩序服务。”[①] 加尔布雷斯曾经引用美国经济学家杜森伯里的观点说：“在我们的社会中，一个重要的社会目标是更高的生活水平……（这）对于消费理论有重大意义……得到更好商品的期望是自己产生的。它推动了更大的消费，这甚至比那种所谓的被消费满足的需求所产生的推动力更强大。”[②] 快乐的正当性与寻求快乐的正当性，不仅仅是伦理问题，也不仅仅是分析视角的问题。快乐是人的基本追求，寻求快乐有利于人自身的发展，休闲消费即是满足人的快乐追求的人本消费，关乎现代人之生存价值与品质。

长久以来，休闲意味着闲暇时间，是个人的私事。在物质匮乏的年代，自然不可能与消费联系起来，休闲也仅仅被当作空闲时间的消遣。个人，不具备休闲消费的能力；社会，亦无法提供休闲消费的功能。从经济学角度考察，“休闲消费是指人们利用闲暇时间，从事个人享受和自身发展的一种消费活动”[③]。休闲消费的出现，以及休闲消费的趋势化、规模化，意味着休闲已经成为消费的主要内容。

三、休闲消费的特性

休闲消费不同于其他形式的消费，其涵括内容丰富、表现形式多样、满足途径不一，具有特殊性。王宁概括了休闲消费的特征，即自目的性、并非必不可少、游戏和娱乐、可替代性、时效性和社会性。[④] 他认为，休闲是消费的条件，闲暇时间是个人或家庭得以进行购物、消费和生活的条件。就商业企业来说，他们的经营销售直接受到顾客的作息时间规律的影响。休闲时间还是人们进行交流沟通的时间。休闲与消费的联系，使“生产系统”同“生活世界”（哈贝马斯语）之间有了沟通的媒介。这个媒介就是商品的消费。消费充当了联系生产系统（工作）和生活世界（休闲）之间功能的桥梁。不仅如此，休闲还是消费的诱导，即消费欲望的诱导、消费情趣的诱导和消费时尚的诱导，正因为这样，消费购物逐渐呈现出休闲化的趋势。[⑤]

休闲消费是现代生活中基于休闲选择、审美体验的日常生活实践方式，它是一

---

① ［法］鲁尔·瓦纳格姆：《日常生活的革命》，张新木、戴秋霞、王也频译，南京：南京大学出版社，2008 年版，第二版序言第 6 页。

② ［美］约翰·肯尼斯·加尔布雷斯著：《富裕社会》，赵勇、周定瑛、舒小昀译，南京：江苏人民出版社，2009 年版，第 126 页。

③ 郭鲁芳：《休闲经济学：休闲消费的经济分析》，杭州：浙江大学出版社，2005 年版，第 40 页。

④ 王宁：《消费社会学：一个分析的视角》，北京：社会科学文献出版社，2001 年版，第 231—237 页。

⑤ 同上书，第 220—225 页。

种文化展示活动，是消费者个人经济和文化定位差异的集中表现。从消费主体来看，休闲消费主要为了满足人们的精神文化需求；从消费客体来看，休闲消费主要是提供享受、愉悦和个体发展的资料。休闲消费所涉及的旅游、外出就餐、运动健身等等，远远超越了基本的生存需要和满足，在消费的过程中，人们在需求表现和需求获得满足的过程中与人交往（即便是非常自由的徒步旅行，也有大量的人际交往的因素），展示的是个人的审美品位和对生活价值的理解，获得的满足也主要是文化展示和文化认同的满足。休闲消费所具有的这种文化性质，将休闲消费与其他对任何产品和服务的消费区别开来。可以说，休闲消费的本质就是差异文化的展示，消费的过程是展示的过程。

概括而言，休闲消费具有如下的特性：

第一，“脱物”与文化性。“正是游戏，赋予了传统形式以新的活力和永恒的生命，使形式产生了克服其自身所固有的惰性的无穷力量，也使形式获得了不断更新的动力。”[①] 游戏的无目的而合目的性正是人们向往休闲的无意识表现，而休闲的消费也表现为“脱物化”趋向，即为满足生存需要的物质必需品消费的比例越来越低，而满足人们愉悦性精神需求的比例越来越高。因此，休闲消费主要是一种文化消费，是一定时期人们文化价值观的体现，是满足人们精神需要的消费。文化性是休闲消费与普通物质产品消费的本质区别。尽管休闲消费包括物质产品和非物质产品，但获得非实物产品是人们的主要消费诉求。休闲消费要的并不是物质化的生活，相反，要倡导“非物质”的生活，倡导审美的、艺术的、简约的生活。人们外出就餐，除了美食的享用之外，越来越注重餐饮环境，由此可见人们通过就餐活动去体验不同的餐饮文化，最终目的是丰富自己的文化生活。人们泡温泉、做 SPA、唱卡拉 OK、溜冰、跳舞，都是为了获得身体的放松和精神的享受。用马斯洛的需求分析理论来看，休闲消费主要是满足人们的交往、自尊和自我实现的需要。

休闲消费的文化性促进了消费者文明程度的提高；同时，消费者审美品格的提升与文明程度的提高又给休闲消费文化性提出了更高的要求。休闲消费的自身发展将不断推动人类文化向高层发展。从这个意义上说，如果休闲商品能够体现丰富的文化内涵，具有丰富的文化功能，就能更好地满足人们的休闲需求。也只有在坚持休闲消费的文化性的基础上，才能引领休闲经济走向人文关怀，引导休闲产业健康发展。

第二，互动与生成性。休闲消费是一个开放的、发展中的体系，其互动性表现在消费者与消费对象是互动开放的，以及休闲消费中生产与消费过程的同一。我们来分析两种非常重要的休闲消费形式，一是电视文化消费，二是旅游消费。承继了伯明翰学派传统的大众文化和电视文化的研究者，诸如霍尔和菲斯克，揭示了在电

① 高宣扬:《后现代论》，第 510 页。

视文化消费这样一种主导性的休闲消费行为中，观众身兼二职，既是消费者，也是生产者——并不是说观众就是演员，而是观众在消费行为中获得的快感和意义只有他们自己能创造。看电视这样一种休闲方式，也是在“工作”，是在创造象征意义。从旅游消费来看，学者们早已关注到旅游产品有一个非常显著的特征，即生产与消费的同一性。这主要是针对旅游产品的生产和消费在时间上的同一性。比如，旅游过程中交通工具的使用、餐饮消费、导游的解说等等，旅游服务人员生产旅游产品的同时也是旅游者消费的过程。

休闲消费的生成性表现在对人自身发展的作用方面。休闲消费活动是人类社会发展到一定阶段的产物，是人类特有的文化活动和精神活动，也是人类获得自我提升的重要途径。健康的休闲消费不仅是社会文明程度的表征，也是个体自身审美修养和道德水准的彰显。人们可以在休闲消费中倡导经济上的合理与可能，倡导文化的多元和包容，倡导审美的品格与简约，倡导生命的自由和从容，倡导体验的真切与快乐。

第三，体验与创造性。休闲消费与一般的物质性消费最大的区别在于，消费者交换所得的主要是体验，而不是实物。1999 年美国战略地平线 LLP 公司的共同创始人约瑟夫·派恩和詹姆斯·吉尔摩撰写的《体验经济》一书，将体验定义为“企业以服务为舞台，以商品为道具，以消费者为中心，创造能够使消费者参与，值得消费者回忆的活动”。体验作为继产品、商品、服务之后的第四种经济提供物，是以展示为经济功能，以个性化为关键属性，以供给方向客人提供难忘的经历或突出感受为需求要素的经济形态。体验经济是一种以满足人们的各种体验为目的的全新的经济形态。休闲消费即是一种天然的体验性消费。比如旅游，主要满足人们的四种体验类型：“娱乐的体验”“教育的体验”“遁世的体验”“审美的体验”，而最难忘的体验是处于四者交汇的“甜美的亮点”（Sweet Spot），旅游者离开日常居住的环境（逃避现实），接受跨文化与异域风情的洗涤（审美），尽情享受休闲时光（娱乐），并通过这一系列感官刺激和心灵感受，获取精神的成长（教育）。旅游业因此而成为天然的“体验产业”。①

休闲消费还具有建构与创造的特性。从获得休闲体验的角度看，比如在演唱会中，观众表面上是消费者，但同时也是生产者，体验只能是个人的，每个人的体验都是独一无二的。表演本身不是体验，表演只有内化为观众的内心感受，并经由观众的参与才能成为“体验”。观众只有调动他们的所有感官，获得享受和快乐，才能真正获得他们所消费的东西，因此观众的体验是再创造的过程，是生产的过程。再如，同样的旅游产品，不同旅游者的消费感知是不同的。也就是说，同质的旅游产

① ［美］约瑟夫·派恩、詹姆斯·H. 吉尔摩：《体验经济》（修订版），夏业良、鲁炜等译，北京：机械工业出版社，2008 年版。

品和服务可能产生不同质的旅游消费体验。体验决定了消费者的权利与主动性，从霍尔到菲斯克，都一再证明了观众的主动性和积极性，而休闲消费则是消费者体现其在场、凸显其主动性的体验活动。

四、休闲消费的经济和社会意义

首先，休闲消费在经济发展中起着重要作用。托马斯·古德尔和杰弗瑞·戈比在《人类思想史中的休闲》中指出，由于有利于生产，休闲一直是合理的，但现在它由于也有利于消费而成为合理的了。实际上是休闲而不是劳动使得工业资本主义走向成熟。[①] 休闲商品和服务占发达国家经济总体消费支出的20%—25%，在最富裕的49个国家里，即人均年收入超过10000美元的国家里，估计休闲的消费额为每年6.7万亿美元。[②] 休闲时间也同样是消费时间，它以这种方式刺激生产力的发展。[③] 休闲应该得到更全面的理解，因为在一定程度上它还是新的工作岗位的创造者。对休闲工作做总体评估的最简单的方式就是将休闲消费转变成就业机会。假若4万美元的休闲消费能创造一个就业机会，那么，1万亿美元的休闲消费将创造2500万个工作岗位，这相当于1990年美国全部就业机会的1/4。[④]

其次，休闲消费在文化再生产中也起着重要的作用。也许，消费就是休闲追求中的文化活力，至少是文化活力的一种展现或者再生产过程。更加乐观地看："这个社会已经将休闲变成了一种消费工业——不为快乐付钱的快乐，是对经济和时间控制的自信的把握。"[⑤] 通过消费，休闲者把握自身，并进而在控制与反控制之间找寻属于自己的力量。随着后工业经济时代的到来，休闲已经全面融入现代生活，休闲消费不仅仅是一种时间的排遣，更成为生活的必需品。休闲消费与其他体力生产方式相异，因为休闲消费不但是一种对独特文化的愉悦体验，它也从符号学的意义界定甚至构建了个人的认同，以与他人发生关系[⑥]。休闲消费的出现和发展，不仅意味着消费对象和动机的改变，更意味着社会文化再生产模式的改变；消费关系的改变，意味着人与社会关系的改变。更重要的是，休闲消费促进了人的全面发展，我们可

---

① ［美］托马斯·古德尔、杰弗瑞·戈比：《人类思想史中的休闲》，成素梅等译，昆明：云南人民出版社，2000年版，第118、119页。

② ［美］埃德加·杰克逊编：《休闲与生活质量》，刘慧梅、刘晓杰译，杭州：浙江大学出版社，2009年版，第7页。

③ ［法］罗歇·苏：《休闲》，姜依群译，北京：商务印书馆，1996年版，第68页。

④ ［美］杰弗瑞·戈比：《21世纪的休闲与休闲服务》，张春波、陈定家、刘风华译，昆明：云南人民出版社，2000年版，第167、168页。

⑤ ［美］约翰·菲斯克：《解读大众文化》，第65页。

⑥ 郭凌、王志章：《后现代消费主义范式下的休闲研究》，《济南大学学报》（人文社会科学版），2009年第19卷第4期。

以进一步说，当代社会，正是休闲消费生产出了劳动者的休闲能力素质。

面对由社会生产力的发展所带来的人们休闲与消费现象，许斗斗论述了休闲消费对于实现人性价值的重要性。他认为休闲与消费虽然都具有经济学的性质，但因为它们实际上都是人的具体生活方式和存在方式，所以在本质上应该是人的价值存在的表现，是人的全面发展的表现。消费作为人的一种购买活动，不仅仅是一种经济行为。①

> 消费生活向我们显示了，人们不但通过自己的“生产者”角色，而且也通过自己的“消费者”角色，与他人结成一定的分工、合作、交换和互动的社会关系。消费不但是经济学意义上的消费者追求个人效用最大化的过程，而且也是社会学意义上的消费者进行“意义”建构、趣味区分、文化分类和社会关系再生产的过程。②

休闲消费是人们休闲意识与休闲行为的结合点，是考察社会休闲经济与休闲文化发展的重要领域。在休闲消费的过程中，人呈现出立体的自我。吴文新认为休闲文化具有显著的价值性，它的根本趋势是实现休闲的人性功能。③王永明从人的价值存在、自我实现的需要、自由个性和社会关系四个方面说明休闲消费的人性价值取向，并且指出实现休闲消费人性价值的现实途径。休闲消费作为一种基本的生活实践，对于实现人性价值具有重要意义。④

值得注意的是，随着科技的进步和社会生产力的发展，人们可自由支配的消费品和休闲时间越来越多，但并没有同步实现每个人的自由和全面发展，究其原因主要是人们消费和休闲活动的异化。因而，陶培之在《人的全面发展：休闲消费的伦理之维》中指出：休闲消费应当指向人的全面发展。人的全面发展是休闲消费价值合理性的内在根据，是休闲消费的伦理本性。满足人的自我实现的需要、展现人的自由个性、丰富人的社会关系是休闲消费的内在规定。在当今的消费社会中，应当倡导科学的休闲消费价值观，引导休闲消费之于人的全面发展伦理价值目标的实现。⑤

---

① 许斗斗:《休闲、消费与人的价值存在：经济的和非经济的考察》,《自然辩证法研究》, 2001 年第 3 期。

② 王宁:《消费社会学：一个分析的视角》, 绪论第 1 页。

③ 吴文新:《休闲方式：人的享受和发展方式——兼论休闲文化的人性功能及社会价值观念的革新》,《哈尔滨工业大学学报》(社会科学版), 2007 年第 9 卷第 5 期。

④ 王永明:《休闲消费的人性价值》,《重庆社会科学》, 2007 年第 2 期。

⑤ 陶培之:《人的全面发展：休闲消费的伦理之维》,《苏州大学学报》(人文社会科学版), 2008 年 7 月第 4 期。

第二节　当代中国的休闲消费

当代社会，一方面人们逐渐意识到不是休闲是为了更好地工作，而是工作是为了更好地休闲，休闲已经成为生活的目的和意义。另一方面，人们终日忙忙碌碌，没有“闲心”，更失去了“闲情”。休闲的理由变得非常简单、直接而真切：我们，现在，需要休闲。我们离休闲最远，却最迫切地需要它。产品商品化、商品形象化、文化符号化、精神物质化……人们处在前所未有的物质丰富的世界中，但依然无法摆脱孤独、压迫和恐慌。正因为此，“闲暇所代表的可以说是一个非功利性质，但却最符合人性的世界”[①]。

当代中国，休闲消费的提倡首先意味着对传统的“艰苦奋斗、勤俭节约”价值观的颠覆；同时，还意味着这样的伦理假设：第一，通过消费活动，人们可以获得休闲体验，以及身心上的放松和休息，因此这样的消费是时尚的；第二，休闲消费不仅对个人有益，而且是推动社会进步的、值得鼓励的方式，因此用于休闲消费的金钱，就不那么有铜臭气，这样的消费是高雅的。

> 目前中国民众的主导性文化模式是一种贴近生活原生态的平面文化。人们放弃了传统精英文化用理性、人生的价值、历史的意义、人的终极关怀等深度文化价值取向为大众构造的理性文化或理性文化空间，开始向衣食住行、饮食男女等日常生计（生活的原生态）回归，从而自觉不自觉地接受以现代大众传播媒介为依托，以此时此刻为关切中心，以吃喝玩乐为基本内涵的消费文化和通俗文化。[②]

运动、旅游、养生、娱乐等等，人们参与其中——休闲消费以不同的形式被人们所接受，成为日益重要的日常生活实践。

一、当代中国国民的休闲消费观念

改革开放以来的中国，人们的消费观也发生了巨大的变化，勤劳、节俭曾是中华民族数千年的美德，现在人们更多的是贷款消费，及时行乐也不再作为一个贬义词出现。这样的转变既有从短缺到小康的经济因素，更多的是消费观念的变化。有学者得出结论说：“中国城乡社会追求西方发达国家代表性的高消费生活方式正在逐

---

① ［德］约瑟夫·皮珀:《闲暇：文化的基础》，第69页。

② 衣俊卿:《文化哲学：理论理性与实践理性交汇处的文化批判》，昆明：云南人民出版社，2005年版，第303页。

步发展成为普遍现象；在这个过程中，对符号象征价值的消费正在成为人们的主要消费选择，甚至超越了对商品使用价值的考虑；大众传媒的渗透以及西方国家、城市、高收入群体、知识分子的示范作用推动了消费主义生活方式的扩散。”①

2003年，陈昕出版了《救赎与消费：当代中国日常生活中的消费主义》一书。这是国内较为全面地研究“中国当代消费现象的社会—文化背景问题”的社会学著作。当年黄平在该书的序言中提出了三个假设：“第一，随着对外开放的不断拓宽，具有消费主义文化特色的生活方式已经开始进入中国人的日常生活中。第二，这个‘进入’，是从大城市向中小城市再向农村逐渐推进的，由有教养有资产的社会阶层向其他社会阶层逐渐推进。第三，中国仍然是多种生活方式并存的社会。”②近十几年来，这样的情况得以逐步体现。而且，生活方式的多样化使人们的参照系越来越多，生活水平的差距使人们的焦虑更为深重。人们处于两种矛盾之中：一种是陈昕所说的“生产方式与生活方式的不匹配”，另一种是消费方式与消费价值观的不匹配。前者主要受到宏观经济历史和现实条件的制约，人们突破此制约的直接方法就是大干快上式的发展，改革开放40年主要完成的任务就是追求数字式增长。后者情况则要复杂得多，主要受制于文化因素。这一不匹配反映出意识形态的迷茫和主流价值观的缺失。“消费文化实际上创造了一种新型的社会关系和生活方式，它为日常生活中的人们提供了不同于从阶级与生产关系角度来看待现实生活的观念系统和生活体验，从而构建出一个活生生的现实生活世界。”③陈昕的核心观点是，“消费主义生活方式正在中国城乡形成，它的形成机制是消费主义文化—意识形态正在中国城乡取得对社会生活文化领域里的思想、道德、知识方面的意识形态宰制或文化主导权”④。

应该说，他当年的假设在现实中得到了部分证明。回顾改革开放40年的得失，经济的快速发展全世界瞩目，但不得不承认的是我们的进步和发展是“跛腿”的发展，物质文明的建设与精神文明的建设并没有得到同步发展。人们对消费主义化的生活方式的积极认同也部分说明了消费主义文化宰制的成功。从各式各样的休闲消费行为中所折射出的消费价值观，不仅多样，而且混乱。当休闲消费日益成为中国人日常生活中的重要组成部分的时候，其不仅反映了人们的经济状况，更折射出人们的审美观、价值观和伦理观。休闲消费的生产与消费构成了特殊的社会关系体系，而这一切都需要我们进一步去探寻。

---

① 陈昕：《救赎与消费：当代中国日常生活中的消费主义》，南京：江苏人民出版社，2003年版，第233页。

② 同上书，第7页。

③ 同上书，第15页。

④ 同上书，第14页。

二、中国休闲消费的特征和趋势

1. 休闲消费的不成熟性

基于改革开放以来，我国经济的快速发展和人民生活条件的显著改善，国民的休闲消费总体水平有了很大提高。但仍然存在休闲消费快速增长与地区发展不平衡共存、国内外消费同步化与国内消费两极分化共存的局面，以及人们的休闲消费尚不够成熟的状况。

就休闲相关的旅游、体育运动、文化创意产业等主要构成产业情况来看，国民的休闲消费总额上升很快；但是我国区域发展不平衡，导致生活水平的差距在扩大。城乡之间、东西部之间、不同社会阶层之间，社会发展的不公平性导致了休闲消费的不公平。生活水平的不断提高、全球生活方式的一致性，以及信息交流平台的拓展，使得我国休闲消费与国际市场的总体差距在缩小。就消费水平和消费方式来说，呈现出国内不断接轨国际，国内外休闲方式同步化的趋势。文化交流平台的拓展、国际旅游的双边发展都证明着这一态势。资源享用、产品供给的不公平，造成国内休闲消费的两极分化日益严重。一方面是中国游客海外豪购的新闻报道，一方面是中国人均旅游消费不足千元的数据。这不仅反映出部分中国人强劲的支付能力，也反映出消费能力的巨大差异——真正能够在海外狂揽奢侈品的中国人毕竟只是少数。但从这种对奢侈品的追逐中也可以清晰地看到部分新富裕起来的中国人炫耀性的消费观。当然消费观需要培育的过程。其实在中国新贵的“炫富”之前，日韩也都曾经走过类似的阶段。

整体来看，休闲消费的不成熟还表现在市场供给方面：休闲消费产品依旧比较单一，旅游产品休闲化程度不高，文化类休闲产品自主品牌较少，休闲体育运动的普及化程度不高，等等。我国的休闲消费还受到假期制度的制约，我国带薪假日制度尚未全面落实，黄金周造成消费不平衡。“节假日”集中现象不仅不利于休闲消费服务品质的提高，更不利于生态的可持续发展。另外，我国青少年休闲教育缺失，课业负担普遍较重，假期、周末陷入各种各样的“辅导班”，运动变成考试的需要。表面上看，家庭教育和文化消费增长很快，其实是走向了“休闲”的反面。从长远看，这样的状况非常不利于休闲消费的健康发展。从市场角度而言，我们亟须确立健康的休闲消费价值观，并丰富休闲消费产品。消费者也只有在消费中不断学习和成长，才能走向成熟和理性。

2. 休闲消费的发展趋势

第一，大众化趋势。

在经济发达的欧美国家，休闲消费的大众化产生于第二次世界大战以后。旅游业的大众化是休闲消费大众化的重要标志之一。“在 1986 年，旅游业已是世界最大

的产业，全世界的旅游收入估计达到 2 万亿美元，即平均每天为 25 亿美元。”[①] 大型喷气式客机的出现为远距离旅行提供了技术支撑，社会的安定、经济的持续高速发展使洲际旅行不再是 18 世纪的那种只可供少数精英人士选择的“大旅游”（Grand Tour），旅游成为越来越多人的生活方式。20 世纪 60 年代以后，这样的现象和趋势也逐渐出现在亚洲及拉丁美洲等一些后发展中国家和地区。

在我国，随着改革开放的深入，人们的物质生活水平不断提高。人们向往更有品质的生活，追求更多的精神享受——主观上开始具有休闲的意识。居民闲暇时间越来越充足。人们有了“闲”，也有了一定的经济基础——客观上具备了休闲消费的动机和条件。同时，消费结构正从温饱型转向小康型，消费由生存型消费向享受型和发展型方向发展，恩格尔系数逐年下降，城乡居民消费的恩格尔系数分别由 1995 年的 49.9% 和 58.6% 降至 2002 年的 37.7% 和 46.2%。根据国际经验，当人均 GDP 达到 800—1000 美元时，旅游消费将呈现大众化、普遍化的态势，成为生活要素之一。到 2020 年，我国将全面建成小康社会，如按每人每年出游两次计算，届时国内旅游人数可高达 30 亿人次左右。

十年间，中国国内旅游人次数增长了三倍，出境旅游人数更是增长近五倍。越来越多的中国人参与到旅游中来——大众化的趋势不断凸显。从消费的角度看，国内旅游的人均花费增加并不多；同时，虽然缺乏中国出境游客确切的人均花费统计，但全世界都欢迎中国人去花钱的事实足以证明中国人在境外强劲的购买力。对于刚刚解决了温饱问题的大多数中国人来说，接受休闲的观念似乎来得非常轻松。究其原因，随着经济的高速发展，原有观念处处受到冲击和颠覆，人们以前所未有的勇气和承受力，接受着来自生活方方面面的变革。对于新观念、新思想，人们不仅是充满着好奇，更是无所畏惧地尝试。这表明了压抑过后，人们对文化的全面革新和接受。

中国当代社会休闲消费大众化趋势的出现，是与经济的发展、文化的创新，以及社会保障体系的完善为基础的。城市化以及城市化进程所带来的城市化的生活方式在很大程度上推动着人们的休闲消费。“城市化的进展不仅决定休闲机会的类型和体验的质量，还意味着休闲活动的收容能力的扩大化和大众化。”[②] 改革开放前，我国农村人口占据大多数。自给自足的生活方式中消费活动并不重要；劳作与休闲的区别和对立在乡村生活中也并不明显。城市生活，尤其是工业化进程中的城市生活，是以鲜明的 8 小时工作制为特征的。大多数人在工作—休闲—更好地工作的循环中

---

① ［美］瓦伦·L. 史密斯主编：《东道主与游客：旅游人类学研究》，张晓萍、何昌邑等译，昆明：云南大学出版社，2007 年版，绪论第 3 页。

② ［韩］孙海植等：《休闲学》，朴松爱、李仲广译，大连：东北财经大学出版社，2005 年版，第 138、139 页。

生活，以消费为主体的生活方式，使人们普遍意识到需要不断地工作才能消费得起，有时必须牺牲空余时间以换取消费的能力，因此在获得休闲的可能和牺牲闲暇之间人们常常面临矛盾和困惑。但是，人们渴望享受休闲，也愿意“购买”休闲。

第二，审美化趋势。

由休闲消费的具体取向来看，旅游、影视、健身等等，大多指向感官之美。用舒斯特曼的身体美学来解读的话，各种休闲消费即构成了丰富的生活之美。审美活动是基本的人生实践。伴随着日常生活的审美化，休闲消费作为日常生活的重要组成部分，也体现着这一重要趋势。从美的发展历程来看，其产生于物质，然后渐渐与物质分离，最后重又回到物质。这种复归，并不是简单的“回到”，而是一种否定之否定。对日常生活审美化持否定和怀疑态度的美学家，无非是害怕美与物质的紧密联系，从而导致的美的功利化，害怕美失去超越生活、超越物质的独立品格。其实，这并不需要担心。一方面，时代的潮流滚滚向前，存在必有其合理性；另一方面，美与生活的紧密结合恰恰体现了美的真正超越和独立。“美的教育不是教人知识，而是教人体验生活，体验人生的意义和价值，锻炼在直观中把握整体的能力，培养超凡脱俗的高尚气质等等”，“审美意识的天人合一不计较功利，但并非根本不懂功利”，“所谓出污泥而不染，也必须在污泥之中而又超脱之”，“审美意识的天人合一不受功利的牵绕而又不是不懂功利，不是与功利毫无联系，就是指的这个意思”。[①] 审美与消费，并非水火不容，讨论两者的关系就是讨论审美对消费的超越和引领的作用。如果说人类历史上，曾经为了物质而丢弃精神的追求，放弃了对美的追求；今天的“日常生活审美化”则真切地反映了人们对点滴之美的向往，这是对美的大追求，是大美。这种向往和追求不仅仅发自美学家们，更重要的是来自每一个普普通通的人。也许这样的冲动和要求，这种对美的追求，可能并不纯粹，也许有点幼稚，更会被斥为泛滥，但它们都是真实的。它们不是无病呻吟的表达，而是对美的体验的真切呐喊。

第三，两极分化加剧趋势。

保障“社会公平正义”已经成为党的中心工作之一。改革开放以来，受到我国劳动分配和社会保障体系双轨制，以及“全能主义”国家体制的影响，我国国民生活水平的差距逐年加大，在休闲消费意识和休闲消费能力方面都突出地反映出这样的差距。“‘命运向好’的阶层奉行消费主义，而‘命运向差’的阶层则不得不奉行新节俭主义。”[②] 由于休闲消费在本质上属于需求弹性非常高的消费类型，社会的“二元化”状态必然导致休闲消费两极分化趋势更为显著。

---

① 张世英：《天人之际：中西哲学的困惑与选择》，北京：人民出版社，2007年版，第189、216页。

② 王宁：《从苦行者社会到消费者社会：中国城市消费制度、劳动激励与主体结构转型》，北京：社会科学文献出版社，2009年版，第522页。

第四，个性化趋势。

从本质上看，休闲消费既是差异文化的展示，也是差异文化的认同，个性化特征鲜明。随着休闲观念、消费观念的发展，随着休闲供给领域的拓展，休闲消费成为我国居民追求个性发展的新领地。不同年龄、性别、受教育水平、职业的人们休闲消费有很大的差异性。据中国社会事务调查所（SSTC）的专项调查显示，年龄在18—25岁的青年对于假日集中旅游、休闲、购物的支持程度为87%。总体上看，年轻人、女性的休闲消费较高。年轻人喜欢娱乐，老年人则更为注重保健和养生消费。旅游市场从观光旅游为主发展为休闲产品的开拓。在文化、娱乐方面的休闲花费也更多地体现出个体审美情趣和价值的差异。总体来说，人们越来越向往能体现主观意志和个性风采的休闲消费活动。

第三节　休闲消费与审美文化

一、审美文化与休闲消费的互动关系

> 增加生产的不是物质客体，而是符号。符号分两种，一种拥有以认知为主的内容，是后工业或信息物品；一种拥有以审美为主的内容，叫作后现代物品。后者的发展不仅表现在拥有实在审美成分的客体（例如流行音乐、电影、休闲、杂志、录像）的激增，而且表现在物质客体内部所体现的符号价值即形象成分的增加。这种物品在生产、流通、消费之中，发生了物质客体的审美化。①

后工业社会，消费的主体和客体都出现了审美化的特征，这样的趋势也逐渐在中国出现。休闲消费的目的也是远离实用的，它只关乎审美。休闲消费远离功利的目的，但与生活世界息息相关。消费本身并不是功利的字眼，它是现代生活的一部分。中国美学一贯强调现世生存与审美超越的统一，个体生命价值体现与社会价值创造的统一，其主旨在于通过生活美学、生命美学来重构社会文化。李泽厚先生曾谈及这样的观点，美学是包容个体生存、社会发展，反映历史积淀的“大文化学”。从审美文化的建构意义来看，审美文化研究的核心工作，就是要在当代社会、当代文化的价值重建过程中起到一种人文精神的引导作用。②审美文化需要彰显个体生命的本体价值；既是生活的展现，更是生命的美化。

---

① ［英］斯哥特·拉什、约翰·厄里:《符号经济与空间经济》，王之光、商正译，北京：商务印书馆，2006年版，第6页。

② 李泽厚、王德胜:《关于哲学、美学和审美文化研究的对话》，《文艺研究》，1994年第6期。

休闲消费作为当代社会日常生活变革的集中体现，与审美文化的建构息息相关。“当人们的思维方式、生活方式和教育方式全部都艺术化之时，整个文化就成为审美文化。”①休闲消费作为一种消费方式和一种生活方式，无疑对促进文化的审美化有着非常积极的作用，这也是其互动关系的一个切入点。很久以来，人们却常常脱离自己的生活而去寻找美。“当代中国美学在满足现实生活对美学的精神期望和物质期望，即引导新的价值取向，实现对生存意义的深层的反思乃至形上追求，和直接美化现实、物化自由这两方面存在着明显的不足。”②如果说审美是静观的，休闲则是互动的！“物交而知”，“不交”如何“知”？因此，审美要成为沟通理想与现实、沟通精英与大众、沟通认识与实践的桥梁，就必须能游刃于形上和形下，将理论构建与指导日常生活实践结合起来，成为大众日常生活健康发展和彰显时代文化精神的尺度和准线。

消费性是作为当代审美文化的特征提出来的。李西建在提出审美文化消费性特征时指出，审美文化消费性最直接的成果是产生了“休闲文化”现象。休闲作为一个重要的当代美学命题，正表明了一种能使个体充分享受自由人生的特殊过程。③周宪特别谈到了“闲暇”，大量闲暇时间的出现，在改变我们的生活节奏的同时，也改变了我们的生活方式和观念。和具有宗教传统的其他文化不同，世俗的现世精神很自然地把人们的注意力引向休闲性的文化活动。在中国的文化中，一些人对所谓“找乐和逗乐”的文化动向深感不安，其实这种现象的出现正是闲暇的时间压力的必然要求。闲暇的时间压力最终转化为对世俗性、消费主义和享乐主义的需求。④苏北春从消费时代旅游美学的视角，认为休闲主义与实用美学的广为流行，使旅游审美趋于世俗化、符号化，旅游审美过程变成了旅游者参与快乐、体验休闲的消费过程。这不仅是旅游审美的解放，也是旅游审美的异化，其最终要回归到人与自然和谐统一的生态审美上来。⑤

休闲消费产品如果停留在物质产品阶段，休闲消费如果停留在提供物质享受的阶段，无疑是不成熟的，并将最终导致休闲的物化和异化。休闲消费要倡导的应是精神的享受和审美的满足，休闲消费所体现的消费目的与消费普通物质产品截然不同。休闲消费对享受的追求并不简单地等同于享乐主义，休闲的消费行为也并不直接导致消费主义。休闲消费不仅仅迫于时间压力而产生，也不仅仅是世俗的享乐。

---

① 聂振斌、滕守尧、章建刚：《艺术化生存：中西审美文化比较》，成都：四川人民出版社，1997 年版，第 528 页。

② 潘立勇：《审美人文精神论》，杭州：浙江大学出版社，1996 年版，第 22 页。

③ 张晶、周雪梅：《论审美文化》，北京：北京广播学院出版社，2003 年版，第 43、44 页。

④ 同上书，第 307 页。

⑤ 苏北春：《快乐哲学与休闲体验：消费时代的旅游审美文化》，《东北师大学报》（哲学社会科学版），2008 年第 4 期。

闲暇不仅仅是重要的时间资源，还是人自我发展过程中重要的文化资源。当代社会，正如同生产与消费的关系发生了改变和置换，闲暇并不只是劳动的补充，工作与休闲也需要在审美文化的基础上得到协调和统一。休闲消费的现世性并不导致其世俗性，就其本质而言，休闲消费主要是精神领域的消费，包含美与乐，追求创造和超越。

当代休闲正是从物质主义与感性主义的结合点上发展起来的。一方面，“休闲”之所以成为可能并且流行，是以大众对丰富的社会物质的感性意识为前提的；另一方面，建立在高度自觉的物质享受上的“感性主义”动机，又必定在理想和情感方面为文化的“审美化”鸣锣开道。当代审美文化趋向于休闲与消费，无疑正体现了以日常生活为具体形式的多元性大众文化选择意识的充分张扬，体现了对生活本身潜在的“非道德”因素的直观肯定，体现了以日常生活的当下满足为目的的感性文化开始围绕商业性的多元享受—消费原则重新得到感性的确立。[①]

可以说，文化“生产—消费”的一体化不仅产生了人的具体价值理想的转向，而且也同时完成了现实文化在商业性上的内在追求，完成了大众生活价值存在方式的改造。

审美文化让人们的休闲消费活动充满情趣，富有美感，引导和培育人性中的真善美；同时，休闲消费让人们享受生活的快乐，身心放松和精神愉悦有利于审美活动的开展，有利于审美文化的创造，而精神品格的提升和人性的自由发展最终会成为审美文化创造的力量。审美文化为休闲消费提供了发展和创造的基础和导向，休闲消费为审美文化提供了实现和存在的空间和舞台。休闲消费与审美文化的良性互动为人的发展和社会的发展提供了动力，是创造和创新的源泉。

二、休闲消费的审美自反性

长久以来，消闲娱乐难登美学的“大雅之堂”，被美学家们认为是低俗的活动，充其量只能算作低层次的审美活动。日常生活的审美化、审美的大众化之趋势，使得各阶层人们的审美活动趋向同一化，高雅与通俗之间的区别也变得更为模糊。斯哥特·拉什和约翰·厄里认为，消费者承担了审美化或打品牌的行动者角色，旅游者使原来非审美的客体审美化了。他们论证了后工业社会中审美自反性在时空中的拓展，认为审美自反性已经成为日常生活中自我的根源。[②] 在中国这样的新兴发展中国家，随着网络化时代的到来，审美文化与日常生活互相渗透的现象比比皆是，审美文化资本也随之扩散到更为广泛的人群中来。问题是我们的审美主体是否具有

① 王德胜：《扩张与危机：当代审美文化理论及其批评话题》，《文艺研究》，1997 年第 5 期。
② ［英］斯哥特·拉什、约翰·厄里：《符号经济与空间经济》，第 22、77 页。

自反性？或者说是否存在自反性的生活空间？休闲的出现，恰是审美自反性的体现；休闲就是审美主体自反地运用该体系来调节日常生活的体现。如果说审美与休闲存在交集，那么，这个交集就是体验——休闲消费者鲜活真实的感受。

如果说审美存在的方式多种多样，那么与人们日常生活体验联系最为紧密的，无疑就是休闲体验。生命境界与生活体验在审美中达成圆融，在休闲中获得了表达。无论是“行走坐卧皆是行道”，还是“诗意地栖居”，审美不是高高在上、远离人间的彼岸世界，休闲也不是隐逸飘忽、“证道成仙”的“全真”世界。

对于人们在生活中真实感受的确认，是对人本质的确认，是对人感性生活的肯定。马克思曾指出：

> 如果人的感觉、激情等等不仅是本来意义上的人本学规定，而且是对本质（自然）的真正本体论的肯定；如果感觉、激情等等仅仅因为它们的对象对它们是感性地存在的而真正地得到肯定，那么不言而喻：(1) 对它们肯定的方式绝不是同样的，相反，不同的肯定方式构成它们的存在的、它们的生命的特殊性；对象以怎样的方式对它们存在，这就是它们的享受的特有方式；(2) 如果感性的肯定是对采取独立形式的对象的直接扬弃（吃、喝、对象的加工，等等），那么这也就是对对象的肯定；(3) 只要人是人的，因而他的感觉等等也是人的，那么对象为别人所肯定，这同样是他自己的享受；(4) 只有通过发达的工业，也就是以私有财产为中介，人的激情的本体论本质才在其总体上、在其人性中存在；因此，关于人的科学本身是人自己的实践活动的产物；(5) 私有财产的意义——撇开私有财产的异化——就在于本质的对象——既作为享受的对象，又作为活动的对象——对人的存在。①

在这里，马克思明确地提出人们感受的差异性，从而确认了人作为感性存在的价值。首先，确认感受的殊异性。人们的感受、激情来自客观对象，但不同于客观对象本身。每个人对相同客观对象的感受是不同的，人们感性、激情等活动具有特殊性。正因为感受的特殊性和相异性，人才能够确认其个体生命的特殊价值和意义；从而确认其自身，确认其作为感性存在的意义和价值；从而获得本体论的肯定。其次，对“感性的肯定”既是对“对象的直接扬弃”，也是对“对象的肯定”；正因为这种“扬弃”，客观对象才重新获得了肯定。这说明客观对象是感受的基础，感受不是客观对象机械的反映，而是扬弃。再次，提出了“感受”既是关乎感受者个体的，也是社会的，这也就揭示出“感受”具有社会性，也从另一个方面再次确认了“人”作为一个社会的存在而存在。感受的社会性来源于人们的生活实践，来源于别人的

① ［德］马克思：《1844年经济学哲学手稿》，第140页。

认同，且这种认同会给感受者带来“享受”。最后，人们的生产实践和生活实践是构成人们感性生活的真正基础。也就是说，离开了实践，人们就不能获得真正的感性体验，不能获得真正的存在。人性中存在激情，人的激情和感受体现了人性，人性最终是实践的产物。实践—感受—人性是三位一体的，人的实践和存在是统一的。

运用到休闲消费领域，人们的休闲体验既是人们感性存在的表达，也体现了感性存在的价值；我们肯定了休闲消费作为生活实践和社会实践的重要性，肯定了人们的休闲消费行为是获得文化认同的途径之一，也是获得审美享受的途径之一。休闲消费作为现代生活中基于休闲选择、审美体验的日常生活实践方式，作为一种文化展示活动，是消费者个人经济和文化定位差异的集中表现。

消费社会中，自反性从生产领域置换到消费领域。休闲消费中所体现的审美自反性集中表达了消费者体验和感受的个性差异，同时这些差异又通过休闲消费的过程展示出来。这种差异不同于阶级、阶层差异，更多的表达的是文化的差异、品味的差异、审美的差异。同时，主体通过这种差异的展示，既获得感知和体验，也获得别人的肯定；通过别人的肯定来确认自身地位、得到文化认同——这种认同也使自己得到享受。旅游业从大众旅游阶段发展到可替代旅游阶段，或者是更为宽泛意义上的可持续发展旅游阶段，一方面源于人们对旅游发展所带来的生态负面影响的反思，另一方面是基于对独立的、小众的、生态的旅游模式的向往。人们在这样的旅游中能够得到更好的审美享受，也能更好地确认自身独特的审美品位，这也恰是其审美自反性的体现。旅游接待设施从标准化的连锁酒店发展到精致而绝不类同的“精品酒店”，酒店的服务接待标准从“标准化”发展为“个性化”，都是对审美自反性的回应。休闲消费者得以开辟自身的领地，审美自反性的实现就是个体化的过程与个性化的实现。“审美的重现，简言之，是生命的、生理学的、功能性的。重现的是关系而不是成分，它们在不同的语境中重现，产生不同的结果，因而每一次重现，都不仅是回顾，而且是全新的。”①

当然，审美自反性在休闲消费中的真正实现取决于两个条件：一是社会结构宽松，能够确保审美主体的判断得以独立实现；二是审美主体能够形成独立的审美判断，并且有意愿表达这种判断。周纪文在谈到生活方式与当代审美文化的关系时指出：“经济生产的发展，给人们带来了大量的空闲时间，同时经济社会的不稳定感也给人们带来了精神上的巨大压力，一方面要消耗富裕的时间，一方面要缓解精神的压力，因而选择没有任何责任和负担的游戏就成了一种必然。这种游戏心态和快乐原则还有很强的平民色彩。”② 休闲消费的平民色彩和大众化趋势显而易见。电视

---

① ［美］杜威：《艺术即经验》，高建平译，北京：商务印书馆，2005 年版，第 187 页。

② 周纪文：《生活方式与当代审美文化之间的关系》，《东岳论丛》，2003 年第 24 卷第 6 期。

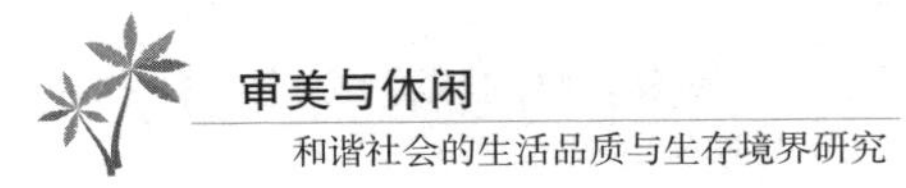

的出现，最早填平了贵族和大众休闲消费的鸿沟；网络更成为人们“为所欲为”的“脸谱”（美国的“Facebook”或者中国的“微博”），苹果的商业神话同时开辟了休闲的新天地。手机从此不再仅仅作为通讯的工具，在当今中国的年轻人看来，手机意味着一种生活方式：用手机连接自我与他人、连接自我与世界，并且随时随地表达自我，这就是最好的休闲，也是最值得的消费。因而，审美是一种社会差异的标志，并提供了身份构成和社会成员关系的集体基础。休闲消费的审美自反性在某种角度上确认了社会成员的独特个性。

三、休闲消费的审美生成

休闲消费是当代实践论的重要内容，是当今时代人们重要的人生实践形式和重要的审美实践活动。休闲消费的审美生成建构在休闲体验的过程中。

这里有三个层面的问题要解决：一是休闲消费是否是一种实践，即人生实践形式？二是为何可以称其为“审美实践”？三是休闲消费如何达到审美生成？

首先，休闲消费是否是一种人生实践形式？新中国成立以来，“实践”范畴或被偏狭地理解为只限于阶级斗争和物质生产劳动；或被“中心论”化、“认识论”化，而变成一切理论和学说的哲学基础和逻辑起点。这样，“实践”这个词语往往带有浓厚的社会性意味，而一些重要的人生实践内容，比如人们的感性生活和感性体验，反倒被排除在外，或者游离于研究的视线之外。美学对“实践论”的质疑和争论也由来已久，因此需要在个体体验、感性生活、主体创造、个体生存价值等方面对实践论有所拓展，重视“感性个体的当下维度”（朱立元语），将马克思人学和发展中的实践论作为研究美学的哲学基础之一。

“此在”是存在论层次上的存在，总是从它的生存来领会自身。“生存问题总是只有通过生存活动本身才能弄清楚。”① 对“此在”的讨论是关于生存问题的，是生存论分析和建构的前提，不仅是可能的，而且是必要的。毋庸置疑的是，休闲、消费，作为独立的活动都是人们日常生活中不可或缺的生存活动和实践行为，因此休闲消费当然是生活实践的一部分；而且，因休闲、消费活动的日益重要，休闲消费活动作为生活实践、生命实践形式的重要性也日益显著。

其次，关于休闲消费实践的审美属性。“人对现实的审美关系是美学研究的出发点。美学当中的一切问题，都应当放在人对现实的审美关系当中，来加以考察。”② 而且，蒋孔阳先生还指出，随着人与现实审美关系的变化和发展，大千世界的美的

① ［德］马丁·海德格尔：《存在与时间》，陈嘉映、王庆节译，北京：生活·读书·新知三联书店，2006年版，第14、15页。
② 蒋孔阳：《蒋孔阳全集》（第3卷），合肥：安徽教育出版社，1999年版，第1页。

东西也在变化和发展。休闲消费对生活的体验与领悟，这种包含创造、包含交往的实践，亦体现了人与现实的审美关系，体现了人对审美境界的追求。其实，休闲消费的审美属性正体现在现实的实践中，正是在休闲消费的实践过程中，人与现实之间产生了各种各样的审美现象，发展出了各种各样的审美关系（因消费而产生的关系是复杂的，包括人与人、人与自然、人与社会）。在现实生活中，随着人们实践能力的提升，人们的实践对象会越来越丰富；随着人们感觉能力（包括审美感觉）的提升，人们的审美对象也会越来越丰富。

我们强调休闲具有审美的本质属性，是生存境界的审美化；强调审美走向休闲活动的现实价值，是审美境界的生活化。休闲是人的理想生存状态，审美是人的理想体验方式。休闲之为理想在于进入了人类的自在生命领域，审美之为理想在于进入了生命的自由体验状态，两者有着共同的前提与指向，审美是休闲的最高层次和最主要方式。[①]美是变化中的，审美关系是发展中的，休闲消费中蕴含了新时期新形态的审美关系。

再次，审美生存应如何建构？如何践行？休闲消费如何达到审美生成？

> 作为感性生存论的审美问题一直存在于哲学家和诗人们面临现代型社会形态的困境时所思虑的种种难题之中。从某种意义上说，“美学”不是一门学问（甚至不是一门学科），而是身临现代型社会困境时的一种生存论态度。[②]

生存既是践行，也是生成的过程，践行和生存其本质是统一的。生成是过程性的，美的生成建立在审美活动中，而休闲消费正是这样一种重要的审美实践活动和形式——其指向休闲的人生境界，其张力来自审美动机，其过程就是体验。

休闲者与消费对象的审美关系是如何建立起来的呢？最重要的是通过体验。就中国传统来说，“中华人文精神不但重极端的动机论，而且重极端的体验论，体验是检验人的精神境界的最高标准”[③]。正因为对体验的高扬，人的内在精神得到保全，人对自身的反思、对世界的关照出现了转折——人之存在价值和生命价值以不同的方式彰显出来。西方文化语境中的审美精神，或者说中国文化语境中的审美境界，都不仅是存在论的，更是生成论的。“存在论是通过对认识论的‘否定之否定’环节从而还原为或提升为生存论的。”[④]休闲消费既是这样一种生存的活脱脱的表达，也是一种实践中的“存在论”和“生成论”。

---

① 潘立勇：《审美与休闲：自在生命的自由体验》，《浙江大学学报》（人文社会科学版），2005年第6期。

② 刘小枫主编：《人类困境中的审美精神：哲人、诗人论美文选》，魏育青、罗悌伦、吴裕康等译，北京：东方出版社，1994年版，前言第1页。

③ 潘立勇：《审美人文精神论》，第236、414页。

④ 邹诗鹏：《生存论研究》，上海：上海人民出版社，2005年版，第3页。

“甘其食，美其服，乐其居”的踏实自足，“从心所欲不逾矩”的超脱，都是以现实人生为旨归的。人的生存世界是美的本源，人的生存实践是美的创造——审美活动与休闲消费活动在人生的实践处，实现了交集。作为休闲消费来说，休闲消费者本身就是审美对象，因为这样的消费是对其本身存在之美感的印证。正是休闲者的体验、实践和创造（包括消费活动所体现的实践和创造）生成了美。

> 什么叫艺术的人生态度？这就是积极地把我们人生的生活，当作一个高尚优美的艺术品似的创造，使它理想化、美化。①

这段话再清楚不过地说明了审美休闲践行的重要，以及审美之生成过程。在休闲消费的过程中，人们表达自己的生活情趣和价值观，展示自己的社会地位和审美品位；在买与卖的交流中，销售者与消费者需要一种文化认同，在消费者之间也传递着一种审美认同。随着国民经济的发展、国民收入的提高、国人自由支配时间的日益充裕，休闲与审美将愈益成为人们的日常理想生存状态。休闲消费更是切入了人的直接生存领域和人生实践，使审美境界普遍地指向现实生活。人们通过休闲活动，而“成为人”；休闲的实现，是人类的自身发展与社会的最终进步。正如“‘自由社会’已经不再能够用经济自由、政治自由和思想自由这样一些传统概念来说明”②一样，时间自由也需要有新的表述方式，即用否定的方式来表达：时间自由的本质含义是摆脱时间的自由。休闲消费就是人们从时间中解放出来，能使身心得到完善的消费体验行为。体验的过程就是审美生成的过程。

四、休闲消费的人文境界

休闲消费是物质需求与精神需求的统一，休闲消费活动作为当代人生命存在的重要组成部分，如果失去了人文精神的支撑和引领，人的生命就会显得不完满，人对自身的生命存在就会产生疑问、产生彷徨。在休闲产业的发展中，企业如果失去人文关怀，不从人本需要出发，不能满足人们的休闲生活的精神文化需求，就会导致休闲产业发展的不平衡，不利于休闲产业的健康发展。

何谓人文精神？“就是以人之文化存在为本，着重通过对人自身以及人与人、人与自然、人与社会之间关系的恰当把握来化成天下的一种文化精神”，“中国传统的精神文化即中华人文实际上是一种着重于精神价值体验，也即着重于对人的感受

① 宗白华：《美学与意境》，南京：江苏文艺出版社，2008 年版，第 24 页。
② ［美］赫伯特·马尔库塞：《单向度的人：发达工业社会意识形态研究》，刘继译，上海：上海译文出版社，1989 年版，第 5、6 页。

及感受系统的调节的文化”。[①] 在中国，“文明以止，人文也”——人文是人与人的关系尺度，是社会发展的基本尺度。在西方，人文意味着自由和平等，意味着对神学的反叛、对现世快乐的推崇，意味着对个体感性和个体创造力的高扬。

亚里士多德曾说，闲暇愈多，也愈需要智慧、节制和正义。[②] 休闲消费不仅是物的占有，而且必须超越物的占有，是对物的扬弃；休闲消费将超越炫耀，走向对真的把握、对美的欣赏和对善的弘扬。通过对审美文化的彰显，对人文精神的坚守，才能最终体现人类对自由和幸福的追求。休闲消费是当代人日常生活的重要组成部分，是日常生活实践的重要组成部分。休闲消费的产生及其特征不仅蕴含着审美文化的历史脉络和内在根源，审美文化的变革不仅具象地反映在休闲消费行为之中，从某种程度上说，休闲消费也正生产着审美文化。审美文化与休闲消费之间的交互关系无疑是极为深刻的。休闲消费人文精神的落脚点在于审美文化。一方面，审美文化为休闲消费提供人本基础和考量尺度；另一方面，休闲消费是当代审美文化发展的新视域和新指向，为中国当代审美文化构建提供了实践内涵。

休闲首先表现在对自由的高扬，休闲的本质在于确认人作为个体的自由以及社会对个体多样性的认同。宗白华先生曾说：“艺术境界与哲理境界，是诞生于一个最自由最充沛的深心的自我。”[③] 休闲消费的实现与健康发展有赖于休闲消费者主体性的确立和个性自由的彰显。休闲消费的个体自由首先表现为消费选择的自由。休闲是自发自为的活动。尽管休闲消费受到一定消费能力的制约，受到来自社会、文化、个人能力等条件的制约，但并不能改变休闲消费的基本出发点：自发自为性。休闲消费是人们自由个性的展现，是人们自由的选择，包括消费的具体行为和具体方式，以及所花费的金钱和时间。休闲消费是脱离了“强制”的选择，“被强制”的休闲就不是休闲。其次，休闲消费的个体自由是一种展示的自由，是身心自由的社会展示。消费，究其根本是社会活动；休闲消费作为社会活动的样式，消费的供给者引导休闲，为人们提供休闲的可能性，帮助人们满足休闲欲望；消费者通过价值交换，获得身心愉悦，这也是彰显个性价值的过程。基于休闲消费的普及，至少它可以使越来越多的普通人获得某种彰显个性自由的机会。个性的彰显与自我实现也是回归并确立当代中国审美文化本体地位的重要基础。由于受意识形态的影响，中国的审美文化长期是以共性代替个性、社会实践代替个体体验、理性代替感性为特征的。休闲消费为个性、感性的彰显提供了现实可能，也就为新时期审美文化的“现代性”建构提供了可能性。休闲消费的过程，是个体自我选择的自由表达，是对自身价值的确认；同时这种关乎个人生活方式和生存意义的探索也成为审美文化合法性的重

① 潘立勇：《审美人文精神论》，第 380、414 页。
② ［古希腊］亚里士多德：《政治学》，吴寿彭译，北京：商务印书馆，1965 年版。
③ 宗白华：《美学散步》，上海：上海人民出版社，1981 年版，第 81 页。

要组成部分。休闲消费充实了人们的闲暇时光，丰富了人们的文化生活，促进人们社会关系的完满。休闲消费是否有利于文化的解放，其前提是消费者是否是选择自由、个性自由的独立的人。

休闲消费有助于建立一种新型的人与人之间的关系。休闲不仅仅是人自由的生存方式，对自己的本真体认，对周遭世界的融入超越，还是人与人的相遇照面。“繁忙”是当代人生存最真实的写照。人，作为一个社会人，永远是在人与人的关系中寻找自己的定义。人常常由别人的眼光来定位自身，由别人的标准去评价自身的价值；在这样的眼光和评价中不仅迷失了自身，也迷失了世界。人是在关系中认识自身、体味自身的。其认识结果的不同，原因就在于出发点的不同——如何看待人与人的关系。海德格尔曾经说过：“最近切的交往方式并不首先是一种感性的认识，而是那种作为着的和使用着的繁忙。”① 这种繁忙是真切的生存。海德格尔只是用“繁忙”这个词语来形容人与物、人与人正在进行的一种相互呈现。而事实上，这个词也许能用“休闲”来指代。在普通的用词习惯中，提及“繁忙”，人们总是抱怨。或者我们用“繁忙”加“休闲”更能完整地表现人与世界，特别是人与人的生存状态。繁忙意味着贴近与使用中的得心应手，而休闲则意味着距离与悠闲中的心灵交流。“指与物化而不以心稽”（《庄子·达生》）：繁忙与休闲相融相契，并非互相隔绝，繁忙与休闲为一，所以休闲不是脱离了繁忙的真“空”，而是繁忙之中的空间，有闲之中的充满。从这个意义上说，繁忙与休闲互为尺度。休闲消费追求的核心价值是自由，“以欣然之态做心爱之事”②。休闲消费者需要坚守个性的独立，才能摆脱束缚、获得放松，使自身的创造力发挥出来，达到真正的“休闲”状态，成为一个真正的“休闲者”。按照李泽厚先生的说法是，“静悄悄却强有力”③：休闲消费以悄然的方式改变社会。

休闲消费中蕴含了新时期新形态的审美关系，因此在人文关怀中尤其要提到情感的建构。“中国哲学和美学就其本质意义而言是一种人生哲学或美学，其基本宗旨是以情感体验为中介，使人超越个体和尘世的局限进入与天地万物相通的自由的精神境界。”④ 审美的产生是源于人们的情感表达，其实质是展示自己的存在。越是本真的存在、去蔽的存在，越是符合审美的要求。当然，这种符合并不是先在的，而是与审美关系共同生成的。人们通过休闲消费活动观照的主要并不是物，更深刻的应该是通过审美的关照，经过身心环境一体的交融而达到的呈现，这种呈现是一

---

① 转引自那薇：《道家与海德格尔相互诠释：在心物一体中人成其人物成其物》，北京：商务印书馆，2004 年版，第 106 页。

② ［美］杰弗瑞·戈比：《你生命中的休闲》，第 1 页。

③ 李泽厚、王德胜：《关于文化现状、道德重建的对话》，李世涛主编：《知识分子立场：激进与保守之间的动荡》，长春：时代文艺出版社，2002 年版，第 74 页。

④ 潘立勇：《一体万化：阳明心学的美学智慧》，北京：北京大学出版社，2010 年版，第 147 页。

体的、无遮蔽的。通过休闲消费，消费者呈现了自我；通过审美，休闲者也能获得自我被呈现的欣喜，或者自我在其中呈现的共鸣。作为消费者，是在环境的“受”（undergo）和自己的“做”（do）之间产生经验；作为休闲者，是在消费中“受”（undergo）和自己的“体验”（do）之间产生经验。对大多数普通人来说，“日常生活审美化”意味着生存环境和生活方式中审美因素的增加，意味着生活品质的提升，意味着对美好生活的憧憬。它作为重要的日常生活实践，作为重要的审美体验形式，不仅成为大众生活实践、文化展示多元化的途径，也成为美学走向多元开放的途径。

基于“休闲的根基是文化，休闲的灵魂是审美”的认识，当代中国社会，如何在追求休闲理想的征程中探寻休闲消费、休闲产业的人文基础？如何寻找休闲消费的精神文化根基、探索审美文化的现实出路？我们的看法是：休闲消费要想通过审美文化的构建来实现社会整合的目标，就需要从审美文化培育的角度来引导当代中国社会的休闲消费，提升当代中国休闲消费的人文境界。

在审美文化的引导下，休闲消费对消费主义的反叛体现为对物质的扬弃。在人文精神的感召下，休闲消费可以以扬弃的方式，作为丰富的总体的人，占有自己的全面的本质。

第四章　宜游：旅游与审美休闲

在当代中国，旅游是人们最基本的休闲方式之一。作为一种休闲活动，旅游的本质就是审美体验。旅游审美体验是旅游者在情境互动之中，追求审美存在和生命创造的强烈内心感受。旅游体验从审美感知、审美情感和审美想象三个层面展开。旅游体验充满着人在旅途的跨文化审美意蕴，它是为了探寻生活溶解在心灵中的秘密，借由想象获得存在的真实和生命的沉醉。

第一节　旅游体验的审美精神

一、诠释旅游体验

1. 旅游体验研究现状

加拿大的两位学者于 2009 年回顾了国际旅游体验研究的成果，并将其归纳为五个研究方向，即：体验基础研究，寻求体验行为研究，体验方法论研究，特殊旅游体验之本质研究，规划与传递体验的管理问题研究。[①] 他们的研究，使《体验经济》一书的出版，进一步拉开了将“体验研究”引入消费者—旅游者研究的序幕。

旅游体验一词的出现与关注要远远早于专门论著的出现，较早的文献与定义见于 20 世纪 60 年代。布尔斯廷把旅游体验定义为一种流行的消费行为，是大众旅游非自发的预制的体验；麦坎内尔则认为，旅游体验是对现代生活之烦恼的一种积极反应，是现代人为克服这些问题而追求的一种“真实性”经历。这两个定义引发了一些争论，对于那些旅游需要相同的旅游者而言，他们所获得的体验将是相同的，而与他们社会文化背景的差异无关。[②]

以色列的旅游社会学家尤里指出，旅游体验从 20 世纪 60 年代早期就已经成为

---

① J. R. Brent Ritchie & Simon Hudson (2009). “Understanding and Meeting the Challenges of Consumer: Tourist Experience Research,” *International Journal of Tourism Research*,11, pp.111–126.

② Yiping Li (2000). “Geographical Consciousness and Tourism Experience,” *Annals of Tourism Research*, 27(4), pp.863–883.

旅游研究领域的重要议题。总体来说，那些比较关注旅游者个人体验的评估，尤其多从旅游动机，以及基于发达的工业社会的日常生活而进行的旅游参与的角度去进行分析。他对旅游体验的概念演变进行了多角度、多学科的梳理，尤其强调了旅游体验概念在后现代社会中的重要发展：

> 旅游体验概念的研究出现了四个方面的显著发展：从旅游体验与日常生活的区别研究转向对区别的否定；从总体概念转向复杂多样化的概念；从对旅游对象的关注转向对旅游者主观的流动意义的关注；从矛盾性、决定性的陈述方式趋向相关性的、补充性的解释。①

“相对于旅游经济效应的研究，社会学家和人类学家对旅游的社会和文化影响的关注却滞后了一步。直到 20 世纪 60 年代中期，一些社会学家才开始对旅游业略感兴趣，且通常是对其他事物的研究中附带而生的。”② 经过半个世纪的积累，国外的旅游体验研究形成了一系列研究方法和理论体系，比如科恩的现象学方法、麦坎内尔的“新涂尔干主义”（neo-Durkheimian）视角、维肯斯的“高夫曼（Goffman）（社会人类学的框架分析）角色理论”、巴斯的文化批评与冲突理论，以及艾萨路德的“建设性对话导向方法”等。③

我国的旅游体验研究始于世纪之交，系统性的研究尚未展开。1999 年，谢彦君教授出版了《基础旅游学》，在我国率先提出了“旅游体验”的研究范畴；2005 年，在他出版的《旅游体验研究：一种现象学的视角》的带动下，学界出现了一系列关于旅游体验的专门研究。这本专著不仅引入了思辨的方法论，也对旅游体验进行了整体性的、展开性的研究。我国旅游研究体验论的尝试，意味着旅游研究新视角的出现，其一是研究基础的转向，从经济、管理学向社会、心理学的转向；其二是研究对象的转向，从旅游者的“活动”作为研究对象，转为将旅游者的“体验”作为研究对象，这一转向，更为关注旅游者的人本需要。

> 人类在这种活动中所体验到的是自信、充实、舒畅、愉悦、自豪……这种情感正是一种审美情感。这种活动及其所产生的体验在人类的实践中反复发生，使体验不断深化，终于积淀为现代人类的旅游情感。因而，旅游感受不是一种单纯的生理快感，而是在人类实践中出现的社会性情感，它蕴蓄着丰富的社会

① Natan Uriely (2005). “The Tourist Experience Conceptual Developments,” *Annals of Tourism Research*, 32(1), pp.199–216.

② 转引自［以色列］艾略克·科恩：《旅游社会学纵论》（原版书名：《当代旅游：差异与变化》），巫宁、马聪玲、陈立平译，天津：南开大学出版社，2007 年版，第 1 页。

③ Natan Uriely (2005). “The Tourist Experience Conceptual Developments,” pp.199–216.

内容。[①]

国内对旅游体验的研究，是动机—需求意义上的体验分析，其目的是为旅游提供建议和参考，多从旅游体验动机—旅游体验行为的角度对旅游者进行分析，属于旅游规划和旅游营销的应用研究，我们可以粗略地将其称为“经济序列”。与之相对应，“社会序列”的旅游体验研究还不充分。需要—存在意义上的体验研究，其目的是为人类自身真实存在和美好生活提供方向和指导，即从旅游体验人本需要—旅游体验价值进行研究，属于旅游人类学和旅游社会学的理论研究。

2. 人本视角的旅游体验与审美

> “体验”一词具有类科学的起源，与“实验”一词有着相同的词根。和我们的许多词汇一样，这个词形成的时间比较短，它暗示了一种最初的怀疑主义或是虚无主义，它们通过与一些直接的第一手资料相关联而转化成特殊的信仰和情感。[②]

关于旅游体验，不同的学者从不同的视角进行了阐述。涉及的领域有：对日常苦役、约束、混乱、被亵渎的责任的逃避，对自由、真实、新奇、变化、异域、孩子气、畅爽、意义、认同、同一性，以及荒诞制造的追求。[③]“旅游体验是一种个人的、主观的且具有高度异质性的内心感受。……旅游体验也是日常生活体验的一种延伸，既反映出个人生活的另一个侧面，也是个人找寻另一生活经验的来源”，“很久以来，旅游体验一直被单方面地理解，或者从高峰体验的角度，或者从消费者体验的角度”，“从某种意义上说，旅游就包含在审美与感觉的存在之中”。[④]“任何类型的旅游体验，在总体上，都笼罩在审美体验的氛围当中，或者多少沾染有审美的色彩。”[⑤]

体验给予旅游者的是什么？基于著名旅游社会学家麦坎内尔对于文化体验的分析，体验的第一个部分是在舞台、电影里出现的生活中的某个有代表性的方面，他将其称为“模式”；体验的第二个方面是在模式基础之上的信仰或情感，他将其称

① 陈刚：《论旅游的审美本质》，《旅游学刊》，1992 年第 4 期。

② ［美］迪安·麦坎内尔：《旅游者：休闲阶层新论》，张晓萍译，桂林：广西师范大学出版社，2008 年版，第 26 页。

③ 转引自 Shuai Quan & Ning Wang (2004). “Towards a Structural Model of the Tourist Experience: An Illustration from Food Experiences in Tourism,” *Tourism Management*, 25, pp.297–305.

④ 同上。

⑤ 谢彦君：《旅游体验研究：一种现象学的视角》，天津：南开大学出版社，2005 年版，第 123 页。

为“影响”。[①] 旅游从业人员关注提供体验的模式，以获得更好的经济收益；而从旅游者的角度，从社会学分析的角度，我们更关注影响，即旅游体验对于旅游者审美存在的影响。

第一，旅游体验是独享的审美感受，体验本身就是吸引力。旅游者的体验是其亲身经历，是非常个性化的。旅游者可以与旁人分享旅游见闻和旅游纪念品，但体验不能分享。这种独享性成为旅游的巨大魅力。当游客重复光顾旅游目的地时，景观的观光吸引力在减弱，但其接触的人和事都不相同，旅游体验也不相同。旅游者与目的地居民接触与交往，通过亲身经历，体味生活之美、生命之美。旅游，本身充满着不确定性。也许，不确定性一直以来使旅游从业人员非常困惑，也是影响旅游服务质量稳定的原发阻碍，但恰恰是这种不确定性给予游客无穷的兴味和真正的吸引力。这种吸引力是关乎人性本身的。

第二，旅游体验的审美场域。从审美的视角看，旅游的参与互动首先突出的是主体的参与，其次是体验主体与环境之间的“浸入”关系，进而形成审美场域。“旅游是休闲活动，对旅游审美的研究就应该是对主体参与性动态审美的研究。……问题在于当代学术界对旅游美感生成和旅游美感状态的研究也不多，再者，即便是对旅游审美作研究，是否意识到旅游审美是主体参与性的动态审美？这无疑需要在理论上有一个突破”，章海荣教授在对旅游美学的研究中发现，存在着一个和“畅”相类似的学术空间：“游”。[②] 谢彦君教授认为观赏、交往、模仿和游戏是旅游体验实现的基本路径，以此为基础，武虹剑、龙江智提出了认知、审美、交往、模仿、游戏、娱乐六种途径，并建立了旅游者与他者、活动、情境之间的互动模型。[③] 正如派恩与吉尔摩提出了“体验王国”的模型，审美体验的重要特征是：主动参与和融入。“展示体验并不是如何取悦顾客，而是有关如何使他们置身其中”，“客人参与有教育意义的体验是想学习，参与逃避体验是想去做，参与娱乐体验是想感觉，而参与审美体验的人就想到达现场”。[④] 相较于“融入”这个词，旅游体验更倾向于是一种浸入式的审美。旅游过程中，旅游者所观所感，无一不与旅游目的地环境、旅游业的服务、当地居民的态度息息相关。作为“活动”的旅游是可以作为商品而生产出来的，作为“体验”的旅游是旅游者与其浸入的情境互动的结果。在这样的特定场域中，旅游者不仅是审美体验的感受者，还是审美体验的创造者。旅游提供持久的、美好的回忆。“商品是实体的，服务是无形的，而体验是难忘的。”[⑤] 旅游经验告诉我们，

---

① ［美］迪安·麦坎内尔：《旅游者：休闲阶层新论》，第 26 页。

② 章海荣：《“flow”（畅）“游”比较中探索旅游美感特点》，《桂林旅游高等专科学校学报》，2003 年第 3 期。

③ 武虹剑、龙江智：《旅游体验生成途径的理论模式》，《社会科学辑刊》，2009 第 3 期。

④ ［美］约瑟夫·派恩、詹姆斯·H. 吉尔摩：《体验经济》（修订版），第 34、39 页。

⑤ 同上书，第 16 页。

即便旅途非常辛苦，即便旅游活动安排得不尽完美，但在旅游者的记忆当中，这些统统会变成美好的东西，当他们与旁人诉说，当岁月流逝，这种美好还会与日俱增。可以说，旅游体验的审美场域在空间和时间上是无限延伸的。

美是人类童年时期的原始体验。[①] 通过体验的“桥梁”，审美与旅游天然地维系在一起。旅游的过程是关于体验的，旅游体验的本质是关乎审美的。因此，我们可以说，旅游审美体验是旅游者在情境互动之中，追求审美存在的一种经历，以及获得生命美好创造的强烈内心感受。旅游体验充满着融经历、感悟为一体的审美愉悦，充满着对存在和创造无限向往的审美理想，是身心交融的审美化合，旅游体验的核心价值在于审美。

二、旅游体验的审美层次

走马观花，还是深度体味？从观光旅游到休闲旅游，从大众旅游到可持续发展旅游，旅游发展的进程不仅昭示着旅游业发展的重要趋势，更体现了旅游者审美需求的演绎。“审美在根本上是贯穿旅游活动的一种态度，一种价值观念和一种思想方式。”[②]

> 旅游审美作为旅游体验生成的途径之一，因其发生情境的特殊而与日常审美有所不同，主要表现在：(1)旅游审美对象的广泛性。一方面，旅游世界涵盖了极为广泛的物象，另一方面，现代旅游者出游追求的是一种超越功利性的精神享受，在此心境下，一切活动都具有“游戏”的特性。因此，旅游世界的一切物象都可能升格为审美对象。(2)旅游审美活动的长时性。日常审美活动持续的时间一般都比较短，而旅游审美活动往往持续很长的时间，甚至整个旅程都是一次审美活动。(3)旅游审美目的的主导性。在日常生活中，审美往往只是“附带的活动”或“无意的斩获”，“理性的目标”依然居于主导地位。然而，旅游则完全不同。主体彻底放下了“理性的目标”，唯一的目的就是享受活动本身带来的乐趣。[③]

从旅游体验的层次来看，经历了三个层次：身到、心到、神到，对应在审美境界上，旅游体验的美是悦目之美、悦心之美、悦神之美。

悦目之美是旅游审美体验的第一层面。无论是人迹罕至的大漠风光，还是海滨城市的休闲胜景，出于好奇，由于未见，目光所至，皆是美景。感官的愉悦，带了

---

① 王一川：《审美体验论》，天津：百花文艺出版社，1991 年版，第 14 页。
② 章海荣：《从哲学人类学背景管窥旅游审美》，《思想战线》，2002 第 1 期。
③ 武虹剑、龙江智：《旅游体验生成途径的理论模式》，《社会科学辑刊》，2009 第 3 期。

兴奋和快感。

悦心之美是旅游审美体验的第二层面。美景与美情，相得益彰；美丽景色与风情体验，唤起内心深处的情感，情景共鸣，情境交融，情意相怡。时空变幻之中，胸襟被美好充盈，有一点紧张，有一点迷幻，有一点亢奋，许是理想的召唤，许是想象的波涛，许是情感的摇曳。身心得以放松，身心为之交融，心灵得以净化。

悦神之美是旅游审美体验的第三层面。大美在于人性。自然景物、情感碰撞，终究见于精神之陶冶。精神世界的畅爽、生命的美好灿烂，集于瞬间的体验和感悟，那是一种物我交融，那是一种天人合一；那是对生命本质的最终体认，那是生命的重新发现，那是审美境界的自我实现。

三、旅游体验的审美基础：追寻与满足

叶朗先生说："旅游活动从本质上讲就是审美活动，也就是超越实用功利的心态和眼光，在精神上进到一种自由的境域，获得一种美的享受。"[①] 如果说，旅游体验研究是"将旅游现象从日常生活世界中剥离出来，从而构建一个相对独立、可以对其展开旅游研究的领域——旅游世界以及构成旅游世界的各种体验情境范畴"[②]，我们也可以采取另一种方法，与剥离相对的方法——回归，即"将旅游回归到日常生活中去"，这种回归并不完全意味着模糊旅游与日常生活的界限，而是从这种回归中找寻旅游的意义和本质。这种回归的基础看似在于西方后现代社会中"非真实性的泛滥"所导致的对一切真实性的叛逆。那么，这种回归的趋向对处于现代化进程中的中国当代社会的内在意义又何在呢？

1. 旅游与日常生活

是否存在独立的旅游世界？旅游与日常生活的关系怎样？关注其区别，还是从社会人类学的本质去找寻人们旅游的理由？这些疑问，皆与国外一直普遍关注的旅游真实性理论息息相关，更进一层来说，这一转向其实与"日常生活审美化"的社会学思潮紧密相连。著名的旅游社会学家比如特纳、麦坎内尔和艾什，对自己在20世纪70年代提出来的定义进行了反思。70年代人们对旅游的认识基于这样的观点：日常生活的体验是非真实的，现代社会中的人们为了打破束缚，从旅游体验中去追寻生活的真实。90年代起，受到后现代主义解构思潮的影响，日常生活体验与旅游体验的边界日益模糊。比较著名的论点有："每件事都是旅游，旅游就是任何事。"[③]

---

① 叶朗：《美学原理》，第230页。

② 谢彦君：《旅游体验研究：一种现象学的视角》，第28页。

③ Munt, I. (1994). "The 'Other' Postmodern Tourism: Culture, Travel and the New Middle Class," *Theory, Culture and Society*, 11, pp.101–123.

同时，旅游—休闲与工作的边界也日益模糊。瑞恩指出，生活越来越一体化，人们在商务旅途中，既工作，也探访亲友、观看体育赛事，或是旅游度假。①

如果说西方现代社会的社会活动是以区别化为特征的，包括标准化、审美化和制度化，那么后现代社会则趋向消解，包括对区别本身的消解。微缩景观、主题公园的出现——旅游资源的再造性拓展了旅游吸引物的范畴，使人们没有“旅”就可以“游”，随着网络的普及，人们甚至可以“虚拟旅游”。

2. 旅游基于大众对生活世界的审美追寻

后起的当代中国旅游产业既面临着行业标准化、制度化、规范化的要求，又面对着旅游者日益多样的旅游需求。日常生活越来越忙碌，人们渴望度假来放松身心。2009 年，中国国内旅游接待规模超过了 1.3 亿人次，中国出境旅游规模超过 4000 万人次②——旅游已经成为中国人的生活方式，旅游与生活越来越不可分。但是，基于现阶段中国旅游者的成熟度和旅游市场产品的同质性，很难像西方“类型学”研究者那样将旅游者做漂泊者、探险者、个人大众旅游和团体大众旅游等体验情况的细分。也就是说，中国这样的细分市场特征还未显现。即便是在西方社会，这样的分类也只对旅游市场推广和营销有利，从社会学的角度来说，这样的类型划分是无穷尽的，也就是失去了其实在的意义。进入 21 世纪以后，一些旅游社会学家也意识到这样的问题。但可以借鉴的观点或者可以预见到的未来是：旅游体验的多元化。旅游体验的追求不是单一的，它就像多元化的生活一样，发展的动力和机缘都在于对丰富度的渴望和对未知的好奇。对旅游体验的渴望，是普通大众对生活世界的审美追求。

3. 人在旅途的跨文化审美意蕴

旅游是一种经济活动，更是一种文化活动。旅游主体负载着一定的已成文化因子，不仅将原有的文化传播到异地，也受到异地文化和风俗的影响。跨文化的交往随时给予旅游者新奇、碰撞和新的创造。旅游体验是一种跨文化的、身心共融的审美体验。

旅游交往，最重要的特征是其异地性与直面性。旅游，意味着离开，意味着对惯常生活的离弃。吃、住、行、游、购、娱——旅游的六要素涵盖了生活的全部。距离产生美，距离创造了自由。旅游这一方式，本能地造就了审美的可能。同时，旅游又使距离无限地缩小。在全球化成为当今世界最重要特征的今天，这种直面的跨文化交往，赋予了文化交往的新鲜感、本真感和自由度。景物风光的情境是真切的，民俗风情的体验是新鲜的。人们观赏、交往、模仿，既是无所不包的生活审美，

---

① Ryan,C. (2002). “Stages, Gazes and Constructions of Tourism,” In C. Ryan, ed., *The Tourist Experience*. London: Continuum, pp.1–26.

② 中华人民共和国文化和旅游部官网：http：//www.mct.gov.cn/。

又是洋溢着自我的直觉碰撞。无论是休闲垂钓，还是乐舞狂欢；无论是今日相聚，还是明日作别；若即若离，朦胧又清晰，凝结着审美的极致。

第二节　旅游体验的休闲境界

一、旅游体验与休闲

人们通过休闲活动，而"成为人"；休闲的实现，是人类的自身发展与社会的最终进步。正如"'自由社会'已经不再能够用经济自由、政治自由和思想自由这样一些传统概念来说明"[①]，休闲的定义有很多，其中自由是其最根本的特征和最基本的元素。在休闲中，人们不仅是自由的，而且找到了作为人和作为社会的有意义的成员的价值（《休闲宪章》）。休闲是人们从时间中解放出来，摆脱功利物欲的，能使身心得到完善的体验行为。旅游体验正是一种大众的休闲方式，恰恰体现了当代休闲活动的大众特征，反映了当代休闲活动的人本情怀。

1. 旅游—休闲之大众特征

第一，现代旅游体验的大众向度。步入工业社会和后工业社会，休闲不再是满足少数精英分子的活动，不仅仅是亚里士多德时代的沉思和音乐，不仅仅是罗马人的竞技体育，也不仅仅是封建时代少数人吟诗作画时的孤芳自赏，当代的休闲活动涉及的领域越来越广泛。人们可以借助他们认为合适的形式，可以打高尔夫球，可以在山间暴走，可以在游轮上狂欢逍遥，也可以在野营垂钓中放松自我。旅游者并不理会形式的进步与落后之分、考究与粗陋之分，其本身也超越了精英与大众之分，或者说，精英与大众的边界正变得越来越模糊。差异和等级仍然存在，但好在人人都可以进入、都可以体验。旅游活动借助一切通俗的形式进入大众的生活，也率真地表达了大众对生活和文化中细节的理解；借助旅游体验，人们加深彼此的交流和理解。现代的旅游活动是逐渐消解了精英色彩的大众休闲。

2. 旅游—休闲之人本情怀

"自在的生命才是人的本真生命，自由的体验才是人的本真体验。"[②]体验作为人类生命以理性为内涵的一种基本活动形态，它是一种感性的"否定之否定"，也是人类生命与世界的最基础的、最为根本的沟通方式。人类只有在体验中才真正意识到其作为一种活的生命现象的存在及其全部的意义。[③]人们对技术理性和物欲至上思潮

---

① ［美］赫伯特·马尔库塞：《单向度的人：发达工业社会意识形态研究》，第 5、6 页。

② 潘立勇：《审美与休闲：自在生命的自由体验》，《浙江大学学报》（人文社会科学版），2005 年第 6 期。

③ 徐岱：《美学新概念》，上海：学林出版社，2001 年版，第 55、56 页。

的反叛，使之比以往任何时代都更重视感性的体验，休闲活动也比以往任何时候更重视感性体验带来的愉悦。人们通过旅游活动体验自我；正是基于真切的身心体验，人们才有能力和可能去思考生命的意义和价值。旅游，调动的不仅是感官，更重要的是内心世界。旅游是以欢乐的情怀、愉悦的态度、丰富多彩的姿态，追求身心的完善，并以个性化的方式满足自我，达到人性的圆满。从本质上看，旅游—休闲充满着人本情怀。

二、旅游体验之休闲境界："宜人"尺度

"宜"，有适宜、应当之意。《说文解字》中有"宜，所安也"，《仓颉篇》中有"宜得其所也"的说法。旅游之"游"，参用朱熹解释"游于艺"之"游"的说法，是"玩物适情"。旅游，不仅是人人皆宜、人人向往的休闲活动，更进一层讲，人们借由旅游体验到的是生命的真善美。

1."宜"真：旅游体验之真实性

真实性，是旅游体验研究关注的重点。早期以麦坎内尔和布尔斯廷为代表的观点认为：人们是由于现代生活的不真实而去旅游的。虽然在二者笔下，旅游者的形象截然不同，麦坎内尔对旅游的态度比较积极，认为旅游行为恰恰体现了对真实性的追求，而布尔斯廷则认为旅游者本身就是现代社会不真实的产物。真实性理论的提出，代表着一种批判旅游商品化的价值观，但从一开始似乎就走入了一个怪圈。如果说"商品化"导致了旅游产品的舞台化，导致了"非真实"，旅游早已进入产业发展的阶段，商品化无处不在，也无法避免，正如同商品化早已成为整个社会的特征；那么结论似乎很清楚：旅游不可能是真实的，对真实性的追求也是不可能通过旅游来实现的。所以，他们曾经得出极端结论："旅游业越是繁荣，它越有可能变成一个巨大的骗局。"① 所有的人被诱惑进来，实际上却永远被真实世界所阻隔。

2000年，中山大学的王宁教授提出了新的真实性理论——存在真实。②"存在真实"的提出，意味着真实评判的主观主义转向。旅游产品的好坏并非由是否商品化来决定，其追求者和评判者就是旅游者本人。对于个体旅游者来说，旅游体验总是真实的，但这种真实也仅仅属于其个人。这种体验无法被模仿，无法被商业化地重构。旅游的独特体验，每次都不一样，不仅成为其回忆中的最美好的一部分，而且最大、最真切的"真实"就是旅游者自己的意愿。这种意愿，正体现了人，对于自身生存方式的选择，体现了人在定居与游走之间的平衡和补充。

"人在名利行走，心在荒村听雨"可能是当代很多旅游者内心的真实写照和深刻

---

① ［以色列］艾略克·科恩：《旅游社会学纵论》，第124页。

② Ning Wang (2000). *Tourism and Modernity*: *A Sociological Analysis*. Oxford: Pergamon Press.

的旅游动机。身处旅游目的地，旅游者否定其惯常的生活方式和行为模式，否定惯常的消费观念（往往表现为愿意花更多的钱）、时间观念（往往表现为“不守时”）、审美观念（往往表现为对视觉有异常冲击的人和物的特殊兴趣），甚至伦理观念（往往表现为更随意的“情感行为”）。虽然可以批判旅游者的生活是不真实的，但对日常生活的逃离，是否意味着旅途生活恰是其本来？“旅游的作用，就仿佛一个美丽的点缀，是灰暗的日常生活中的亮点。它意味着康复，意味着新生。只有经过这样的旅行，我们的存在才能得到证明。”[①]

2.“宜”醉：旅游体验之生命沉醉

旅游体验不仅是参与互动的，更是生命的沉醉。参与有着进入的意味，而沉醉则是生活本身。或者进一步说，旅游活动的着眼点是旅游企业、旅游业的再造（虽然这些再造也是基于游客需求的），而旅游体验的着眼点则是旅游者生命之美的再造。沉醉的美感不仅是认知的，而且是体悟到的。用体验的视角去看待旅游，意味着一种现象学的方法论，是一种感性的、整体的感知世界的方法。“在存在主义那里，艺术被归结为人的日常‘此在’的审美体验的产物。”[②]旅游体验不仅包括丰富、生动的生命感知，更蕴含着活泼、深刻的生命情感。如果说艺术的审美体验通向艺术创造，旅游体验通向的则是生命的创造。从哲学的角度看，“体验思考的是生活的意义和存在的真理，体验不是从逻辑的观点看世界，而是以内在的心灵去体悟世界；体验之思是一种诗化思维，是一种诗化的生活方式，体验本身就是目的”[③]。

从这个意义上说，人们通过旅游体验，追求休闲理想，实现自己的审美人生。这种对于旅游之体验本质的关注，受到西方消费者行为学转向的影响，从关注商品到关注旅游者，从关注旅游者的活动，进而到关注旅游者的体验。可以从旅游体验的角度探寻休闲之域，体悟审美之境。旅游体验不只是静观，不只是沉思，不只是冥想，更是充满着惊喜的发现之美，充盈着颤动的创造之美，这种创造是对生命之美的创造。

海德格尔曾经说过：“艺术作品以自己的方式开启了存在者的存在。这种开启，即揭示，亦即存在者的真理，是在作品中实现的。”[④]同样，旅游者正是以体验的方式开启了自身的存在，获得了自我的真实呈现。海德格尔把美视为真理存在的一种方式，存在者被存在之光照耀，就是真正的创造[⑤]；旅游体验——追求“美”，崇尚“闲”，这样的休闲存在不仅意味着存在的呈现、存在的真实，更意味着存在的创造。

---

① 谢彦君：《旅游体验研究：一种现象学的视角》，第 28 页。

② 王一川：《审美体验论》，第 39 页。

③ 王苏君：《走向审美体验》，浙江大学博士论文，2003 年，第 5—10 页。

④ 转引自［法］米·杜夫海纳：《审美经验现象学》，韩树站译，北京：文化艺术出版社，1992 年版，译者前言第 13 页。

⑤ ［法］米·杜夫海纳：《审美经验现象学》，译者前言第 14 页。

三、旅游体验之休闲境界：身游与神游

游，是一种行为，亦是一种状态。从行为讲，表示游历，意指从容地行走和交往；从状态讲，指的是无所凭依的境界，是心灵的自由和超越。出于观赏而出行的活动，也许与人类的其他文明活动一样有着悠久的历史。“莫春者，春服既成，冠者五六人，童子六七人，浴乎沂，风乎舞雩，咏而归。”（《论语·先进》）波德莱尔曾经说过：“我觉得，往往在别的地方，我才会感觉好些。旅行就是我不断地跟自己的灵魂讨论的问题之一。”①

1. 身游：朝觐、狂欢、游戏与漂泊

现代旅游的概念，从20世纪40年代艾斯特的定义以来，已有半个多世纪。旅游与生活边界似乎变得越来越模糊，但不可否认的是，旅游在生活中的比重却越来越大。人在旅途，可以做的其他事越来越多；人做的其他事越来越多，人就越来越频繁地身在旅途。

人们朝觐、狂欢，人们游戏、漂泊，一切都与旅游相关，一切又似乎超越了旅游的范畴。朝觐是旅游的前身，人类学家干脆说“旅游吸引物完全类似于一种原始民族的宗教象征”②。今天，假日制度成为影响国民生活的重要制度。本没有狂欢文化传统的古老中国，也频频举办各种节庆、各种博览会，被制造出来的狂欢盛宴数不胜数。旅游，亦被称为成人的游戏。游戏最大的特征就是可以重复，可以把自己放进想象的空间：或云游四方、浪迹天涯，或进行探险旅游、严格的生态旅游——人们乐此不疲。

2. 神游：自由与超越

> 不论在东方还是西方，在“发达”世界或“第三世界”，现代价值观都普遍存在，它超越了所有旧有的界限。这一现代性的进步（或曰“现代化”）恰恰取决于它的不稳定性和不真实性。对现代人而言，现实和真实在别的地方才能找到：在别的历史时期，在别的文化中，在较单纯和较简单的生活方式中。换句话说，现代人对“自然”的关注，他们的怀旧心理和对真实的寻求，并不只是一种无害的不经意，或者颓废，也不只是对被破坏的文化和逝去时代的依恋，更是现代性的征服精神的构成要素，是统一意识的基础。③

现代性究竟意味着什么？这种价值观，似乎无处不在，也无法逃避，人们的一

---

① 转引自［美］迪安·麦坎内尔：《旅游者：休闲阶层新论》，引言第1页。
② 同上书，第2页。
③ 同上书，第3页。

举一动似乎都意味着这种现实的统一的基础。

有人将“旅游者通过审美体验所获得的愉悦称为旅游审美愉悦”[①]。愉悦，确是一种美好的心理体验和心理享受。“审美体验作为高强度的、深层的、难以言说的瞬间性生命感悟，它意味着人生意义的瞬间生成。”[②]人在旅途的追寻远远地超越了单纯的愉悦感。杭州宋城景区打出这样的广告——“给我一日，还你千年”，营销称得上相当成功。春花秋月、冬梅夏荷，自然的风光、历史的沧桑都在瞬间体验，又在瞬间消逝——美是易得的，也是易逝的。身在此中，一日便可千年。正如席勒所说：审美文化的根本目的在于把感性的人引向形式和思想，同时又使精神的人回到素材和感性世界，使人的感性与理性通过审美教育得到充分的发展并达到和谐统一，成为“审美的人”。[③]旅游，作为自然美引发的美好情感而勃兴；旅游，作为轻松活泼的活动很好地填补了人们的闲暇时间；旅游，作为一种健康的、文明的生活方式而不断发展。旅游体验，不仅满足了人们的审美愉悦，更有助于提升人们的精神境界。作为人们审美追求的形式载体，旅游也是人们追求幸福生活的不可或缺的现实方式，成为现当代休闲文化的重要组成部分。

旅游，是一种新鲜刺激的生活，在旅游过程中，遇到的人、遇到的事，都是新奇的，旅游者的每一个毛孔都张扬着发现的冲动；旅游，也是一种休闲安逸的生活，在旅游过程中，充满着尽可能的放弃，没有人是必需的，没有物是必需的，旅游者的每一个毛孔都张扬着自由的愉悦。旅游将生活的必然与自由的休闲融为一体，“神游”之意蕴，是直接的体验，是直面的人生，使人不脱离现实生活而同时得到精神的愉悦和升华；“神游”之意蕴，是自由的互动，是超越的体验，可以说，没有哪一种体验与交往如同旅游的体验，来得如此真切，来得如此感性。尽管旅游的对象是被压缩的时空，思绪却可以无比跃动，想象可以无比丰富，情感可以无比放飞，信仰可以无比坚贞——旅游之休闲存在无比自由！

旅游体验源于何物？“把审美体验视为与人生、与艺术的本质攸切相关的东西加以探究，这是中西美学的一个共同点或相互发明之处。”[④]旅游体验的审美—休闲体系是建立在人本基础上的。旅游体验对于旅游个体来说，始终是一个审美过程，始终是对精神世界的追求，始终体现了对休闲境界的渴望。旅游的时空转换，为人生体验的拓展提供了先天的条件，通过丰富的审美展现，能使人获得身心的放松和精神的满足。现代社会，旅游体验已经成为生命美学建构中不可或缺的组成部分。旅游体验通过审美感知、审美想象、审美情感，成为人们休闲存在的美好创造。

---

① 谢彦君：《旅游体验研究：一种现象学的视角》，第 138 页。

② 王一川：《审美体验论》，第 34 页。

③ ［德］席勒、［俄］普列汉诺夫：《大师谈美》，李光荣译，重庆：重庆出版社，2008 年版，第 55 页。

④ 王一川：《审美体验论》，第 6 页。

田义勇博士新近以“文论体系”论及“审美体系的重建”时，提出“世界本体即‘生生不息的否定力’的判断”[①]。旅游体验的美感何在？源于否定，终于超越。这种否定正体现了人本的追求。对于惯常生活的否定，对于惯常行为的否定，对于惯常思维方式的否定，而正是在这样的否定中，旅游者获得了审美体验，生命得以绽放，生存得以呈现，得以去追寻休闲之人生境界。

旅游体验体认的是人与物化、神与物契的审美情怀，高扬的是生生之德的休闲境界。旅游体验中所体现的审美精神是彰显的、独立的、本真的人性；旅游体验所追寻的是“宜人”“宜醉”的生命境界，身游与神游结合的休闲境界是自由的、升华的、解放的审美人生。

① 田义勇：《审美体验的重建：文化体系的观念奠基》，上海：复旦大学出版社，2010年版，第51页。

第五章 宜乐：文体娱乐与审美休闲

休闲是人的一种生活状态和生活方式，文体娱乐是人们追求快乐、缓解生存压力与精神束缚的一种本于天性的休闲活动。快乐是文体娱乐的动因，自由是娱乐休闲的基因，快乐与自由构成了文体娱乐里不可或缺的元素。文体娱乐是处于休闲状态中的人们体验自我精神世界和感悟内在心灵的一种独特的方式，休闲中的文体娱乐是自在生命的自由体验的状态。在休闲文体娱乐中，审美感官会进入一种超功利的自由自在的精神状态，从而获得身心愉悦与升华，在审美过程中达到"忘我"之境，体验到"畅"之美感，这种"巅峰体验"的审美境界即是文体娱乐的最高境界。文体娱乐活动中的人正是通过审美体验，更加关注个体生命质感及生活品质，完善自我，实现自我价值，提升生存境界，在这样一种自在生命的自由体验状态中获得幸福感和畅爽感，感悟和体味人生的意义、世界的意义，使人们在这种基于现实世界却又超越现实世界的体验中得到精神的升华，从而进入一种理想的休闲状态，即生存的审美境界中，达到人与人之和谐、人与自然之和谐、人与社会之和谐。

第一节 文体娱乐的休闲功能

娱乐是人的一种本能和天性，它与人类的生活和生存方式密切相关，最早来源于人们的原始崇拜与宗教信仰的一系列仪式，以及人们劳作场景的欢快再现。《辞海》里对娱乐的解释为"娱怀取乐，欢乐之意"。中外学者们给"娱乐"的界定常常与这样一些词语联系在一起：自由时间、积极、自愿参与、体验、再创造价值、愉悦、消除疲劳、满足需求等等。娱乐活动与一个国家或民族的传统文化、风俗习惯等文化因素紧密相关，是一种特殊的文化现象和社会现象，包含着厚重的文化积淀，具有历史性和民族性的特征。

文体娱乐活动是人们休闲生活中不可或缺的一项重要内容，是与人们日常体验密切相关的文化现象。文体娱乐的休闲特征即是在闲暇时间中自由追求快乐的行为，是人们对生命形式的一种体验，在这样一种消遣体验中获得生理上和精神上的满足。正如陈来成所言："娱乐是人们在闲暇时间内从事能消除疲劳并在生理和心理都能获得满足、愉悦的休闲行为。”[①]

第一，丰富的休闲文体娱乐活动充实闲暇时间，创造乐趣，提高生活情趣。

1942 年弗兰克·布洛克将娱乐界定为积极而愉悦地使用休闲时间。[②] 在人类历史发展的长河中，随着生产力的每一次进步，人们的空闲时间也成正比地延长，文体娱乐活动一直穿插在人类文明发展史中，成为人们闲暇生活的一项重要内容。人生来便是追寻快乐的，娱乐活动的终极目标之一就是使娱乐活动中的人们体验到快乐，为了得到快乐，人们创造出丰富多彩的娱乐方式，以提高生活情趣，提升生活品质。

中国古代传统文体娱乐活动很丰富，文体娱乐活动对于古代社会中的人们具有强大的吸引力，因为娱乐能带来快乐，娱乐也是一种享乐，享乐是人的一种天性，快乐是人们所追求的一种生命存在。但是由于人们的职业、经济状况、性别、政治地位、兴趣爱好等方面的不同，其娱乐风格和特点有一定的差异，形成了不同审美风格的休闲娱乐范式，中国古代的休闲文体娱乐大致可以分为三大类：宫廷娱乐、文人士大夫娱乐、市井娱乐。

在富丽堂皇、戒备森严的皇宫里，宫廷娱乐是皇帝和他的家眷们，以及宫女、太监、大臣生活中不可或缺的一项内容。早在两汉时期，宫廷中的娱乐休闲活动就非常盛行，发展到明清时期，宫廷中的娱乐活动更是花样翻新、层出不穷，平时的休闲娱乐活动有蹴鞠、投壶、赛马、射猎、棋弈、骋骛、游观、钓鱼、鼎力、斗鸡等等，宫廷的娱乐之盛，历朝不衰。清朝时期，“冰嬉”被乾隆皇帝称为国家级的娱乐活动:“冰嬉为国制所重。”很多文人墨客用自己的智慧记录下了宫廷里丰富的娱乐活动。中唐诗人王建生动地描述了唐穆宗、唐敬宗两朝的后宫娱乐活动，他的《宫词·七十七》这样描述了宫女们玩“投壶”游戏的神态:“分朋闲坐赌樱桃，收却投壶玉腕劳。”[③] 李白的《杂曲歌辞·宫中行乐词》有“更怜花月夜，宫女笑藏钩”[④]，描述了唐玄宗时期宫中常以“藏钩”游戏为乐。宫廷里的这类博弈游戏丰富多彩，有的先盛于宫中而后流传到民间，有的是由民间引入宫中，“投壶”“斗花斗草”“斗鸡”等类似的活动虽有一定的博弈性质，但是其目的更偏重于玩耍和娱乐性，输赢在其次，主要是从中获得一种“乐感”。

中国文人士大夫阶层更注重具有闲情雅趣的文体娱乐活动，琴棋书画、诗词歌赋、品茶饮酒、养花弄草等等都是他们借以消遣寄情、修身养性的重要方式。“曲水流觞”就是古代文人雅士们喜欢的一项文体娱乐活动，原本是在夏历三月人们举行

---

① 陈来成:《休闲学》，广州：中山大学出版社，2009 年版，第 75 页。
② 同上书，第 74 页。
③《王司马集》卷 8，钦定四库全书本。
④《李太白文集》卷 4，钦定四库全书本。

祓禊仪式后，大家随意围坐在溪旁，在上流放置酒杯，酒杯顺流而下，停在谁的面前，谁就取杯饮酒，有诗云：“羽觞随波泛。”东晋时期，书法家王羲之携亲朋好友在上巳节时在兰亭举行了饮酒赋诗的“曲水流觞”活动，他们在兰亭清溪两旁席地而坐，将盛酒的器皿（即“觞”）放入溪中，让其顺流缓缓而下，停在谁的面前或在谁的面前盘旋，谁就得即兴赋诗并饮酒，正是在这次活动中，王羲之写下了被后人誉为“天下第一行书”的《兰亭集序》。而后，这一儒风雅俗被后世文人们所仿效，一直流传下来。

而对于市井百姓而言，这个阶层的人们更多的是对世俗享乐的向往，追求一种感官愉悦。平时的娱乐活动更多地集中在瓦肆、酒楼茶坊，这些娱乐活动场所可以说是一个绚丽多彩的市井文化大舞台，百戏杂陈，技艺繁多。里面的活动有说书、唱戏、覆射、口技、杂耍等等，表演者一般都具备一定的技艺，市民们在这样的场所可以尽情观赏、尽情娱乐，而且这些文体娱乐非常适合这个阶层人们的欣赏趣味，也能满足其赏心悦目的文体娱乐需求。

西方的文化源于古希腊文化和希伯来文化，他们的传统娱乐活动更多是由宗教仪式的需求转变而来的。古希腊信奉多神教，每逢重大的祭祀节日，各城邦都举行盛大的宗教集会，以唱歌、舞蹈和竞技等方式来表达对诸神的敬意。古希腊人认为宙斯神是众神之首，所以对他格外崇敬，对他的祭祀也格外隆重，这也促进了奥运会的产生。西方传统文体娱乐更注重“动”“参与”“体验”“竞技”“运动”，所以他们的休闲文体娱乐活动多是一些运动竞技类型的项目，如登山、攀岩、斗牛、跳伞、潜水、滑翔等等，均为激烈和惊险的活动。此外还有综合性的狂欢节目，如巴西狂欢节等。狂欢节的源头可以追溯到古代的农神节和民间仪式，它盛行于古希腊、古罗马并延续到中世纪、文艺复兴时的民间节庆、仪式和庆典活动。西方人很看重集体活动，很多活动都是集体项目，如足球、橄榄球等等。

第二，完善人的本能，促进知识获取，实现自我价值认同，充分体现人的生存价值及生活意义。

文体娱乐活动是一项有助于消除人们日常生活中体力和精神上的疲劳，促进人们身心健康的休闲活动。正如池田胜所言：“娱乐是指体力、精神上的恢复及康复，暗指能量的再创造或能力的恢复。”[①] 求快乐与幸福是人类的本能，人们在社会大环境中生活与生存，因为各种各样的因素，总要承受很多的压力，时间久了往往会觉得身心疲乏、心灵困顿，从而影响身体与心理的健康。而身体健康是快乐的保障和基础，运动员健美的外形与发达的肌肉本身就是一种令人愉悦的形象，他们在娱乐活动，特别是竞赛活动中由健康的身体迸发出的那种超越常人的力量与速度更是表现了一种生命的激情。对于观众而言，可以以快乐的心境欣赏他们充满运动之美的

① 陈来成:《休闲学》，第 74 页。

肢体动作与姿态，这是健美的外形与生命力的完美结合。由古到今，在一个相对自由的娱乐空间里，人们或通过静态的休闲娱乐活动来放松心情，或通过动态刺激的娱乐活动来释放压力，这些丰富的休闲文体娱乐活动在休整心情与身体的同时，还可以丰富和充实人们的精神世界，从而消除生活中的紧张情绪，缓解压力，提高劳动、工作和学习效率，特别是在丰富而高雅的休闲文体娱乐活动中实现自我调整与自我完善。

闲暇时间的文体娱乐活动有助于人们学习新知识和新技能。人们参与文体娱乐活动的目的是在自由的状态下获得生理和心理的快乐愉悦，但是，有时候在这些文体娱乐活动中，学习比一时的享受重要得多。查尔斯・K. 布莱特比尔认为学习包括观察、记忆、推理和体验。[①]休闲文体娱乐在这样的体验中可以起到重要的作用，特别对于儿童而言，文体娱乐中的游戏就是一种生动的学习过程。文体娱乐活动可以作为人们学习的媒介及学习的机会，激发人们的热情，培养探索世界的兴趣，提高观察能力，获得战胜困难的乐趣，等等。娱乐的快乐持续时间较短，但是兴奋度比较高，也许不够深刻长久，但是却以激动而给人留下印象。因为娱乐活动是在相对自由的休闲时空中进行的，“而自由能增长人的德行、智性、知性、通达性，进而有科学、哲学、艺术、宗教、文学、诗歌、音乐、体育等方面的创造”[②]。历史已经给我们讲述了现代生活中的很多发明都是在休闲活动中创造出来的，有的最初是作为休闲文体娱乐活动的玩具发明出来的，有的是在娱乐活动体验的过程中突然出现的灵感。因而娱乐活动，“就是人们在休闲时间内，能够获得高度轻松、身心愉快、自由自在的精神感觉，有利于增长知识，有益身心健康的一系列户外活动”[③]，是人们增长知识和技能，激发创造力，增强自信心，激发自身挑战生活，追求更适合自己的生命存在的重要途径之一。

第三，满足社会交往需求，促进对生活满意度的提升。

席勒认为人要摆脱外在的强制因素而进入邻里交往、游戏、娱乐的自由的状态，才能够成就人性。参与休闲文体娱乐活动，有助于提高人们的交际能力。许多文体娱乐活动是在社会公共场所进行的，而且需要人们在活动中结成群体，开展互动交流去完成，这就给人们提供了一个培养与人交流能力的平台。即使是现代虚拟的网络交流世界里，虽然是独自一人面对着屏幕，但是当参与到网络娱乐活动中的时候，无形的网络便延伸到了无数个终端那里，人们在网络世界里进行互动交流，这也是对社交能力的培养，在这些交流平台中，人们更容易找回自信，获得一种自我认同的幸福感。另外，在现实生活中，人们打交道的场合一般是固定的，现实生活中的

① ［英］查尔斯・K. 布赖特比尔:《休闲教育的当代价值》，北京：中国经济出版社，2009 年版，第 29 页。
② 同上书，编者的话。
③ 楼嘉军:《休闲新论》，上海：立信会计出版社，2005 年版，第 50 页。

角色规定人们只能在有限的小范围内活动，但是参与到文体娱乐中之后，人们更有可能是以一种全新的自我形象去接触人与社会，这时，休闲文体娱乐不仅包括对身体与精神的恢复，同时还包括了对生活的再创造。娱乐活动中与他人的互动，会产生一种社会交往上的“畅”。[①] 因而，文化休闲娱乐活动能够满足人们的社会交往需求，提升人们的自我认同，使人们体验到幸福感，促进对生活满意度的提升，有助于提高生活品质，促进社会和谐。“一个人体验到的愉悦程度可以作为评估生活满意度的标准，这些情绪取决于个体本身。在某一生活体验中，个体可能会有幸福、满足、创造性、精神高涨、得到社会承认或被感动等感受，这些情绪对生活满意度都有着不同程度的贡献。”[②]

第二节　文体娱乐的审美属性

文体娱乐活动在休闲中体现的是一种自由自在的心态，正如高尔泰曾说的“美是自由的象征”[③]，人都有一种追求自由生存的本质，审美通常也是自由的。黑格尔说：“审美带有令人解放的性质，它让对象保持它的自由和无限，不把它作为有利于有限需要和意图的工具而起占有欲和加以利用。”[④] 为了获得心灵的高度自由，就要尽可能地摆脱物欲牵累，不为物役，做到知足常乐，旷达处事，心灵不受物化的过多牵绊，才能在体验中领悟到深刻的愉悦与美感。文体娱乐的最终归宿是审美的至高境界，人的情感在审美意识中充分体现出来。休闲文体娱乐的方式是丰富的，但是选择怎样的文体娱乐实际上就是选择怎样的生活态度，这也决定了一个人的审美趣味、审美境界和审美价值观。

由于历史文化、风俗习惯、生存环境、宗教信仰等方面的不同，中西方文体娱乐的休闲方式和审美趣味有一定的差别。中国传统文体娱乐是以静观式的“静乐”审美为主流，简约素朴，注重人生艺术化、情趣化，讲究怡情娱乐、适性逍遥、玩物适情、以物养心。与中国传统文体娱乐相比，西方传统文体娱乐更注重“动”“参与”“体验”“竞技”“运动”，通过参与型与竞技型的文体娱乐活动，追求享乐。一方面获得感官和体能的满足，另一方面可以学习新知识和新技能，以求自我发展与自我价值的实现，从这样的挑战中获得“畅”，以致达到一种“巅峰体验”。然而，

---

① ［美］约翰·凯利：《走向自由：休闲社会学新论》，赵冉译，昆明：云南人民出版社，2000 年版，第 79 页。

② ［美］克里斯多弗·R. 埃廷顿：《休闲与生活满意度》，杜永明译，北京：中国经济出版社，2009 年版，第 7、8 页。

③ 高尔泰：《美是自由的象征》，北京：人民文学出版社，1986 年版。

④ ［德］黑格尔：《美学》（第 1 卷），第 149 页。

中西文体娱乐也有相通之处，都是通过不同的休闲文体娱乐方式，寻求一种理想的生存状态与理想的体验方式，在一定的规则内获得心灵上的自由与精神上的自在。

一、中国传统休闲文体娱乐的审美趣味

1．中国古代传统文体娱乐活动极为丰富

如前文所述，在我国古代由于人们的职业、经济状况、性别、政治地位、兴趣爱好等方面的不同，其娱乐风格和特点有一定的差异，形成了不同审美风格的休闲娱乐范式，呈现出了不同的审美趣味以及审美追求，表现了不同阶层的人的不同的生存方式以及生活态度，其中包括宫廷的奢华享乐审美、文人士大夫的诗意雅趣审美、市井百姓的素朴俗乐审美等。

此外，在中国传统男权社会的统治下，女性常常是被忽略、被遮蔽的，“女子无才便是德”的精神枷锁一直桎梏着她们的言行。但是中国古代女性大多是聪明睿智的，即使是在女性地位及自由度极其有限的封建社会里，也无法掩盖她们的才华，无论是宫廷里的女子还是士大夫家眷或是市井寻常百姓家的女性，她们也有属于自己的丰富的文体娱乐活动，如打秋千、放风筝、观灯、踢毽、弹琴赋诗、剪纸等等，她们的审美意识是极其丰富的。很多文史资料和文学作品对于中国古代女子的娱乐活动场景都有记载，如北宋张择端的《清明上河图》上绘有女子歌舞弹唱、校场骑射等场面。宋代女词人李清照的《点绛唇》里生动地展现了几个活泼可爱的少女娱乐时的情景：“蹴罢秋千，起来慵整纤纤手。露浓花瘦，薄汗轻衣透。见客入来，袜划金钗溜。和羞走，倚门回首，却把青梅嗅。”[①] 曹雪芹的《红楼梦》里更有对士大夫家女性文体娱乐活动生动丰富的描述。可见，女性的影子并没有被男权文化消解，相反，她们如春芽般默默生长开花，在狭小的空间里展示着属于自己的完美人生与对理想的追求，使整个社会更加的丰富、完满与和谐。

中国传统休闲文体娱乐活动可以说是雅俗共存的，无论是雅的文体娱乐还是俗的文体娱乐，都是人们在闲暇时间里换一种方式体验生活的手段和方法，而不是目的，其目的是通过丰富多彩雅俗共赏的休闲文体娱乐活动，获得快乐，最终得到美的享受，在潜移默化中提高精神境界，在自由生命中感受和体悟心灵和精神自在的美。

2．传统文体娱乐静观式的“静乐”审美

在中国传统休闲文化中，占主导地位的主要是“静”的思想，因而传统休闲文体娱乐活动也凸显了以“静”为“乐”的一种审美体验方式，这是中国很独特的一道景观。花下品茶、亭内听琴奏琴、岸边垂钓、园中下棋、养花弄草、知友闲聊等

---

① 陈耀文编：《花草粹集》卷2，钦定四库全书本。

等已经渗透到了人们生活的每一个缝隙，或弄物养性，或闲居修身，得以遣兴、解闷、怡情、消忧。中国传统文体娱乐活动很少有冒险的和激烈的，更多的是一份宁静与悠闲，更热衷的是这样一种慢节奏的和无为而乐的生活方式，这是一种休闲与简约美的融合，这样的文体娱乐休闲是唯美的，简单中透出一种精神的真正自由。正如老庄道家哲学所言："致虚极，守静笃。"（《道德经》第16章）生命的本质是虚静，这也是自然的常道，不求极乐，但求安宁，这与禅宗的"佛向性中作，莫向身外求"[①]的思想是通融的，即能静则得自由。明代洪应明在《菜根谭》中说："从静中观物动，向闲处看人忙，才得超尘脱俗的趣味；遇忙处会偷闲，处闹市中能取静，便是安身立命的工夫。"[②]表明了中国人静态的休闲人生观。宁静可以容纳万动，置身于宁静的状态，或独坐品茗，或闲庭信步，或灯下读书，或沉冥静思，等等，外物一切皆在身外，悠然自得，进入澄明之境，感悟来自心灵的静美。特别是古代的文人士大夫们更是追求这种"神游其中，怡然自得"的"静乐"，在静中观照自己、观照世界，在静中寻乐，可以暂时忘记人生的坎坷与悲伤，淡化沉于心底已久的愁苦，从而在人生的意念上获得升华的乐趣。

3．"游艺"说：古代文体娱乐中的教化功能

"游艺"二字最早出现在《论语·述而》中："子曰：'志于道，据于德，依于仁，游于艺。'"这里的"艺"指的是"六艺"，即"礼、乐、射、御、书、数"，朱熹在《四书章句集注》中说道："游者，玩物适情之谓。艺，则礼乐之文，射、御、书、数之法，皆至理所寓，而日用之不可阙者也。"[③]从现代角度判断，"礼""乐"即为当时的文体娱乐活动。"六艺"是中国古代儒家要求学生必须掌握的六种基本才能，即"通五经贯六艺"，这是儒家所重视的精神象征和追寻。"游"是一种心情愉悦、精神放松、心灵自由的活动方式，是一种超越世俗的，趋向人的天性发展的方式。能悠游于这些技能当中，才可以培养人高尚的情操。其中"乐"在孔子看来可以作为教化人的一种重要的手段，这也是中国古代"礼乐文化"的精神核心。"游于艺""成于乐"是孔子对于人格培养的一种育人理念，通过主体"人"的实践活动，注重主体的内在心理塑造，从而强调人格塑造的自觉意识，在"从心所欲不逾矩"的规定下达到一种充满快乐愉悦的自由自在的境界。同时，"游于艺"的儒家传统思想中也贯穿着"人能弘道"的精神。中国古人对于休闲的这种修养教化功能是很重视的，汉朝班固在《白虎通义·礼乐》中说道："琴者，禁也。所以禁止淫邪，正人心也。"[④]这说明了"琴乐"不仅仅是一种娱乐活动，有娱乐的作用，同时，"琴能载

① 《六祖大师法宝坛经·决疑品第三》

② 洪应明：《白话菜根谭》，林家骊注译，北京：中国国际广播出版社，1991年版，第38页。

③ 朱熹：《四书章句集注》，北京：中华书局，1983年版，第94页。

④ 班固：《白虎通义·白虎通德论二》，钦定四库全书本。

道”，具有教化、人文化成的作用。因而可见，中国传统的“游艺”说中所蕴含的休闲文体娱乐的精神更注重的是人格修养过程，以及培养一个完整的人和成为人的过程。

二、西方传统休闲文体娱乐审美价值观:“游戏”说

1. 西方传统休闲文体娱乐活动的审美趣味：对“力”的崇拜

西方休闲思想源起于古希腊文化和希伯来文化，古希腊文化的特点在于其理想主义、人文主义、理性主义、悲剧性和雄伟性，重视和谐之美，在文艺作品中，男性多具有非凡的力量、发达的肌肉、英俊的相貌。如米隆的雕塑《掷铁饼者》刻画了一名强健的男子在掷铁饼过程中最具有表现力的瞬间，整个雕塑的健美、和谐以及洋溢的青春活力都表现了一种动态之“力度”美。希腊人塑造的神是理想化的人，具有人所不具有的神力，但是也具有人所具有的缺点。他们重视个人价值，追求自由和享乐。他们崇拜太阳神，追求生命的热烈，推崇个性张扬与英雄主义，为了这样的追求他们宁可用生命作代价。古代奥林匹克运动会也体现了这样一些精神：追求人体健美，表现具有“征服意识”的追求奋进的精神，追求力度、高度和速度，重视竞技等。这些古老的元素传承至今，塑造了西方人的休闲文体娱乐的审美价值取向。西方人的传统休闲娱乐活动重视追求物质享受，重在向外张扬个性，追求感官刺激，他们的文体娱乐更体现出一种动态之美，他们普遍接受 18 世纪法国哲学家伏尔泰关于“生命在于运动”的观点。因为对太阳神的崇拜，以及很浓烈的英雄主义的驱动，他们采用以生命为赌注与大自然抗争的方式来彰显个性，追求卓越，同时，他们也认为正是这种危险性才使得休闲文体娱乐活动更具魅力和吸引力。如跳伞、徒手攀岩、潜水、滑翔等，他们认为只有通过对生命的挑战才能更深地感悟到生命存在的意义。

2. “游戏”说：游戏使人成为真正意义上完整的人

“游戏”说是西方一个重要的提法，因为游戏与人的生活态度及生存方式有紧密联系。正如黑格尔所认为的游戏比正经事更正经。西方的学者们也一直以人为中心多角度地探求着游戏对人的生存及发展的意义。荷兰学者约翰·赫伊津哈认为，游戏有着深刻的审美属性。他说：

> 虽然美的属性并非属于游戏，但是游戏往往带有明显的审美特征。欢乐和优雅一开始就和比较原始的游戏形式结合在一起。在游戏的时候，运动中的人体美达到巅峰状态。比较发达的游戏充满着节奏与和谐，这是人的审美体验中

最高贵的天分。游戏与审美的纽带众多而紧密。[①]

游戏的这种审美属性表明游戏是具有超越性的，是“无邪”的。杰弗瑞·戈比引用雷纳在《游戏之人》中的一段话解释了这种超越性：“人在游戏中趋向最悠闲的境界，在这种境界中，甚至身体都脱离了世俗的负担，它和着天堂之舞的节拍轻松晃动。”快乐愉悦是游戏的灵魂，游戏是文化的基础，游戏是愉快的，对于生存而言也是至关重要的。游戏是文化和文明的基础。[②]

游戏是自愿的。赫伊津哈认为：“在游戏圈子里，平常生活的规律和习俗不再有重要意义。”[③]在游戏里，每个人都有自己的特色，更能显示自己的个性，可以把平时在现实生活里的面具和伪装拿掉，而且在游戏里更容易让人得到肯定。赫伊津哈总结了游戏的特征：“我们不妨称之为一种自由活动，有意识地脱离平常生活并使之不严肃的活动，同时又使游戏人全身心投入、忘乎所以的活动。游戏和物质利益没有直接关系，游戏人不能够从中获利。”[④]他给游戏下的又一个定义是：“游戏是一种自愿活动或消遣，在特定时空里进行，遵循自由接受但绝对具有约束力的规则，游戏自有其目的，伴有紧张、欢乐的情感，游戏的人具有明确‘不同于’‘平常生活’的自我意识。”[⑤]

尼采也认为一个人只有通过掌握自由才能成为他自己。这种自由可以在行动和创造的“游戏”中实现。在“游戏”中，人会感受到“成为的永恒快乐”[⑥]。游戏使人的情感状态处于一种最佳态势。德国哲学家席勒提到，“只有当人游戏时，他才完全是人”[⑦]。席勒认为人的人格具有两重性：物质的感性和道德的理性，这都不是完整意义上的人，应把“感性冲动”与“理性冲动”统一起来，人才是完整的人，“这两种冲动在其中结合起来发生作用的那种冲动”就是“游戏冲动”即“审美意识”。“游戏冲动”最深层的内涵就是摆脱了来自感性的物质强制和理性的道德强制的人的自由活动。“在人的一切状态中，正是游戏而且只有游戏才使人成为完全的人，使人的双重天性一下子发挥出来”，“如果一个人在为满足他的游戏冲动而走的路上去寻求他的美的理想，那是绝不会错的”，“只有当人是完全意义上的人，他才游戏；只有当人游戏时，他才完全是人”。[⑧]他认为只有在这种自由而轻松的环境和状态中，

① ［荷兰］约翰·赫伊津哈：《游戏的人：文化中游戏成分的研究》，何道宽译，广州：花城出版社，2007年版，第8页。

② ［美］托马斯·古德尔、杰弗瑞·戈比：《人类思想史中的休闲》，第182、183页。

③ ［荷兰］约翰·赫伊津哈：《游戏的人：文化中游戏成分的研究》，第25页。

④ 同上书，第14页。

⑤ 同上书，第31页。

⑥ ［美］约翰·凯利：《走向自由：休闲社会学新论》，第61页。

⑦ ［德］席勒：《审美教育书简》，第124页。

⑧ 同上书，第122—124页。

才可以激发人的创造力，即“以欣然之态做心爱之事”。游戏可以开发人的智力和创造力。我们生活中很多的发明最初都是作为玩具在游戏中产生的。由于游戏中的这种“自由”给人们提供了尝试新事物的自由空间和心态，无论这个尝试成功与否，“玩游戏的时候，人处在创造力的巅峰”①。

游戏有助于知识的汲取。游戏是孩子们接受其出生地文化的一种途径。“游戏的本能有助于知识的获取。”②游戏有利于身心发展，特别是游戏在培养孩子对周围世界的认知方面起着重要的作用。孩子可以通过对游戏中的环境这样的小世界的认知去适应周围的大环境。在游戏中孩子可以探索世界、检验自我、发现自己的能力。游戏有助于情感开发，它是自制、自信和自豪感等方面开发的重要载体。同时游戏有助于社会化开发。

游戏是人“成为人”的过程。游戏是人的一种本能，是人性的表现，游戏中的人进入了一种本真状态，可以摆脱任何控制、压力和束缚，使人自身的意识觉醒，获得真正意义的自由。处于自由状态的人们不仅感受到精神的愉悦与放松，而且极大地调动了自己的创造意识，能体悟到真正有意义的人生及生命的价值。但是也需遵循游戏规则，人才能成为完整的人。

第三节　文体娱乐的当代审美特征

1. 传统文体娱乐的当代审美转化：更注重自在生命的自由体验及人生价值的自我认同和自我实现

进入21世纪，随着时代的变迁、科技的进步，物质生活愈来愈富裕充足，人们的生活方式和社会互动的方式也发生了很大的变化，参与文体娱乐活动及享受休闲的机会也随之而变化，这些变化重塑了人们的日常生活，影响着人们对物质与精神的幸福感。在休闲时间参与和体验文体娱乐活动已经成为人们生活必不可少的一项权利。新发明与高科技给人们制造了更多更快捷的享乐机会，人们更注重生命流动中的快乐与幸福的实感。人的存在状态包括生理存在、社会存在和精神存在，与之相对应的人有三种基本需求：物质需求、社会需求和精神需求。马克思曾指出：人的需要包括生存、享受和发展三个层次。享受是人对生命的自由体验，没有享受的生存不是理想的生存，甚至不是真正意义上的生存。在当今全球化信息时代，人们的文体娱乐活动也愈加丰富多元，一些传统的文体娱乐活动有的延续，有的转化，有的渐渐失去，甚至消失，取而代之的是一些现代、时尚、先进的文体娱乐，在体

---

① ［荷兰］约翰·赫伊津哈：《游戏的人：文化中游戏成分的研究》，中译者序第30页。

② 同上书，中译者序第26页。

验中，人们更重视自我价值认同和自我实现，更重视对生命、自由和幸福的追求。

大众文体娱乐成为社会的主流，全球化对文化和经济的影响的结果之一是文体娱乐的多元性、丰富性，人们参与文体娱乐活动的目的从对时间的消磨开始转变到对生活目标的实现，以及对自我的一种肯定的追寻。体育与健身活动作为一种愉快的消遣活动已经成为一种时尚，这种比较活跃的休闲活动在现代以工作为主导的社会生活中是一个“最佳替代”①。这些体育健身类的娱乐活动除了健身之外，还带有一些竞技性的刺激，从中更能感受和创造乐趣，同时可以平衡生活和工作压力。大多数大众休闲文体娱乐活动是在社会公共场合进行的，需要人们在参与中组成团体通过互动交流完成，给人们提供了交往互动的机会。人是社会的人，不可能脱离社会而独立生存，但是现实的生活常常无形中把人打入孤独寂寞的困境，而通过这种群体性的文体娱乐，人们可以提升社会互动能力，增强人际关系的凝聚力，感受到生活之味与生命之美。大众文体娱乐还有一个特征就是人们在参与过程中注重新知识和新技能的学习，注重个人的完善和发展。现今“DIY”形式的娱乐逐渐兴起，DIY 的意思是“自己动手做”，乐趣在于保持个性和自己独有的特色，人在这个自己动手做的过程中不断地创造，不断地开发自己的能力，是一种自我认证的娱乐形式。在现代，休闲个体的自由时间和自由活动选择权、选择范围及自身的自主性都得到很大的提高，参与休闲文体娱乐活动在很大程度上会影响个体对社会安康幸福的主观感觉。当代大众文体娱乐形象地揭示了现代人的生存体验，形成了现代人的一种生活方式。正如克里斯多弗·R. 埃廷顿所言：“一个人的生活方式会在很大程度上影响其生活满意度和舒适度，最佳的生活方式应该能够使一个人在物质、精神、情绪、智力、社会和心灵等方面达到很好的综合和平衡。”②

强调感官刺激与精神需求满足的协调共存，独具个性、彰显自我、追求畅爽感的“参与体验型”审美娱乐活动越来越受到人们的关注。例如徒手攀岩、蹦极、滑翔、极地探险等等挑战极限类的娱乐活动很受一部分人的青睐。人的本性是喜欢猎奇、渴望寻求刺激。现代生活在给人们提供了更多的便利和更丰富的物质生活的同时，也给人们带来了极大的心理压力和工作压力，面对这些压力，人们总是希望找一个机会去释放。而在这种对刺激的追求和探索中，人们可以摆脱焦虑的状况，同时挑战自我、挑战极限、超越自我，从而走向成功，进入一种“众里寻他千百度，蓦然回首，那人却在、灯火阑珊处”的境界。这种从感官渗透心灵的体验正是马斯洛所言之“高峰体验”，这是马斯洛认为的一种神秘而幸福的体验，当这个体验在瞬间产生的时候，人们会狂喜、惊奇和敬畏，以致产生一种失去时空的感觉，进入一种忘我的境界，这种体验会让人觉得某种极为重要、极有价值的事将要发生，仿佛

① ［美］克里斯多弗·R. 埃廷顿：《休闲与生活满意度》，第 21 页。

② 同上书，第 14 页。

让人从这种体验中实现了自我。①

网络文化娱乐是信息时代一种新的休闲活动，这种新的娱乐方式的出现，改变着人们的生活方式和思维方式。网络进一步拉近了人与人之间的距离，使人们可以穿越时空进行交流，网络游戏提供给人们更多数字化虚拟人生体验，在网络这个虚拟世界里，自我是独立而自由的，人们可以通过手指在键盘的跃动，将心里本真的感受传输出去，体验不同的角色，满足快感，找回现实世界里失落的自信，增强自我认同感。

2. 文体娱乐中的审美异化

文体娱乐世俗化泛滥。在市场经济的操纵和数码科技的掌控下，民间文体娱乐活动中的民族优质性被淡化，劣俗元素被张扬，曾经代表国家和民族价值的那些修身养性、闲情逸趣的雅致的文体娱乐被淡化和消解，使得现在的大众文体娱乐活动充斥着感官刺激类的庸俗文化，而传统优秀文体娱乐审美趣味逐渐边缘化，异化了的世俗化文体娱乐审美成了主流，人们在这种文化的熏陶下，感性欲望膨胀，享乐主义泛滥，追求媚俗和畸形的审美趣味。一些文化娱乐活动出现低俗化、暴力化等倾向。信息时代的高科技给人们带来丰富多样的文化娱乐的同时，也给人们制造了一种快速审美感受，加剧了人们急功近利的价值取向和隐形的精神压力，消解了人文价值和审美意识的传统影响。当代审美理念从超功利的和精神净化的传统模式走出，转而去追求快感，使得短暂性和时尚化代替了韵味悠长的个性独特的闲情逸趣。

人们所追求的自由被隐形剥夺。在这样一个消费的时代，大众文化娱乐也被打上了商品的烙印，商品性决定了文化娱乐的审美性和价值意义。本来娱乐消遣是很正常的一种精神生活的方式和状态，但是把这种娱乐消遣作为主要的价值取向来实现，就造成了一种精神快餐式的消费模式，追求感官刺激，造成人格的片面化。仿佛人们只有通过消费才能体现自己生存的价值和意义，才能获得自我满足，消费时代的快感体验无情地剥夺了人们所追求的自由。“技术理性为现代文明的繁荣开辟了道路，同时也剥夺了人类自由和谐的本性。”② 正如尼尔·波兹曼所言：“人们由于享乐失去了自由。”③ 人们习惯性地爱上并崇拜那些使他们失去思考能力的高科技，感官的享受取代了理性的反思，在休闲个体自由选择的外表下，其实掩盖着各种结构性力量的影响和控制。休闲的自由“并不必然是毫无约束地开发，其实，休闲的自

---

① ［美］马斯洛：《人性能达到的境界》，马良诚译，西安：陕西师范大学出版社，2010 年版，第 246、247 页。

② 傅守祥：《审美化生存：消费时代大众文化的审美想象与哲学批判》，北京：中国传媒大学出版社，2008 年版，第 39 页。

③ ［美］尼尔·波兹曼：《娱乐至死》，桂林：广西师范大学出版社，2009 年版，扉页。

由是一种成为状态的自由，是在社会范围内做决定的自由空间”[①]，休闲者的自主权和自由选择的实质内容是被消解了的。因而，现在休闲文化娱乐中的问题更多的是人们在快乐、自由地生活却又没有真正地实现其自由，这就是一种所谓自由中的不自由。生活在这种环境中，人们自以为获得了休闲的自由，但实质上是一种被社会机械整合的人，丧失了真实的自我，是马尔库塞所言之“单向度的人”。物质主义生活方式已经从很多方面损害了我们的休闲感受，对于物质的欲望常常使我们处于一种非休闲的生活状态中，也常常使我们把休闲的机会转让出去，以换取更多的金钱。物质主义有时使我们把休闲等同于用来消费产品的一段时间，却牺牲了我们固有的想象力和内在的智慧。[②]

3. 理想健康的文体娱乐：寻找生命的真实存在

在英文里，表示娱乐的词 recreation 是一个合成词，前缀 re 是“不断、反复、再、又”的意思，creation 是“创造”之意。这就预示着通过玩来放松身心，使精神得到解放，玩是人的一种最本真的自由状态，创造是在不断的玩当中产生的，创造依赖于玩。

于光远先生认为：“玩是人的根本需要之一：要玩得有文化，要有玩的文化，要研究玩的学术，要掌握玩的技术。”在英文中“玩”（play）、“游戏”（game）、“娱乐”（recreation）这三个词是可以互换的。在当代，文体娱乐应该是人们在自由状态下的一种积极享受的生活方式，把物质享受转化为纯粹的精神享受，应该既注重感官的感性体验，同时还要注重理性维度的精神提升，达到自我实现的畅爽境界。这一境界是文体娱乐休闲审美的至高境界，在这样的境界中人们得以实现自在生命的自由体验。

健康理想的休闲文化活动应该是人们在自愿、自由的心态下的一种最佳情感体验方式和状态。这种自愿和自由是人的本真生命中存在的，不是纯粹为了追求物质的享受而被迫参与的。在这样的心态下，人才能在精神上更放松，除了恢复自己的体力之外，还能获得精神上极大的快乐享受，从而可以更好地调节人的心理，在文体娱乐体验中快乐愉悦地掌握新技能、学习新知识，也能更好地与周围的人和环境和谐相处。从身心角度而言，这也有助于美的创造。从存在主义的视角来看，这种休闲文体娱乐应该是一种具体的人的活动，人们的感觉、身体的需要，美学形式都应参与其中，这是一种有意义的、有人性的、有创造性的体验，关乎人们的“存在与成为”[③]。王国维给“美”下了一个对传统主流功利美学颇具反叛意味的定义：“美之性质，一言以蔽之曰：可爱玩而不可利用者是已。虽物之美者，有时亦足以供吾

---

① ［美］约翰·凯利:《走向自由：休闲社会学新论》，第 20 页。

② ［美］杰弗瑞·戈比:《你生命中的休闲》，第 171 页。

③ ［美］约翰·凯利:《走向自由：休闲社会学新论》，第 283 页。

人之利用但人之视为美时，决不计及其可利用之点。其性质如是，故其价值亦存于美之自身而决不存乎其外。”①

应该注重文体娱乐的审美价值和道德价值的共存。成熟的大众文体娱乐审美的实质应该与文化中更根本、更深层、更深刻的元素融合起来，才富有价值。这个元素即是这个国家或民族文化的文明积淀的精华所在，是这个民族的文化精神和文化传统。虽然在现代社会生活中，传统娱乐方式已经面临着新兴文体娱乐的种种挑战，传统的雅致的精英文化在逐渐被消解，但是星星之火可以燎原，因而我们应该认真思考优秀传统文体娱乐的回归。尤其是目前娱乐文化正好迎合了大众消费群体的需求，已形成一种新的优秀传统娱乐文化回归的热潮。同时，应该保持文体娱乐的本土性和民族性，不能完全被全球化所同化和融合。这样的文体娱乐活动可以潜移默化地向参与者渗透健康的世界观和价值观，使他们在自在心态下积极面对人生。

休闲文体娱乐就是通过审美的方式来阐释休闲本身所蕴含的人本意义和生命价值，让健康的休闲文体娱乐形式渗透到合目的性的生命体验中去，从而体现出更为高尚积极的审美价值。这样的文体娱乐会让人们更深刻地感受到生活的美好，在自由和快乐中达到自我实现，在“从心所欲不逾矩”的自在心态下以欣然之心做心爱之事，以欣然之态感悟欣然之生命。

① 北京大学哲学系美学教研室编:《中国美学资料选编》(下册)，北京：中华书局，1981年版，第435页。

第六章　宜心：宗教与审美休闲

宗教是一种自人类诞生以来就一直存在并始终影响着人们思想和行为的文化形态，也影响着人们的审美与休闲的方式与境界。尽管关于人类审美意识的起源有众多不同的说法，如本能说（亚里士多德、尼采、弗洛伊德）、巫术或宗教说（爱德华·泰勒、弗雷泽）、游戏说（席勒、斯宾塞、康德）、符号说（卡西尔、苏珊·朗格）、劳动说（马克思、恩格斯）、情感表现说（托尔斯泰、克罗齐、科林伍德）、综合说（车尔尼雪夫斯基、拉法格、高尔基），等等，但无可否认的是，早在原始时代，审美就与原始宗教有着直接的联系——原始的绘画、舞蹈既是先民们狩猎、耕牧等劳动场景的再现，也是巫术祈祷和宗教的象征。而休闲，根据德国天主教哲学家皮珀的看法，更是直接起源于节庆崇拜："闲暇至终以及至根本之可能性和可行性，的确是根源于节日庆典的宗教崇拜活动。"[①] 杰弗瑞·戈比也指出，休闲起源于庆典，"而庆典也正是源于更为正规的宗教仪式"[②]。

在人类社会早期，审美、休闲活动往往与原始宗教崇拜活动不可分离地交织在一起。人类走出童年期之后，朴素、直观的原始宗教逐渐为各种成熟的宗教所取代，人类的审美和休闲也获得了更大的自主性，形式的多样性和内容的丰富性均有了巨大飞跃。但宗教同审美、休闲之间的联系并没有断裂：艺术依然从宗教中取得丰富多样的表现题材，供艺术家们充分施展其想象力和创造力；宗教依然通过纪念日、节日和各种庆典活动为人们提供难得的休闲机会，调节着社会的运行节奏。不仅如此，宗教与审美、休闲的联系还在一个更深的层面——个体心灵的内在层面上得以延续和展开。成熟的宗教不再像原始宗教那样主要为现实的社会生产和生活服务，而是更多地关注人的内心世界，为被抛掷在世间的人类个体提供灵魂的依靠，营构精神的家园。这便使得宗教与审美和休闲有了内在相通的可能，因为审美与休闲最终也都要落实在心灵的层面。伽达默尔曾经指出："审美体验不仅是一种与其他体验相并列的体验，而且代表了一般体验的本质类型。"[③] 休闲的基本内涵也正是自在生

---

① ［德］约瑟夫·皮珀：《闲暇：文化的基础》，第 65 页。

② ［美］杰弗瑞·戈比：《你生命中的休闲》，第 179 页。

③ ［德］汉斯－格奥尔格·伽达默尔：《真理与方法》（上卷），洪汉鼎译，上海：上海译文出版社，2004 年版，第 90 页。

命的自由体验。[1]而体验，诚如狄尔泰所认为的，并不是外在的、形式性的东西，而是源自人内心的对生命和存在的把握与体悟。[2]宗教对人的内心世界的关注，往往体现为人在宗教观念、宗教氛围等的影响下对灵魂的自我反省，对神圣者的景仰，对无限的企望和对存在的领悟——反省、景仰、企望和领悟都是体验的具体形式。体验是宗教、审美和休闲共有的经验世界的方式，是将这三者联系起来的中介和桥梁。正是通过体验，宗教具有了休闲的功能，人们的宗教休闲生活也因之而具有了审美的意蕴。

科技与理性并不能提供人类生存的全部所需。人的存在不仅有社会性和理性的一面，也有个体性和感性的一面——这便使得审美和休闲成为人性的根本需求；人又是一种有限的存在，这种先天固有的缺陷使人焦灼不安，总是对无限、完美怀抱憧憬，并试图在精神的世界中去企及无限与完美，以便获得哪怕是暂时的灵魂安顿——这便为宗教的生存提供了丰沃的土壤。宗教在现代并没有消亡，它依然在为人们提供着非常宝贵的体验，只是这种体验不再局限于对至高无上的绝对神圣者的精神匍匐，也不再局限于满怀虔诚却狭隘固执的信仰坚持。或者可以说，宗教正在进行自身的现代转型。人类文明的现代进程非但没有将宗教带上绝路，反而为其带来了新的发展契机——通过为具有不同信仰程度和信仰种类的人提供精神的休闲寄托，现代宗教正在显示出更大的包容性，焕发出崭新的活力。

第一节　宗教休闲：终极关怀的日常映照

一、心灵之“忙”与宗教休闲

宗教带给人的是灵魂的安顿，它对治的是人内心的焦虑、挣扎、无助、绝望等负面的生存体验状态——这些都是心灵忙碌的表现。“忙”作为“闲”的对立面，从根本上说是一种精神的存在状态。从汉字的结构来看，“忙”字从“心”，与人的内心情绪有关。古代“忙”又作“恾”，《广韵》曰：“恾，怖也。忙，上同。”有人曾对“忙”的字义演变做过考证：

> 就人的心理活动而言，当人们感到无法应付或无计可施时才会忧虑和害怕，故“忙”可表示一种内心茫然不知所措的慌乱状态。……由于人们处于慌乱不知所措时难免会手忙脚乱，故由心理上的“茫然不知所措”义引申又有行动上

---

① 潘立勇：《审美与休闲：自在生命的自由体验》，《浙江大学学报》（人文社会科学版），2005 年第 6 期。

② 李红宇：《狄尔泰的体验概念》，《史学理论研究》，2001 年第 1 期。

> 的“慌张、忙乱”义。……盖人们在慌张、忙乱之时往往会感到急迫，故“忙”又引申有“急遽、匆促”义。……由“忙”的“急遽、匆促”义进一步引申则有了现在常用的表示“事情多、没有空闲”义。[①]

可见，“忙”即是生命的无序状态。“闲”则是对“忙”的否定和超越，是生命的有序状态。人的生命是身心的合一。从“忙”字后来的引申义看，既可以表示心灵的促迫感，也可以用来形容身体为事务所羁而不得休歇的状态；然而从根本上说，只有心灵的忙才算是真正的忙，也只有内心闲下来才算是真正的休闲。明儒吕坤有言：“果决人似忙，心中常有余闲；因循人似闲，心中常有余累。”[②]此谓做事果敢利索的人看似忙碌，内心却常有余暇，从容无累；办事拖沓疲惫的人看似悠闲，实则心中常常劳扰烦乱。“似忙”“似闲”都是身体的外在表现，是可以被外人看到的，内心的忙闲则只有本人才能真切体验到。从个体的内在体验来看，心灵之“忙”实是一种极为普遍的存在状态。叔本华认为，人生有如钟摆一样在痛苦和无聊的两极之间来回摆动——人生而有欲，且不断会有新的欲望产生，人在各种欲望不得满足时处于痛苦的一端，得到满足时又处于无聊的一端。海德格尔将人的全部存在状态归结为“烦”（Sorge）。“烦”是“烦忙”（Besorgen）和“烦神”（Fürsorgen）的一般形式：面对特定事物时候，人处于“烦忙”的状态；没有特定对象时，人处于“烦神”的状态。佛教则将人的心“忙”状态指称为“烦恼”，“烦恼”由与生俱来的“贪嗔痴”三毒引起，表现为妄念纷纭、驰放不定。[③]

即使不从哲学和宗教教义的角度进行分析，单只立足于日常现实生活的观察，我们也不难发现，“忙”几乎就是人们日常生活的常态，是现代人（尤其都市人）不堪承受的生活之累。在极端推崇速度和效率的现代社会，“最近忙什么”之类的话语甚至成了人们日常的问候语。我们不仅可以直接观察到他人的身体之“忙”，还可以经常听到他人对其忙碌感的自我陈述，而凡是出自自我陈述的忙碌态——除刻意说谎外——都包含着，甚至主要指示着心灵的忙碌。

如果说身体的忙闲在很大程度上受制于外在环境，如社会假日制度、特定岗位职责、个人经济状况等，心灵的忙闲则主要取决于内在环境。这个内在环境就是个体的内心世界，它可以不被政治、经济、科技和各种物质力量绝对左右，是个体的自由意志得以纵横驰骋的天地，也是宗教、哲学、审美等文化形式的用武之地。

文化人类学家认为可以从心理学、生态学和社会学三个角度对宗教的作用进行考察。从心理学的角度看，宗教有助于填补精神空虚，缓解内心的紧张；从生态学

---

① 徐时仪：《“忙”和“怕”词义演变探微》，《中国语文》，2004年第2期。

② 吕坤：《呻吟语摘应务》，钦定四库全书本。

③ 佛教更有“生死疲劳”一说，指由妄心造业导致的在轮回道中流浪生死的苦状。

的角度看，宗教信仰和宗教仪式有利于资源管理和环境保护；从社会学的角度看，宗教可以培养社会化意识，进而起到社会巩固的作用。[①] 实际上，无论是在生态学还是在社会学意义上，宗教要发挥其作用都离不开对心理的影响——宗教的影响只有首先落实到人的心灵层面，才可能进而影响人的行为并最终产生生态和社会效果。有鉴于此，我们可以说，"治心"是宗教最核心、最根本的功能。在人们普遍处于忙碌状态的现代社会，宗教的"治心"功能突出地体现为通过为人提供精神慰藉与意义支撑，转换人对世界、对生活的看法，消解人的忧惧、慌乱、紧张、茫然等负面情绪，使人从心灵忙碌的生存状态中摆脱出来，得以不忧不惧、从容自在地直面人生的种种际遇。正是在这个意义上，我们也可以说提供休闲是宗教的一项基本功能。

可以将凡是在宗教影响之下进行的休闲统称为宗教休闲，包括宗教信徒们过的有休闲意味的宗教生活和非信徒在宗教文化环境中进行的与宗教有关的休闲（如游览宗教圣地、欣赏宗教艺术等）。中外学者对休闲的理解和把握一般有三个角度：时间的角度——强调休闲是人在劳动和其他义务活动之余所拥有的自由时间；活动的角度——强调休闲是人的自由意志得以尽情发挥的活动；心态或存在状态的角度——强调休闲是一种精神或心灵的态度，一种从容不迫或不计时间流逝的存在状态。非信徒从事的与宗教有关的休闲自不待言，即使是信徒们自身的宗教生活（修行生活），也都基本上可以纳入休闲的范畴。我们也可从上述三个角度对此进行考察：从时间的角度看，信徒们的宗教生活大都发生在可自由支配的闲暇时间内（专职宗教工作者除外，他们的宗教活动可与工作重叠）；从活动的角度看，在世俗化的社会里，宗教早已不是一种规范性义务，而是一项由信仰者本人自由选择的活动；从心态或存在状态的角度看，宗教生活给信徒们带来的往往是一种心有所安、不忧不惧、不急不忙的心态或生存体验。因此，无论从上述哪个角度，信徒的宗教生活均可具备休闲的特点。也正因为如此，我们所讲的宗教休闲便将宗教信徒所从事的带有休闲意味的修行生活和其他群体所进行的与宗教有关的休闲生活都包括在内。

二、走向休闲：宗教现代适应的必然趋势

在前科学时代，宗教曾经为人们提供了牢固的信仰支撑；但随着现代性的开启和蔓延带来的理性地位的日益上升，绝对的神圣逐渐淡隐，世俗化已成为不可阻遏的潮流。在西方，现在仍然有很多人每周去教堂做礼拜；在中国，前往佛寺道观游览参观已成为一种极为流行的休闲方式，并推动着宗教旅游热不断升温。宗教场所为人们（信徒和非信徒）提供了远离喧嚣、安歇心灵的所在。不仅如此，宗教自身也在影响社会的方式上积极寻求突破，开始致力于提供符合现代人需求的各种社会

① 童恩正：《文化人类学》，上海：上海人民出版社，1989年版，第264—269页。

服务。例如在西方，基督教新教的教会更多地充当了社区社交活动的场所，他们组织老人俱乐部、婚姻咨询处乃至游览观光，引入心灵疗法，等等。[①]中国传统的佛教和道教也都与时俱进，分别提出并实践起了“人间佛教”和“生活道教”，力图将宗教的智慧和精神融于人们生活的具体实践中，更好地发挥宗教对人生存的启迪与指导作用。

世俗化并不是现代才有的现象，在前现代社会就已经存在。就西方宗教来说，“世俗化的根子，就在古代以色列宗教的最古老源泉中”，“世界摆脱巫魅在旧约时代就开始了”[②]，形成于西欧资本主义萌芽时期的新教则“为世俗化充当了历史上决定性的先锋”[③]。在中国古代，佛教经过南宗禅的变革，舍弃了印度佛教的烦琐哲学和繁复仪轨而为士大夫乃至普通大众所接受，也是世俗化的表现。世俗化虽然古已有之，但只是到了科技和理性取得空前地位的现代工业社会以后，才成为一种在全球范围内同时发生的、普遍的、无可避免的时代趋势。正如马克斯·韦伯所说：“我们的时代，是一个理性化、理智化，总之是世界袪除巫魅的时代。”[④]世俗化已经成为人类社会现代化进程的一个重要组成部分。

世俗化使得宗教不再置身于高高在上的云端，而是从天上来到地上，融入芸芸众生的日常生活实践中，而且主要是融入人们的休闲生活实践中。前已述及，即便是信徒的宗教修行生活，也可能同时就是休闲；在世俗化程度日益提高的今天，宗教对社会的强制性控制已不复存在，自决成为宗教生活的一个重要特征，宗教修行的休闲意蕴也得到了空前的强化。与此同时，宗教还面向广大的非信徒群体，衍生出日益丰富的休闲功能。前面谈到的基督教新教的各种社会服务、“人间佛教”和“生活道教”的实践，都是宗教衍生的休闲功能的发挥。“人间佛教”和“生活道教”在这方面尤具代表性：二者均提倡走出山林，由原来的注重“出世”为主转向高度关注“入世”，主张以“出世”情怀为“入世”事业，积极介入现实生活；均由原来的面向信徒小众为主转向为包括非信徒在内的一切社会大众提供尽可能多的服务，满足不同人群的精神休闲需要，如开放宗教圣地供人游历观赏和访古探奇，举办宗教文化艺术展以满足人们的审美需求，开设生活禅修班或闭关夏令营以指导人们养性修心，等等。

充分发挥宗教的休闲功能，有利于满足现代人的休闲需求、提升社会大众休闲的品位与境界。现今民众拥有的闲暇时间已较往昔大为增加，在我国，节假日已经占到全年的三分之一，而且还可能会继续增加；民众的休闲方式也空前多样，且新

---

① 孙尚扬：《宗教社会学》，北京：北京大学出版社，2001年版，第143页。
② ［美］彼得·贝格尔：《神圣的帷幕》，高师宁译，上海：上海人民出版社，1991年版，第113、108页。
③ 同上，第134页。
④ ［德］马克斯·韦伯：《社会学文选》，转引自［美］彼得·贝格尔：《神圣的帷幕》，译者序第16页。

的方式还将层出不穷。然而，自由时间和可选休闲方式的增加并不能保证休闲体验的内在丰富性。如果闲暇不能被利用到有价值的活动上，如果休闲娱乐活动的品位不高，休闲者可能会因意义的欠乏而感到空虚和无聊。弥补这一缺陷的主要手段当是借助于文化，尤其是挖掘和利用宗教文化与其他传统文化资源，充分发挥其衍生出来的各种休闲功能，为现代人宽裕的闲暇生活注入生命的意义，使人们能真正享受休闲这一人“成为人”的过程。

总之，走向休闲已经成为宗教现代适应的必然趋势。一方面，宗教顺应社会现代化潮流而主动走入大众的世俗生活实践；另一方面，人们对高品位的文化休闲方式的需求召唤着对宗教文化资源及其衍生休闲功能的开发。前者形成内推力，后者形成外拉力，内外两股力量共同作用的结果，使得经历现代转型的宗教变得更加世俗化和大众化，更能与现代人的精神需求相吻合。

第二节　宗教休闲的审美分析

一、宗教休闲对日常生活的境界超越

康德以来的近现代美学一般认为审美具有超越现实的非功利特征。“审美非功利性”是康德在《判断力批判》中确立的一项审美基本原则，后来成为美学界广泛认可的主导观念。日本美学家今道友信有一个广为人知的论断——审美是“日常意识的垂直中断”，这其实不过是“审美非功利性”的另一种表述，因为传统上一般认为日常意识以追求实用功利为目的。“审美非功利性”是基于传统的以艺术审美为中心的分析而得出的结论，应该说颇为符合艺术静观的审美状态。然而，西方自进入后现代社会以来，以及中国自20世纪90年代以来，艺术与日常生活的边界渐趋模糊，“大众的日常生活被越来越多的‘艺术的品质’所充满”[①]，“日常生活审美化”也相应地成为美学关注的新命题，生活美学成为学界新思潮。刘悦笛认为“日常生活审美化”可分为“表层的审美化”和“深度的审美化”，前者是大众身体与日常物性生活的“表面美化”，后者则深入到人的内心生活世界；他还认为，“日常生活审美化”作为美学进程意味着以康德美学为代表的美学传统走向了“黄昏”。[②]在我们看来，“表层的审美化”固然可能与大众生活的实用诉求相关，以其世俗性对传统的“审美非功利性”原则构成挑战，但指向内心生活世界的“深度的审美化”则依然保持着高度的非功利特征。因此，与其说“日常生活审美化”是对康德美学的颠覆和否定，

① 刘悦笛：《生活美学：现代性批判与重构审美精神》，合肥：安徽教育出版社，2005年版，第67页。
② 刘悦笛：《“生活美学”的兴起与康德美学的黄昏》，《文艺争鸣》，2010年第5期。

毋宁说是对它的补充性超越。

随着普遍有闲时代的到来，休闲在人们日常生活中占据的地位越来越突出。休闲已成为审美走向生活的一个现实切入点，“日常生活审美化”在很大程度上表现为日常生活休闲化。休闲具有世俗性，它直接在日常生活的层面展开，其本身即是生活的一部分（人们常有“休闲生活”之说）。对应于“日常生活审美化”的“表层的审美化”与“深度的审美化”之分，休闲也可分为偏重耳目之娱的休闲和偏重内心精神境界的休闲——我们不妨分别名之为“娱乐性休闲”和“境界性休闲”。与当今迅猛发展的休闲产业相关联的主要是“娱乐性休闲”。“娱乐性休闲”虽然也能在一定程度上带来审美意义上的精神愉悦，但由于含有较多的物质感性和生理感性成分，它对日常生活的超越相当有限。[①] 能够对日常生活实现高度审美超越的休闲乃是注重提升人的精神境界的“境界性休闲”。[②]

宗教休闲恰恰是一种“境界性休闲”，它在提升人的精神境界方面所起的作用非一般的“娱乐性休闲”可比（当然，这并不意味着只有宗教休闲才属于“境界性休闲”）。休闲审美具有体验性和愉悦性：休闲的基本内涵是自在生命的自由体验，没有体验便谈不上休闲；休闲又总是以快乐为追求的目标，所谓“以欣然之态做心爱之事”，乃是对人的趋乐避苦之心理本性的顺应。我们可以分别从体验性和愉悦性这两个角度，通过与“娱乐性休闲”进行比较，来考察宗教休闲在提升人的精神境界方面的殊胜之处。

人的生命体验有广度和深度两个维度。“娱乐性休闲”侧重“表层的审美化”，主要拓展的是审美体验的广度；“境界性休闲”侧重“深度的审美化”，主要开掘的是审美体验的深度。广度拓展固然可以使人摆脱日常劳作的单调乏味，在一定程度上使生活变得丰富多彩，但归根结底，生活的质量“是由生命的内在体验所决定的。一个人的内在体验愈丰富、深刻，则这个人的生命质量就愈高；反之，一个人的内在体验愈贫乏，则这个人的生命质量也就愈贫乏”[③]。由于宗教以“治心”为本，宗教休闲一般能影响到人的内心深处，给人带来极其深沉的审美体验。以终极关怀为根本的宗教，其审美理想带有绝对神圣性和无限完美性：基督教认为上帝是一切美的根源，而上帝之美是永恒无限的、最终极的、最灿烂的美；道教追求真善美高度统一的无言的“大美”，即无处不在、无所不包的大“道”之美；佛教追求的开悟之美、涅槃之美则以究竟清凉、光明无限为特征。所有这些理想的宗教美无一不表现

① 薛富兴认为：审美本质上是一种娱乐；与科学、哲学、宗教等其他人类文化形式相比，审美的基本精神恰恰不是超越性，而是其作为精神文化活动的初始性，或曰非超越性。他所讲的审美主要是侧重视听之娱的审美。参见薛富兴：《美学三题》，《思想战线》，2004 年第 1 期。

② 张世英认为美学远不是讲漂亮、讲好看、讲娱乐之学，而是讲境界之学，主张将漂亮、好看之类的意义下的“一般的美”与高远的境界之美区分开来。参见张世英：《哲学导论》，第 183 页。

③ 胡伟希：《追求生命的超越与融通：儒道禅与休闲》，昆明：云南人民出版社，2004 年版，第 5、6 页。

出对世俗生活的高度超越。通过对理想宗教美的向往或观照，人们在进行宗教休闲时，其日常功利意识在宗教之光的照耀下烟消云散，心灵被带入一种远离尘世喧嚣的安宁、圣洁、无染、光明的深层审美状态。

审美的愉悦性也可以从价值角度进行区分。侧重“审美的表层化”的“娱乐性休闲”带给人的主要是视听之娱意义上的快感，虽然能增加生活的趣味，却难以浸入心灵的最深处。薛富兴认为：“感性、愉快、当下，这三点决定了审美的世俗情结、大众文化立场，其胜人处与致命处均缘于此。”[①]如果将这里的“审美”换作“表层化的审美”，则这种说法我们是非常赞同的。在我们看来，“娱乐性休闲”带来的审美愉悦是相当浅俗的，或者说相当表层化的。对物质感性和生理感性的过度依赖是造成这种审美愉悦表层化的根本原因；当下性，或者说即时性则是审美愉悦表层化的另一种表现——“表层化的审美”，“足可人一时之意，但不足以为人心提供长久、深入的价值支撑，故而每当人们从剧场中走出，总不免有一种更强烈的失落感”[②]。与之形成鲜明对照的是，宗教休闲带来的审美愉悦主要不依赖人的具体感性，而是更多地体现为一种超越了一般声色之娱的高度的精神愉悦，是一种灵魂深处的震颤；又由于宗教本身关涉终极关怀，宗教休闲有助于休闲者找寻到深入持久的人生价值，甚至可以直接作为其信仰（对宗教信徒来说），其所带来的审美愉悦便与人生的根本意义联系在一起，超越了一般审美愉悦的当下性或即时性而具有了长期持存的特点。从审美愉悦作为一种体验的角度来看，我们也可以说，宗教休闲所带来的这种深沉而持久的精神愉悦也是对人的生命体验深度的延展，是对人的生存境界的强力提升，当然也是对日常生活的世俗性或功利性的一种高度的超越。

二、宗教休闲中生命体验的诗性

克罗齐曾经说过：“人是天生的诗人。”[③]就每个人都可能产生诗兴，都能获得诗意般的审美感受来说，这句话无疑是正确的。然而，诗意般审美感受的获得是要以一定条件为前提的，这便是对一味追求实用功利的平庸、狭隘的日常生活意识的超越。在追求实用功利的日常生活中，人将世界作为自己欲求的对象，对世界采取的是主客二分的态度，或者用黑格尔的话说，是采取了对于对象世界的“散文性的看法”[④]；对象世界对于日常的人来说只不过是熟视无睹的极其平常的存在者，事物的本然状态被遮蔽了，引不起人的任何惊奇，产生不出任何诗意。歌德曾在一首诗里

---

① 薛富兴：《美学三题》，《思想战线》，2004 年第 1 期。
② 同上。
③ ［意］克罗齐：《美学原理》，朱光潜译，北京：作家出版社，1958 年版，第 14 页。
④ ［德］黑格尔：《美学》（第 2 卷），第 24 页。

说过，作为诗人，他“为惊奇而存在”[①]；海德格尔也说，“诗人就是听到事物之本然的人”，其诗兴来自惊异，“在惊异中，最平常的事物本身变成最不平常的”。[②]诗性体验只有在突破对世界的“散文性的看法”后才可能产生，而突破“散文性的看法”意味着超越日常生活的实用功利性，以一种“诗或艺术的立场”去看待世界，此时人突破了主客二分的认识论框架，进入一种物我合一（或者用海德格尔的话说“与存在相契合”）的状态，原来遮蔽在平常事物中的不平常性突然显现，焕发出惊人的魅力。“正是这种‘不平常性’，‘敞开’了事物之本然——‘敞开’了事物之本来所是”[③]，世界以一个崭新的面貌呈现在人面前。

凭借对日常生活的审美超越，宗教休闲能将人带入诗境。宗教都追求某种终极的本体性存在，如基督教的上帝、佛教的真如佛性、道教的道等，我们可将这些称谓统称为“道”。与“道”合一的最高宗教理想一般被称作“彼岸”，但“彼岸”和“此岸”并非毫无沟通的可能，否则理想将不成其为理想，因为人将永远无法获得终极的价值支撑。一般来说，作为理想之“道”，“彼岸”总可以在“此岸”的现实生活中得到某种体认（虽然还未必是与“道”的最终合一）。宗教休闲的过程便是体悟“道”的过程。较之神圣的“彼岸”来说，“此岸”的事物无疑都是世俗的、平凡的，然而，通过宗教休闲，人们却有可能在俗世间的平凡事物中发现“道”的光辉，并因之而产生惊喜，体验到某种诗意般的审美感受。

可以以几种有代表性的宗教为例对此加以说明：

对以外向超越为典型特征的基督教来说，天国固然遥远，上帝所代表的“道”却被认为是无所不在的。在香港道风山的基督教丛林，悬挂着一副有名的对联：“道与上帝同在，风随意思而吹。”上下两联分别选自《圣经·约翰福音》第一章和第三章，组合在一起恰好表达了通过尘世之风体悟终极之“道”的审美意蕴。

素有重人贵生传统的道教继承了道家哲学思想，也认为“道”在万物。用当代“生活道教”理念的倡始人张继禹道长的话说：“‘道’之精永恒常存，是天地万物生生不息的源泉活水。道之为‘神’，既至高至尊，又潜移默运于万物之中，无处不在，无处不有。”[④]因此在日常生活中，时时处处无不可以体“道”、悟“道”。

最能体现宗教休闲体验之诗性特征的，当属佛教，尤其是中国禅宗。可以说，禅境即是生命体验的诗境。禅家认为“平常心是道”[⑤]，担柴运水，烧火煮饭，皆有可能成为禅悟机缘，而禅悟带给人的正是生命旅途中无限新奇的风光。“见山不是

① 转引自［德］约瑟夫·皮珀：《闲暇：文化的基础》，第127页。

② 转引自张世英：《哲学导论》，第142、143页。

③ 同上书，第143页。

④ 张继禹：《践行生活道教，德臻人间仙境：关于道教与现实社会生活的探讨》，《中国道教》，2000年第6期。

⑤ 《景德传灯录》卷28。

山，见水不是水”，是一重惊异；“见山还是山，见水还是水”，是又一重惊异。[①] 双重的惊异印证着平常与不平常的交互蕴含。禅者的心灵不为世俗的欲望和事务所羁累，对他们来说，“青青翠竹，尽是真如，郁郁黄花，无非般若”[②]，现象即是本体，“此岸”即是“彼岸”，当下即可超越。禅家多爱借用俗世间的平常事物来形容其悟到的不平常之境，如：赵州从谂禅师以“庭前柏树子”回答“如何是祖师西来意”，答“如何是禅”时却又只说一句“吃茶去”；[③] 天柱慧崇禅师在门徒问“如何是道”时答“白云覆青嶂，蜂鸟步庭花”；[④] 资圣盛勤回答“如何是正法眼”时说“山青水绿”；[⑤] 灵云志勤见桃花而悟道，并留偈云“三十年来寻剑客，几回落叶又抽枝。自从一见桃花后，直至如今更不疑”；[⑥] 近代虚云禅师悟道诗句云“春到花香处处秀，山河大地是如来”[⑦]……同是一个世界，对汲汲于实用功利的人来说既单调又乏味，但在禅家看来却处处充满盎然的诗意。诚然，并不是每一个对禅有兴趣的人都能像禅师一样开悟证道，但接近禅、感受禅对心灵忙碌的当代人来说无疑是一种不错的休闲选择，哪怕只是在寺院里品一盏清茶，也能体会到“禅茶一味”的妙趣，从中获得诗意的享受。

三、宗教休闲中生命体验的崇高性

胡伟希先生在论及中国休闲哲学时曾经谈道：“儒道禅三家追求的休闲审美的理想境界是生命的安宁与和谐，但生命作为有限的存在者，总会表现出有限与无限的对垒和冲突，生命尽管可以以安宁与和谐为最高目标，生命过程的展开却不可能是安宁与和谐的；休闲哲学除了以生命的最高境界作为人生追求的目标外，还应当考察生命的具体展开过程。”[⑧] 的确，有限性是人作为具体存在者的根本缺陷，它决定了人的生命具有悲剧性的一面。然而人又不甘为有限性所束缚，他向往无限，憧憬完美，并将这种冲动转化为生命的实践，宗教即是此种实践的表现方式之一。在有限与无限的对垒和冲突中，生活的勇气与热情得到淋漓尽致的发挥，生命的尊严与意义得到确认和肯定，人因此而体验到一种崇高的美感，因为崇高就是“一种表达无限的企图”[⑨]。

---

① 《指月录》卷 28。
② 《五灯会元》卷 15。
③ 《五灯会元》卷 4。
④ 《五灯会元》卷 2。
⑤ 《五灯会元》卷 15。
⑥ 《景德传灯录》卷 11。
⑦ 转引自陈兵、邓子美：《二十世纪中国佛教》，北京：民族出版社，2000 年版，第 285 页。
⑧ 胡伟希：《追求生命的超越与融通：儒道禅与休闲》，第 221、222 页。
⑨ ［德］黑格尔：《美学》（第 2 卷），第 79 页。

宗教产生的根本原因正是人对自身有限性的意识，以及超越有限的欲望和冲动。生命的有限性首先表现为个体生命的必死性；宗教对天堂、仙境、净土佛国等的拟构和宣扬无非是为了克服人们对终将到来的死亡的恐惧。死亡还只是生命历程的一个“点”（终点），生命在其展开的过程中总是会为各种条件所局限，这些局限也是人生有限性的表现。俗谚云“不如意事常八九”，表达的正是对人生难免有种种缺憾的慨叹。无论是何种有限性，只要人不是心甘情愿地屈服其下，而是勇猛无畏的正视它、挑战它并试图超越它，都能激起崇高的审美感受。

基督教认为人有“原罪”（为“原罪”所束缚也是人的有限性的一种表现），为了替人类赎罪，使人们有望在死后进入天国回到上帝的身边，“道成肉身”的基督被钉在了十字架上。无论是虔信的基督教徒，还是一时兴起的宗教休闲者，无论是在教堂，还是通过文字或画像，抑或仅仅是听闻到对基督殉难的描述，都会想到十字架上流血的基督，都会为这悲壮的情景所打动，内心也难免会涌起一股感动和崇敬之情。

如果说产生于西方文化背景中的基督教更多地寄希望于来世和天国，中国文化中土生土长的道教则向来以重人贵生的传统著称。然而，在道教“我命由我不由天”的貌似乐观的宣言中，依然夹着一股悲壮的气息。千百年来的修炼实践虽在延年益寿方面取得了一些实绩，长生不死却仍旧只是一个无法实现的幻想。今天，通过道教修炼能羽化升仙、长生不死的神话极少有人还会相信，但道教丰富的遗产却为休闲提供了大量的文化资源。人们可以通过游览道教圣地、观赏道教艺术、体验道教功法、阅读道教书籍等不同的休闲方式来了解和感受道教文化，从中获得心灵的滋养与生命的启迪。道教文化不仅能带给人自然、逍遥的美感享受，还能提示人们：在人类历史上曾有一群人“关在丹房中郑重其事地烧炼，或在僻静之地体验内在世界的神秘”，“在长远的时间与辽阔的空间里，这一群人尝试以人类渺小的生命去对抗死亡”。[①] 在对历史的追忆中，人们因道教徒们以螳臂当车般的精神挑战死亡的悲壮努力而感动，并能从中体验到一种悲剧性的崇高。

如同生命体验的诗性一样，生命体验的崇高性在佛教休闲中也体现得极为充分。佛教对人生的有限性有着异常清醒、冷峻的认识：在佛教看来，一切都是无常，既有生就不免有“苦”[②]，生、老、病、死等“苦”是一切生命个体都会经验到的，爱别离、怨憎会、求不得、忧悲恼等各种“苦”也像幽灵一样随时会出现在人们心头。面对如此众多的人生之“苦”，佛教并不提倡消极地逆来顺受，而是主张通过勇猛精进的修行克服和超越“苦”，以期最终得到无限的涅槃真乐。不论佛教的这种主张到

① 国风：《不死的探求：道教对抗死亡的伤感与悲壮》，《文汇报》，2008 年 3 月 15 日，第 c02 版。

② 但佛教并不认为人生就是纯苦无乐。实际上，佛经中曾列举过人生的种种快乐；佛教对人生的总体评价是苦乐间半。参见陈兵：《佛陀的智慧》，上海：上海古籍出版社，2006 年版，第 35 页。

底有多大可行性，其所体现出的挑战命运的勇气和决心相比道教却是有过之而无不及，因而同样能引发宗教休闲者的崇高性情感。也正是因为人生有诸多“苦”，佛教（尤其是大乘佛教）才特别提倡悲悯精神。佛教的悲悯是普施于一切众生的同体大悲。正是出于这种悲悯，才有了佛陀在证道后不取涅槃，以无比坚毅的精神返身入世，教化世间“刚强难伏”的芸芸众生的故事；也正是出于这种悲悯，才有了佛陀“舍身饲虎”“割肉贸鸽”的故事，才有了传说中地藏菩萨“我不下地狱谁下地狱”的宏誓和壮举。佛教极其注重“舍”，“舍”是为了“施”，在佛教传说中充斥着种种舍己为他的故事。“舍”即是“牺牲”，即是奉献，是“一种自发意志的表现，是不求回报的付出，……这里不夹带任何功利因素，是一种无目的的盈余，是真正的财富”[①]。与基督的献身一样，佛教的“舍”或“牺牲”也可能会激起休闲者对宗教圣者的感动与尊崇[②]，并进而使休闲者努力提升自身的精神境界，以便向圣者的境界靠拢。

如果说大众化的“娱乐性休闲”在很大程度是对崇高的消解，作为“境界性休闲”的宗教休闲则提供了对崇高的挽救之道。既然有限是人与生俱来的缺憾，正视有限、挑战有限、超越有限也就成了人生的崇高使命。宗教休闲既能使人满怀对安宁、和谐的宗教理想境界的憧憬，也可使人意识到自己的崇高使命，激发起生命的意志与热情，促使其对命运发起决绝的抗争，在与生之缺憾的周旋中感受精神的沉醉。

四、宗教休闲对人格美的熏陶

所谓人格美，根据王定金主编的《审美大辞典》，是指人的“内在美和外修美的完满统一。内在美即心灵美，是人格美最主要的本质，是衡量一个人美与丑、善与恶的主要标准。外修美即行为美、服饰美、形体美。人格美的审美价值在于一个人既注意内在美，又具备外修美，相辅相成，互为表里，相得益彰”[③]。我们对这一解释基本认同。人格美并不只局限于内在心灵之美，也应包含“外修美”，因为内在美必然会有相应的外在表现，事实上，一个人的人格美也只有表现为外在的东西才能被他人感知和体验到。只不过，我们认为内在美的外在表现主要应在人的言行举止方面，至于一般的服饰美和狭义的形体美（人体美）之类，因与人的内在品质关联不大，不算在此范围之内。

---

① ［德］约瑟夫·皮珀:《闲暇：文化的基础》，第 67 页。

② 在庆典式的宗教休闲中，“舍”或“牺牲”演变成各种象征性的献供仪式，人们通过献供来表达自己的感激和敬仰之情。

③ 王定金主编:《审美大辞典》，成都：成都科技大学出版社，1994 年版，第 8 页。

宗教对人的人格能产生一定的影响。人们往往以为宗教主要是通过“劝善”的方式来提升人的道德水平，这种看法有失片面。实际上，除伦理说教外，宗教通过影响人们在休闲过程中的心理体验，也能起到涵养人格、提升精神境界的作用。不仅如此，由于休闲以审美为本质[①]，宗教休闲熏陶而成的高尚人格一般不仅具有“善”的内核，还兼具“美”的特质。较之单纯的道德说教，建立在主体自由自觉基础上的宗教休闲更能起到塑造人格美的作用。[②]

宗教休闲主要是通过宗教人物高尚、圣洁的精神光辉和人格魅力来感染和熏陶休闲者，在无形中将高尚、圣洁的人格美化入其心灵深处，从而改变其生活风格，涵养其人格气象，提升其人生境界。这些人物既可能是宗教经典中的传说形象，也可能是历史和现实中实有的人物。休闲者则既可以从刻画和塑造宗教人物形象的艺术作品中受到熏陶，也可以通过听闻或阅读相关史实介绍来获益，甚至可以亲身受教于某些在世的宗教界人士，为其人格魅力所感染，从而心向往之，行效仿之。

前面说过，宗教休闲既能带来安宁、和谐的审美体验，也能带来悲壮、崇高的审美体验。这两种审美体验都能对休闲者的人格起到熏陶作用。安宁、和谐是宗教崇尚的最终休闲境界。在宗教休闲中人们也可能获得崇高性体验。如同欣赏“奇特的文章”能带来不平凡的感动一样，宗教休闲的崇高性体验可能“比只有说服力或是只能供娱乐的东西具有更广大的感动力”[③]，能给人的灵魂带来强烈的震撼，或许在瞬间就能将人的精神境界提升到一个新的高度。

第三节　通向天地境界的宗教休闲

一、天地境界：生命体验的最高境界

关于人的生命体验状态，中西方均有哲人对此进行过分类与排序，尽管他们用来指示其分类和排序的用词不尽相同（在中国，“境界”一词使用得较多，西方则多用“状态”“阶段”“层次”等词语）。其中最具代表性的，在西方有席勒、克尔凯郭尔，在中国则有丰子恺、冯友兰、宗白华、张世英等人。

席勒将人的发展分为“物质状态”“道德状态”和“审美状态”三个阶段，处于这三种状态的人分别是“物质的人”“道德的人”和“审美的人”。“物质的人”受盲

① 潘立勇：《审美与休闲：自在生命的自由体验》，《浙江大学学报》（人文社会科学版），2005年第6期。

② 张世英曾指出：审美意识优于道德意识，且善是美的必然结论。参见张世英：《哲学导论》，第244—246页。

③ ［古希腊］朗吉努斯：《论崇高》，转引自朱光潜：《西方美学史》（上卷），北京：人民文学出版社，1963年版，第112页。

目的“物质必然”的支配，“道德的人”受“道德必然”的支配，都不是自由的；只有“审美的人”将“物质状态”的“感性冲动”和“道德状态”的“理性冲动”统一为“游戏冲动”，因而是获得了自由的“完全意义上的人”。①

克尔凯郭尔的“生活辩证法”将人的存在分为依次递进的三个阶段：“美学阶段”“伦理阶段”和“宗教阶段”。“美学阶段”是最肤浅的、感性化的世俗阶段。在此阶段，生活完全为感官欲望所支配，精神性因素很少起作用。“伦理阶段”由“美学阶段”飞跃而来。此阶段的人为了克服前一阶段的厌烦和空虚，立志过一种伦理的生活，其行为受道德准则的支配。为了克服“伦理阶段”的犯罪感和内疚心理，还须进而飞跃到“宗教阶段”。在宗教阶段，人独自转向上帝，彻底平息了内心的不安，只为上帝这一无限存在者而活。②

丰子恺以“三层楼”为比喻，将人的生活分作三层：“物质生活”“精神生活”“灵魂生活”，“物质生活就是衣食。精神生活就是学术文艺。灵魂生活就是宗教”，并认为其师弘一法师顺次登上了这“三层楼”，是不断超越自己人生境界的典范。③

冯友兰在《新原人》一书中曾对人生境界问题进行过详细讨论，他认为根据对人生不同的觉解程度，可相应地将人生境界分为四种：“自然境界”“功利境界”“道德境界”和“天地境界”。“自然境界”品位最低，处于此境界中的人仅依习惯行事，人生对他们来说没有意义。“功利境界”层次稍高，生活在此境界中的人有意识地追求实用功利。“道德境界”又高一层，此境界的人追求一种道德的生活，以利他为目的。“天地境界”是人生的最高境界，处于此种境界的人对宇宙人生有了完全的了解，能“知天”“事天”“同天”“乐天”，获得最高的精神愉悦。④

宗白华先生也曾划分出六种不同的人生境界：“功利境界”“伦理境界”“政治境界”“学术境界”“艺术境界”和“宗教境界”，认为“功利境界”主于利，“伦理境界”主于爱，“政治境界”主于权，“学术境界”主于真，“艺术境界”主于美，“宗教境界”主于神。⑤

张世英按实现人生意义、价值的高低标准和人生“在世结构”的发展过程，将人的精神境界分为四个等级，依次为“欲求的境界”“求实的境界”“道德的境界”和“审美的境界”。“欲求的境界”属于低级原始的主客不分的“在世结构”，人在这

---

① ［德］席勒：《审美教育书简》，第 118—125，180—187 页。

② ［美］塞缪尔·E. 斯塔姆、詹姆斯·费舍尔：《西方哲学史：从苏格拉底到萨特及其后》，北京：北京大学出版社，2006 年影印版，第 360—362 页。

③ 丰子恺：《我与弘一法师》，《丰子恺文集》（第 6 卷），杭州：浙江文艺出版社、浙江教育出版社，1992 年版，第 398 页。

④ 冯友兰：《新原人》，北京：商务印书馆，1947 年版，第 57—81 页。

⑤ 宗白华：《中国艺术意境之诞生》，《美学散步》，上海：上海人民出版社，1981 年版，第 69、70 页。

种境界中只求满足生存的最低欲望。“求实的境界”进入了主客关系的“在世结构”，这种境界中的人有了明确的对象意识，注重探索客观秩序和追求实用功利。“道德的境界”又高一层，人在其中因领会到了不同个体之间的相通而产生出“同类感”，但尚未达到最终的、完全的主客融合。“审美的境界”则是最高级的主客融合的“在世结构”，它包括道德又超越道德，处于这种境界中的人在精神上达到了完全的自由，即使不信仰特定宗教也可以说具有了“宗教感情”。①

将以上几种人生境界（阶段、层次）理论综合起来进行分析比较，不难发现：尽管划分的层次数和各层的具体名称不尽相同，但大体都是按感性欲求的逐步降低和精神性成分的依次增加排列的。一般来说，精神越是能克服感性的束缚，人获得的自由度也就越高。克尔凯郭尔将“美学阶段”视为人生最低阶段，容易让人感到迷惑，其实他所说的“美学阶段”不过是一个特定用词，指的恰是感性欲望占主导的人生阶段。其他几位所说的“物质状态”“物质生活”“自然境界”“欲求的境界”均属于克尔凯郭尔的“美学阶段”；我们在前文谈到过的“表层的审美化”也应属于“美学阶段”。关于人生境界的最高层次，冯友兰明确认为是“天地境界”；张世英则以“审美的境界”为最高层次，其所说的“审美的境界”就是人在其中彻底消除了主客对立，“完全处于一种人与世界融合为一的自然而然的境界”②，与冯氏所说的“天地境界”并无二致。而根据席勒的看法，“审美状态”是高于“物质状态”和“道德状态”的最高状态，因而也应该是摆脱了较低级感性欲求束缚的精神状态（否则便仍属于“物质状态”），这种“审美状态”的极致就是张世英所说的“审美的境界”（也即“天地境界”）。克尔凯郭尔、丰子恺和宗白华均以宗教为最高境界，虽然他们所说的“宗教阶段”“灵魂生活”和“宗教境界”关涉的具体宗教对象不尽相同，但均是一种比道德生活更高级的生活或境界，均意味着对无限、对彻底的精神自由的追求，因而也可以说就是一种天地境界。

综合上述诸位思想家的人生境界理论，我们可以得出结论：天地境界是人的生命体验的最高境界，它是一种超越了较低级的物质感性的人生境界，人在这种境界中能体验到与存在的高度合一，能获得高级的、完全彻底的精神自由。同时我们也认同张世英先生的看法：天地境界就是一种审美境界，而且是最高的审美境界；从宽泛的意义上讲，它也可以说是一种具有宗教情感的境界——虽然未必就意味着信仰某个特定宗教。

---

① 张世英：《境界与文化》，北京：人民出版社，2007 年版，第 279、280 页。

② 同上书，第 280 页。

二、宗教休闲通向天地境界

在认定了天地境界是人的生命体验的最高境界之后，马上将面临的问题便是：天地境界是否是常人可以企及的？通向天地境界的可能途径又是什么？

对第一个问题，我们倾向于给出肯定的回答：天地境界的确是普通人都可能达到的，因为天地境界作为一种最高的审美境界，“本质上是一种心境与心态”[①]；达到天地境界也就是进入超越主客对立，体验到与无限的存在合而为一的高度冥然的心境或心态。根据海德格尔的存在主义哲学，“此在”和世界的关系本来是“在之中”的关系，而非“主体—客体”的认识论关系。人本来就依寓、融身于世界之中，世界首先是人活动于其中并与之打交道的世界。也就是说，“人与存在相契合”的、“天人合一”的天地境界其实就是人生存于其中的世界之本然，对这种本然状态的偏离乃是精神的流浪，进入天地境界则是回归到人本来的精神家园。张世英先生指出，在个人的实际人生中，从最低的“欲求的境界”到最高的“审美的境界”（天地境界）往往是可以兼有的，只是“各种境界的比例关系在不同的人身上有不同的表现：有的人以这种境界占主导地位，有的人以另一种境界占主导地位”[②]。胡伟希也认为，“天地境界虽不是时时出现，却也并不神秘”，作为常人，在某些场合和时刻也可能体验到“彻底忘记了自己，更忘记了周围的一切”，感到自己“与宇宙同体”，也即进入了天地境界。[③]张、胡二位的看法，我们认为是有道理的。天地境界并不是一种难以企及的绝对神秘的超验境界，常人在一定条件下也能达至，只是有人体验得较多，有人体验得较少而已。

不同于感性物欲追求是建立在主客二分的基础上，靠理性来认知和逐取外物，人们对天地境界的把握主要诉诸人的直觉体悟。基于主客二分的理智活动和以超越主客二分为特征的审美活动均可能导致人的直觉顿悟，但一般来说，审美经验本来就具有直观性（感性直观性和本质直观性），因而更易使人悟入天地境界。而且，更重要的是，即使是由理智活动所触发的直觉体悟，从开启直觉经验的那一瞬间起，理智活动就已经为审美经验所取代，人随即进入一种超越了主客二分的物我合一状态。因此可以说，通向天地境界的根本途径就是审美。

休闲本质上是一种体验，正是体验使宗教与休闲相通，使宗教休闲具有了审美的意蕴。经由审美体验，宗教休闲可以通向天地境界。当然，也并不排除存在别的审美或休闲方式可能通向天地境界。但与其他方式相比较，宗教休闲在导人入天地境界方面有着难以比拟的优点。首先，宗教休闲往往能更频繁地将人带入天地境界。

---

① 胡伟希：《追求生命的超越与融通：儒道禅与休闲》，第 18 页。
② 张世英：《境界与文化》，第 280 页。
③ 胡伟希：《追求生命的超越与融通：儒道禅与休闲》，第 18 页。

这是因为天地境界是一种高度精神化的境界，它必然要求对现实生活的高度超越，而作为一种“境界性休闲”的宗教休闲对日常生活意识的审美超越，在程度上远远超过一般的“娱乐性”休闲，因而通过其达到天地境界的概率也就相对高得多。尤其是对于将修行与休闲融为一体的宗教信徒来说，其修行、体验的工夫与其自身的生活实践打成一片，更是随时都可能进入天地境界。其次，宗教休闲带来的对天地境界的体验往往更为深刻和强烈。这主要是因为宗教以终极关怀为根本特征，从其本质来讲意味着超越有限、追求无限。对有限性的超越是有程度之别的；超越有限性的程度高低决定着审美价值的高低。① 宗教旨在实现对有限性的完全彻底的超越，达到与最高、最大的存在的合一，因而宗教休闲有可能带来极其强烈的“高峰体验”，使人进入一种异常深刻的天地境界体验之中，对宗教信徒（如禅宗修行者）来讲更是如此。越是深刻、强烈的体验，越能长时间地存在。因而再次，宗教休闲带来的对天地境界的体验往往也更为持久。

三、宗教休闲之天地境界与人的幸福体验

极少有人会否认人生应当追求幸福。有些思想家甚至认为以幸福作为人生的目的具有终极性。如亚里士多德就曾说过：“幸福是终极的和自足的，它自身就是目的。”② 空想社会主义者约翰·格雷也认定：“幸福——人类一切追求的最终目的。”③ 然而，关于什么是幸福以及如何才能得到幸福的看法却是千差万别，在此不拟一一列述。我们认同胡伟希先生在《追求生命的超越与融通：儒道禅与休闲》一书中对休闲的界定：幸福就是“持久的快乐”④。很多人误将快乐当成幸福，然而由于快乐体验常常是短暂易逝的，以快乐为幸福的人便总是处在追求快乐的过程中。由于求得的快乐总是得而复失，反倒引起失望和痛苦。胡伟希指出，只有处于天地境界的人，才会体验到这种持久的、不易失去的快乐；能进入天地境界其实就意味着获得了一种幸福的生活。他还分析了天地境界之所以能使人幸福的原因：天地境界能给人带来真正的心灵平静；天地境界能使人宽容与体谅他人；只有处于天地境界的人能真

---

① 张世英：《哲学导论》，第182—190页。

② ［古希腊］亚里士多德：《尼各马可伦理学》，苗力田译，北京：中国社会科学出版社，1991年版，第10、11页。

③ ［英］约翰·格雷：《人类幸福论》，北京：商务印书馆，1993年版，第13页。

④ 胡伟希：《追求生命的超越与融通：儒道禅与休闲》，第13页。西方哲学家莱布尼茨和霍尔巴赫也有过类似的观点。莱布尼茨认为：“幸福是一种持续的快乐；要不是有一种向着新的快乐的连续的过程，这是不会发生的。”参见［德］莱布尼茨：《人类理智新论》，第188页。霍尔巴赫也说：“幸福只是连续的快乐。我们无法怀疑：人的一生中的任何时刻都在寻求幸福；由此可见，最持久、最扎实的幸福，乃是最适合于人的幸福。”转引自北京大学哲学系外国哲学史教研室编译：《十八世纪的法国哲学》，第649页。

正地自我实现；天地境界还能最终使人超越自我。[①]

宗教休闲能通向天地境界，因而也就能带来“持久的快乐”。如同前文曾述及的，宗教休闲作为一种“境界性休闲”超越了人的具体感性，其所带来的审美愉悦主要表现为一种高度的精神愉悦；又因为宗教本身关涉终极关怀，宗教休闲有助于休闲者找寻到深入持久的价值支撑，其所带来的审美愉悦便与人生的根本意义相联系，超越了一般审美愉悦的即时性而具有了持久性。这两点在宗教休闲带来的天地境界中体现得最为充分。此种境界中的人，可以将日常生活中的感性物欲彻底超越，进入一种极度“心醉神迷”的状态。这种状态带来的“狂喜”往往也能让人长久地回味。对宗教信徒来说，天地境界能带来最高的快乐不仅仅是一个理论问题，更是一个宗教实践问题。基督教快乐主义主张人应该竭力追求自己的幸福与快乐，但又认为人所追求的真实的满足和快乐不可能超越上帝之上，只能存在于上帝之中，只有灵魂与上帝合一才能带来真实的、持久的快乐。被认为奠定了基督教哲学基础的新柏拉图主义者普罗提诺，一生中曾有过多次直接与“神”或“太一”融为一体的“迷狂”体验；圣·奥古斯丁在米兰花园里喜极而泣的奇迹般的顿悟体验在西方更是无人不晓；美国当代心理学家和哲学家威廉·詹姆斯在《宗教经验之种种》一书中，更是列举了大量类似普罗提诺和奥古斯丁之顿悟体验的宗教经验。[②]道教否定世俗之乐，如全真道认为,“人间声色衣食，人见以为娱乐，此非真乐，本为苦耳”[③]，认为只有体道合真的天地境界才能带来“真乐”与“长乐”。佛教也认为一般世俗的快乐都是虚幻、无常的，只有修习佛法获得的法乐或法喜才可能是真实、持久的，而开悟体验能使人进入天地境界，最能带来这样的法乐或法喜，在佛教史籍中这样的例子比比皆是。

对不具有宗教信仰的人来说，他们或许难以像那些有宗教信仰的人那样获得所谓的神秘的宗教体验，但其在宗教休闲过程中仍有可能进入天地境界（因为天地境界本质上就是一种审美境界），只是其体验的强度、深度和频率可能有所不同而已。即便如此，宗教休闲之天地境界也足以带来“持久的快乐”，理由除了前文谈到的宗教休闲可超越具体感性和提供意义支撑（或借鉴）外，在此还可以补充两点：一是宗教大多提倡清心寡欲，因而宗教休闲能引导休闲者看淡世俗欲望并“知足常乐”；二是宗教无不主张博爱，因而宗教休闲能带来爱与被爱的体验，更有利于增强休闲者的幸福感受。

---

① 胡伟希:《追求生命的超越与融通：儒道禅与休闲》，第13—18页。

② ［美］威廉·詹姆斯:《宗教经验之种种》，唐钺译，上海：商务印书馆，1947年版。

③ 丘处机语。引自耶律楚材编:《玄风庆会录》,《道藏》（第3册），北京：文物出版社，1988年影印本，第388页。

第七章　宜居：城市与审美休闲

生存离不开居住。在当代中国，居住的趋势日渐城市化。我国半个多世纪的城市化发展经历了由“生产型”“生活型”向“宜居型”的发展与转化。改革开放30年来，中国经济总量大幅度增加，城市化水平显著提升，社会经济发展取得了辉煌的成就。但在经济发展的同时，一些地方生态失衡、环境污染，特别是随着城市的发展，交通拥堵、能源紧张、房价高涨、生活成本上升等问题日趋严重，成为困扰居民日常生活、阻碍“宜居城市”建设的核心问题。近年来，越来越多的城市管理者、学者和居民已经意识到人居环境在城市发展中的重要作用，很多城市纷纷将“宜居城市”作为城市发展和建设的目标之一，城市正在向着它的本义回归，“宜居”已经成为城市发展的共同追求。“宜居”包含着城市空间环境构建的深刻的人文内涵和美学境界。休闲与审美是城市空间的重要人文因素，对提升城市生活品质具有重要意义。

如今，宜居是休闲时代一种新的生活价值观。城市的主体是人，人们来到城市是为了生活，人们居住在城市是为了生活得更好，人的身心健康、生命安全、生活舒适是城市首要关切的。同时，城市要从高效率城市向具有创造力的城市提升，宜人快乐的环境、休闲与审美的氛围是必需的。存在主义美学对人居环境的反思，对于我们宜居城市的建设，宜居空间的休闲与审美品质的提升，也许具有一定的启示意义。

第一节　休闲城市：人类居住空间的美学象征

一、休闲：城市的基本功能

城市是一个伟大的词语，它总使我们的脑海中浮现出红尘滚滚、气象万千的图景。如今，城市化（urbanization）是当今世界的主要特征之一，都市已成为世界大多数人口居住的空间。因此，无论在学术界城市的定义如何困难，人口的集中总是城市的主要特征之一。改革开放以来，中国城市化进程明显加快，现阶段已进入高速城市化的起飞线上。据统计，截至2009年，我国城市人口已经接近总人口的50%，预计20年后将达到65%。所以当今中国的问题，重点是城市问题；当今中国的休闲问题，重点是城市休闲问题；离我们最切近的美学问题，是城市美学问题。

1933年8月，法国现代主义建筑大师、城市规划的先驱人物勒·柯布西埃在希腊雅典主持召开了国际现代建筑协会（CIAM）第四次会议，会上产生了著名的《雅典宪章》。作为对19世纪后期以来城市规划理论和方法的较为系统的总结，作为世界第一个城市规划大纲，《雅典宪章》所阐明的思想及其对现代城市规划所提出的具体原则，至今仍对世界各国的城市建设起着重要的作用。

《雅典宪章》提出："居住、工作、游憩与交通四大活动是研究及分析现代城市设计时最基本的分类。"这就是现代主义眼中城市的四大功能。把游憩作为城市的基本功能，这是过去从未有过的理念，反映了《雅典宪章》的高度前瞻性。从近年来世界城市化过程中，我们可以日益清楚地看到，游憩、休闲和文化生活已成为现代城市人的基本生活方式和生存状态。城市的功能正在休闲化，城市已与休闲密不可分。

如果说前工业社会的休闲方式表现"乡村特性"，那么工业社会的休闲方式则表现为"城市特性"。一方面，城市是人的休闲生活的空间载体，是现代休闲的诞生之地，是城市的建造与发展给了"休闲"以生长的土壤。每一座城市都是休闲资源的聚集地和展示休闲成果的博物馆。另一方面，没有了休闲生活，就没有了城市的文明、进步和发展。没有休闲的城市，也就是一群没有灵魂的建筑，一架周而复始的机器。可以说，休闲应当是一个健康态城市的重要特征。目前，世界范围已有不少城市被冠以"休闲城市"（Leisure City）的美誉，如美国的洛杉矶和拉斯维加斯、日本的大阪等。不少国内城市也在力图实现从旅游城市向休闲城市的转型。

二、休闲城市的共性与个性

那么，怎样的城市才算是一个休闲城市呢？换句话说，休闲城市的普遍特征应当是什么呢？目前，我国学者刚刚涉足此类研究。魏小安等是这样界定的："在城市生活中，休闲活动普遍具有丰富的休闲设施；休闲产业在城市发展中占据重要地位，形成品牌，并构成强大的市场吸引力……符合宜居城市、人文城市、特色城市、和谐城市等多元的要求，环境适宜人居住，具备欢迎外来者的人文精神，本地传统文化要挖掘到位，最重要的是社会各方面和谐发展。"① 简言之，城市居民拥有健康而充分的休闲，才是休闲城市最基本的特征。

其后，杨振之等进一步提出了如下一个更为系统的休闲城市评价标准：一是历

① 魏小安、李莹：《城市休闲与休闲城市》，《旅游学刊》，2007年第10期。

史文化传统；二是生活方式：居民的生活态度、特有的生活习惯；三是自然环境和社会环境：城市包容性强、幸福指数高、宜居指数高；四是休闲产品和休闲空间；五是经济指标。①

一座城市就像一个人，如果没有独特的性格和内涵，也就不存在城市特有的灵魂和魅力。而具有特殊文化品格和精神气质的城市，无疑是最具吸引力而教人难忘的。在城市性格越来越成为热门话题的今天，不同城市也分别获得了性格定位，如巴黎为"浪漫之都"、维也纳为"音乐之都"、墨西哥城为"狂野之城"、约翰内斯堡为"激情之城"、奥维托为"慢城"、香港为"动感之都"、南京为"博爱之都"、杭州为"生活品质之城"等。无疑，休闲也是一种城市性格。它是经济的成果，更是文化的结晶。我国已有不少城市，在历经了千年的休闲历史与休闲文化的积淀后，发展成知名的休闲城市，如厦门为"休闲旅游城市"、成都为"休闲之都"、杭州为"东方休闲之都"、三亚为"中国最休闲的城市"等。休闲，已经越来越成为一种文化的符号，一张城市的名片。城市，因休闲而彰显性格。

休闲使城市充满魅力，散发个性的光芒，这是休闲的价值。但正如城市建筑和规划不能千城一面一样，休闲城市也不能感觉雷同，其休闲方式必须独具特色。假如把美国的迪士尼乐园落户到中国的每一个休闲城市，我们的休闲城市就将不复存在。因为休闲城市的个性必定是其特有的休闲生活及其所体现出来的特有审美趣味。以全国公认的两个休闲城市成都和杭州为例，其休闲方式就大异其趣。从历史文化传统看，成都的休闲活动是打四川麻将、看川剧、听评书，杭州是游西湖、看杭剧、品龙井；从集中休闲时间看，成都的地方节庆是琵琶节、大庙会、桃花节，杭州是烟花大会；从休闲空间看，成都的休闲中心是武侯祠、杜甫草堂、锦里民俗休闲街，杭州是西湖、京杭大运河、宋城（宋文化主题公园）；从休闲特色餐饮看，成都是麻辣香浓的川菜，杭州是清新爽嫩的杭帮菜。休闲城市，因个性而异彩纷呈。

三、城市美学和城市审美休闲

城市与休闲无疑是一个美学命题。作为城市学的一个分支，城市美学在中国才初露端倪，而在西方则由来已久。早在19世纪末到20世纪初，北美建筑和城市规划领域就发生了"城市美化运动"（city beautiful movement）。其后，美国城市学理论家凯文·林奇、芒福德、伯林特等建立了包括"城市意象""审美融合"等理论在内的诸多城市美学理论。而我国城市美学一直以来为学术界所忽视，这也在某种程度上导致了城市建设的千篇一律、缺乏美感，造成了西方美学理论所谓的"审美伤害"（aesthetic damage）。芒福德早在20世纪60年代就声称，城市是"一种不断

---

① 杨振之、周坤：《也谈城市休闲与休闲城市》，《旅游学刊》，2008年第12期。

地扩大和丰富着人类潜在能力的综合而有力的美学象征”[①]，“确定城市的因素是艺术、文化和政治目的，而不是居民数目”[②]。曾任国际美学学会主席的伯林特不久前更直接断言：“像城市景观那样的生态系统，其审美特征在环境设计中具有重要意义。”[③]“审美批评应该成为评价一个城市特征和成败的关键要素。”[④]在此思路引导下，我国当前的城市美学就是不可或缺的了。审美特征，尤其是富于个性的审美特征，应当成为衡量一个城市的不可或缺的黄金法则。对于那些“休闲城市”当然也同样如此。

这样一来，在休闲美学和城市美学的双重作用下，城市休闲美学呼之欲出。秦学指出，城市休闲应“界定在城市居民的休闲生活上，目的是通过研究‘人的活动’，了解物质世界对于人的存在合理性及其价值，体现‘以人为本’的人文思想”[⑤]。可见，城市休闲显然也是美学性的。作为城市发展的重要一面，休闲活动需要有审美因素和艺术品质，才不会沦为简单娱乐。故而，张玉勤明确指出：“休闲并不单纯是一个时间概念和简单的社会现象，更是一个意蕴深厚的文化范畴和美学命题。”[⑥]

没有美学，城市休闲就会成为失去灵魂的游戏；而没有休闲，城市美学就会失去灵性和现代性品格。事实上，现代性的美学命题就起源于城市休闲。很多人至今还不知道，“现代性”这一伟大的词语，正起源于城市美学的休闲性体验。1842年，被称为“闲逛者”的法国诗人波德莱尔，第一个对现代城市进行了美学的解读。在对巴黎这个繁华大都市的不断体验中，他敏锐地发现了“现代性”，并将其视为一种新艺术时代来临的信号。可以毫不夸张地说，没有波德莱尔及其后继者本雅明等人对都市的休闲式解读，就没有整个现代主义文化心灵运动和诗学精神的完美萌芽。过分的功利性是现代工具理性所造成的盲视，太多的实用目的导致我们思维的单一、狭隘和局促。城市之美，不能在匆匆赶路的脚步中显现。只有闲逛者才能用自由的心理状态，感受到城市中被错过的美丽与神秘。也只有在休闲审美体验中，城市才向我们呈现了它最迷人的万种风情。在此层面上，城市美学必然走向休闲美学。而休闲空间和休闲人群，构成了城市休闲美学研究的二重性主客体要素。

---

① ［美］刘易斯·芒福德：《城市发展史》，倪文彦、宋俊岭译，北京：中国建筑工业出版社，1989年版，第69页。

② 同上书，第95页。

③ ［美］阿诺德·伯林特：《审美生态学与城市环境》，《学术月刊》，2008年第3期，第25页。

④ 程相占、［美］阿诺德·伯林特：《从环境美学到城市美学》，《学术研究》，2009年第5期。

⑤ 秦学：《广州城市休闲的现状及其发展对策》，《商业经济文荟》，2006年第3期。

⑥ 张玉勤：《审美文化视野中的休闲》，《自然辩证法研究》，2004年10期。

第二节　游憩空间：诗意的栖居场所

一、城市·空间·场所

当代美学存在一种基本转向，就是从认识论向存在论的转向。这种转向也直接影响了城市美学。可以说，当代存在主义已经作为一种哲学—美学精神和方法渗透于各种极为盛行的美学流派之中，并成为后现代主义美学的基本内核。

我国城市美学专家周膺先生把当代城市划分为以下五类：（1）游戏城市范畴系；（2）栖居城市（存在空间）范畴系；（3）拼贴城市（存在时间）范畴系；（4）意象城市范畴系；（5）生态城市范畴系。[①] 其中的第二种范畴划分，是从空间维度来把握城市。其主要思想来自挪威建筑理论家诺伯舒兹。诺伯舒兹在1971年提出的核心概念"存在空间"，包含了人和环境的基本关系，它来源于海德格尔的"空间"思想，即：人与空间密不可分，不存在没有人的空间。这种观点彰显了存在主义的强烈的人文气息。

海德格尔是存在主义的主要创始人。他就人类存在的属性和真理以及关于世界、居住和建筑之间的关系做出了有关"场所"的理论论述。在海德格尔的哲学定义中，世界是由天地之间的事物组成的，"事物聚集了世界"。真正的事物是指那些能够具体化或揭示人们在世界中的生活状况和意义的东西，它们因此能够将世界联系成一个有意义的整体。海德格尔的艺术哲学认为，真正的艺术作品具有解释存在真理的功能。在艺术品中，真理既是隐蔽的，同时也是自我展开的。本真的城市和建筑就是这样的艺术品。有意义的环境整体就是所谓的"场所"。

作为海德格尔的精神继承者，诺伯舒兹继续发挥了场所理论，明确提出"场所是存在空间的基本要素"[②]。简而言之，场所是空间这个"形式"背后的"内容"。场所是具有清晰特征的空间，是由具体现象组成的生活世界，是由自然环境和人造环境相结合的有意义的整体。这个整体反映了在某一特定区域中人们的生活方式及其自身的环境特征。因此也就是说，存在空间是由一个个具体而个性相异的场所构成的，每个场所来自具体环境氛围的整合。诺伯舒兹的场所理论一经提出，便以其强烈的精神性关注而获得我国学界好评，对我国城市建构的理论与实践影响深远。

---

① 周膺：《后现代城市美学》，北京：当代中国出版社，2009年版，第223—232页。

② ［挪威］诺伯舒兹：《存在·空间·建筑》，尹培桐译，北京：中国建筑工业出版社，1990年版，第24页。

二、“场所精神”与“场所之爱”：休闲的审美体验

1979 年，在《场所精神：迈向建筑现象学》[①] 这部名著中，诺伯舒兹又进一步提出“场所精神”（genius loci）的概念。该词源于古罗马，本意为“一个地方的守护神”。古罗马人认为，所有独立的本体，包括人与场所，都有其“守护神灵”陪伴其一生，同时也决定其特性和本质。诺伯舒兹据此认为，场所不仅具有实体空间的形式，而且还有精神上的意义。“场所精神”表达的是一种人与环境之间的基本关系，它是一种总体气氛，是人的意识、记忆和行动的物体化和空间化，以及在参与环境的过程中获得的认同感和归属感，是一种有意义的空间感。

诺伯舒兹的“场所精神”是人们对世界和自己存在于世的本真认识的浓缩和体现。完整认识“场所精神”，对于理解和创造城市与休闲环境有着十分积极的美学意义。场所理论的本质是倡导依据城市空间的文化及人文特色进行设计。“空间”之所以能成为“场所”，是由于其文化或历史内涵赋予空间的意义所决定的。场所的特征由两方面决定：外在的实质环境的形状、尺度、质感、色彩等具体事物，内在的人类长期使用的痕迹以及相关的文化事件。场所就是具有特殊风格的空间。场所精神就是一个人所具有的完全的人格。就建筑而言，就是如何将休闲场所精神具象化、视觉化。人类不仅用眼睛、用理智，而且用感觉和身体来感受空间。所以，设计师的任务就是塑造环境，创造有意味的场所，实现环境与文化内涵的整合，使人获得独特的环境体验。所以，从休闲学角度来看，城市休闲场所应该在设计上创造出更多精神性的意味。

对于中国学者来说，诺伯舒兹的场所理论、场所精神已经得到广泛接受，而“场所之爱”则似乎比较陌生。事实上，“场所之爱”的提出比“场所精神”甚至更早。如果说“场所精神”还是建筑学的概念的话，那么“场所之爱”则是标准的美学理论。

“场所之爱”（topophilia）概念是美籍华人段义孚在 1974 年提出的，现今在西方已经被广泛使用。在段氏的名著《场所之爱：环境感知、环境态度与环境价值研究》中，他提出 topophilia“可以宽泛地定义为物质环境与人类之间的所有情感联结”[②]。在此术语的启发下，今日的中外美学界已经日益抛弃昔日传统美学静止不动的“静观论”，而越来越倾向于认为，所有的审美经验或体验都是在特定场所中进行的，所有的体验都是场所体验。它必定涉及人类对于特定环境场所的参与。如果说“场所精神”只是人与环境之间的基本关系，那么“场所之爱”则把这种关系确定为

① ［挪威］诺伯舒兹：《场所精神：迈向建筑现象学》，武汉：华中科技大学出版社，2010 年版。

② Yifu Tuan (1974). *Topophilia: A Study of Environmental Perception, Attitudes, and Value*. Englewood Cliffs, N. J.: Prentice-Hall.

情感联系，它无疑是审美的。

目前，国内较为成功的场所营构是南京的“1912”休闲酒吧群。它是一片占地3万多平方米的民国风格建筑，紧邻辛亥革命的重要现场——总统府。1912年孙中山在这里正式宣布中国两千多年封建专制的结束和第一个民主政权的开始。民国时期的南京，聚集着最显赫的政治人物和学术大师。在西风东渐影响下，民国的南京成为中西交汇之地，其建筑、社会风尚都带有中西合璧的味道。因此，“1912”的那种中欧融合、稳重大气、深灰色彩、砖墙质感的民国建筑艺术风味构建，在周边巨大的历史语境下，便具有了一种浓厚的历史体验和怀旧情怀。而面积大、建筑少的场地构思，使人迅速沉浸于历史时空环境之中。就像伯林特所说的那样：“艺术性和审美性两者都是环境体验所固有的。……人类并不，也不可能站在环境之外来静观环境。我们必须像艺术家一样，通过我们的活动进入环境之中，同时，积极而敏悟地参与到环境欣赏中。这样，艺术和审美才能切实地在我们与环境的密切融合中结合起来。”①

“1912”使城市空间成为真正意义上的“场所”，一个不可多得、不可复制、独具人文特色的休闲场所。在这里，审美成为真正的场所体验和环境体验，人们体验到的不是单一的艺术品，而是区域中的整个审美生态：音响、气味、肌理、运动、韵律、颜色、光线、阴影、温度等等。人们投入的也不是某种单一感官，而是各种感官的共同参与：视觉、触觉、听觉、嗅觉、味觉等以及整个悠闲自在的心灵。在这里，“场所之爱”的审美体验才得以产生，人们将能通过自己的休闲参与和体验，感觉到置身于艺术化的审美意境之中。这也是休闲审美的独特魅力所在。

三、“游憩空间”：休闲的人文土壤

“游憩空间”（recreation space）概念来自西方，指人们从事休闲活动的场所，如公园、广场等。它是休闲文化的重要组成内容，是人们感受文明、融于自然、理解文化、陶冶性情的一种综合性的文化生态环境。最著名的游憩空间有美国的迪士尼乐园、上海的新天地、北京的什刹海文化区等。

1933年的《雅典宪章》就指出，现有城市中普遍缺乏游憩用地，并呼吁对它的建设和保护。而时至今日，在工业化日益提高的今天，人们迅疾云集城市，使城市超出了自己能够节制的范围。来不及准备的城市瞬时就被卷入漩涡，逐渐变成了一个无秩序、非人性化、精神颓废的社会。交通拥挤，使人感觉到处寸步难行；高楼林立，甚至导致“高楼恐惧症”（cluster phobia）的产生。城市空心化、街道高架化、住宅军营化、建筑方块化，正在把城市变成一个个工厂和机器。60年前，诗人

① ［美］阿诺德·伯林特：《审美生态学与城市环境》，《学术月刊》，2008年第3期。

吴奔星就发出了“都市是死海”的警语，这绝非危言耸听。因此，游憩空间对于缓解压力，松弛身心，改善生存环境，营造休闲气氛来说至关重要。居民的身心健康和环境质量得到最大的保护，游憩空间与自然环境相融合，成为城市文化的空间构成和表现。

美国的迪士尼乐园，这个“乐”字在于帮助人们找回了童心尚存的自我；上海的新天地，帮助人们找回了城市的感觉，这个“新”字在于没有被“同流合污”地改成高楼大厦；而北京的什刹海文化区，用“文化”提升了休闲的心灵土壤。

朱厚泽解释了什么是“文化生态环境”：它包括自然环境的取舍，人工构造物的布局、设计和建构，各种服务设施的配置，以及生活在当地的人们的衣着、容貌、言谈举止、待人接物等。他还呼吁：“把人的内心追求的真善美，体现、表征、建设于实实在在的‘地区形象’之中，形成善良、优美、真诚、相爱的环境和氛围，进而孕育、启迪、激励人们崇善、爱美、求真的高尚情怀。”[①] 也就是说，休闲环境不仅依赖于自然环境的优美、人工环境的高品位，更依赖于社会环境的和谐。

当代西方环境伦理学大多只强调人与自然的生态关系，不重视人与人的社会关系。1919 年，法国立体主义画家莱热的名画《城市》，代表了现代都市的典型美学体验：它是那样冷冰冰，但是也不乏某种美感。美国批评家威廉姆斯认为：“穿过画面的那些无个性的、机器一样的形象暗示的是非人性化以及在这种环境下生存所需要的一种内在力量。”[②] 可以认为，这种内在力量无疑依赖于通过提升休闲环境而实现的人文和谐。即是说，不能只有自然环境伦理，而没有人文环境伦理。《雅典宪章》的伟大之处，就在于其人文关怀，强调了“人的需要和以人为出发点的价值衡量是一切建设工作成功的关键”。只有重视人与人的社会关系，创造休闲、和谐的社会生存环境，才能突出“人的全面发展”这一马克思主义的根本价值取向。也就是说，既要有人与自然的和谐，又要有人与人的和谐。这就要提升城市人文生存环境。

人文生存环境是城市内涵多方面的表现，包含市民智慧、情感、伦理等多方面内容。不难发现，自然、生态的生存环境已经改变了人的休闲方式。例如，全球变暖、植被减少、大都市的超高碳排放，已经使得人们越来越难以在夏季进行户外休闲。而现代游憩空间环境的千篇一律、缺乏个性，也使得人们懒于或难于走出本地城市，去体验另一种休闲风味。但是，人文生存环境也同样能改变休闲方式。良好社会环境的营造，将能提供正面影响，改善我们的休闲生存。例如，杭州市在 20 世纪 90 年代末免费开放环湖所有公园，很好地塑造了“地区形象”，为全国乃至全世界营造了良好的休闲环境。这一创举不仅做到了建筑环境与自然环境相融合，更做到了物质生存环境与人文环境相融合。2006 年的国庆长假中，杭州市民主动为上

---

① 朱厚泽：《关于当前中西部城市发展中的几点思考》，《自然辩证法》，2003 年第 7 期。

② ［美］罗伯特·威廉姆斯：《艺术理论》，许春阳等译，北京：北京大学出版社，2009 年版，第 186 页。

百万外地游客“让湖”，选择了其他休闲方式，或干脆待在家里，从而使景区拥挤的状况有所缓解。当月底，第九届“世界休闲大会”在杭州举行。会上，世界休闲组织授予杭州“世界休闲之都”称号。该项荣誉的获得，与杭州市良好的休闲环境，特别是温馨的人文社会环境的营造不无关系。

城市人文生存环境就是一个城市的品格，也是城市美学的重要内容。每个城市都应当智慧地以游憩空间为载体，为人类创造优质的休闲生存环境和和谐理想的美好社会。

第三节　美的体验：市民的休闲境界

一、城市人群的休闲现状

休闲已经成为全球城市居民日常生活中越来越重要的组成部分。现代休闲无论从时间还是空间角度来看，都已经成为人们的一种生活常态。随着城市居民生活节奏不断加快，人们在体能和心理方面的压力不断增大，对日常休闲的需求也越来越强烈。

然而，在这休闲日盛的年代，城市人群的真实休闲现状如何？让我们逐一加以审视：

青少年人群：他们被认为是“闲暇生活被剥夺”的一代。学生课业负担极重、无暇休闲的状态，使他们个性的自由充分发挥无从谈起。即使存在有限的休闲时间，也因中国家长特有的管制做法而呈现“闲暇活动成人化”的特点，越来越缺乏童心和童趣。此外据权威调查，其休闲活动的另一个问题是“思想创造性明显不足”[①]。

大学生人群：调查显示，大学生最喜欢的休闲活动是上网、聊天和睡觉。[②]显然，虽然已经成人，但他们和青少年人群一样缺乏思想创造性。此外，还有调查显示，大学生休闲活动正在令人担忧地“商品化”[③]。

职业人群：随着中国城市社会由计划经济向市场经济的过渡和转型，职业阶层尤其是中上阶层的休闲方式发生了重要的变化。时间就是金钱的观念、频繁的加班和应酬，使职业人群已经从“有闲时代”无奈地迈入了“无闲时代”。“我想去桂林呀我想去桂林，……可是有了钱的时候我却没时间”，这句歌词是他们休闲现状的真实反映。

---

① 马惠娣、张景安主编：《中国公众休闲状况调查》，北京：中国经济出版社，2004年版，第32页。

② 蒋晓明等：《大学生休闲现状调查报告》，《长沙民政职业技术学院学报》，2009年第1期。

③ 冯铁蕾等：《大学生休闲行为与心理健康关联性分析》，《湖北中医学院学报》，2009年第1期。

城市女性：一项国家自然科学基金项目得出结论，目前中国“女性的日常休闲活动对城市公共空间的影响正在超过男性，但其休闲生活质量低于男性”[①]。原因是“女性休闲活动的内容更多地停留在‘逛’和‘吃’的层面”[②]。另有调查为此提供了证据：在休闲场所上，女性“对商场/超市/购物中心最为偏爱，最高比重为80.3%”[③]。

老年人群：数年前，“中国公众休闲状况调查与研究课题组”的调研显示，“老年休闲的观念比较落后……特定的历史条件使他们把工作看得高于一切，任何闲情逸致都被视为资产阶级情调”[④]。于是，老年人休闲生活单调、乏味、内容庸俗化、行为被动化，被动化参与（看电视）成了老年休闲的主要方式。

二、城市休闲的二重性障碍

综上部分所述，中国目前城市人群休闲状况的问题是一种二重性障碍。

首先，休闲通常需要两个基本前提：足够的收入和充裕的闲暇。工作压力、经济条件所带来的时间、金钱的缺乏，使得休闲成为一种奢望。此外，家庭负担和社会环境也给休闲带来了结构性障碍（如缺乏合适的娱乐场所、合适的活动方式和活动伙伴等）。

美国休闲学家托马斯·古德尔和杰弗瑞·戈比认为：“限制人们参与户外娱乐的主要因素不是金钱、交通、拥挤、健康问题，而是时间。”[⑤]戈比认为，工业化早期的特点之一是自由时间的减少。“日趋复杂的社会结构和日益加速的社会变化使我们疲于应付，在很大程度上弱化了我们的休闲潜力。”[⑥]所以，尽管科技进步给人类带来了更多的物质产品，却不可能给工业社会中的大多数人带来更多的自由时间。

美国未来学家约翰·托夫勒在《第四次浪潮》（*The Fourth Wave*）中提出，农业社会是第一次浪潮，工业社会是第二次浪潮，后工业社会（服务业革命）是第三次浪潮，信息革命是第四次浪潮，娱乐和旅游业是第五次浪潮。[⑦]而中国目前处于一个浪潮交叠、结构失衡的时代。工业社会尚未均衡建立和发展（尤其是中西部地区），而东南沿海地区已经掀起了影响全国的休闲浪潮。在职业人群自由时间缺失的时代，

---

① 黄春晓、何流：《城市女性的日常休闲特征：以南京市为例》，《经济地理》，2007年第5期。

② 同上。

③ 周恺、王丽、汪德根：《城市女性休闲活动的职业差异研究：以绍兴市为例》，《妇女研究论丛》，2008年第5期。

④ 马惠娣、张景安主编：《中国公众休闲状况调查》，第199页。

⑤ ［美］托马斯·古德尔、杰弗瑞·戈比：《人类思想史中的休闲》，第240页。

⑥ ［美］杰弗瑞·戈比：《你生命中的休闲》，第30页。

⑦ ［美］约翰·托夫勒：《第四次浪潮》，北京：华龄出版社，1996年版，第75、76页。

健康而充分的休闲具有严重的结构性障碍。

但是，更为严重的障碍，是心理障碍和观念的落后。

首先表现为休闲需求的异化——这是个精神贫困的问题。现代都市社会以追求有形利益和物质报酬为时尚，其结果是人性遭到了遗弃。在很多人眼里，休闲完全等同于购物、泡吧、桑拿、足浴、按摩等消费。此类纵欲无度的物质享受，使人类的精神家园日益“贫困”，甚至从人的心灵深处无情地抽掉了人生的真正价值。人的全面丰富性遭到空前的压抑，于是，马克思指出人被商品所异化，高更发问“我们是谁”，海德格尔追问“存在的意义”，马尔库塞断定我们已成为“单向度”的怪物，福柯直接判言了“人之死”……假如我们将休闲的最高目标和快感都倾注到物质消费中，我们必定会因成为人和物的奴隶而走向消亡。

其次是意识的误区。国家社科基金项目的一项调查显示，把休闲的最重要价值理解为“锻炼身体，增进健康”的城市居民被调查者占63.7%，而视“欣赏艺术、陶冶情操”为休闲首要功能者仅占2.3%。[①]但相关的另一项调查说明了我们所缺失的恰恰是我们最需要的：在某知名高校的一项社科项目调查中，休闲体验被分为情绪体验、审美体验、健康体验、认知体验、个人价值体验和全体关系体验六类。问卷显示，审美体验满意度的单项得分最高。[②]这充分说明，审美体验才是休闲体验中最令人满意的高峰体验，是其最有价值的部分。明明是审美体验给予了我们休闲的最高体验，但可惜只有极少数人才洞察其真。休闲需求在这里呈现了心理误区。其实席勒早就断言，人们只有通过美才能走向自由，“人只应同美游戏”[③]。所以，大多数人应该尽早明白这一真理——休闲心理需求不仅仅是一种肉体享受的生理需求，更是一种“在人类休闲史学、休闲美学、休闲哲学、休闲心理学的影响下产生的具有特定物质文化特征的精神需求”[④]。

三、城市休闲审美的可行之道

休闲方式是时代精神的反映。城市人怎样才能在休闲中审美（或在审美中休闲）？这是城市人要获得幸福和满足首先要学会的东西，也是塑造积极、健康、和谐的时代精神的需要。也许以下可以提供一些可行之道：

自愿简单。美国向来是物质崇拜的天堂。今天，不少有识之士却有了“自愿简

① 吴文新、张雅静：《“休闲关节点”：休闲城市的居民收入探讨标准——基于青岛、烟台、威海市民休闲状况调查研究的启示》，《杭州师范大学学报》（社会科学版），2009年第2期。

② 王娟、楼嘉军：《城市居民休闲活动满意度的性别差异研究》，《华东经济管理》，2007年11期。

③ ［德］席勒：《审美教育书简》，第123页。

④ 张顺、卢万合、祁丽：《中国小康社会城市休闲研究的三个层面四个体系》，《通化师范学院学报》，2008年第3期。

单”（voluntary simplicity）的趋势和潮流。自愿简单，就是在意识里满足于简朴的生活方式，摆脱物质奴役。现代人可能很难理解，古代雅典人会那样自觉地限制物质产品的消费。在古雅典人看来，摆脱物质的束缚是一个基本的要求，如果一个人整日围着一大堆东西储存、修护、投保并使用的话，那么，他将无法从这些东西中摆脱出来。通过摆脱物质与尘事纷扰的束缚来达到个人完美，这就是古希腊的美学理想。当代著名人类学大师马歇尔・萨林斯（Marshall Sahlins）也说过：有两种方式可以使人达到富足，一是我们现代人的方式，不断制造更多的东西；再就是佛陀的方式，那就是满足于简朴的生活。[①] 虽然现在的我们无法完全回到古希腊或古印度的价值观，但让健康的休闲价值观在某种程度上削弱人们对物质的欲望，是使我们的休闲达到审美境界的基本保障。

放慢节奏。休闲不能讲究效率。欧洲阿尔卑斯山的公路上立着一块提示牌：“慢慢走，请欣赏。”这正道出了休闲的真谛。只有放慢节奏，才能发现和欣赏一路美景。对于身处现代竞争的人们来说，轻松、从容的生活是珍贵的，甚至是奢侈的，但并非是不可能的。1999 年，意大利小城奥维托发起了“慢城运动”。“慢”字在英文中充满负面意义，而在意大利文中却积极得多。慢城和甜蜜生活（la dolce vita）的境界十分接近。至今，全球 24 个国家诞生了 135 个“慢城”。近年来，浙江“不知・慢运动服饰企业”在国内率先把流行于西方发达国家的慢生活理念和中国传统文化有机融合，创新性地提出“慢运动”生活方式，在全国各地掀起体验休闲运动的高潮。现在，越来越多的人认识到“慢运动”的生活方式符合社会潮流，并能成为构建当前和谐社会和小康社会的重要生活元素。现实生活中，快节奏的工作很难避免。但关键是我们要学会转变角色，转换思维方式，调节自己的心态，保持一个平静放松的内心世界。“如果休闲的障碍能够被减少到最小，人们就有可能成为他能够成为的人。”[②] 让我们减少物欲，从容生活。

卸下面具。每个人的角色都会因为生命的成长而不断增加，人们因此具有了一张张不同的面孔。美国休闲学家约翰・凯利（John R. Kelly）曾强调说：“要使人们的行为成其为休闲，就永远不会完全缺少存在主义的层面。我们永远都不会只是个身负角色的人。”[③] 城市人之所以“累”而不能休闲，就是因为他们承载了太多的角色而失去了真正的自我，生活好比演戏，而且时常需要“变脸”。在美国人本主义心理学家罗杰斯（C. R. Rogers）看来，要找到真正的自我，首先一步就是“从面具后面走出来”：“他开始抛弃那用来对付生活的伪装、面具或扮演的角色。他力图想发现某种更本质、更接近于他真实自身的东西。他首先把那些在一定程度上是有意识

---

① ［美］杰弗瑞・戈比：《你生命中的休闲》，第 34、35 页。

② ［美］托马斯・古德尔、杰弗瑞・戈比：《人类思想史中的休闲》，第 281 页。

③ ［美］约翰・凯利：《走向自由：休闲社会学新论》，第 197 页。

地用来对付生活的面具扔在一旁。”[①]只有卸下面具，抛弃这原本不属于自己的精神负累，才能在休闲中找回自我。

发现真我。黑格尔说过：“心灵就其为真正的心灵而言，是自在自为的。”[②]本文认为，这实际上也就说出了休闲的本质：状态上的自由自在和过程的主动性、创造性。德国哲学家皮珀总结了休闲的三种特征。其中之一是：休闲是一种敏锐的沉思状态，是为了使自己沉浸在“整个创造过程”中的机会和能力。[③]从英语的构词来看，休闲学的重要术语“游憩”（recreation）是一个合成词，前缀 re- 表示反复不断，而词根 creation 的意思就是创造。Recreation 深刻地揭示了休闲与创造的辩证关系。的确，休闲就是一种不断的创造，真正的休闲应当是创造性的。著名小说《红楼梦》第 26 回给予我们不少启示。贾宝玉说过这样一句意味深长的话：“若论银钱吃穿等类的东西，究竟还不是我的；惟有写一张字，或画一张画，这才是我的。”为什么他认为写字、画画的成果才真正属于自己呢？这恰恰因为，书法、绘画属于创造性的活动。在贾宝玉看来，只有这种活动才能代表一个人，使他与众不同。在大观园里，最有亮点的休闲活动就是吟诗题对。在这种富有高度创造性的休闲活动中，贾宝玉、林黛玉、薛宝钗成为主角，驰骋非凡的才情，而众人也都各展神思，无不展示了各自的独特的个性和风貌。此外，下棋、行令、制灯谜等，也是大观园里常见的创造性休闲活动，展现了参与者轻视物质，而重视精神性、创造性的休闲心态。前述调查显示，我国青少年群体目前休闲活动的主要问题是“思想创造性明显不足”。对此，红楼人物（他们也是一群青少年）的创造性活动无疑能给予我们一定启发。和一些传统被动式休闲（如看电视）相比，如今在网上发表博客和日志等，都是具有一定创造性的休闲活动，为我们变被动接受为主动创造提供了平台。

接近艺术。要获得自由的审美体验就得走向艺术。现代城市有很多病症，但是也有无可比拟的优势，比如博物馆、艺术馆、美术馆、文化馆等文化设施的集中。现代城市人把艺术作为休闲方式已然难能可贵，但这并不意味着可以把艺术混同于简单消遣。黑格尔说：“毫无疑问，艺术确实可以用来作为一种飘忽无常的游戏，为娱乐和消遣服务……但是我们所要讨论的艺术无论是就目的还是就手段来说，都是自由的艺术……只有靠它的这种自由性，美的艺术才成为真正的艺术。”[④]休闲，就是走向自由的过程，因此，接近艺术，也就是走向自由的过程。艺术能弥补人类感性和思想的分裂，改善精神的贫困，“艺术作品就是第一个弥补分裂的媒介，是纯然外在的、感性的、可消逝的东西与纯粹思想归于调和，也就是说，使自然和有限现

① ［美］马斯洛等著，林方主编：《人的潜能和价值》，第 299 页。

② ［德］黑格尔：《美学》（第 1 卷），第 129 页。

③ ［美］托马斯·古德尔、杰弗瑞·戈比：《人类思想史中的休闲》，第 70 页。

④ ［德］黑格尔：《美学》（第 1 卷），第 10 页。

实与理解事物的思想所具有的无限自由归于调和"[①]。这样人才成为完整、完善、具有精神和思想的人。这就是前文调查中艺术审美体验能使人获得最大休闲满意度的原因：人们借助艺术体验了自由——这一黑格尔所断定的"心灵的最高的定性"。

亦商亦闲。中央商务区（CBD，central business district）作为城市现代化的象征与经济发达标志，曾是现代都市的骄傲。然而，现在它已出现了被休闲商务区（RBD，recreational business district）所取代的趋势。目前，纽约的曼哈顿、东京的银座、伦敦的伦敦城、多伦多的伊顿中心、香港的中环等，都已经实现了从传统CBD到现代RBD的转型。在RBD的结构中，有具备文化功能的文化艺术中心、音乐厅、歌剧院、图书馆、博物馆等，有具备游憩功能的各种休闲娱乐设施、主题游乐园等。它们与商业功能相得益彰，很好地提升了人们的商务环境，使金融、购物休闲化、审美化，在一定程度上减轻各种都市病症。高度发达的RBD无疑也应当成为城市美学和休闲美学应该关注的城市空间。我国目前也有了从CBD到RBD的转型意识，尤其是东南沿海地区，从美学的角度看，这是时代进步的信号。

里仁为美。我们的城市化在把城市的大街小巷改造成立体交通和大马路的同时，这种原本用于增强城市间紧密联系的技术却成为城市内部割裂人们联系的罪魁祸首。伯林特指出："城市美学也必须考虑'消极或负面的审美价值'：诸如……传统邻里关系的毁灭等等。"[②]中国在五千年的历史发展中形成了许多优秀的户外生活空间要素文化，它对居民户外生活有很大影响。尤其是可游、可玩、可居户外空间中蕴含着许多优秀文化，住区文化是在社区成员的相互往来中，逐渐形成的一种高度一致的群体性文化，是从集体的人类行为中成长起来，并由集中的人类行为所组成的一个社会现象。然而，现在的城市小区建设却忽视了它，而形成了很多问题。到处高楼大厦，处处门窗紧闭，传统的亲密无间的邻里关系瓦解了，与此相随，传统的社区休闲消失了。孔子说："里仁为美。"（《论语·里仁》）具有地方性的住宅庭院、邻里相融的社区休闲，才会令那里的居民感到美和亲切，产生场所感，形成温馨的人文环境。重建里仁为美，是我们获得身心休闲的必由之路。

---

① ［德］黑格尔：《美学》（第1卷），第11页。

② 程相占、［美］阿诺德·伯林特：《从环境美学到城市美学》，《学术研究》，2009年第5期。

第四节　休闲品质：城市生活的衡器

一、品质：检验社会发展的标准

生活品质，是目前城市居民热议的话题。那么，何为生活品质？

“生活品质”（quality of life）是一个源于西方的概念，或译为生活质量、生存质量、生命质量等。早在1958年，北美经济学家加尔布雷斯在其著作《富裕社会》[①]中首先明确提出了“生活品质”这一概念。其后，美国哈佛大学教授雷蒙德·鲍尔在其所著的《社会指标》[②]（*Social Indicators*）一书中，将“生活品质”单独作为社会发展的指标内容，开始进行系统而广泛的研究。因此，早在20世纪60年代，国外的生活品质研究就进入了成熟期。在不同的理念产生的不同研究方法中，最具代表性的是欧洲的斯堪的纳维亚研究方法和美国生活质量研究方法。前者关注生活的客观条件，后者关注人们对生活的主观满意度。此外，世界卫生组织也提出了生活质量衡量标准（见下页表格）。

20世纪80年代初，关注生活质量的一些指标被应用于我国社会发展指标体系之中。后来，随着观念的提升，国内逐渐认识到衡量群众福祉的根本核心就是人民生活品质，所以生活质量评价也逐渐开始作为独立的指标体系而出现，中国生活质量的研究也日益成为学术界和政府关注的一个重要问题。而建立生活质量评价指标体系，经历了以下观念的变化：80年代初期，主要从经济角度出发，重点关注客观的生存资源分配，采用单一的客观指标（如人均可支配收入或恩格尔系数）；事实上，在居民收入水平达到一定程度以后，人们的生活环境和精神享受就成了衡量居民生活品质的更重要标准。80年代后期，主要从社会心理学角度出发，重点关注人们主观对生活的满意度（主观指标）。90年代以来，主要从社会生态学角度出发，关注前二者的结合。

二、生活质量：城市的核心价值

2005年1月，国务院在批复北京城市总体规划的文件中首次提到了“宜居城市”的概念。同年7月，全国城市规划工作会议上提出要把“宜居城市”作为城市规划的重要内容。城市建设发展对宜居性的关注，来自对城市的人居环境和生活品质提出的新要求。人们普遍达成了这样的共识：生活质量才是城市的核心价值。中

① ［英］约翰·肯尼思·加尔布雷斯：《富裕社会》，南京：江苏人民出版社，2009年版。

② Raymond A. Bauer (1967). *Social Indicators*. Massachusetts: The MIT Press.

国城市生活质量研究课题组组长连玉明甚至提出“生活质量将是检验城市价值的唯一标准”①。此后，包括北京、上海在内的100多个城市都提出了建设“宜居城市”“品质之城”的目标。这说明地方政府层面也不再完全追求物质的GDP的增长，而把提高居民的生活品质和幸福感放在重要位置，也反映了城市管理者理念的可喜变化。

何为品质之城？品质之城，顾名思义，就是具有高品质生活的城市。“品质之城”比“宜居城市”的要求更高，它不仅关系到居住问题，还包括整个生活各方面的品质和舒适度，尤其是精神享受。正如有学者指出：“城市居民生活品质的提高不仅意味着城市向居民提供舒适、安逸的物质生活享受，而且意味着社会为人们创造了一种稳定、和谐的生活环境，意味着城市居民在精神上建立了新的价值标准。”②

那么，如何衡量品质之城？这就必须引入“城市生活质量”（city quality of life）的概念。北京国际城市发展研究院近年来认为，城市生活质量就是指一个城市所能提供给市民以及外来人口所能感受和拥有的日常生活所需要的设施、环境、技术、服务等的总和。该机构还制定了“中国城市生活质量指数”指标，对比下表：

三种主要生活质量衡量标准体系

指数	提出机构	评价对象	指数构成
生活质量衡量标准	世界卫生组织	衡量生活质量	包括身体机能、心理状况、独立能力、社会关系、生活环境、宗教信仰与精神寄托等
城市生活质量评价标准	英国著名的默瑟人力资源咨询公司	衡量城市生活质量	包括经济环境、教育水平、交通系统的效率、社会治安状况以及医疗和休闲娱乐设施的水平等
中国城市生活质量指数	北京国际城市发展研究院	衡量城市生活质量	包括居民收入、消费结构、居住质量、交通状况、教育投入、社会保障、医疗卫生、生命健康、公共安全、人居环境、文化休闲、就业概率等

随着生活水平的提高，闲暇时间的增多，人们对精神文化的需求呈现出逐渐增长的趋势。从表中我们发现，文化休闲生活作为现代社会生活的重要组成部分，不仅反映了城市生产力的发展水平，也成为衡量整个城市品质的重要指标之一。

---

① 唐勇林：《生活质量才是检验城市价值的唯一标准》，《社区》，2006年第21期。

② 冯云廷：《城市舒适与居民生活品质》，《财经问题研究》，2008年第7期。

三、休闲品质:“天堂”的启示

上表中，“休闲”无论在国外还是国内的城市生活质量评价体系中都是重要的一项。无疑，休闲品质是城市品质的一个重要因素。我们完全可以说，休闲质量决定城市质量。2005 年 9 月，北京国际城市发展研究院在“中国城市论坛北京峰会”上发布《中国城市生活质量报告》，列出了中国 GDP 总量排名前 100 位城市的生活质量排行榜。这个排行榜第一次在中国证明了以往的国际经验：经济发展本身并不一定自动带来人民福祉的提高，从居民人均可支配收入的增长率来看，它对生活质量的影响并不大。例如桂林在本次被调查的城市中的 GDP 居第 100 位（最后一位），但文化休闲、生命健康指数却都高居第 3 位，极高的休闲品质使得该城市在生活质量综合排名上高居第 15 位。同样的例子还有海口等城市。相反，汕头等城市虽然 GDP 排名靠前，但休闲品质落后，导致综合排名也较低。这充分说明，大的、快的、领头的城市不一定是人们最满意的，有人情味的、有情趣的、有文化内涵的城市才是人们最需要的。

近年来，中国已有 20 多个城市提出打造休闲之都的理想。目前得到广泛公认的休闲之都之一是被称为“人间天堂”的杭州。值得玩味的是，“天堂”一词来源于西方基督教。根据基督教的定义，在天堂里，肉体的东西和世俗的东西消失，唯独显示出精神的东西和永恒的东西，即事物的真实本质。这似乎在提醒我们，休闲品质应该是高度精神性的品质。

根据美国学者瑞格布等人的研究，对于生活质量的提高而言，一个人具体参与什么休闲活动远不如从活动中所获得的满意度更为重要。[①] 他和比尔德最先提出 6 项“休闲满意度指标”（leisure satisfaction scale），其中就有审美满意度。[②] 上文中国家社科基金项目的一项调查，恰恰证明了审美能带给人最大的休闲满意度。审美决定休闲质量，而休闲质量又决定着生活质量，因此，休闲中的审美是提高生活质量的重要因素。

中国社会生活方式研究会会长王雅林在接受记者采访时说：“一个城市给人以美的、舒适的感观，这样的城市竞争力就高。如果从这个角度上来看，真正在发展休闲城市上形成一种竞争倒是个好事。”[③] 从这段话里，我们同样可以读出这样的意味：城市的竞争是休闲品质的竞争，也是美的竞争。帮助城市人群提高休闲中的审美满意度，是城市管理者的责任，是打造休闲城市、提高城市竞争力的重要环节。只有

---

① Ragheb, M., & R. Tate (1993). “A Behavioral Model of Leisure Participation, Based on Leisure Attitude, Motivation and Satisfaction,” *Leisure Studies*, 12, pp.61–70.

② Beard, J., & M. Ragheb (1980). “Measuring Leisure Satisfaction. *Journal of Leisure Research*,” 12, pp.20–23.

③ 张志:《王雅林：城市休闲是分阶层的》,《小康》, 2008 年第 10 期，第 30 页。

在城市休闲审美中，人的全部精神性内涵——自由、价值、意义、个性、创造性、全面发展、本质力量才能得到呈现。有些城市管理者把休闲城市狭隘地理解为进行大规模休闲消费的商业聚集地。这样的认识扭曲了休闲城市原本具有的素质和功能，反而大大降低了城市居民享受休闲生活的愉悦感和幸福感，阻碍了人们追求更多的休闲方式和更高的休闲境界。

凯利指出：休闲是一个“成为人”的过程，它意味着“探索和谐与美的原则，引导行动的能量”；所以，“它是美学，但不仅限于狭义的艺术”。[①] 在目前已有的城市生活质量的评估体系中，已经可喜地有了休闲指标，但仍然不同程度地忽略了审美因素。实践已经证明，人们的美学观念和审美体验恰恰是其休闲个体幸福和满意的关键所在。在发展休闲城市、提高休闲生活的质量和品位的进程中，“要深入把握休闲生活的本质特点，揭示休闲的内在境界，就必须从审美的角度进行思考”[②]。因此，不但要在理论上能够把审美作为休闲的最高层次，还要在实践上努力把审美作为休闲的主要方式。只有在观念与实践上休闲与审美都能与时俱进，才能真正实现2010年上海世博会的主题愿景：“城市，让生活更美好。”

① ［美］约翰·凯利：《走向自由：休闲社会学新论》，第9章。

② 潘立勇：《走向休闲：中国当代美学不可或缺的现实指向》，《江苏社会科学》，2008年第4期。

下 编

审美、休闲的传统生存智慧与境界

第一章　西方关于审美休闲与人性自由的理论

审美与休闲的共同本质是自由，共同特征是愉悦，共同功能是“成为人”。探讨西方的审美与休闲的理论和智慧，我们首先从审美休闲与人性自由的角度略做梳理。席勒之“审美与休闲是人性完美的确证”、康德之“审美休闲与无目的的合目的”、海德格尔之“诗意地栖居——审美休闲之境”、伽达默尔之“节日里人们走向自由与共通”、约翰·赫伊津哈之“游戏使人更自由、本真，更具有创造力”，正是相关理论的杰出代表。

第一节　席勒：审美与休闲是人性完美的确证

国外对休闲文化的研究最早可上溯到亚里士多德，较自觉的研究则始于德国文学家、美学家弗里德里希·席勒（1759—1805）。席勒第一个把游戏的休闲方式作为人性完善的主要内容提出来，其要义是人在游戏中摆脱了感性本能和道德规范的强制而进入自由自在的状态，从而成就人性，奠定了休闲社会学研究的基础。

席勒清晰地洞察了整个资本主义社会的现状，他说：“国家和教会，法律和习尚，现在是分裂开了；享受同工作分离了，手段同目的分离了，努力和奖励分离了。由于永远束缚在整体的一个小碎片上，人自身也就成为一个碎片了；当人永远只是倾听他所转动的车轮的单调声音，他就不能够发展自己存在的和谐，他并不在自己的天性上刻下人性的特征，而是仅仅成为自己的业务和自己的科学的一个刻印。”[①]席勒从资产阶级的人性论出发，将人性分成了感性与理性两个方面，并认为现代社会导致了这两个方面的分裂，要改造这种现状，就要采取一种超现实的方式，即通过美与艺术来改造人的灵魂，促进人的完整性，实现人精神的自由。他的“审美游戏说”正是其以上思想的集中反映。席勒指出，人的身上存在着两种对立的因素：一是“人格”，一是“状态”。“人格”是永久不变的，“状态”是经常变动的。在人的理想的境界，两者应该是完全同一的。但在人身上，“人格”与“状态”形成两种

① ［德］席勒：《席勒文集》，张玉书译，北京：人民文学出版社，2005年版，第183页。

相反的要求，产生了两种对立的"冲动"。一个是感性（物质）冲动，另一个是理性（形式）冲动。席勒认为，因为"感性冲动要从它的主体中排斥一切自我活动和自由，形式冲动要从它的主体中排斥一切依附性和受动。但是，排斥自由是物质的必然，排斥受动是精神的必然。因此，两个冲动都须强制人心，一个通过自然法则，一个通过精神法则。当两个冲动在游戏冲动中结合在一起活动时，游戏冲动就同时从精神和物质方面强制人心，而且因为游戏冲动扬弃了一切偶然性，因而也就扬弃了强制，使人在精神方面和物质方面都得到自由"①。

感性冲动的对象是生活，是被动的，由现实生活、自然环境及生理需求决定；理性冲动的对象是形象，它要的是秩序和法则，是主动的，受思想和意志支配。这两种冲动是矛盾和对立的，对人性都带有强制性。只有通过第三种力量——"游戏冲动"才能缓解它们之间的对立和矛盾，把它们结合起来，形成完整统一的人性，获得真正的自由。"游戏冲动"不同于日常的一般意义上的嬉戏玩乐，它是一种自由活动，既摆脱了感性的物质需要的束缚，又摆脱了理性的道德纪律的强制，是精神上的解放和完美人格的形成。在游戏过程中，人们可以摆脱现实生活中的困扰，身心俱忘，完全投入游戏的状态中，获得一种自由无比的理想境界。人也只有在游戏的时候才真正是完整的人。所以席勒说："只有当人是完全意义上的人，他才游戏；只有当人游戏时，他才完全是人。"②

席勒把这种游戏冲动与艺术和美联系起来，认为游戏冲动的对象是美，美恢复了人的完整性，同时美也是自由的象征和人性的最高境界。游戏冲动可以使人摆脱一切物质和精神上的束缚，并使之达到统一、和谐的境界。这样，游戏冲动就是审美状态。在这种状态中，人们克服了感性冲动和理性冲动的羁绊，人的全部属性得以实现，在一种美的自由中把人的分裂状态统一起来，使人成为完整的人。所谓人的"完整性"是指人的感性与理性的完美协调统一，它涵盖了人的全部自由、和谐、完美的品质。只有在人性完整的条件下，人才能作为有道德的人，才能最后获得真正的自由与幸福，从而走入审美的自由王国。

休闲也被理解为"成为人"的过程。在这个过程中实现了感性和理性，物质和精神的统一。休闲使人摆脱了权力意志和人情关系的束缚，摆脱了人对人和人对物的绝对依赖关系，塑造了独立的人格，使人成为本真的存在，成为全面发展的人，成为自己的主人。通过参与各种休闲活动，人们自觉地交往，自由地沟通与交流，促进了团结合作和共生精神，培养了友爱精神和集体意识及归属感，不断地丰富着各种社会关系，因而形成和谐的人际交往。休闲还可以充分调动人的积极性、主动性和创造性。休闲时间是个人自由支配的时间，在这段时间里，人们完全可以根据

① ［德］席勒:《审美教育书简》，第 114 页。

② 同上书，第 124 页。

自己的爱好、兴趣做自己喜欢的事，发展各种能力，开阔视野，满足需要，从而使自己不断完善并获得全面自由的发展。这样才可以消除人性异化，回归生命的本体，实现全面的自由。

第二节 康德：审美休闲与无目的的合目的

伊曼努尔·康德（1724—1804），作为德国古典美学的奠基者，通过四个契机来对美进行分析。从“关系”来看，康德认为，审美判断具有“无目的的合目的性”。所谓无目的性，是指审美判断与特定的目的无关：既没有认识上的目的也没有欲求上的目的，与伦理、功用、欲望无关；所谓合目的性，指审美判断不涉及任何概念，只涉及对象的形式。康德说：“美是一个对象的合目的性的形式，如果这形式是没有一个目的的表象而在对象身上被知觉到的话。”[①] 对象的形式（外在形象）完全符合人的诸多心理功能（想象力、知性）的自由运动，这仿佛是某种“意志”的预先设计安排，从而引起审美愉悦，因而似乎有一种合目的性。而这种合目的性正是没有特定具体的客观目的的主观合目的性的形式。正如李泽厚在其《批判哲学的批判》中所言：“审美判断力只涉及对象的某种形式，这些形式因为与人们主体的某些心理功能（知性和想象力）相符合，使人们从主观情感上感到某种合目的性的愉快；但并没有也不浮现出任何确定的目的概念，是一种无目的的目的性，所以称为‘形式的合目的性’‘主观合目的性’。”[②]

主体在欣赏对象时，之所以能感觉到自由愉悦，在于对象的这种无目的的合目的性的审美先验特质，而不在于对象本身。当主体面对审美对象时，就会调动自己的各种认识能力，包括想象力和知性，但这些认识能力既不是为了认识，也不是为了道德，没有具体的目的。这些能力实际上是趋向一个最高的目的，这个最高的目的能给主体带来解放，使主体生命产生一种自由感，因而，审美具有纯粹性、自由性和无利害特质。审美自由既没有感性方面也没有理性方面的利害感，只涉及对象的形式，目的就是使主体获得某种愉悦，不提供针对对象的任何功利方面的评价。它不是通过外在手段来实现自己的内在价值，而是以个体的内在体验直接关联到个体的生存意义和人生意义，所以审美自由是一种真正的生命自由，是与个体的全面发展相互连接的。审美自由具有独立于任何外在价值的人生意义，将主体从世俗的生活中摆脱出来，充分享受内心的自由愉悦，达到超越世俗生活的目的。审美中的自由就是休闲中的自由，休闲的本质是自由，也即生命的自由，所以走向休闲就是

---

① ［德］康德：《判断力批判》，第 7 页。

② 李泽厚：《批判哲学的批判》，北京：人民出版社，1984 年版，第 370 页。

走向生命的自由。生命的自由一方面是主体的体验，另一方面也是人类本性的一种境界。亚里士多德提出了“人本自由”这一命题，第一次把人的自由看作人的本性。亚里士多德说，闲暇“是一种‘不需要考虑尚存问题的心无羁绊（absence of the necessity of being occupied）’的状态。这种状态也被认为是‘冥想的状态’（a mood of contemplation）”[①]。它可以使我们的内心保持安宁、平静和自由。“心理学家纽林格认为：‘只要一种行为是自由的，无拘无束的，不受压抑的，它就是休闲的。去休闲意味着作为一个自由的主体，由自己的选择，投身于某一项活动之中。’”[②]

在审美活动中，当主体面对一个审美对象时，首先会获取感觉材料，一经获取，就会运用想象力，创造出新的表象。在审美活动中，人的想象力最具创造性，可以任意构造表象，不受任何限制。康德说：“既然在鉴赏判断里想象力必须在其自由中被考察，那么它一开始就不是被看作再生的，如同它是服从于联想律时那样，而是被看作生产性的和自身主动的（即作为可能的直观的任意形式的创造者）。”[③]“这些表象的主观性很强，可以时而突出这些方面，时而突出那些方面，可以增加一些内容，也可以省略一些内容。”[④]它的各种要素和成分随主体状态的变化而变化，而且主体不同，意义也不同。由此可见，审美表象是自由的。与此同时，知性也活跃起来，以其能力在发挥作用，知性的能力将想象力提供的杂乱无章的、飘忽不定的表象进行综合、凝聚，使其成为一个完整的形象。这时，知性和想象力之间的关系，也不再是以知性为中心（一般认识活动），而是以想象力为中心。“在这里，知性是为想象力服务，而不是想象力为知性服务。”[⑤]

在构造审美表象时，想象力和知性既保持其各自的自由活动，又相互融洽、应和、若即若离，这就是想象力和知性的自由游戏。在这种想象力和知性的自由游戏中，知性和想象力都是和谐的、自由的，不受任何强制和约束的，所以我们在审美活动中会感到快乐舒适，而这就是审美愉悦。康德认为审美活动是一种内心的自由游戏，这种自由并非是无规则的，而是主体性高扬的自由。他在讨论美时将“物自体”遮蔽，十分重视人的主体性，认为美是主体的审美判断对表象的加工，是知性与想象力的和谐自由给主体带来的一种情感上的愉悦，康德把美、审美以及美感的原因归于主体，审美活动体现了人精神的自由。并强调，审美是一种反思，审美的反思就是要返回到内心，去体验诸认识能力之间的自由与和谐。所以审美归根结底是一种自由的体验，一种“自我享受”[⑥]，与休闲并无二致。

---

① 转引自［美］杰弗瑞·戈比：《你生命中的休闲》，第 6 页。

② 同上书，第 6 页。

③ ［德］康德：《判断力批判》，第 77 页。

④ 蒋孔阳、朱立元：《西方美学通史》（第 4 卷），上海：上海文艺出版社，1999 年版，第 118 页。

⑤ ［德］康德：《判断力批判》，第 79 页。

⑥ ［德］弗兰克：《德国早期浪漫主义美学导论》，聂军等译，长春：吉林人民出版社，2006 版，第 47 页。

休闲的自由也是一种生命的体验，美国心理学家契克森米哈赖把它描述为“畅”（flow）的感觉。“畅”表达的就是生命的一种自由体验，它是一种摆脱外界的压力，身心处于完全放松状态下的自由，达到心无羁绊，这是一种审美休闲的最高境界。

在审美休闲状态中，人的整个身心都处于自由状态，人完全抛开了利害考虑，从世俗和偏见的禁锢中解放出来，摆脱了伦理道德的强制，追求着心灵的绝对自由，并以游戏的态度对待人生。可以说，审美休闲的自由是超越了一切束缚的“无待”，审美休闲是心灵的驿站，审美休闲可以使精神的劳顿得到驱逐，疲惫的心灵得以安抚，实现了精神的解脱和升华，从而达到“至人无己，神人无功，圣人无名”（《庄子·逍遥游》）的逍遥境界。由此，主体的精神世界才会达到一种无目的的合目的性并提升到大自由的精神境界，即“真自在无碍”的绝对自由的休闲审美境界。

第三节　海德格尔：诗意地栖居——审美休闲之境

马丁·海德格尔（1889—1976）是20世纪影响最深广的哲学家之一。他对存在问题的不懈追问，对人在世界中实际生存的分析，对形而上学传统的克服，以及对前苏格拉底时期古希腊思想的回归，极大地改变了20世纪西方思想的走向。[①]

在海德格尔看来，当今世界理性和技术统治着一切，各种异化危及人的许多方面，人们精于算计和从事各种功利活动，忘却了自己本真的存在，忘却了自己作为人的生存尺度。海德格尔认为：“我们必得依据栖居之本质来思考那被称之为人的存在的东西。”他提出了“诗意地栖居”这个命题。

“诗意地栖居”源于荷尔德林的一首长诗中的两行，“充满劳绩，然而人诗意地栖居在大地上”[②]。人在世界上不断地从事劳动、进行创造，应该说是非常辛苦的，但是人仍旧渴望能够非常诗意地在大地上生存。海德格尔把这个思想又进一步发展，把它作为人生最高境界。海德格尔指出，荷尔德林所说的“栖居”不是指住所的占用，同时，“诗意”也不是指一种非现实的想象。“诗意地栖居”不关乎人的住宅，绝不是指美化的住所或环境，在海德格尔的解读里，“诗意地栖居”不仅仅是诗意，而更应落脚于栖居，最终才可能是“诗意地栖居”这样一个完满的境界。人返回到本真的存在家园，与世界相融相合，“诗意地栖居在大地上”[③]。这种诗意的境界是自由的审美休闲之境界。

海德格尔所理解的“诗意地栖居”是天、地、人、神共栖的地方，人类的本源

---

① 金惠敏等:《西方美学史》(第4卷)，北京：中国社会科学出版社，2008年版，第312页。
② ［德］马丁·海德格尔:《荷尔德林诗的阐释》，孙周兴译，北京：商务印书馆，2000版，第46页。
③ 同上。

存在方式就是栖居。“诗意地栖居”是一种“让栖居”。海德格尔言：“‘……人诗意地栖居……’，也即说，作诗才首先让一种栖居成为栖居。作诗是本真的让栖居。”[①] 何为“诗意”？“诗意并非作为异想天开的无目的的想象、单纯的概念与幻想的飞翔去进入非现实的领域。诗作为澄明的投射，在敞开性中所相互重叠和在形态的间隙中所预先投射下的，正是敞开。诗意让敞开发生，并且以这种方式，即现在敞开在存在物中间才使存在物发光和鸣响。”[②] 因此，诗意是真理的一种投射方式，诗意的天性即投射的天性，诗意本源地属于敞开状态的自身澄明。基于此，语言作为存在真理敞开的自身道说，在本源上也是诗意的，即是原诗。[③] 诗意的活动就是度量、建筑、创造、想象的活动。他认为：“人类此在在其根基上就是‘诗意的’。”[④] 在海德格尔看来，诗是真正让我们安居的东西，通过作诗参与到栖居，使栖居成其为栖居。“栖居”是指此在达到他本真的存在，并持驻于存在的真理之中，嵌入存在者自身的无蔽的现身和“敞开的转让”之中。[⑤] 语言是真理显现的自身道说，所以，语言是存在之家，这就意味着人的“栖居”同时是“栖居”于语言之家；人的言说产生于语言的言说，并且人用自己的言说回答语言和存在的召唤，从而进入本真的存在。“诗意地栖居”就是在诗意的基地上展开生命的度量与建筑活动，并且对存在自身做出度量和建筑，由此呈现出一个崭新的天地、本真的人生。

“诗意地栖居”意味着切近物之本质而居。只有作诗，才让人之“栖居”切近物之本质，成为本真的栖居。“物之本质”就是天、地、人、神的聚集。作诗是非功利的，它的形式和材料选择不受有用性原则的制约，因此，作诗并不是要改造天地万物，它只是对天地万物的倾听、经验，保持了万物的独立性和自在性；诗之词语是一种开端性语言，切近物之本源，是其他词语的基础。诗之词语最朴实、自然。作诗把人带向大地，使人归属于大地。“诗意地栖居”乃是“栖居”“在这片大地上”，这时人获得了解脱，恢复了本心，从而进入了纯净的本真状态，开始了一种随缘任运、自然适宜的生活，到达了审美休闲的最高境界。

“诗意地栖居”——审美休闲之境，是生命存在的最高形式，是诗境的存在、存在的诗境。“诗意地栖居”使本真存在得以实现，人只有学会了诗意地栖居，才会生活在自己本质的存在之中；如果我们沉溺于追求物质享乐和空间舒适的栖居的话，我们丧失的就是自己的本质存在。

实现了本真存在，人才能具有思诗合一的高层次的生命体验，才可以彻底地解

① 孙周兴选编，[德]马丁·海德格尔：《海德格尔选集》，孙周兴译，上海：上海三联书店，1996年版，第465页。
② [德]马丁·海德格尔：《诗·语言·思》，彭富春译，北京：文化艺术出版社，1991年版，第68页。
③ 牛宏宝：《西方现代美学》，上海：上海人民出版社，2002年版，第426页。
④ [德]马丁·海德格尔：《荷尔德林诗的阐释》，第46页。
⑤ 牛宏宝：《西方现代美学》，第427页。

决生命存在的根本矛盾，实现心与物、短暂与永恒、有限与无限的融合。这种审美体验实际上是一种休闲体验，休闲体验并非常规意义上的体验，它更具有本体性和超越性。休闲体验不只是一种纯粹的内心体验或主观式的表达，更体现为诗与思的合一：它既与个体的生命、生存和现实紧密关联，又指向未来；它不仅体现为心灵状态，还指向主体的诗意化生存；它既包含主体对其生命本质的参悟，又有主体对所处世界的领会。这时我们的生命是真实和真切的，我们的世界是清静和神圣的，这时，人之为人，生命之为生命，世界之为世界。

实现了本真存在，才能解决心物之间的矛盾，使人领悟到宇宙万物和生命的本来面貌是无。生命一旦把握了这个本体，就可以超越人世间的一切差别。这样，在生命之外，再也没有异化生命的存在。万物即生命，生命即万物。这样才能明心见性，摒弃妄心，领悟并把握到真心，从而进入天人合一的最高审美休闲境界。

实现了本真存在，才能解决生命与时间的矛盾。一方面把生命从人生短暂与时间永恒的矛盾中拯救出来，另一方面把心态升华到不朽的高度，使得生命在瞬间能够感觉和把握永恒，从而获得完整的生命体验。超越生死，任由生死。

实现了本真存在，才能克服生命与空间的矛盾，超越生命有限与宇宙无限的对立从而进入“我心即是宇宙，宇宙即是我心”的审美休闲境界。生命由外物和时空的奴隶，转化为主人，因此肯定了生命的价值，确认了生命的意义。

“诗意地栖居”使我们的安居达到诗意，达到本真的存在，此时，常规意义上的主与客、灵与肉之间的对立得以解决，主体更加自由，境界更加高远，使自己置身于吾与万物同体的自由境界。感性和理性，时间和空间，存在与此在，肯定与否定等全都融为一体，这是圆融的天地境界，是一种审美休闲的最高境界。

“诗意地栖居”会不断地驱使人回到正常的人性，使得异化的人性变回人的正常本性，找到适合人性自由发展的空间，通过净化塑造一个完整的人，使得人不单纯是为了生活而是为了自我超越而存在，人不断地从有限生命向无限生命的价值延伸，使得人性得以升华。这样，生命才能达到“诗意地栖居”这一最高审美休闲境界，体现出完善的人性和理想的人格。人类才可能在“充满劳绩”的情况下拥有真正自然、自在、自由的审美休闲空间。

第四节　伽达默尔：节日里人们走向自由与共通

伽达默尔（1900—2002）是20世纪最重要的解释学哲学家。他在其《美的现实性》一书中，提出了节日里人们走向自由与共通的论点。伽达默尔为了从本体论上阐述自己的艺术理论，对节日概念进行了分析。

伽达默尔说：“节日首先就是人们聚集在一起的庆典活动，而庆祝就是指人们不

再工作，超越日常状态进入共同的欢聚。假如有什么东西同所有节日相连的话，那就是拒绝人与人之间的隔绝状态。节日就是共同性，而且是共同性本身在它的完满形式中的一种表现。”①很明显，为了谋生，人们被日常工作拆分，忙忙碌碌的人们不得不分散成独立的单元。但在节日庆典中人们又重新聚拢在一起，彼此相互沟通交流，体验共同的生命经验。节日庆祝带来它所特有的时间经验。伽达默尔认为，生活中通常涉及两种基本的时间经验。一种是正常的实用的时间，它是人们支配的自行分割的时间，叫填充的或空虚的时间。这类时间又分为无聊的时间和繁忙的时间两种。这些时间是空无的，人们必须用某种东西将其填充起来。如果用虚无来填充，这种时间经验就是无聊，在无聊状态中，人们感到度日如年，时间成为一种被主体“打发”的客体；如果用繁忙来填充，就是与无聊的空虚相对的繁忙的空虚，也就是人们总是力求按时完成计划，想在单位时间中塞进更多的东西，从来都觉得没有时间，永远地在做着什么。这种时间是一种被主体逼索的客体。时间在这里并不是来经历的，而是作为必须被排遣或已经被排遣的东西而体验到的。它们均是由钟表推算的，用虚无或忙碌填充起来的时间，算不上真正的时间经验。另外，还有一种意义上完全不同的时间，就是节日特有的时间。伽达默尔把这种时间称为充实的时间或本真的时间。节日并不因为某个时间而得名，反而是那个时间因为节日而有了特殊的意义。节日的时间是节日的存在自行生成的，不是刻板的几月几日，它不是由某个人把一个空无的时间填充起来而实现的。节日的时间有自己的生命，自己成为自己的主体。节日意味着庆祝，庆祝抹去了时间刻板的流逝，而给它贴上节日的标签。“使时间停住和延搁，就是庆祝。人们惯常支配时间时的那种计算的、安排的特性，在节庆中由于这种时间的静止状态而被消除了。”②这种时间是不受主体意识与行为支配的时间，不需要填充或被排遣，相反，它占用人的生存，排遣人的存在。每当节日到来时，节日的时间在人不经意间悄然到场，参加节庆的人们沉浸于这一时刻，既不想排遣什么，也不想逼索什么。节日的时间是真正存在的时间，是“昂扬的存在”③。它能唤醒我们对存在的思考而走向澄明的真正的时间。节日就是一种实现了的属己的时间，自行存在的时间。在节日里，人们摆脱了非本真的存在，将自己带回到本真的存在中，直面自己的本真存在，体验到自己的本真状态。此时人们暂停了作为常人生活的状态，超越了作为常人的我，人们不必遵从平日里的标准，把人从常人的专政中解放出来，把人“仅仅作为自己”显露出来，成为最本己的在世存在，即自己赤裸裸的存在，此时，人拥有能够把握住本然自己的存在

---

① ［德］汉斯－格奥尔格·伽达默尔:《美的现实性》，张志扬等译，北京：生活·读书·新知三联书店，1991年版，第65页。

② 同上书，第70页。

③ 严平选编，［德］汉斯－格奥尔格·伽达默尔著:《伽达默尔集》，邓安庆译，上海：上海远东出版社，2002年版，第481页。

的自由。节日时间也是自由时间，自由时间是一种本真的时间，在休闲中获得的自由既是一种时间的自由，也指心态的自由，这个本真的时间更有利于人们进行沉思，宁静地体味着生活给予他的一切，向生命敞开心扉，使人们怀着喜悦的心情去接受现在的生活和在生活中的位置，从而表达一种赞美的情感。这是一种发自内心的喜悦，人们会感到身心自由，这种自由也是摆脱必需后的自由。休闲是自足的，它使人们之间的关系超越了社会伦理和道德的范围，使人们远离甚至超越真实生活，从而给人们一种摆脱现实生活的感觉，使人们更加自在自为，获得真正的休闲愉悦。它具有超功利性，这种特质使人们更为自由，同时也使人们具有虚静的心胸，把休闲变成一种生命的享受。

“使时间停住和延搁”的节日庆典，“仅仅只为参加庆祝的人而存在”，“是一种特殊的、必须带有一切自觉性来进行的出席活动”，这使它成为“把一切人联合起来的东西”，[①] 成为不受主体意识与行为操纵的时间。在节日里，人们不再工作，而是欢聚在一起，打破了人为的界限与障碍，人与人之间不再隔绝，而是敞开心扉，相互交流沟通，达成理解，体验共同的生命，进而走向共通。人与人、人与世界的关系从我他对立走向我你和谐，人不再作为个体而存在，人是节日的一部分。此时，存在将与人们同在，人们由此进入狂热的忘我状态，达到与自身的无限关联与延续。

闲暇起源于节庆，闲暇真正核心所在也是节庆，这是一种对神的礼赞。作为宗教的表达形式，它不仅强调了一个人对于特定的民族和团体的认同感，同时还升起一种情感，这种情感是全人类共通的，我们称之为“终极关怀”的情感。因为有了这种共同的情感，人与人的心灵才能彼此开放，互相沟通，走向共通。崇拜行为是一切庆典活动的根源。这类行为是一种自愿的、自动自发的必然现象，从中可以体会和感受到一种真实的节庆气氛。在庆典的崇拜活动中，人们从工作的劳碌转到节庆活动，从狭隘的工作环境中体会到神驰的境界，这时，人们融入其中，并感同身受，与之浑然一体，达到了内外合一、情景交融的自由境界。此时常规意义上的主客之分、物我对立等已不复存在，主体更加自由，境界更加高远，使自己置身于吾与万物同体的自由审美休闲境界。

崇拜活动的重心是奉献，这是一种自发意识的表现，具有非功利性，是一种不求回报的付出。只有在节庆这个时刻，人们才真正拥有闲暇，这有助于促进人与人之间的交往，从而增进了友谊，提高了社会凝聚力，使人们走向共通。

节日里，人们保持一种自由的心态，享受自由的时光，顺应人的本性，从而走向自由和共通。这种心态在免除私欲膨胀、淡化名利、消解心灵痛苦等方面，有一定的积极作用。同时，对缓解社会矛盾、修养身心、提高精神境界，也不无裨益。

---

① ［德］汉斯－格奥尔格·伽达默尔：《美的现实性》，第 83 页。

第五节　约翰·赫伊津哈：游戏使人更自由、本真，更具有创造力

约翰·赫伊津哈（1872—1945）是荷兰最伟大的历史学家、文学家。他在其著作《游戏的人》中根据游戏的特点呈现了一幅人性的画面，提出了游戏使人更自由、本真和更具有创造力的论点。赫伊津哈所指的“游戏”，是一个非常广泛的范畴，小到猜谜、拼图，大至比赛、竞技，甚至法律、战争、政治，以及文学、哲学和艺术都包含其中。其概念深奥，内涵丰富。“一个世纪以来的观察和思索为人们提供的无数事实表明，人需要游戏，这是千真万确的真理。”[①]“游戏是在特定的时间和空间中展开的活动，游戏呈现明显的秩序，遵循广泛接受的规则，没有时势的必需和物质的功利。游戏的情绪是欢天喜地、热情高涨的，随情景而定，或神圣或喜庆。兴奋和紧张的情绪伴随着手舞足蹈的动作，欢声笑语、心旷神怡随之而起。”[②]

一切游戏都是出于自愿的，因而也是自由的，这是游戏具备的要素之一。通常，游戏是在休闲或“空余时间”进行的，它可以随时被推迟、打断或暂停。游戏能够给人们带来快乐，游戏遵循的是快乐原则。游戏和自然界的其他机制泾渭分明，对身体来说，游戏绝不是必不可少的，游戏过程中也不必履行任何社会义务和道德责任。虽然游戏没有它自身以外的任何根据，但它自身却要建立根据，它的根据表现为游戏规则，游戏是按照规则进行的，无一例外。对于游戏人来说，规则是一种“控制局面”的力量，具有绝对的约束力，而且是不容置疑的。游戏规则不是自然而然产生的，也不是游戏人随心所欲的结果，而是约定，是基于游戏的本性——自由制定的。依此制定的规则，就是让人们自由自在地去游戏。比如，孩子打斗是为了“好玩”，其中规则限制了暴力的程度，将其控制在没有危险的范围内，这样孩子们就可以自由地享受游戏带来的快乐。故此，用纯粹理性的或科学的术语是无法理解游戏的。人们玩只是因为想玩，因为它好玩。

游戏具有秩序性。赫伊津哈说：“它（游戏）创造秩序，它就是秩序。它把一种暂时而有限的完美带入不完善的世界和混乱的生活当中。游戏要求的秩序完全而又超然，哪怕微小的偏离都会败兴，剥去游戏的特点并使之无趣乏味。……游戏有着趋向美的走势。”[③]游戏规则是经游戏人认同并承诺共同遵守的，人们只有在恪守规则的条件下才能从事游戏，才能自由地游戏。人们对于现实生活中的原则和法则是持容忍态度的，而游戏中的规则，却能使人自觉自愿地去服从、执行，进而表现为一种秩序下的自由意志。游戏规则带来一种秩序，这种秩序要比日常生活中的秩序

---

① ［美］托马斯·古德尔、杰弗瑞·戈比：《人类思想史中的休闲》，第180页。

② ［荷兰］约翰·赫伊津哈：《游戏的人：文化中游戏成分的研究》，中译者序第7、8页。

③ 同上书，中译者序第9、10页

高，但并不随着游戏的结束而消失，相反，它持续不断地影响着外面的日常世界，对整个社会的安定和繁荣起着有益的作用。游戏似乎在很大的程度上属于审美的领域，游戏表现出美的倾向。它之所以能表现出美也许是因为游戏和秩序的相似性，游戏能创造出秩序井然的形态，而有序的形式是美的。游戏具有美的特性还在于描述游戏成分的词语大多属于审美的范畴，如紧张、平衡、反差、变易、化解、冲突的解决等等。

游戏中表现的自由意志与秩序意识相互促进，协调一致，这使得人的本能生命和价值生命、感性冲动和理性冲动在游戏冲动中调解了矛盾，消除了对立，实现了和谐共处，并且达到了平衡，进而促成了完整人格的形成。人们从自然人走向了理性人，因而能更本真地生活。

游戏具有虚拟性。游戏走出了“真实的”生活，进入一个虚拟的空间。游戏具有“假装”的特性，游戏人在游戏过程中扮演的角色与日常生活完全不同，游戏人乔装打扮，有的还戴上面具，因此，游戏本身具有紧张、欢笑和乐趣的属性，游戏总伴随着欢乐和优雅，这在很大程度上似乎属于审美的领域。有的游戏，游戏人是处在高度运动状态下的，此时人体美达到了巅峰状态；有的比较发达的游戏充满着节奏与和谐，这是人的审美体验中最高贵的天分。但这一切并不妨碍游戏的严肃性。人在游戏时还是会全神贯注，全身心地融入其中的，至少暂时完全把“假装”遮蔽，从而进入一种狂喜的境界，一种物我两忘的审美境界，自我陶醉，怡然自得，游戏上升到了美和崇高的境界。在这个境界中，人会更自由、本真。

巴赫金说得好：“游戏仿佛就是整个生活的微型演出，而且是没有舞台设置的演出，同时游戏又把人引离一般生活的轨迹，使人摆脱生活的法律和规则，用另一种约定性——比较简洁、快活和轻松的约定性代替生活的约定性。”① 游戏的虚拟性使它在特定的时空中废黜了旧世界，催生并创造了某种新事物。比如，“人用神圣戏剧的形式表演存在的伟大进程和秩序，通过表演的手段，在表演的过程中，人以新的形式再现或再创造现实世界，创造再现出来的世界”②。从这个意义上说，游戏具有解构的功能，具有创造性。玩游戏的时候，人处在创造力的巅峰，人们不再相互仇视，从功利性的需求中彻底解放出来，游戏使人具有创造性。

游戏具有隔离性与局限性。游戏的目标并不是满足个人当下的物质利益或生物需求，也完全不同于生活必需品的获得，这就导致游戏具有隔离性与局限性。它的局限性是指在特定的时空范围内进行，包含自身的过程和意味；而游戏的隔离性意味着游戏的创造性。游戏人在游戏中会创造出完全不同于现实生活中的秩序，它可以把一种暂时的、有限的完美带入一个不完善的世界和混乱的生活中。在游戏中，

① ［俄］巴赫金：《巴赫金文论选》，佟景韩译，北京：中国社会科学出版社，1996 年版，第 205 页。
② ［荷兰］约翰·赫伊津哈：《游戏的人：文化中游戏成分的研究》，第 17 页。

人们可以天马行空地想象，有利于创造性的发挥。例如，孩子在玩搭积木的游戏时，尽管由积木搭成的房子小得连一只手也伸不进去，但是他完全没有意识到这一事实，尽可能地想象着把这房子当成自己的宫殿，按自己的意愿生活着。他心里完全被这个虚幻的宫殿所占据，丝毫不会注意到自己是在搭积木。他聚精会神到了极点，虽然是在玩游戏，但却没有意识到是在玩游戏。孩子沉醉于他的幻想之中，他感到的乐趣是一种幻觉中的乐趣。康拉德·朗格认为："乐趣不是内容本身所引起的，而倒是由于它所引起的想象力的活动。"[①] 游戏含有艺术的幻想和虚构，以及模仿和创造，它是审美活动的准备阶段。游戏中的想象使游戏人进入了生命的自由境界。游戏人可以完全不顾世俗世界的一切规章制度和法律法规，从现实的压力下解脱出来，在自己的理想天地里自由飞翔，充分享受心灵的自由，而且更具创造性。

游戏能再现某种东西的形式。再现就是展现。例如在一些古老神圣的表演中，有一种精神因素在起作用，表演的是一种神秘的现实，在这样的表演里，虽然呈现的是非真实的，但给人的感觉却是迷人的、真实的；而参与者相信他们的动作能再现并产生一种特定的美的形式，产生一种高于日常生活的秩序，是一套全新的东西。用再现的方法实现的游戏是在特定的空间内完成的，并且以盛宴的形式展开，因而它是欢快而自由的。

总之，游戏是在审美休闲中进行的，是在"空余时间"运作的。游戏时，人们把自己笼罩在神秘的气氛中，有意识地与平常生活相脱离，游戏人不受日常生活法规的约束，游戏和物质利益没有直接的联系，游戏人不能从中获利。在这种情况下，游戏人可以全身心地投入其中，从事一些忘乎所以的活动，从而使自己更自由、本真，更具有创造力。

---

① ［德］康拉德·朗格:《游戏与艺术中的幻觉》，转引自章安棋:《缪灵珠美学译文集》（第4卷），北京：中国人民大学出版社，1998年版，第130页。

第二章　西方关于审美休闲与心理体验的理论

审美与休闲的共同心理特征，是能给人以自由而愉悦的体验。西方的审美与休闲理论，从审美休闲与心理体验的角度，展开了丰富而深刻的哲学与心理学分析。如伊壁鸠鲁学派之“谨慎选择乐趣”、尼采之“审美休闲与酒神精神”、马尔库塞之“审美休闲的高峰体验”、艾泽欧－阿荷拉之“休闲与健康”、契克森米哈赖之“畅：最佳体验的心理学”的理论，均给我们留下了弥足珍贵的审美与休闲智慧，对后世产生了重大而深远的影响。

第一节　伊壁鸠鲁学派：谨慎选择乐趣

古希腊唯物主义哲学家伊壁鸠鲁创立了一个以追求快乐为人生最大的善的群体——伊壁鸠鲁学派。伊壁鸠鲁生活在动荡不安的时代，他以快乐来化解并与环境相抗争。他主张人生的目的在于避免痛苦，使身心安宁、怡然自得，这才是人生最高的幸福。伊壁鸠鲁说，“我们的一切取舍都从快乐出发；我们的最终目的乃是得到快乐”①，“快乐就是有福的生活的开端与归宿”②。

伊壁鸠鲁学派的快乐论是一种有理性的有选择的快乐论，伊壁鸠鲁曾说过：“就快乐与我们有天生的联系而言，每一种快乐都是善，然而并不是每一种快乐都值得选取；正如每一种痛苦都是恶，却并非每一种痛苦都应当趋避。”③伊壁鸠鲁学派认为肉体的快乐是必要的，而且是自然的，如果没有这种动态的感觉的快乐，也就没有善可言。“一切适当的必要的感觉上的快乐都是善的，”但他又说，“当我们说快乐是最终目的时，我们并不是指放荡者的快乐或肉体享受的快乐……而是指身体上无痛苦和灵魂上无纷扰。”④伊壁鸠鲁学派认为，一个真正聪明的人，不应该沉迷于感

---

① ［古希腊］伊壁鸠鲁：《致美诺寇的信》，周辅成：《西方伦理学名著选辑》（上卷），北京：商务印书馆，1996 年版，第 103 页。
② ［英］伯特兰·罗素：《西方哲学史》，何兆武等译，北京：商务印书馆，1963 年版，第 309 页。
③ ［古希腊］伊壁鸠鲁：《致美诺寇的信》，周辅成：《西方伦理学名著选辑》（上卷），第 104 页。
④ 苗力田：《古希腊哲学》，北京：中国人民大学出版社，1996 年版，第 104 页。

觉上的快乐，而应是一个追求精神快乐的人。因为感觉上的快乐是无法实现灵魂的快乐的，精神的快乐才是真正的深刻的快乐，它能使人体会到内心的宁静，这是一种恒定的、平稳不变的幸福。伊壁鸠鲁把快乐同美和德行联系起来："只有在美、德行和诸如此类的事物等产生快乐的时候，它们才值得珍视；如果它们不产生快乐，那么，就应该抛弃它们。"[①] 快乐是"幸福生活的起始和终结"，其最高境界是安宁轻松的、无痛无求的心态。这是一种审美心态，是一种享受内在的、精神的审美体验。他断言："当我们说快乐是终极的目标时，并不是指放荡的快乐和肉体之乐，就像某些由于无知偏见或蓄意曲解我们意见的人所认为的那样……构成快乐生活的不是无休止的狂欢、美色、鱼肉及其他餐桌上的佳肴，而是清晰地推理，寻求选择和避免的原因，排除那些使灵魂不得安宁的观念。"[②] 由此观之，伊壁鸠鲁学派并不像人们所误解的那样单纯追求感官的快乐和欲望的满足。它的快乐主义不是纵欲主义和盲目追求物质享受的享乐主义，而是一种很简朴的快乐论。英国哲学家罗素也做了这样的证实，他说："他们（指伊壁鸠鲁主义者）的饮食主要是面包和水，伊壁鸠鲁觉得这就很满意了。他说：'当我靠面包和水而过生活的时候，我的全身就洋溢着快乐；而且我轻视奢侈的快乐，不是因为它们本身的缘故，而是因为有种种的不便会随之而来。'"[③]

我们休闲是为了寻求快乐，正如杰弗瑞·戈比所言："休闲，从根本上说，是对生命之意义和快乐的探索。"[④] 休闲是生命不可分割的一部分，是生命存在的方式，休闲寻求的是一种精神上的快乐，是心灵的宁静无纷扰以及对身外之物的不动心，表现在日常生活中就是用一颗"平常心"来对待生活，让生命多一份闲适，少一份牵挂和烦恼。这种平和的心态可以使人们感受到生命的快乐。人们必须用心经营闲暇的生活，否则极有可能导致生活的放纵、腐化甚至堕落。有人片面地认为休闲就是寻欢作乐，这种欲望的满足固然能给人带来动态快乐，但心灵得不到安宁。沉迷于各种不健康的场所提供的低级、庸俗的服务中不能自拔，沉迷于各种物欲中不能自拔，会导致生活越来越奢侈糜烂，心灵越来越放纵。而且，这种欲望也是无止境的，得到了顿感厌烦，享受后顿觉空虚。这是把休闲当作"找乐子""找刺激"带来的恶果。所以要找回健康的休闲就要保持一颗平常心，要知足常乐，追求生活的单纯简朴，像颜回一样"一箪食，一瓢饮，在陋巷。人不堪其忧，回也不改其乐"（《论语·雍也》）。颜回虽居住在陋巷，却能超越现实生活的困苦物质条件，克服现实处境的限制，进入精神快乐的洒脱境界。根据伊壁鸠鲁的思想对我们的启发，我

---

① ［古希腊］普卢塔克：《论信从伊壁鸠鲁不可能有幸福的生活》（第 2 卷），克西兰德版，第 1086 页。

② 苗力田：《古希腊哲学》，第 640 页。

③ ［英］伯特兰·罗素：《西方哲学史》，第 307 页。

④ ［美］杰弗瑞·戈比：《你生命中的休闲》，第 1 页。

们应该消除邪念和贪婪对灵魂的烦扰，看淡一切功名利禄，让自己的灵魂处于一种平静安宁的状态，不为外物所牵，才能拥有真正的快乐。

更重要的是，伊壁鸠鲁学派所说的快乐是与美德紧紧联系在一起的。这正如伊壁鸠鲁所说："愉快的生活是不可能与各种美德分开的。"[①] 伊壁鸠鲁学派强调德行的重要性，提倡一些传统美德，如勇气、节制、公正等。德行在伊壁鸠鲁学派那里与其说是拥有高尚情操的人具备的品质，还不如说是追求快乐时的审慎权衡。德行与快乐几乎是同义词。他认为："快乐地活着而不谨慎地、不正大光明地、不正直地活着，是不可能的；谨慎地、正大光明地、正直地活着而不快乐地活着，也是不可能的，即没有谨慎地、正大光明地、正直地活着的人，也不可能快乐地活着。"[②] 拥有德行的人能够把握住引起快乐的"度"，快乐就本身而言是好的，但是有些快乐的产生却带来了比快乐大许多倍的烦忧。因而，把伊壁鸠鲁学派视为享乐主义者是没有理由的，但也不能说他们是禁欲主义者，他们的这种审慎仅仅是为了不带来更大的痛苦。因此，伊壁鸠鲁学派的快乐是淡泊与节制。他们始终坚持着一种有节制的快乐，放弃那种既使人快乐又支配人的东西。其崇尚的是一种轻松、恬静、自由而没有过度欲望的生活。

同时，伊壁鸠鲁提倡公正原则。公正就是守法，这样可以避免人们只图一时的快乐，而损害长期的利益和精神上的愉悦。伊壁鸠鲁不仅强调个人快乐，还注重他人快乐。他认为，在实现个人快乐的同时还要注重友谊。值得注意的是，"在智慧所提供的保证终生幸福的各种手段中，最为重要的是获得友谊"[③]。友谊是人的交往过程中的一项必备条件。当人们能和睦相处时，就会获得一种安全感，这样心灵才能平静和安宁，使自己更幸福。为了使人们友好相处，他强调公正原则。"没有绝对的公正，就其自身的公正，公正是人们相互交往中以防止互相伤害的约定。无论什么时间，什么地点，只要人们相约以防互相伤害，公正就成立了。"[④]

由此看来，伊壁鸠鲁的快乐论与亚里士多德的闲暇观并无二致。亚里士多德认为"闲暇"是合乎德行的活动，德行是相对于我们自身适度的品质，如正义、自制、智慧、勇敢、友爱等等。闲暇是一种以德行为基础、向往神性的活动，德行是幸福得以实现的重要前提。亚里士多德认为凡事要懂得节制，做任何事情都应该保持适当的度。闲暇需要德行，他认为，公正和节制是闲暇时期必需的品质，和平和安逸的生活容易使人们放纵，所以"世间倘因不能善用人生内外诸善而感到惭愧，则于正值闲暇的时候而不能利用诸善必特别可耻"[⑤]。亚里士多德认识到财富是闲暇生活

① ［古希腊］伊壁鸠鲁：《致美诺寇的信》，周辅成：《西方伦理学名著选辑》（上卷），第 105 页。
② 同上书，第 92 页。
③ 苗力田：《古希腊哲学》，第 644 页。
④ 同上书，第 6 页。
⑤ ［古希腊］亚里士多德：《政治学》，吴寿彭译，北京：商务印书馆，1965 年版，第 394 页。

的必要条件，但并不主张人们在闲暇中追求物质享受。按亚里士多德的“中道”“适度”的幸福观，达成幸福的客观标准是合乎德行的实现活动。闲暇一方面不是禁欲，另一方面也不是享乐。在享受自由的闲暇生活时，亚里士多德告诉我们要节制欲望，要量入而出，通过摆脱尘事的纷扰和物质的束缚来达到个人的完善，这才是真正的幸福与闲暇。

第二节　尼采：审美休闲与酒神精神

弗里德里希·威廉·尼采（1844—1900），德国著名的哲学家与评论家，在西方被誉为最有影响力的思想家之一。

他在其《悲剧的诞生》[①]中最早提出酒神概念，借用酒神来说明古希腊艺术尤其是悲剧的产生、发展和西方文化的变迁。尼采的最后一部著作《权力意志》的扉页上有这样一句话：“我是哲学家狄俄尼索斯的弟子——尼采”。这里的“哲学家狄俄尼索斯”实即酒神精神。由此足见酒神精神在他心目中的重要地位。

传说酒神狄俄尼索斯是宙斯与凡女塞弥丽之子，与日神阿波罗是同父异母的兄弟。山林女神哺育了狄俄尼索斯，长大后，狄俄尼索斯流浪于希腊各地，四处传播种植葡萄和酿酒的技术，其神庙遍布希腊各地。为了表达对酒神的敬意，古希腊设有大酒神节，每年 3 月都要在雅典举行活动。酒神的祭祀仪式很别致：人们聚集在一起，成群结队地到处游荡，为祭祝酒神唱酒神赞歌，并有芦笛伴奏，载歌载舞，情绪亢奋，达到癫狂状态，冲破平时禁忌，无视一切法则，放纵性欲，在忘我状态下追求精神超越的快乐。这是一种神秘的自我释放，个人在其中感受到的不是道德与法则规范下的自我，而是释放被压抑的自我。在这种释放中，人才体验到与宇宙本体融为一体。尼采对酒神和酒神庆节有独到的理解，形成了酒神或酒神精神观念。

尼采在《偶像的黄昏》[②]中对酒神精神做了经典表述，阐释道：肯定生命，哪怕是在它最异样、最艰难的问题上，生命意志在其最高类型的牺牲中，为自身的不可穷竭而欢欣鼓舞——我称之为酒神精神。在他看来，酒神精神是整个情绪系统的激发亢奋状态，这是一种特殊的精神状态。在这种状态中，人超越了个体化原则，达至世界的生命总体。理性因素隐退，本能冲动获得解放，并得以自由发挥，本能的生命力焕发出勃勃生机。人从这原始的生命力充溢中获得了幸福与快乐。

尼采这样描绘酒神的节日：“在酒神的魔力下，不但人与人重新团结了，甚至那

---

① ［德］尼采：《悲剧的诞生》，周国平译，北京：生活·读书·新知三联书店，1986 年版。
② ［德］尼采：《偶像的黄昏》，卫茂平译，上海：华东师范大学出版社，2007 年版。

被疏远、被敌视、被奴役的大自然再次庆贺她与她的浪子人类言归于好。大地自动奉献它的贡品，危崖荒漠中的猛兽也驯良地前来……一个人若把贝多芬的《欢乐颂》化作一幅图画，并且让想象力继续凝想数百万人战栗着倒在灰尘里的情景，他就差不多能体会到酒神状态了。此刻，贫困、专断或'无耻的时尚'在人与人之间树立的僵硬敌对的藩篱土崩瓦解了。此时，在世界大同的福音中，人不但感到自己与邻人团结了，和解了，融洽了，甚至融为一体了……人轻歌曼舞，俨然是一更高共同体的成员，他陶然忘步忘言……此刻他觉得自己就是神，他如此欣喜若狂、居高临下地变幻，正如他梦见的众神的变幻一样。"[①] 这段描述渲染了酒神来临的情境，酒神的魔力使得一切都得以解放，一切都和解了，一切都融为一体。首先是世界大同的景象。其次是人人平等和异质共存的新型人类关系。尼采仿佛从中看到了人与宇宙的完美合一。在酒神精神的陶染下，连"奴隶也是自由人"，各种社会等级和礼教的束缚都已被推翻与解脱，人类实现了一种普天同庆的理想。尼采的酒神精神，是巅峰状态中的一种心灵回归。尼采说，酒神状态是一种醉境，醉境是人生的最高肯定状态，是对人生的祝福。在醉境中，万物浑然一体，万物与我为一，逃脱了日常的纷扰，忘却了死亡和时间给个体造成的焦虑，获得一种形而上的慰藉。由于这种慰藉，人就在整体中能够得到肯定，能够勇敢地生活，能够拥有超然物外的自由。

显而易见，醉境也是休闲的最高境界，在这种境界中，主体打破了心灵和思想上的枷锁，沉浸在绝对的本我之中，而感受到超我，真正体验到了存在和完整，体会到了和世界合一的本真境界。此时，每个人都克服了所有的恐惧与隔膜，感到与周围的世界融为一体，飞扬了精神，张扬了生命，人从现实社会的辛劳、焦虑中解放了出来，体验到"宇宙便是吾心，吾心便是宇宙"、天地万物与我为一的自由境界，以及人和天和、人乐天乐的天人同和同乐的超越、完美的境界。

第三节　马尔库塞：审美休闲的高峰体验

赫伯特·马尔库塞（1898—1979）被认为是20世纪西方十大政治哲学家之一，是当代西方马克思主义——法兰克福学派最著名的代表人物，他致力于对资本主义社会的批判和建立新社会而进行的革命，并把这些政治实践问题与感性解放的审美问题结合起来。根据现代社会中人的生存异化的现状与人的生命自由的应然，马尔库塞把弗洛伊德的爱欲本质与马克思的人类解放结合起来，提出了"爱欲解放论"，即爱欲解放本体论。"爱欲"是弗洛伊德后期本能理论中与死亡本能相对的生命本

① ［德］尼采:《悲剧的诞生》，第53页。

能，它是人的机体对普遍快乐的一种追求，“是保存一切生命的巨大的统一力量”[①]。爱欲的解放意味着使人的整个身心都获得全面持久的快乐，它不同于单纯追求肉欲快感的性欲，而是把性欲转变为爱欲，“随着性欲转变为爱欲，生命本能也发展了自己的感性秩序，而理性就其为保护和丰富生命本能而理解和组织必然性而言，也变得感性化了”[②]。这种变得感性化了的理性，马尔库塞称之为“感性的理性”或“满足的合理性”，也就是他后来所称的“新感性”。他认为爱欲不仅指性欲，还蕴含着更丰富的内容，关涉着人类的一切活动。他把爱欲看作人生命的本能，它超越了性欲而达到更为广阔的领域，从生理到精神，从快感到美感，从性欲到生命活动，它既体现为人生命的最原始的冲动，也体现为人对爱与自由的渴望。马尔库塞充分肯定了人的爱欲：“想把生命体结合进一个更大、更稳固的组织的爱欲冲动，构成了文明的本能根源。”[③]在马尔库塞看来，人存在的本质就是寻求快乐，人就是为了追求自由与幸福而生存和斗争的，这种追求成为人类生存的目的。他认为快乐原则和现实原则并不冲突，爱欲有一种内在的凝聚力和约束力，不具有反社会性，因而并不必然地与文明发生冲突。解放爱欲，关键就是解放劳动，通过对劳动的解放，来摆脱劳动的异化给人带来的痛苦，在劳动中寻求快乐。当爱欲扩展到劳动以及艺术等领域时，繁重的劳动就变成了游戏式的生命活动，体现了社会关系的自由与和谐，也体现了生命本能的目的是寻求一种新的存在，即本质上是快乐的存在。

马尔库塞在德国古典美学思想的影响下，围绕着“人性完整”这一中心议题，特别强调被现实压抑了的审美之维。在他看来，审美之维将心和物的关系从理性的遮蔽和禁锢中解放出来，此在或实存的感性显现进入想象的自由游戏活动，由对象的形式产生的快感，知性和想象力的一致建立起的心灵的自由，是人与自然和谐相处的愉悦反应。审美之维使自然与自由、快感与道德互相沟通并结合起来。审美之维就是被历史遗忘了的感性之维，因而审美之维可以建立人的新感性。“新感性”源自马克思的《1844年经济学哲学手稿》。马尔库塞认为，感性本身就是否定的、革命的，“感性的颠覆能力和自然是解放的一个领域，都是马克思《经济学哲学手稿》的主要论点”[④]。所谓新感性，是相对于旧感性而言的，旧感性是一种丧失自由的感性，这种感性受理性的压抑，而新感性是通过审美变革，即把激情、意象、诗意这些关乎灵性的内容引入感性中枢，重新注入人的感觉，因而新的需要系统就产生了新的感受性、新的理性，而一种新的超验理性就是一种新感性。新感性的基本特征

---

① ［美］赫伯特·马尔库塞:《爱欲与文明》，黄勇、薛民译，上海：上海译文出版社，1987年版，第15页。

② 同上书，第164、165页。

③ 同上书，第90页。

④ ［美］赫伯特·马尔库塞:《反革命与造反》，任立译，《工业社会和新左派》，北京：商务印书馆，1982年版，第131页。

是广义的非暴虐，它反对现代文明的剥削、苦役、贫困、攻击性、枯燥以及为了满足需求而任意破坏自然等现象，它赞扬人的安宁、游戏、美丽、接受性质，认为只有通过这些性质，人与人、人与自然的关系才会和谐。新感性预示着一个崭新的人类前景：不再有暴虐，不再有压抑。因此，新感性首先是一种“活的”感性，它可以重建感性秩序，使现代人实现非压抑的升华，走向自由之境。新感性彻底摆脱了旧感性的束缚，是完全自由的感性，是人的原始本能和冲动得以解放的感性。马尔库塞明确指出，审美发展的是一条通往主体解放的道路，这就为主体准备了一个新的客体世界，解放了人的身心并使之具有了新感性。

新感性具有诗性超越本质。马尔库塞通过想象、回忆和灵魂阐释了新感性的超越本质特性。马尔库塞强调了想象的超越功能。在想象中，蕴含着一种潜在的、新的历史主体，这个主体获得了解放，找回了被压抑的快乐原则，其人性是完整的，并且保存了爱欲，通过审美获得了对抗异化现实的能力，从而实现对现实的超越。这种坚守和超越对人类保存诗性品质、建设精神家园至关重要。回忆显示了现实的可能性，幸福和自由总是和恢复时间的观念联系在一起的。回忆可以重获时间来征服时间，只有回忆才使快乐具有持久性，无法被时间剥夺。马尔库塞称赞“灵魂不顾所有社会的艰难险阻，在个体的领域里发展着。那些最狭小的环境，也足以为灵魂拓展一个无限广阔的空间”①。灵魂具有非物化性、否定性和超越性，构制着人类的内在联合体。哪里有灵魂，哪里就超越着人在社会进程中的偶然境地和价值。当我们赋予灵魂以诗意和普遍性，并通过审美就可使美的时刻永恒化，使短促的人生变得不朽。

实际上，爱欲和新感性正是审美休闲高峰体验之源。我们可以把审美休闲高峰体验视为“自我实现”状态的一种典型感受。此时，人超越了日常生活的琐屑、枯燥和平庸，升华到一个更高的境界，既保存了纯粹的个体性、唯一性和特异性，又与世界融为一体，完善地运用了自己的全部智能，最具有积极性、主动性和创造性，是自己命运的主人；行为是单纯的、自发的，更富有表现性，一切都是自然流露；摆脱了阻碍、压抑、畏惧、怀疑，体验到了自尊、自爱、价值感等，人性在这种状态下得到完善的体现。

第四节　契克森米哈赖：畅——最佳体验的心理学

米哈伊·契克森米哈赖（1934—）是芝加哥大学心理学系的一位教授。他在休闲学方面的贡献主要体现在“畅”的理论方面。其多本专著和大量论文也是关于这

① ［美］赫伯特·马尔库塞：《审美之维》，第22页。

方面的理论探讨。

“畅”（flow）是契克森米哈赖提出的概念，契克森米哈赖在1990年将其定义为：“‘畅’是一种在工作或者休闲时产生的一种最佳体验。”[①]“畅”是一种以自身为目的的活动，它是自足的。“畅”的体验和马斯洛提出的“高峰体验”（perk experience）有类似之处，是人在满足了最高的需求，进入自我实现状态时体验到的一种极度兴奋而喜悦的心情。

契克森米哈赖在1990年的著作《畅：最佳体验的心理学》[②]中，从心理学的视角对“畅”的基本理论进行了阐释：具有适当的挑战性的活动能让一个人深深地沉醉其中，以致忘却了时间的流逝，意识不到自己的存在，这时，人就处在“畅”的体验状态，是最快乐的。“畅”是一种最佳的内心活动状态，在这种状态下，人和其所从事的活动完全融为一体。这时，一些外在的因素诸如时间、空间、自我等感觉都暂时被遗忘了。

1996年，他又对“畅”做了进一步的阐释：“出于自身的目的而忘我地、全身心地从事某种活动。在这种活动中，时间的概念也失去了意义。每一个行为、动作以及思想都是先前的自然的浮现，就像演奏爵士乐。个人的存在完全被占据着，个人的技能也达到了极致。”[③]

契克森米哈赖对“畅”的体验的特征进行了总结：

第一，人们具有完成活动的可能性时，“畅”的体验就会出现。从事的活动要有挑战性，完成它需要具备足够的技巧。这些活动不一定是指体力方面的，脑力方面的活动也有挑战性，也需要技巧，也能为“畅”的最佳体验的发生提供平台。当完成活动所需要的技巧能够胜任手头的挑战时，也就是说挑战和技巧相匹配的话，“畅”的体验就会出现。但是当挑战远远超过个人的技巧时，焦虑感就会产生；当一个人的技巧水平大大超过挑战时，先前曾经产生“畅”的体验的活动也会给人带来厌烦感。例如，一个喜欢游戏的少年，当他所具备的技巧总是能让他赢的话，那么这款游戏定会令他生厌，不再有兴趣继续玩下去了，除非游戏的挑战升级。

第二，必须把注意力集中在活动上，全身心地融入活动之中。当一个人费尽心力去完成所进行的活动时，他往往会全神贯注地投入。契克森米哈赖曾论及，在“畅”的体验中，人的自我意识会消退，精神会高度集中，自身已经和所完成的活动融为一体了。

第三，当从事的活动有清晰的目标，并且能够提供直接的信息反馈时，人的注

---

① ［美］杰弗瑞·戈比：《你生命中的休闲》，2000年版，第21页。

② ［美］米哈里·契克森米哈赖：《幸福的真意》，张定绮译，北京：中信出版社，2009年版。本书英文书名原为 *Flow: The Psychology of Optimal Experience*（《畅：最佳体验的心理学》）。

③ Geirland John (1996). “Go With The Flow,” *Wired Magazine*, September (4), p. 9.

意力较集中。“畅”的最佳体验来自清晰而直接的目标。参与者必须知道完成活动的内容、所要努力的方向，而且，在接近目标时，还要得到周围不断的信息回馈。这种回馈可以起到奖赏的作用，即使在其他奖赏没有出现的情况下，参与者也会出现连续不断的努力。

第四，从事活动的人要从日常生活的意识中移开，聚精会神地完成任务，参与度就较深。

第五，个人控制。从某种意义上来讲，“畅”的体验就是在对活动及强度进行选择时个人控制方面的感受。快乐的体验是对一个人的行动能进行控制的感觉。

第六，注意力越不集中的话，自我意识就会越强。在休闲过程中，一个人的自我意识到了最小化。因为他们全身心地注意手头的活动，实际上是行动和意识的融合。你变成了棋赛，棋赛变成了你。在这种情况下，人们暂时放下了自己的身份，暂时忘掉了他们本己的需要，自我意识最小化，特别是行为需要规则的地方，例如运动或比赛。

第七，时间的变化。多数人都有“畅”的最佳心理体验，它的特点之一是时间的主观感觉发生了变化。当人们投入一项活动时会感到时间停止了，在某种程度上失去了时间意识，只是等到活动结束时，才发觉时间怎么过得这么快。例如，当人们在晚会上尽情欢笑，或者完全投入乒乓球比赛时，不可能意识到时间过程，可是当晚会或比赛接近尾声时，他们可能突然意识到时间怎么过了那么久。休闲活动往往能缩短时间意识，它能使人精神振作，可以使人暂时从时间压力下逃脱，对大多数人来说休闲可以使人从时间的压力下得到缓解，这叫得到消遣。

“畅”的体验需要借助某些条件才能产生，它通常是被构造出来的。契克森米哈赖认为，人的心智一般是处于某种没有焦点的混沌状态。这种状态既是无趣的，也是无用的。但人的心智有一种追求复杂的本能。为了胜任某种有意义的活动，它要求人对自我意识进行约束和重建，并且具备运用技能的能力。

“畅”从根本上说是意义的创造，要做到这一点，完全的投入是必要的，如果专注的可能性被破坏的话，“畅”的最佳体验就很难出现。例如社会的规章制度、法令、法规的不尽如人意，导致了一些社会反常现象的出现；由于不健全的社会体制阻碍了人和社会的向前发展而产生了人的异化，或社会的异化，诸如此类，使得人们不能全身心地投入到所从事的活动中，就不能享受到“畅”的最佳心理体验。

有许多休闲体验不具备“畅”的潜力。那些不需要任何技能就能完成的事情，比如看电视或其他找乐的活动，既没有挑战性，也不用运用各种技能。由此，我们可以从能否获得“畅”的最佳体验的角度来评价什么是好的休闲，什么是不好的休闲。

然而，“畅”的最佳体验状态并不只限于休闲活动中。凯利说道：“至少从理论上来讲，身心的努力或密切的交往过程都会产生社会性‘畅’。”体验“畅”的能力

使人能超越工作—休闲的划分，从而不论在工作还是休闲活动中都能更积极地去寻求最佳的心理体验。此时，人的注意力、动机和周围环境融为一体，最终达到了一种无限的和谐状态。

人如果能获得“畅”的最佳心理体验，就表明他进入了一种最高的境界，一种追求天地万物于一体、情顺万物而无情的审美境界，这是主体心无羁绊的心灵状态，超越了实际的利害，恢复了人的本性和自由本真，使人成为真正的人，实现主体从此在向存在的超越和转换。

第三章　西方关于审美休闲与社会发展的理论

审美与休闲对于人类个体，是“成为人”和人性完善的标志，对于社会，则是普遍发达与文明的表征。审美与休闲既是个体和社会存在的理想，也是实现这种理想的途径和方式。在此，借用中国哲学的术语，则正是本体、境界与工夫的统一。西方有关审美休闲与社会发展的理论，如亚里士多德之“幸福存在于闲暇之中”、马克思之“自由时间与社会发展”、凡勃伦之“有闲与休闲”、皮珀之“闲暇是文化的基础”、约翰·凯利之“‘走向自由’的休闲观”、布莱特比尔之“休闲与教育”、克里斯多弗·R. 埃廷顿等之“审美休闲与生活满意度”、杰弗瑞·戈比之“休闲与人类发展”，正是在这个角度，启示着人们对审美与休闲的人本与社会意义的理解。

第一节　亚里士多德：幸福存在于闲暇之中

人类对休闲的理性认识历史久远，在西方最早可以上溯到古希腊哲人亚里士多德（公元前 384—公元前 322）。他在《尼各马可伦理学》和《政治学》中论述了快乐、幸福、休闲、美德和安宁的生活问题，并把休闲视为“一切事物环绕的中心”，“是科学和哲学诞生的基本条件之一”。[①] 他明确指出：“人唯独在休闲时才有幸福可言，恰当地利用闲暇是一生做自由人的基础。”这一思想则成为西方文化传统较为重要的组成部分。尽管如此，闲暇思想在亚里士多德的著作中并不是一个系统的理论，它隐含在对幸福的论述中。

在亚里士多德的思想中，伦理学和政治学密切相关，二者共同关注一个主题，即人的幸福。他认为，伦理学是关于个人幸福的科学，政治学是关于集体幸福的科学。亚里士多德在论述人何以达到幸福这个问题的过程中，存在这样一个理论范式：首先设定一个终极的“善”，把“善”视为个人和城邦最终的目的，把幸福规定为最高的“善”，并且认为幸福就是灵魂合乎德行的现实活动，这种活动就寓于闲暇之

① ［古希腊］亚里士多德：《尼各马可伦理学》，苗力田译，北京：中国社会科学出版社，1991 年版，第 59 页。

中。当人们拥有了财富，如何培养幸福感就成了最为重要的任务。亚里士多德的休闲思想就是在他的幸福观中展开和发展的。他认为，要获得幸福，创造、占有和享用财富是必要的，但是，只拥有财富并不等于得到了幸福，“财富显然不是我们真正要追求的东西，只是因为它有用或者别的什么理由”[①]，而幸福是自足的、完善的。由财富到幸福还需要一个重要环节，这就是对财富的理解以及享用财富时所具备的心性修养，即德行，智慧、勇敢、公正、节制的品质。幸福就是以一定的德行为基础在享用财富时所达到的知足状态，以及对这种状态的一种内心体验。它遵循的是快乐原则，幸福感在很大程度上取决于人们在特定条件下所体验到的快乐感。幸福感更多地表现为一种价值感，从深层次上体现出人对人生目的与价值的追问。亚里士多德指出，人类生活有三大目标理论：智慧、幸福和休闲，其中休闲是实现其他两大目标的先决条件，而且是非常重要的条件，“它体现了一种真正远却物质利益的满足，是对人类最高目标理解的完成”[②]。亚里士多德认为闲暇不但优于劳动，而且是我们通过劳动来寻找的终极目标，“勤劳和闲暇的确都是必需的，但这也是确实的，闲暇比勤劳更为高尚，而人生所以不惜繁忙，其目的正是在获致闲暇”[③]。简单的空闲时间并不等于闲暇，闲暇是一种终身的职业，是对幸福的追求。他把闲暇主要看作是一种积极的人生态度和进步的价值观念，并处于人生终极目的的价值地位。

1. 闲暇与自由是人生的幸福境界

亚里士多德认为闲暇是一种理想的生存状态，是一种高尚的生活方式。他把闲暇时间称为手边儿的时间，认为只有处于闲暇中的人，才拥有真正的幸福。亚里士多德深刻地论述了自由与闲暇的关系。他认为自由时间是精神自由得以实现的空间，摆脱了因果律，内心世界是空灵的、圆融自然的，因此能荣辱不惊，通透本真。闲暇的本质就是自由，走向闲暇就是超越功利和知性，指向生命本质的归依，即走向生命的自由，达到“天地与我并生，万物与我为一”的齐物境界。这种境界就是孔子所说的“从心所欲不逾矩”的自由审美境界，达到这种境界的人是幸福的。

2. 闲暇与快乐的生活是幸福的温床

亚里士多德曾提到“闲暇自有其内在的愉悦与快乐和人生的幸福境界”[④]。亚里士多德认为，人的本性不仅谋求劳作，而且谋求闲暇，并且把闲暇当作人的“唯一本原”。那么，人们最终的欲望和需求并不是紧张和劳苦，而是轻松与快乐。但这种快乐不同于嬉戏、消遣以及休息带来的松弛。“这些内在的快乐只有闲暇的人才能体会；如果一生勤劳，他就永远不能领会这样的快乐。当人繁忙时，老在追逐某些

---

① 转引自［印度］阿马蒂亚·森:《伦理学与经济学》，王宇、王文玉译，北京：商务印书馆，2000年版，第9页。

② ［古希腊］亚里士多德:《尼各马可伦理学》，第12页。

③ ［古希腊］亚里士多德:《政治学》，第410页。

④ 同上。

尚未完成的事业。但幸福实为人生的止境（终极）；唯有安闲的快乐，才是完全没有痛苦的快乐。对于与幸福相和谐的快乐的本质，各人的认识各有不同。人们各以自己的品格习性估量快乐的本质，只有善德最大的人，感应最高尚的本源，才能有最高尚的快乐。”① 亚里士多德指的快乐是高尚的快乐，是幸福的题中应有之义。“合乎德行的行为，使爱德行的人快乐。”② 亚里士多德认为快乐和德行是相融的，过上有德行的生活的人才能真正享受快乐。闲暇是属于我们的正常品质未受阻碍的实现活动，是一种完满的活动。在闲暇的生活中可体现出的公正、节制、勇敢等优秀的品质和德行是我们在不存在匮乏状态下的正常品质，正是这些优良德行使生活本身变得充满快乐，这是一种本性上的快乐，是一种精神上的愉悦，这样的生活自身就是幸福的。所以，合乎德行的现实活动——幸福生活必然是快乐的，“最美好、最善良、最快乐也就是幸福”③。闲暇是合乎德行的现实活动，因此闲暇带给人的快乐是自足的，这种快乐最为永久、最大，因而是完满的。人有“愿获得安闲的优良本性”，并且人的“全部生活的目的应是操持闲暇”。④ 闲暇活动自身就会令我们快乐、愉悦，或许正是这种完满与完美使闲暇与人所体验的幸福与快乐联系在一起。这正是休闲与审美的生存境界，它孕育着幸福、安康。

3. 沉思的生活是至高的幸福

亚里士多德指出：“理智的活动则需要闲暇。它是思辨活动，它在自身之外别无目的可追求，它有着本身固有的快乐，有着人所可能有的自足、闲暇、孜孜不倦。还有一些其他的与幸福有关的属性，也显然与这种活动有关。”⑤ 亚里士多德认为人的本性是理性，人类真正的目的在于使这种特性得以最充分地发展。好的闲暇应是发挥人类特有的智性，进行思考、追求智慧，过一种理性生活。因此，沉思是最理想的休闲活动。在沉思中，人们能认识和体验到：人性中最神圣的是什么，人类何以摆脱功利的诱惑，为实现文化理想而努力。理性引导人们选择符合道德的行为，而这些行为又翻转引导出真正的愉快和幸福。因此，亚里士多德在《尼各马可伦理学》中提出论断：人的最大幸福是理性上的沉思。视沉思活动为生命的最高存在，是人存在的最大快乐，是只有神才配享有的至高幸福。亚里士多德认为它是努斯和智慧的体现。“合乎努斯”的生活也就可以被称为沉思的生活。在沉思过程中，人的智慧德行被激活，拥有这种德行就可以去认识和把握宇宙的最高对象，所以，他把这种沉思活动看得高于其他的活动。他认为，各种具体的道德行为虽然也是一种幸福，但不如沉思生活的幸福好。幸福和沉思是成正相关的，人们的沉思愈大，其幸

① ［古希腊］亚里士多德：《政治学》，第 410 页。
② ［古希腊］亚里士多德：《尼各马可伦理学》，第 14 页。
③ 同上书，第 15 页。
④ ［古希腊］亚里士多德：《政治学》，第 410 页。
⑤ ［古希腊］亚里士多德：《尼各马可伦理学》，第 226 页。

福就愈多。具体的道德行为中有感情的成分，而且还要有一种动机作为条件，故其德行并不是神圣的；而沉思生活的幸福与感情无关，它不需要任何动机，除了自身之外，别无需求，它是自足的。亚里士多德认为闲暇中的沉思是人的最好场所，此时，主客体不再是对立的，而是合二为一的，不再是思和被思的关系，而是自思。于是主体完全消融在客体对象中，客体对象不再是一个外物而是主体自身，这是主客合一的状态，又是主体的一种超越状态。它可以使人保持内心的安宁与自由感，这是一种不假外求的宁静、恬淡和自由，是自身的超越境界，是精神生活的至乐境界，因而是休闲审美的最高境界。

从宗教文化的角度来看，人间事务是由神安排的，神喜欢人身上具有的理智品质，认为它是最好的、与神最相似的东西，并宠爱、报偿、尊敬热爱理智的人，因为热爱理智的人实际上是照看了神最爱的东西，他们所做的事情也是正确而高尚的。所以热爱沉思和理智的人很可能因神的宠爱和报偿而成为最幸福的人，因而，“智慧的人就是幸福的”。

4. 闲暇教育是奠定幸福的基础

亚里士多德认为:“最优良的善德就是幸福，幸福是善德的实现，也是善德的极致。”[①] 因此,“幸福（快乐）基于善德，在一个城邦的诸分子中，倘使只有一部分具备善德，就不能称为幸福之邦，必须全体公民全都快乐的城邦才能达到真正幸福的境界”[②]。亚里士多德认为达到幸福的方法是培育人的美德和优良品质。所以他特别重视闲暇教育问题，把闲暇教育与人们的思想品德修养看作同一过程，他认为，闲暇教育可以促进人的完善，是使人成为“自由人”的关键。他强调教育和学习的重要性在于培养人的美德和优秀品质。人生的目的在于追求幸福，幸福是快乐的。不同的人对快乐的理解不同，最善良的人认为快乐源于最高尚的事物，是最纯粹的。因此，要过上幸福的生活是离不开闲暇教育的。闲暇教育使得人们做出理性的行为，并通过精神洞见来升华人的行动，从而使他们成为自由的人；忙碌的人无暇享受真正的幸福，只有闲暇者才能领受这份怡乐。人们往往容易将消遣、嬉戏、娱乐与闲暇混为一谈，亚里士多德说:“须有某些课目专以教授和学习操持闲暇的理性活动。”[③] 人的灵魂中包含自由意志的信念，是能够做出正确选择的，知识的目的就是使人做出正确的选择，知识的获得在于教育。显然应该有一些着眼于闲暇的教育课程，它们教会人们如何消遣闲暇时光，因而这种教育，是“一种既非必需亦无实用而毋宁是性属自由、本身内含美善的教育”[④]。

① ［古希腊］亚里士多德:《政治学》，第 364 页。
② 同上书，第 368 页。
③ 同上书，第 441 页。
④ 同上书，第 412 页。

第二节　马克思：自由时间与社会发展

作为伟大思想家的马克思（1818—1883）把休闲与社会发展直接连接在一起，提出了“自由时间”的概念，并在批判异化劳动和雇佣劳动中使用并论述了“自由时间”的问题。“自由时间”是休闲生活的必要的前提条件，是马克思休闲思想的内在根据。

马克思认识到自由时间是人成其为人的重要因素。人的生命是由两部分时间要素构成的，即劳动时间和自由时间。存在于“劳动时间”中的劳动的本质规定是“以本身为手段”（即以人的创造天赋、个人生产力的发挥为手段），体现了人的本质的自然必然性；存在于“自由时间”中的自由活动的本质规定是“以本身为目的”（即以人的全面力量的充分绝对发展本身为目的），体现了人的本质的历史自由性。劳动时间是第一要义的时间要素，是任何要存在和发展的社会所必备的；而自由时间是“非劳动时间”，是不受束缚的、可以自由支配的时间，它囊括“个人受教育的时间、发展智力的时间、履行社会职能的时间、进行社交活动的时间、自由运用体力和智力的时间”[①]。劳动者利用自由时间主要从事两方面的活动，即利用一部分自由时间通过休息和消费产品，来恢复劳动中消耗的脑力与体力；利用另一部分自由时间从事自由活动，如学习、娱乐、社交等。这些活动具有自主性、自觉性和自由性的特点。从某种意义上来讲，这种自由活动就是我们今天所说的休闲活动。然而，如果自由时间异化，劳动者从事自由活动的权利就会遭到剥夺。“一个人如果没有一分钟自由的时间，他的一生如果除睡眠饮食等纯生理上的需要所引起的间断以外，都是替资本家服务，那么，他就连一个载重的牲口还不如。他身体疲惫，精神麻木，不过是一架为别人生产财富的机器。”[②]在马克思看来，如果工人不拥有自由时间就不能称其为真正意义上的人，只能等同于“役畜”！自由体现了人的本质和人的生存价值，人类要自由，首先必须赢得时间上的自由，人们有了充足的自由时间，不再为生存奔波，就有了自由空间，在这个广阔的空间里，人们可以尽情地发挥自己的兴趣、爱好、才能、力量，“思想”可以天马行空、自由驰骋。这是个自由的天地，人的约束性心理被驱除，异化劳动对人的限制和压抑得以排除，人在艺术、科学等方面获得发展，人的自由的活动可以促进人的创造性的发挥，艺术审美活动就是一种存在于“自由时间”中的人的能动性的生命创造活动，它既不同于“以本身为手段”的物质生产活动，也不同于纯粹主观性的精神活动。

在《马克思恩格斯全集》中，马克思始终都把休闲与个人的全面自由发展、休

---

① ［德］马克思：《资本论》（第 1 卷），北京：人民出版社，2004 年版，第 300—310 页。

② ［德］马克思、恩格斯：《马克思恩格斯全集》（第 16 卷），中共中央编译局译，北京：人民出版社，1964 年版，第 161 页。

闲与社会进步紧密地联系在一起。在马克思的视域中，个人的全面自由发展是人类社会发展的必然结果，它具有人类社会发展的终极价值意义。其原因，一是，当生产力发展到一定水平后，财富的增加与劳动时间的缩短便形成同步，生产力发展了，人们才能从社会必要劳动时间中分离出相当数量的剩余时间，构成社会的自由时间，从而增加自由时间。二是，劳动本身的性质的变化，为人的全面自由发展提供了一个更广阔的空间，可自由支配时间的增加又意味着人的发展空间的扩大。

马克思指出，如果每个社会成员都获得了自由时间，那么每个人就有了全面发展的时间，增加自由时间的目的是促进人的全面自由发展，即人在自由时间里是以其自身的发展为核心的。在这个社会里，每个人都有充足的闲暇时间，并且每个人都有平等的权利来根据自己的兴趣、爱好与愿望全面而自由地发展。“人终于成为自己的与社会结合的主人，从而也就成为自然界的主人，成为自身的主人——自由的人。”[①] 人们在最适合“人本身”本质的条件下最大限度地、全面地、自由地发展，排除了社会的、自然的和自身的限制，自由地从事各种活动，从这种自由中获得人性的根本幸福。马克思断言，无论是人类的艺术、科学，还是其他公共生活的发展，都是在社会的自由时间中展开的。人们拥有自由时间，才能去享受科学、艺术等有价值的东西。所以说，是自由时间为人类生活开辟了新的空间——精神生产活动的空间，进而也使人的活动更具全面性。此时人不但按其固有的尺度生存，而且也按美的规律生产和生活着。

马克思也高度评价了自由时间对社会发展的基础性作用，自由时间是人生命活动的一个重要部分，自由时间的增加是社会进步的重要标志，也是人类理想生存状态的追求目标。马克思指出：“整个人类的发展，就其超出对人的自然存在直接需要的发展来说，无非是对这种自由时间的运用，并且整个人类发展的前提就是把这种自由时间的运用作为必要的基础。”[②] 马克思认为在自由时间里，人们可以受教育、履行社会职责、自由地运用智力和体力等，以此来实现人的全面自由发展，从而促进社会发展。马克思进一步指出，归根到底，“社会发展、社会享用和社会活动的全面性，都取决于时间的节省。一切节约都是时间的节约”，“自由时间，可以支配的时间就是财富本身”。[③] 马克思认为，以个人能力全面而充分的发展为重心，就是以人的方式发展生产力，这是对发展生产力的有决定意义的根本途径。从马克思的相关论述可以看出，休闲完全是一个“生产力的仓库”，从审美的角度看休闲，它可以使人的身心愉悦。在休闲中进行的娱乐、休息、学习交往等活动，都有一个共同的

① ［德］马克思、恩格斯：《马克思恩格斯全集》（第 3 卷），中共中央编译局译，北京：人民出版社，1954 年版，第 760 页。

② ［德］马克思、恩格斯：《马克思恩格斯全集》（第 47 卷），中共中央编译局译，北京：人民出版社，1979 年版，第 216 页。

③ ［德］马克思、恩格斯：《马克思恩格斯全集》（第 46 卷），第 109 页。

特点，就是获得一种愉快的心理体验，产生美好感。人与自然的接触，可以摆脱世俗生活的烦恼，以其内在的生命，“体验”自然景象的纯洁、清新、淡雅、空灵等意蕴，从而铸造人虚怀若谷、坚韧、豁达的品格，完善自我人格；人与人的交往也会变得友善、真诚、和谐。因此，休闲有助于培养生机勃勃的人，有助于培养个性丰富、具有创造性的人。人的全面自由发展是社会财富的主要标志。人的全面自由发展不仅直接体现为财富，而且本身又创造财富，因而是社会财富创造和社会发展的动力之源。正是靠着这种动力之源，人类才逐渐走向进步和幸福。随着社会和经济的进一步发展，这种财富的地位和作用会越来越突出，以至于对财富问题的研究，都不可能离开人的全面自由发展这一核心问题。

“节约劳动时间等于增加自由时间，即增加使个人得到充分发展的时间。而个人的充分发展又作为更大的生产力反作用于劳动生产力。”① 在这样的循环发展中，增加促使个人全面发展的自由时间，既是发展的目标，也是发展的手段。换句话说，发展的根本目的是人的发展，而人的发展又推动社会发展。从动态角度看，人的发展和社会的发展之间是一种良性互动的关系。从静态角度看，人的发展与社会的发展是协调一致的。

马克思的休闲思想曾经一度不被人们重视。在马克思所处的时代，工人的休闲不是一个突出的问题，工人的休闲与劳动的关系蕴含在阶级对立关系之中。然而，当今社会，尤其是中国进行的改革开放，大大地推动了社会生产力的发展和人民生活水平的提高，小康社会目标清晰可见，休闲已经成了人们追求的目标和生活方式，成了生命的一种存在状态。在这种新的社会历史条件下，马克思的休闲思想理所应当具有新的意蕴和境界，理解和把握马克思休闲思想的当代意境有着重要的现实意义。

马克思所界定的“自由时间”是落实科学发展观的一条重要途径。通过休闲教育或其他方式，传授给人们休闲技巧，引发休闲兴趣，而休闲兴趣是许多休闲产业发展的动力，例如只有当越来越多的城市人渴望享受恬静、优美的田园生活时，乡村休闲旅游才会兴起，并带动相关产业的发展；只有体育爱好者形成规模，才会推动如体育器械、服饰等产业的出现和发展。休闲产业主要包括文化产业、体育产业、旅游产业以及第三产业中的生活服务业，这些行业的主要特点之一是可以提供较多的就业机会。提高就业率，有助于构建和谐的就业环境。社会生活中的一些弱势群体，如残疾人和老年人，往往比一般人拥有更多的闲暇时间。对以上人群进行休闲教育，令其强身健体，愉悦其精神，并进而开发其各方面的潜力，不但可以给他们创造新的就业机会，降低社会运行成本，而且对于弱势群体的关心和特别照顾，也体现了社会的公正。

---

① ［德］马克思、恩格斯:《马克思恩格斯全集》(第46卷)，第225页。

第三节　凡勃伦：有闲与休闲

托斯丹·本德·凡勃伦（1857—1927），是美国著名制度学派经济学家，是第一位系统研究休闲消费的经济学家，是最早把休闲和消费结合起来进行分析研究的学者，他提出了所谓的“炫耀性的休闲”这一问题。

凡勃伦于1899年发表的《有闲阶级论》是关于现代休闲学研究的著作，具有里程碑意义，它剖析了19世纪后期的社会现象、人类心理、消费行为；描述了富裕的“有闲阶级”休闲娱乐的社会生活状况。凡勃伦指出：“从希腊哲人的时代起直到今天，那些思想丰富的人一直认为要享受有价值的、优美的或者甚至是可以过得去的人类生活，首先必须享有相当的余闲，避免跟那些为直接供应人类生活日常需要而进行的生产工作相接触。在一切有教养的人们看来，有闲生活，就其本身所产生的后果来说，都是美妙的、高超的。”[①] 他认为，从古希腊的哲人时代到今天，在一切文明人的心目中，拥有闲暇和避免维持生活的操业是有价值的、高尚的，甚至是人类生活的必要条件。

为了保证经济发展而不断地通过技术手段去制造一些多余的物质产品，然而，这些产品滋养了一个新的群体，这个群体具有自我中心的倾向，甚至一些人“肆无忌惮地张扬个性，将自我膨胀建立在牺牲他人利益的基础上”。在资本主义社会初期，由于生产能力与消费能力之间不成比例，在美国或英国那样的国家中出现了一种现象，即消费无限制，所有社会阶层都卷入对物质毫无意义的追逐之中。因此就出现了一个新的阶级——有闲阶级。有闲阶级源于纵欲主义文化，在那样的社会里，健壮的男人们把积极创造价值看作是毫无意义的事，而在工业革命以前，就已经有了一个所谓的有闲阶级，只是纵欲文化向拜金文化的转型壮大了有闲阶级。凡勃伦在分析了闲暇时间、休闲与消费、权力等的关系以后，指出这时休闲已经成为一种标志和社会制度，人们用它来区别上层阶级和广大劳动群众之间不同的生活方式。

按照凡勃伦的理论，有闲，一是有“闲”，二是有“钱”。“闲”是指非生产性地消耗时间，也就是说，时间和精力表面上必须完全用于能够表现“明显有闲”的事情上，如从事带有荣誉性的事务，如宗教信仰、政治、战争、学术研究、运动比赛、俱乐部消遣等。这些事务都有一个共同的经济特点，即在性质上是非生产性的，人们之所以愿意进行这种非生产性消费，是因为他们认为生产性工作毫无价值，上层阶级对它总是置身事外，这是他们经济地位的表现。凡勃伦说，“有闲”生活是以“准学术”或“准艺术”的方式进行的，这是有闲阶级为这种时间性的消费提供的一种非生产性的、非物质性的成果。这种消费方式在性质上是按照传统的礼仪与德行

① ［美］凡勃伦：《有闲阶级论》，蔡受百译，北京：商务印书馆，1964年版，第32页。

标准进行的，是对真善美的欣赏和享受，其主要特征是有闲，是一种悠然自适的有闲。他们从事的活动或建立的礼仪组织，在表面上看是有用的，事实上毫无用处，有闲阶级是伪装的劳动。有闲阶级既不是用它来发展自我、完善自我，也不是用它服务社会、发展文化，而是相反，他们只不过是通过对时间的非生产性使用来获得某种地位。

19 世纪中后期有闲阶级以炫耀性的消费和消费的炫耀性为标志，把休闲异化为物质消费。凡勃伦举例解释说，一件衣服在有闲阶级那里，已失去遮体御寒之需，而是通过衣服“能够证明穿者财力优厚、可以任意花费以外，还证明他并不是一个需要依靠劳力来赚钱度日的人，衣着作为社会价值的一种证明的作用就会大大提高”[①]。伴随着资本主义社会财富的普遍增加，“几乎每个人都获得了现金收入，并且都准备把其中的大部分用于‘保持自己跟上潮流’”[②]。这样“休闲被异化”就不仅仅局限于特定的阶级之内，而且转变成了广泛的社会现象。那时人与人之间的关系逐渐被物与物之间的关系取代，人变成了“单向度的人”、物质财富的奴隶。因而休闲仅仅局限于“物”的阶段，逐步丧失了其固有的价值，享乐主义竟成了休闲的代名词。任何消费品既可以是用来满足其生理需要的直接消费，也可以是用来显示相对支付能力、满足自尊的炫耀性消费。炫耀性消费更确切地说是为了满足虚荣心的要求，而不是为了满足生理的需要；满足生理需求的消费毕竟有限，而炫耀性消费却永无止境。相对炫耀性消费是人与人之间用于显示性消费的一个比值，这些比值的实质是相对的名次。相对欲望的满足就是追求相对经济地位名次的满足。凡勃伦把从消费中获得的物质满足称为第一级效用，把从争名、显富和炫耀性消费中获得的满足称为第二级效用，人们追求财富的主要动力来自对第二级效用的追求，来自对出人头地的追求。无论一个人拥有多少绝对财富，只要它低于财富标准，比如说社会的人均收入或人均财富标准，即使现有物质财富足以满足他的物质需求，他也会感到不满足、不幸福。对第二级效用的不满和追求会刺激他以对绝对财富的无穷追求来增加相对的经济地位。这种过度消费则使所有阶层的人以一种你超我赶的方式来寻求对物质财富的无聊炫耀。

凡勃伦指出：“人类的竞赛倾向利用了对物品的消费作为进行歧视性对比的一个手段，从而使消费品有了作为相对支付能力的证明的派生效用。消费品的这种间接的或派生的用途，使消费行为有了荣誉性，从而使最能适应这个消费的竞赛目的的物品也有了荣誉性。高价品的消费是值得称扬的；物品的成本如果超过了使之具有那个表面的机械目的的程度，那么含有这种显著的成本因素的物品就是有荣誉性的。

---

① ［美］凡勃伦：《有闲阶级论》，第 124 页。

② Harold Perkin (1969). *The Origins of Modern English Society*. London: Routledge and Kegan Paul, pp.96–97.

因此，物品所具有的非常华贵的标志，也就是它很有价值的标志，说明这种物品的消费在适当间接的、歧视性的目的方面，是具有高度效能的，反之，如果物品在适应所追求的机械目的时显得过于俭朴，没有贵贱的差别来据以进行自满的歧视性对比，那么，它就具有耻辱性，因此是不动人的、不美的。”[①] 在休闲过程中，对奢侈品进行无节制的消费，或者为了休闲活动而支付昂贵的费用等现象，成为一种社会差别的象征，表现了有闲阶级的消费心理，这种消费心理明显带有社会优越感和阶级荣誉感。“不仅是他所消费的生活必需品远在维持生活和保持健康所需要的最低限度以上，而且他所消费的财物的品质也是经过挑选的，是特殊化的。”[②] 也就是说，淘汰和改进他们消费的物品的直接动机和主要目的，除了个人享受和福利之外，更重要的是拥有这些物品本身就包含着荣誉原则，“使用这些更加精美的物品既然是富裕的证明，这种消费行为就成为光荣的行为。相反的，不能按照适当数量和适当的品质来进行消费，意味着屈服和卑贱”[③]。自19世纪以来，有闲阶级的出现成了铺张浪费时代的一个重要组成部分。浪费对于有闲阶级来说是必需的，因为只有浪费掉那些财富，才能证明自己物质的丰赡。“明显浪费和明显有闲是有荣誉性的，因为这是金钱力量的证明，金钱力量是有荣誉性的或光荣的，因为归根到底它是胜利或优势力量的证明。”[④]

事实上，在凡勃伦看来，休闲消费实质上是生命的一个进化的过程，可以表现人的生存权利。在这个过程中，某些制度“就是在社会的生活过程中接触到它所处的物质环境时如何继续前进的习惯方式”[⑤]。而且，由此形成的制度将经济与人导向自律和高尚。在人的经济行为过程中，社会是认同消费休闲产品所具有的象征意义的，因此，消费物本身，甚至对休闲产品的消费行为也都符号化了，这样消费品所表达的象征意义便也成为休闲产品。但是当消费成为一个符号，各阶层都竞相争夺它，并且将其视为抬高阶层地位的门槛、凸现自身的阶层优势、反衬其他阶层的劣势地位的方式时，休闲消费已被异化，已从满足人们的生活需要变成了进行歧视性对比的一种手段。凡勃伦对资本主义社会休闲异化现象的揭露和批判具有十分重要的意义。休闲问题的核心是人的全面自由发展，是对人类精神满足的追求，而异化的休闲则纯粹是物质性的。这种休闲形式既异化了人与自然的关系，也异化了人与人的关系。凡勃伦关于休闲问题的理论研究对于我们正确地分析当前存在的休闲消费异化现象具有重要的指导作用。

---

① ［美］凡勃伦:《有闲阶级论》，第113页。
② 同上书，第56页。
③ 同上书，第57页。
④ 同上书，第132页。
⑤ 同上书，第144页。

第四节　皮珀：闲暇是文化的基础

约瑟夫·皮珀（1904—1997）是20世纪德国著名的天主教哲学家。他的观念主要来自柏拉图、亚里士多德和经院学派的哲学。从其著作《闲暇：文化的基础》中即可了解。皮珀告诉我们：对任何受过教育的有思想的人来讲，重新认识哲学的本来面目是很重要的，这样就可以摆脱某种神秘科学的限制，过正常而充满善意的生活。通过理解与认识哲学的真面目，人们能够得到哲学所能提供的最好财富：洞见和智慧。《闲暇：文化的基础》一书呈现给人们的正是这种洞见与智慧。该书的可贵之处不在于“有什么创建发明，而在于指陈历史上曾经盛行但如今却为人所忽略的哲学事实：闲暇的观念”[①]。

在古代，闲暇曾经是极为重要的哲学概念，又是文化的基础。在皮珀看来，今天这种观念却不知不觉地被“工作至上”的无闲暇文化取代。“工作至上”让人类的生存世界沦为庸俗空洞。因为我们太忙了，没有闲暇去思考人生的一些严肃问题，从而导致这个世界变得麻木而缺乏深度和情感。然而人的存在并非仅仅是为了工作，工作不过是手段，闲暇才是目的，只要有了闲暇，我们才能够完成高层次的人生理想，才能创造丰富而完美的文化果实。因此，闲暇乃是文化的基础。

对闲暇和文化的理解，皮珀在其《闲暇：文化的基础》序言中有所阐述：文化是世界上所有事物的精华，也是人类所有的、超出直接需要和满足的那些天赋和品质的精华，人的天赋和才能不必非得用于实际性用途不可。文化的真实存在依赖于休闲，闲暇起源于祭礼。祭礼是人类自由和独立的最初来源，也是在社会中得以免除重负的最初来源。

皮珀把闲暇看作一种思想和精神态度，认为闲暇既不是外部因素作用的结果，也不是由空闲时间决定的，更不是游手好闲的产物。皮珀描述了休闲的三个特征：第一，闲暇是“一种理智的态度，是灵魂的一种状态……闲暇意味着一种静观的、内在平静的、安宁的状态，意指从容不迫地允许事情发生”。第二，闲暇是一种沉思状态，是为了使自己沉浸在“整个创作过程”中的机会和能力；这是一种“沉思式的庆典态度”，是人们肯定上帝的劳动和自己的劳动的需要。第三，既然闲暇是一种庆典，那么，“它就与努力”直接相反，与作为社会职责的劳动的独特观念相对立。[②]皮珀强调指出，有了闲暇并不等于有足够的能量来驾驭世界，闲暇带给人的是一种平和的心态，使人感到生命的快乐。否则，人类将毁灭自身。

闲暇成为可能的前提必须是：人既要与自身相协调，也要与整个世界代表的意

---

① ［德］约瑟夫·皮珀：《闲暇：文化的基础》，译序第2页。
② 同上书，第41—43页。

义相符合一致。闲暇源于节日庆典，节日庆典本身结合了“休憩、生命强度及沉思默想等三者为一体”[①]。节日庆典则是闲暇的真正核心。节庆活动的源头是崇拜仪式，崇拜行为是庆典活动及其真正生命的根源。这种行为是自愿的，不受任何法令规定的约束，人们从中可以感受并体会到一种真实的热烈的节庆气氛。节庆里崇拜活动的重心是“牺牲”二字。“牺牲”的行为是非功利的，是一种自发意识的表现，因此，在崇拜活动中出现了一种无私的奉献、一种无条件的付出，不含任何功利色彩，是一种无目的的盈余，是真正的财富，这就是节庆的时刻，一个充满富裕的生活空间。只有在这个时刻里，闲暇的世界才能真正展开并可以完全地成为事实。

皮珀对节庆活动是肯定的，也是赞赏的。他说：“把一个纪念坚持下去，就意味着对宇宙存在的基本意义的确认，意味着对我们之于它的统一感和归属感的确认。”[②]这种赞美的情感意味着，对于在宇宙中的生活和在生活中的位置我们是怀着愉快的心情去接受的。而且这种情感，也存在于我们真正闲逸的心灵深处，只有当我们心怀感激之时，闲暇感才会出现。必须清楚地认识到，闲暇感并不只是外在因素的结果，也不是节假日的必然产物，它是一种心理倾向，是一种精神状态。换言之，闲暇感不是随便可以感受到的，只有那些善于沉思的人、向生命敞开心扉的人，才更有可能获得。一个人若能够以平静的心态体会生活给予他的一切，他就有可能感受到闲暇感。因此，在节庆崇拜活动中，人类可以转化“生而劳碌”的价值观，从劳碌转化到节庆活动中，把自己从日常工作中“引开”，在狭隘的工作环境中体味神驰的境界。

皮珀强调指出，闲暇是一种投入真实世界中，听闻、观看及沉思默想等能力的表现。闲暇的沉思状态是接受现实世界的一种必不可少的形式，是一种对应现实世界的精神力量，沉思不是不出声也不是哑言无语，它只能意会，不能言传。

闲暇虽说是非功利的，但却是最符合人性的，根源是闲暇源于崇拜活动。节庆的意义是用一种与日常生活不同的方式与这个世界一起体会一种和谐，并浑然融入其中。因此，人们在闲暇中庆祝神赐的礼物，人们是从节日庆典开始的，然后才去劳动，去从事这个世界上重要的事情。

皮珀认为闲暇是文化的基础：“我们必须记住，闲暇不是一个下午的悠闲时光，而是对自由、教育与文化的维系，是对尚未消失的人性的维系。”[③]他进一步指出：“休闲是文化发展的必要条件，它不仅是艺术的发展，而且是一切成长与发展所必需的思想和冒险的体验。”[④]休闲包括沉思活动，同时也包括公众共享的含义与意义的

---

① Karl Kerényi (1941). *Die Antike Religion, Eine Grundlegung.* Amsterdam: Akademische Verlagsanstalt Pantheon, p. 66.

② ［美］杰弗瑞·戈比：《你生命中的休闲》，第 179 页。

③ Josef Pieper (1963). *Leisure, the Basis of Culture*. New York: Random House, p. 46.

④ ［美］约翰·凯利：《走向自由：休闲社会学新论》，第 50 页。

赞颂。闲暇是文化的基础，没有闲暇，人类将被束缚于狭隘的功利世界中，永远是工作的奴隶；没有闲暇，人类就不可能进行思想活动，文化就无从产生。日本学者福武直博士说，闲暇时间是用来改善生活，使生活真正富有意义。[①] 因此，休闲既是文化产生的条件和基础，也是文化的表现结果。“无论是社会制度中的整合还是解放因素，休闲都在文化内提供它的意义（并且利用文化内的物质），因此，休闲是后天习得的，而且，它被文化的东西赋予形式和内容，文化包括它的符号系统、社会角色集合、社会化过程以及非正式的组织层次。”[②]

休闲是社会文化的创造和再创造的环境条件。“从整个社会来说，创造可以自由支配的时间。”[③] 在文化环境中，休闲是自由的，也是通向未然的开放性社会空间，因此，在休闲中，人们可以对社会进行创造性、批判性地思考。其实，人在所处的文化和社会环境中不断地接受教化和塑造，人的休闲模式也随着社会的发展而发展。休闲是文化适应的结果、文明沉淀的产物，是人的文明化和社会化成果。

休闲是社会文化的创造和再创造的动力。首先，休闲推动了科学文化创造，也促进了社会的发展。科学家丹皮尔在《科学史及其与哲学和宗教的关系》[④] 一书中指出，人类历史上三个学术发展最大的时期——希腊极盛时期、文艺复兴时期与我们这个世纪……是财富增多及过闲暇的生活机会增多的时期。按照马克思“消费也是生产”的观点来看，休闲是文化消费和文化创造的时间。可以说，休闲既由社会经济水平决定，又推动着经济文化的发展。其次，休闲能提供机会让人们进行科学、文化、艺术、观念交流和文化心理沟通。“没有自由时间就没有科学、文化、艺术、诗歌等富于创造性、融智慧与浪漫于一体的社会文明”[⑤]，“有了休闲，人们才有时间和空间进入创造性思想与符号的王国”[⑥]。可以说休闲本身也是一种文化，从文化的视角来看休闲，它是一种文化创造、文化欣赏和文化建构的生命状态和行为方式，是指人在完成社会必要劳动之后，为了不断满足自身多方面的需求而进行的活动。休闲具有非功利的特性，其价值不在于实用，而在于文化。它使你在精神的自由中体验一种全新的生活方式，即审美的、道德的、创造的、超越的生活方式。皮珀说：“我们唯有能够处于真正的闲暇状态，通往‘自由的大门’才会为我们敞开，我们才能够脱离‘隐藏的焦虑’之束缚。”他断言：“在闲暇之中，不是在别处——人性才

① 刘海春：《生命与休闲教育》，北京：人民出版社，2008 年版，第 76、77 页。

② ［美］约翰·凯利：《走向自由：休闲社会学新论》，第 195 页。

③ ［德］马克思、恩格斯：《马克思恩格斯全集》（第 46 卷），第 381 页。

④ ［英］W. C. 丹皮尔：《科学史及其与哲学和宗教的关系》，李珩译，桂林：广西师范大学出版社，2009 年版。

⑤ 马惠娣、成素梅：《关于自由时间的理性思考》，《自然辩证法研究》，1991 年第 1 期。

⑥ ［美］约翰·凯利：《走向自由：休闲社会学新论》，第 195 页。

得以拯救并加以保存。”[①]

总之，闲暇是冥想和生命庆典，是灵魂存在的条件，是一种对社会发展的进程具有校正、平衡、弥补功能的文化精神力量，超越了功利和以金钱为回报的世界，它支持着我们的精神，给我们一种文化的底蕴。因而闲暇是文化的基础。

第五节　约翰·凯利:“走向自由”的休闲观

美国伊利诺伊大学休闲系荣誉退休教授约翰·凯利提出了“走向自由”的休闲观。他认为，发展真正休闲的基本意义，不外是将现代生活从“规章”的统治下解放出来，把现代人从工业社会的“铁笼”中解救出来。[②]

凯利指出：现实制度的根本后果是将个人从人类维持和发展生命的生存环境中孤立与异化出来。现代工人被束缚于现代技术的“铁笼”中，导致他们在工作场所丧失自由与自决性。

何谓工业生活中的“铁笼”？“它指的是一种以非人化方式控制工作环境、被理性地组织起来的生产制度，其目的是高效生产，而不是使人有某种做出贡献与施展技艺的感觉。”[③] 由于社会化大生产、生产组织的分工以及复杂组织中的管理与真实生产环境相脱节，工人丧失了基本的自我生存状态，损害或放弃了人的发展、意义和共同体等。在这种条件下，劳动主要是工具性的，是维持自己和家人生活的手段，这种对劳动工具化的认识和效率化管理导致了工作的异化。同时，休闲和工作一样也被异化了。凯利分析发现:“休闲已经被‘商品化’扭曲，它不再是自由与‘成为’的领域，而是经济和政治控制的工具。”[④] 马尔库塞将休闲视为存在于现代工业社会压迫中的一个问题。他认为，现代社会的人是单向度的，由于商品化他们失去了自由和快乐，异化不仅把人从创造性生产与共同体中隔离出来，还把人从自身的感官与表达特性中偏离出来，变为单纯地关注占有。对物的占有成为真实存在的象征，它取代了人与人之间的多向度的交流，他人不是与我们共同进行自由活动的自由行动者，而是变成了我们行为的对象。显而易见，“休闲就变为占有而非共享、离散而非融合的领域”[⑤]。因此，建立“走向自由”的休闲观势在必行，刻不容缓。

凯利对“什么是休闲”这个问题进行了多角度、多侧面的探究。从本质上说，

---

① ［德］约瑟夫·皮珀:《闲暇：文化的基础》，第 46、47 页。

② ［美］约翰·凯利:《走向自由：休闲社会学新论》，第 215—217 页。

③ 同上书，第 215 页。

④ 同上书，第 217 页。

⑤ 同上书，第 220 页。

休闲应当被理解为一种“成为状态”，是一种“成为人”的过程，是一个完成个人与社会发展任务的主要存在空间，是人的一生中一个持久的、重要的发展舞台。“成为人”意味着摆脱“必需后”的自由；探索和谐与美的原则，承认生活理性与感性、物质与精神层面的统一；与他人一起活动，使生活内容充满朝气并促进自由和自我创造。休闲是以存在与“成为”为目标的自由——为了自我，也为了社会。

关于休闲含义的内核问题，凯利说：“在界定休闲时，某种自由概念似乎很普遍。这里的自由并不必然是毫无约束的开放，其实，休闲的自由是一种成为状态的自由，是在生活规范内做决定的自由空间。至少，休闲是在摆脱义务和责任的同时对具有自身意义和目的的活动的选择。”[①]凯利断言：“这种自由的意义与目的是休闲的第二个层面。只有构成休闲的某些核心要素，在其本来的意义上被实施时，休闲才成为可能，它不屈从于任何外在的强制性要求。”[②]凯利认为，休闲是以存在与“成为”为目标的自由。无论是作为自觉行为的环境，还是作为情景自由的可能性，休闲皆是存在的自由。作为社会文化环境，休闲为人们提供了以自身为目的进行创造、发展和“调整认同”的机会，也提供了探索与建立共同体的机会。作为情景中的行动，休闲是行动的自由。在休闲中，存在主义行动能够创造还没存在的事物。休闲的可能性是成为的基础，可能性会随着不同的结果以及体验的即时性而有所差异，然而，它是休闲的本质要素。凯利强调：“没有成为的可能性就不可能有决定，没有决定就没有冒险，没有这样的冒险也就没有创造。”[③]休闲是成为的可能性的环境，是存在主义的行动，是社会性的学习，是自由的创造；以存在主义方式研究休闲，强调的是决定和“成为”的自由。

从发展的角度看，休闲是人们在积累和渐进的过程中寻求自我并成为自我的地方。从对人生历程的三个生物—社会阶段，即准备阶段、确立阶段和完成阶段的角度变换的分析中能够看出，休闲是一个持续一生的“成为”过程，也是一个完成个人与社会发展的主要存在空间，更是人的一生中一个持续的、重要的发展舞台。

要以发展的眼光理解休闲选取的双重视角，进入休闲的社会化是一种贯穿一生的辩证过程。通过对休闲的兴趣与技能的学习，我们更好地了解了自己。参与休闲活动是个学习的过程，在这一过程中，人们不断地调整自己的目标和投入，永远在“成为”某种状态，在变化的基础上选择自己的生活。在这一过程中，既是过去的延续，又是充满着偶然性的未来。休闲之中的社会化，即在休闲之中学习。在休闲活动中，人们最有可能去尝试一种全新的自我形象，休闲中学习的潜力是最大的。因为当我们有充分的自由，即能够选择想做的事、选择和谁一起做时，会提高体验产

---

① ［美］约翰·凯利:《走向自由：休闲社会学新论》，第20页。
② 同上书，第20页。
③ 同上书，第282页。

生即时意义的可能性。在这种高峰体验中，也最有可能产生有意义的学习。当我们全身心沉浸在意义之中，接受被内心情感因素强化的反馈信息时，我们是最有可能产生变化的。[①]这时，我们会关注自己可能是什么样的人，或将成为什么样的人。在休闲中，学习非常重要，其内在意义不仅是当时当地的，更是发展的。

"成为人"的环境条件是拥有主宰生活的自由以及学习和发展的社会空间。自由直接作用于人性的完成。社会空间不仅是学习的环境，而且使人有可能去庆祝那些对人生意义的实现。为了"成为人"，我们既需要自由，也需要社会，"成为"既有存在主义的层面，也有社会的因素，我们在创造和解放性的活动中"成为人"。

社会与个人认同，是分析我们"成为人"的一种方式。在整个人生历程中，我们通过社会交往而不断"成为"——成为社会中的人。"成为过程"是社会性的，社会环境的性质成了一个关键因素。"成为"是在共同体（人生发展的社会环境）及亲密关系中表达与发展起来的。而休闲就是我们表达与发展共同体（人生发展的社会环境）和亲密关系的社会空间。当大众社会不能满足人的社会认同，一些人就能够以另一种方式找到并稳固他们的认同，如一些"业余爱好者"、参与"严肃休闲"的人，在休闲活动中可以获得令人满意的认同感，这充分说明了休闲可以成为一个发展认同感的基本环境。另外，在一个大众社会中，休闲至少可以成为许多人的第二认同。

休闲是个人认同发展的一部分，休闲的一些特性，如相对自由性、非工具性、独立和完整性、相对无关紧要性、灵活性、创新与探索的可能性，为发展个人认同提供了特别的机会。休闲为调整认同、建立共同体提供了机会。从这个角度上说，休闲是存在的自由。

从人本主义的角度看，休闲是一个可能进行创造的整体环境。

对此应从个人和社会两个层面进行分析。从个人层面上讲，休闲就是"成为的自由"。休闲包括对自我的创造，也包括其他关系或物质方面的创造。休闲是谋求和创造"未然"的开放空间。休闲的第一创造是自我，这是符合人性的。如作为休闲的一个层面的游戏，它是自由、自愿的，是行动时的即时创造。玩游戏的时候，人完全与其过程和物质媒介融为一体，游戏成为自我创造的舞台。人在特定的时空中远离了现实世界，不再相互仇视，没有任何功利上的需求。游戏时，人们可以天马行空地想象，这有利于创造性的发挥。人处在创造力的巅峰，创造出完全不同于现实生活中的秩序，游戏使人具有创造性。在游戏中，游戏也许是更大的实现人性的主题的一部分，有作为人及"成为人"的意义。休闲中还创造了其他关系和物质，如在休闲过程中与他人建立联系、盼望成就，这都是人类的本性，都是"成为人"的过程。

从社会层面上来说，休闲是社会中的一种庆典场所，这些庆典是社会凝聚的仪

---

① Csikszentmihalyi, M. (1981). "Leisure and Socialization," *Social Forces*,60, pp.332–340.

式。在节日中，人们先将支持社会制度的价值观戏剧化，再将这些文化的意义表演出来。赫伊津哈在分析仪式时说，通过参加仪式，将自己同整个活动相认同，这不仅是模仿，参与者也是整个活动再创造的一部分。

凯利说："在人类生活中，休闲并不占据特殊的位置。无论文化如何定义它，休闲都不仅仅是工作以外的或多余的时间，休闲也不仅仅是摆脱所有要求后得到的自由，休闲是以存在与成为为目标的自由——为了自我，也为了社会。"[①] 这就是建立"走向自由"的休闲观的目的。

第六节　布莱特比尔：休闲与教育

查尔斯·K. 布莱特比尔是休闲哲学研究学者中的杰出代表，是 20 世纪 50 年代和 60 年代初引领美国休闲哲学的人物。他在其力作《休闲教育的当代价值》中，讨论了社会关注休闲的必要性，提出了一套休闲教育的概念。

现当代，自动控制已经进入社会的各个领域，当自动控制水平提高时，大多数人只需花部分时间就可以谋生。早在 1960 年，一个普通工人就已经比 1940 年的时候多了 155 个小时的带薪休假时间，到 1975 年这个数字仍继续大幅上升。医学进步使人的寿命延长，寿命的加长和工作时间的缩短，使得人们拥有大量的自由时间。除非全球爆发战争，否则我们将生活在一个闲暇无处不在的社会中。如何创造性地有意义地使用这些自由时间而不感到厌倦，是未来的考验。

布莱特比尔将休闲定义为："自由支配的时间，是工作及其他维持自身生计或生存的基本需要所必需的活动之外的时间。"[②] 人们对自由时间的认识不足、利用不当，导致了一些社会问题的发生，如犯罪、暴力、吸毒、自杀、精神错乱、青少年不轨行为等，拥有大量的自由时间将成为新的社会和政治问题的根源。有些人在从事休闲活动时，通常会倾向于娱乐，而不是选择那些能带来自我发展和自我实现的活动，并且自由时间内一成不变的休闲活动也使得人们无法摆脱疲惫，且休闲形式缺乏深度和影响力。人类具有抗拒"消磨时间"的天性，羞于无所事事，怕形成游手好闲的自我形象，缺乏对休闲价值的理解，缺乏充分利用休闲的能力和技巧。一些人一味地追求财富，错误地将生活的意义等同于面包、黄油，但仅有富庶是很难帮助我们实现自我和发展自我的。当今社会工作虽然很重要，但它并不像过去那样占据如此多的时间和精力。未来的人即使有幸能拥有工作，但是工作也不能给他们

---

① ［美］约翰·凯利：《走向自由：休闲社会学新论》，第 283 页。

② ［美］查尔斯·K. 布莱特比尔：《休闲教育的当代价值》，陈发兵、刘耳、蒋书婉译，北京：中国经济出版社，2009 年版，第 9 页。

带来满足感。我们必须重新审视过去的价值观，适应和发展新的价值观。因为人们如何利用自由时间不仅取决于对休闲的准备，还取决于态度、价值观、兴趣和能力。有些人认为，休闲时代将是百无聊赖的时代。对于尚无准备的人来说，自由时间最具破坏力的威胁是厌烦情绪。有人提出，未来战争也许并不是完全由于人们对世界的物资和权力的争夺，而是因为人们变得厌倦无聊。当人们只图安逸享受、缺乏想象力时，厌倦情绪就会乘虚而入。我们必须为休闲做好准备，学会利用自由时间，利用休闲，而不能让休闲利用我们，否则休闲将会带来危害。我们不仅要注意工作伦理而且要考虑发展休闲伦理。如何更好地、更明智地利用越来越多的自由时间，以一种更有意义的方式去休闲，这就需要休闲教育。如罗伯特·本迪纳（Robert Bendiner）所言："整个教育系统必须赶快致力于培养全面发展的业余爱好者，否则教育将等于是在人们对时间需要的越来越少的情况下，给人们制造越来越多的时间。"①

自由时间是不能带给人们权力、荣誉或积累物质财富的满足感的。布莱特比尔认为应该把休闲当作一种机遇。休闲是我们生活的一部分，它最大限度地让我们从一个被管制的、循规蹈矩的生活中解脱出来，为我们追求自我表现，追求身心的全面发展，追求千姿百态的美提供了机会，从中可以体验生活、体验美、增强个人满足感；休闲也给了我们一个形成全新工作观的机会，把工作视为提高自己和别人生活质量的一种富有成效的努力并以此为乐，而不是为了获取经济利益才去工作；休闲中潜在地蕴含着许多学习的机会，我们可以在自由时间内从事自己喜欢的事并从中学到很多东西；休闲为我们提供了学习民主式生活核心技能的机会，也提供了实现其他教育目的的机会，包括更好地理解我们生活于其中的世界。

休闲教育的定义是"针对工作和其他维持生计的活动以外的目的的教育"②。休闲教育是让人们正式或非正式地学习如何利用自由支配时间，使人在休闲中获得自我满足并生活得有意义。休闲教育以社会的最高价值为导向，目的是培养出博大的人格，发展真理，拓展个性，促进整个人类的幸福。休闲教育不仅要对个人有益，而且也要对全体人类有益。休闲教育让人们对自己的休闲活动进行有意识地选择，而非顺随环境，并将个人才智发挥到极致。休闲教育有助于培养人们深刻的洞察力，引导人们的学习和行为，使之向着社会最高层次和最持久的价值方向发展，帮助人们发现自我，从而使得自由时间有助于提升整体生活质量。休闲教育应从价值观、兴趣、技能和欣赏力开始。休闲教育呼唤的不仅仅是个人的创造力和成长，更是自由、正义、美德，以及权利、人道和全人类的尊严。

布莱特比尔主张，我们应该以富有想象力且持续不断的方式向社会各类人员，

---

① Robert Bendiner (1957). "Could You Stand a Four Day Week," *The Report*, August 1957, p. 3.

② ［美］查尔斯·K. 布莱特比尔：《休闲教育的当代价值》，第 61 页。

如父母、神职人员、社会工作者、商人、劳工代表、民间领袖，尤其是教师，讲授休闲教育的重要意义，以及休闲教育的方法。

从事休闲教育的人必须把自己的任务视作一系列审慎的步骤，根据受教育者个人不同的特点来制定具体的措施，从受教育者实际情况出发，针对个人的愿望、需要和兴趣来进行，使受教育者经历从学习技巧到积极参与，再到在个人与他人关系方面有高度自主决定能力的阶段；休闲教育需要有充足的时间，休闲教育和其他教育一样，如果急于求成，数量就会凌驾于深度和质量之上，很难达到预定的目标。休闲是自由的，休闲教育也不是被迫的，让受教育者在一种从容不迫的状态下学习休闲，才能获得最大的收益。

在自动化时代，休闲将渗透于整个社会，这就使得休闲教育不再是一个学科或机构的责任，几乎所有的学科都被引入有关休闲的研究，以人际关系和人类生态为核心的学科有责任从专业方面来关注休闲；但是，我们也需要一些高素质的专业人士，帮助人们找到满意的利用休闲的方式。专业人员要具备能促进人类理解、感知和民主行动的品质，专业人员的素质会影响受教育者人格的发展，所以，要对专业人士进行培训。

布莱特比尔阐述，学校作为主要的教育机构，对休闲教育同样有着不可推卸的责任。受传统价值观念的影响，学校的休闲教育从总体上来说还没有起步，学校开展休闲教育会受到一些人的误解和指责，认为将休闲引入一门课程是对孩子的“娇生惯养”，是在浪费。休闲教育重点在于启蒙，并不是一个人指使另一个人如何进行休闲。布莱特比尔对未来的教育进行了展望，认为未来学校教育的重点是以学生自主学习为主，而不是教师的讲授，更重视个人的灵性、智慧、创新，而不是记忆力、顺从和集体认同。休闲教育可以靠学生自己来完成，也可以在良好的教学和指导下，给学生更多的机会来自己进行学习和探索，这并不是说学校在休闲教育中的角色弱化了，责任减轻了，正相反，这种方式使休闲更具灵活性。未来学校教育必须开发学生的兴趣爱好，培养其审美能力，强化其技能，形成其健康的价值观，帮助学生不仅为以工作为中心的生存做准备，而且为以休闲为中心的生活做准备，并使其可以超越只有工作的世界，而享受完美的人生。休闲教育并不只是高中、大学老师要做的事，幼儿园老师也同样需要做。它不仅仅属于体育、音乐和戏剧课，同样属于化学、物理和数学课。休闲教育不会弱化博雅教育（历史、哲学、科学、艺术和人文学），相反会提升博雅教育，两者之间不是二选一的关系。在休闲技艺的教育上，应采用更为广泛的教学方法，使那些呆板的、索然无味的课程完全与激动人心的生活相融合。

布莱特比尔进一步指出，休闲教育需要全社会的努力，企业和工会也可进行休闲教育，如工会组织与企业管理层提供露营、俱乐部和其他多种形式的活动，让员工在休闲中有实现个人发展的机会。社区服务机构进入休闲教育领域已经多年了，

尽管他们没有意识到自己的工作是休闲教育，但是社区广泛参与人们的休闲本身就是休闲教育的有效手段。有许多社区计划、服务项目都是以休闲活动和学习休闲技巧为目的的，他们的工作重点是培养公民的个性和良好的意识，帮助社区居民成为休闲教育的主人而不是批评者，还提供了休闲资源使人们可以更好地利用自由时间；政府可以在多方面促进休闲，制定相关的政策，关注休闲，为教育系统开展休闲教育提供全面或部分财政支持，等等；如果说个人对休闲教育有责任的话，最大的责任应该落在父母身上，家是第一个游憩中心，父母是游憩的领队，父母在孩子的休闲教育中扮演的角色很重要。

第七节　艾泽欧－阿荷拉：休闲与健康

艾泽欧－阿荷拉，是美国马里兰州大学教授，是一位对休闲心理学做出重要贡献的学者。

休闲被认为对人们的心理健康和生理健康有积极的影响。休闲活动通过培养人的积极情绪、帮助人们克服孤独感而有助于人的健康。一些理论家认为，与休闲体验相联系的倾向可以减缓压力对身体造成的不利影响。然而，对休闲是如何影响健康的尚不清楚。阿荷拉认为：休闲有助于健康是通过帮助人们缓冲由生活环境造成的个人压力来实现的。基于休闲的社会支持和由休闲产生的自主能力不但是休闲的两个重要特征，而且也是休闲影响压力—健康关系的两项重要因素。

参与休闲活动可以帮助人们获得缓解压力的方法。休闲参与之所以可以扮演这样的角色，一个可能的解释是休闲活动可以带给人们友谊，这就给人们一个感觉，即当生命受到严重的威胁时，他们可以得到社会的支持。而且，休闲之所以可以减缓生活的压力，是因为连续地参与某些休闲的经历可以培养具有自主性（包括控制和支配意识）的个人倾向。

休闲形成的自主倾向和由休闲产生的社会支持可以帮助人们减缓越来越多的生活压力，那么人们的身心健康就可以维持了。作为回报，它们还可以促使人们不断地参与休闲。反之，人们的身心健康会变得越来越糟，一些消极的生活事件就更容易增加生活的压力。

休闲参与在本质上是社会性的。[①]休闲的一个重要作用在于它是人们发展伙伴关系或友谊的一个渠道，也是人们发展亲密关系和实现社会认同的社会环境。[②]大量参与运动和娱乐活动的人可以尽可能地与其他人交往，形成和发展较大的朋友关系网，并且取得更多的社会支持。因此，伙伴关系和友谊通过休闲参与得以培养和发展，并且利用由休闲参与得到的社会支持可以帮助他们处理过度的生活压力，从而，能够保持或改善健康状况。

休闲参与对社会支持的影响可能对没有朋友和有较少社会联系的人更有意义。对于那些与世隔绝和孤独的人来说，通过参与休闲活动，建立小型的、正规的社会联系可以帮助他们克服自身意识到的社会支持的明显不足。这个发现表明，通过休闲产生的社会关系是压力的缓冲器，社会联系的不同形式（与休闲相关的联系）对压力有缓解作用，而在工作和学校中得到的有责任意义的联系不能起到这种作用。

阿荷拉指出，社会支持和自主意识是相互作用的，孤独是失去社交能力的结果。那些和其他人几乎没有联系的人只有较少的发展能力的机会，而适度的社会支持和友谊是需要匹配的社交能力的。经常依靠社会支持的人认为，人们并不能直接控制他们的社会环境，那些认为对他们的生活能够亲自控制的人表明他们对生活有较强的抵制能力。结果表明，高度的社会支持对生活压力的抵制作用，以及低度的自我控制和自我能力对健康的不利是相互联系的。

关于自主能力对健康—压力的影响，阿荷拉认为，由休闲产生的自主能力扮演着压力缓冲器的作用。第一，研究表明，涉及自主的倾向，如控制和耐力与控制疾病的能力相关，有自主能力的人似乎不可能得病。第二，休闲提供了发展自主意识的渠道。[③]许多休闲体验促进了人的认识的发展，如人们认为自己有能力开展行动，通过不懈的努力会得到成功的结果。[④]"一个人的心理功能的核心会昭示他或她有能

---

① Crandall, R., Nolan, M. ,& L. Morgan (1980). " Leisure and Social Interaction," In S. E. Iso-Ahola, ed., *Social Psychological Perspective on Leisure and Recreation*. Springfield IL: Charles C. Thomas, pp.285–306.
Duncan, D. J. (1978). "Leisure Types: Factor Analyses of Leisure Profiles." *Journal of Leisure Research*, 10, pp.113–126.
Nisa, D. K. B. (1977). "The Structuring of Recreational Interests," *Social Behavior and Personality*, 5, pp.383–388.
Ritchie, J. R. B. (1975). "On the Derivation of Leisure Activity Types: A Perceptual Mapping Approach," *Journal of Leisure Research*, 7, pp.128–140.

② Kleiber, D. (1985). "Motivational Reorientation in Adulthood and the Resource of Leisure," In Kleiber, D., & M. Maehr, eds., *Motivation and Adulthood*. New York: Plenum press, pp.205–240.

③ Iso-Ahola, S. E. (1980). *The Social Psychology Leisure and Recreation*. Dubuque, IA: Wm. C. Brown.

④ Iso-Ahola, S. E., & R. C. Mannel (1985). "Social and Psychology Constraints on Leisure," In M.Wade, ed. , *Constraints on Leisure*. Springfield, IL: Charles C.Thomas, pp.111–151.

力承担各种任务和进行活动并且能够成功地完成。”[①] 有个性的人的特点是具有自主能力，包括耐力和控制的内在性，并且表明对疾病有抵抗力。

阿荷拉断言，自主能力对生活压力有缓冲作用，自主被认为是休闲体验的一种常见倾向。自身意识到的自由和内在动机被看作是过渡状态，这个状态和人们从事的活动有关，它们也可以发展为对活动的稳定的态度，但那是个性倾向。显然，一项休闲体验并不能导致自主倾向的形成，只有谨慎地选择休闲体验并积极地实践，自主倾向最终方可形成。

自身意识到的以自由为特征的休闲参与对自主倾向有很大的影响。因为，（1）自我选择是自我属性的基本先决条件；（2）行为自由有助于发展自动行为和控制的内在性。阿荷拉认为，认识到自主倾向对休闲的原因和结果很重要。休闲需要自主能力，它也导致自主能力，关于休闲的一个重要论点是它使一个人自主。休闲活动不同于其他有义务的活动，它是和自由的知觉和内在动机联系在一起的。不管自主倾向来源于什么（休闲体验或其他的生活体验），休闲使人们的自主能力成为可能。这是产生缓冲效果的休闲的特点或结果。

无论从概念上，还是从经验上来说，自身意识到的自由和个人控制之间是有联系的。那么，从本质上来说，休闲大多和个人控制的实施有关，那些产生高度自由和内在动机的活动更有可能帮助保持内在控制。考德威尔和史密斯也有与此类似的观点，他们认为，休闲活动提供了将技巧和挑战相匹配来体验个人控制的机会。[②] 休闲培养了有耐力的人格，然而在技巧和挑战如何匹配的观点上存在着个人的不同。但是不管选择什么活动，休闲参与为锻炼自主能力提供了机会，因而有助于缓冲生活压力。

在休闲活动中，深入的融入或者投入是获得自主的一个重要因素。越来越多的休闲参与意味着在所从事的休闲活动中，专门的休闲知识和技能的增长以及高度的融入提升了人的能力、技巧和自尊。这些都对自主意识有促进作用。一些人积极投入所从事的休闲活动，这些休闲活动成了他们生活方式的中心。这些有价值的休闲活动提升了休闲参与活动对人格发展的影响力，特别是当休闲参与成为自我表达的一种方式，这意味着，某些休闲活动正在被用于自主的模式。

阿荷拉明确指出，休闲有助于健康，休闲创造了处理有压力的生活的机制。它通过两个方面使压力得到缓解：（1）伙伴和友谊及自身意识到的社会支持；（2）由休闲产生的自主倾向。通过参与休闲活动发展起来的自主能力可以减轻压力并有助于

① Iso-Ahola, S. E. (1984). “Social Psychological Foundations of Leisure and Resultant Implications for Leisure Counseling,” In E. T. Dowd, ed., *Leisure Counseling: Concepts and Applications*. Springfield, IL: Charles C. Thomas, pp.97–125.

② Caldwell, L., & E. A. Smith (1988). “Leisure: An Overlooked Component of Health Promotion,” *Canadian Journal of Public Health*, 79 (April/May), S44-S48.

健康。一方面，不管生活发生多大程度的危机，在休闲中，当危机严重时，自我意识到的社会支持就会起作用，但是，当生活的问题较小时，这方面的效益就小；另一方面，当压力很小时，通过共同参与休闲活动、培养伙伴关系似乎可以改善日常生活的压力，从而，保持精神健康，而当日常生活的争论不断增多时，伙伴关系还可以提供较实质性的缓冲作用。

第八节　克里斯多弗·R. 埃廷顿等：审美休闲与生活满意度

美国休闲学者克里斯多弗·R. 埃廷顿等人认为休闲是提高生活满意度的途径。他们从理论和实际的结合方面论述了休闲与生活满意度的相关性。

休闲本是人类的天性，和生存、生活乃至工作密不可分。休闲在很大程度上影响甚至塑造着北美人的生活，休闲可以提升人的精神、改善福利和加强人与人之间的沟通交往。我们现在越来越把休闲视为保持、拓展和提高生活质量的有效方法。休闲在培养人的自我价值感、整合和传播价值规范、促进生活和谐等方面起着不可缺少的作用。

对大多数人而言，休闲活动是美好的、有益的。在休闲中，人们有机会进行自省、放松、求知、学艺。休闲活动可以帮助人们冲破阻碍兴趣爱好得以自由表现的藩篱，培养表现个人创造性的兴趣与爱好，并且自由体验永不满足的兴趣爱好。在休闲活动中，人们可以自然表达在休闲之外的其他人类活动中难以表现的方式。而不成功的休闲活动会使人们产生焦虑情绪和无聊感。“休闲带来的最大挑战在于让人们寻求机会，并能够提供专门指导，以帮助人们通过各式各样的休闲活动来寻求幸福和满足。”①

一般认为，生活满意度是个体针对自身舒适、幸福程度或生活质量的一种感觉。②幸福感、精神状态、心理舒适度、生活变化等等都是我们体验整个生活质量的指标。“幸福通常被认为是对生活所持的积极正面的态度和感受。”③目前，因为没有统一的定义，所以很难精确界定生活满意度或舒适度。实际上，生活满意度或舒适度是一个主观和哲学上的概念。虽然对于人们的精神状态、身体健康状况和福利水平可以通过调查研究的方式进行客观地度量，但是还需要从主观的角度来评估影响生活满意度的各个因素，如精神生活的舒适度等。

---

① ［美］克里斯多弗·R. 埃廷顿等：《休闲与生活满意度》，前言。

② Shichman, S., & E. Cooper (1984). “Life Satisfaction and Sex Role Concept,” *Sex Roles,* 11, pp.227–240.

③ Russel, R.V. (1996). *Pastimes: The Context of Contemporary Leisure*. Madiso,WI: Brown & Benchmark, p. 38.

作为重要的社会、文化和经济力量的休闲，影响着人们的幸福、福利和生活满意度。进入 21 世纪，日新月异的科技发明重塑了人们的日常生活，人们的物质丰盈程度、生活方式以及享受休闲的时机等方面都在发生变化，这些变化影响到了工作、游玩、家庭结构和人们在精神、物质等方面的幸福感。新时代给予人们的最大馈赠是日益增多的休闲活动以及休闲文化的兴起，人们的休闲观发生了巨大的变化，以前，休闲活动被视为游手好闲或多余的活动，最好的评价也不过是解解闷和娱乐一下而已。如今，休闲已被视为生活中必不可少的组成部分，成为人们进行自我评估、塑造自我形象的良好方法。

杰弗瑞·戈比曾说过，虽然我们假定“社会是由拥有共同体验的个体组成，但事实上社会是由差异显著不同的代际人群组成”[①]。不同的时代，人们的期望、文化价值观和人生态度各不相同，休闲取向也就不同，老一辈人关注的是家庭经济的稳定性，而小一辈的人则把休闲看作是身份和地位的象征。每一代人都以迥然不同的方式来体验休闲，来评估和提高生活满意度。

在人类历史上，休闲始终被看作是改善和提高生活满意度的一种方法。近百年来，休闲在社会中的重要性和价值都在提高，现在不但人们可支配的自由时间增加了，而且在质和量上，无论是休闲活动项目，还是休闲服务都有了较大的提升。休闲改变了人们的价值取向和价值观念。生活满意度、社会安康通常与幸福、生活质量成正相关。休闲和提供休闲的机会则关涉到生活质量和生活满意度，其最高境界是达到“畅”的最佳心理体验，“畅”的体验与一般所说的“感觉极好”的体验大致相像。休闲是预测生活满意度的一个重要指标，休闲可以促进生活满意度的提高。

许多休闲活动都是以群体参与的方式进行的，这种方式的休闲活动促进了人与人之间的交往与合作，使人们有机会与他人建立联系并获得愉快的社会互动体验。休闲有助于我们消除，比如基于性别、年龄、体力或精神、种族、性取向以及经济状况等方面的差异产生的偏见和成见。在休闲活动中，人们的思想能够自由地沟通、交流和共享，这样，邻里之间、社团之间、不同年龄群体之间联系紧密，沟通融洽，生活满意度就会高，人们也会倍感幸福安康。

人的生命周期与生活满意度有关。休闲是贯穿人一生的活动，人无论是在孩童时期、青年时期、成年期还是老年期，都进行着休闲活动。美国开展的休闲活动都是最先考虑参与者的成长与发展，并把它们放在至关重要的位置上，人生的不同阶段及在不同阶段从事的休闲活动对个体成长与发展都有着重要的影响。休闲活动有益于培养人们的自信、自主、进取、勤奋、认同感、热情仁爱和正直诚实等品质，

① Godbey, G.(1986). “Societal Trends and the Impact on Recreation and Leisure,” in *A Literature Review: The President's Commission on Americans Outdoors*, Demand-1-8. Washington, DC: U. S. Government Printing Office.

具备了这样的品质，就表明个体的成长与发展是积极的、健康的，而个人积极健康的成长与发展能够提升生活的满意度。

人的生活方式能够在很大程度上影响生活满意度和舒适度。休闲活动影响着人们选择健康和充满生机的生活方式。休闲活动有助于自我概念、自力更生和自我实现的形成，也提供了提高审美意识、净化价值观、锻炼领导才干和增长知识的机会。在休闲活动中人们有机会从工作、家庭、人际关系以及其他压力中解脱出来，而且一些积极的、健康的和建设性的休闲活动可以避免人们选择具有极大危害性的逃避压力的方式，如滥用药物和毒品、酗酒等等。现代社会，人们生活在技术和信息支撑的影响下，大多数人除了工作就是待在家里守在电脑旁，很少出来活动，休闲活动正是对久坐不动和以工作为导向的生活的最佳替代。人类本性是喜好新奇、追求刺激，因此，人们总是在不断地进行探索，以满足追求刺激、新奇的愿望，从而摆脱焦虑和无聊，而休闲活动为满足人们这种需求提供了良好的条件。休闲服务机构组织提供的休闲活动设计规划、活动场所以及设施建设也影响着人们的生活方式，这些组织的工作还包括唤醒和培养公众对健康和满意的生活方式的需求意识。大多数休闲活动都是非义务性的或者是自由选择的，因此，这类活动具有独立性和自由性的特点，而独立、自由对于塑造人的精神是必不可少的。人们追求独立、自由的需求能够在休闲活动中得到鼓励、培养和满足。休闲能使一个人在物质、精神、情绪、心灵、智力和社会等方面达到很好的综合和平衡，从而获得一种最佳的生活方式，获得最佳的生活满意度。

几乎所有的休闲活动对个体的生活满意度都有很大的影响。大多数休闲体验与休闲服务机构的工作有关。休闲服务职能部门在改善人们的生活满意度方面有着极为重要的影响。这些职能部门不仅为自己的目标顾客群提供服务，而且它们在成就个体或社会品性方面也做得相当出色。休闲服务部门承担的任务是多方面的，诸如："意识构建、文化传承、知识及技能培养、意见及个性的整合、娱乐游戏、感觉刺激调节、提升社会交往技巧和互动、带来欢乐、改善心理状态、增强创造力以及提供休闲所需要的空间场所与设施配置等。"①这些任务的圆满完成，有利于提高人们的生活满意度。休闲是塑造生活的一个重要因素，不仅仅是对人们在自由时间里的体验行为产生影响，还影响着人们的大部分行为。所以休闲服务组织应从有机统一的角度认识每一个人，以整体的方式对待每一个人，不仅要提供休闲活动项目，还要提供学习相关知识的机会，提供个人咨询服务，要为服务对象提供休闲时间以外的活动安排。以全面、整体的方式为人们提供休闲服务，人们会从休闲服务中得到全面发展的机会，这样有助于生活满意度的提高。

人们参加休闲活动，满足了那些在其生活中其他领域不能满足的需要。休闲活

---

① ［美］克里斯多弗·R. 埃廷顿等:《休闲与生活满意度》，第 28 页。

动可以使他们的需要得以不同程度地实现。马斯洛等人提出人有五种需要，依次是：生理需要（例如饥饿感）、安全需要、爱的需要、自尊的需要、自我实现的需要。个人的需要得到满足时相应地会对健康产生良好的作用，从而提高生活满意度。自我感觉需要得到满足的程度越高，生活满意度就越高。如果满足了自我实现的需要，就会享受到“高峰体验”，这时人就倍感幸福，生活满意度大大提高。同样个体参与休闲活动越频繁，生活满意度就越高。

第九节 杰弗瑞·戈比：休闲与人类发展

美国休闲学者杰弗瑞·戈比是当代休闲问题研究的权威，他有关休闲的著作颇多，其代表作有《你生命中的休闲》《21世纪的休闲与休闲服务》《人类思想史中的休闲》等，他系统地研究了人类休闲问题的历史与现状，提出了一系列具有创新性的观点。

戈比指出，自人类进入20世纪以来，所有衡量人类发展的主客观标准似乎都显得不完善，因为人们所用的标准大多忽略了对人类生存的真正目的的思考，进而把物质文明作为衡量人类发展的尺度。为此，戈比以大量的史料为依据，分析了休闲对于人类发展的作用。

戈比认为休闲是一种哲学观，他把休闲定义为：“休闲是从文化环境和物质环境的外在压力下解脱出来的一种相对自由的生活，它使个体能够以自己所喜爱的、本能地感到有价值的方式，在内心之爱的驱动下的行动，并为信仰提供一个基础。”① 他指出，休闲行为不仅仅是寻求快乐，更要寻找生命的意义，休闲是对生命意义和快乐的探寻。我们可以从中悟出休闲促进人类发展的论点。

休闲促进人类发展这一论点的休闲学基础包括以下八个方面：

（1）休闲有益于人们方方面面的改进或完善。休闲所带来的这种改进或完善，已经历史性地和自身的进步结合在一起。休闲可以促进个人安宁与自我实现，各类宗教思想家认为休闲可以使自己的心灵得以成长。休闲使人的身心和灵魂重新焕发活力；休闲给人以学习的机会，使人自由地成长、自在地表现；休闲使人放心地休息、全面地恢复；休闲使人完整地重新发现生活的意义。在未来，休闲也许不会过多地建立在个人主义的基础之上，人们将进一步摆脱自私性的休闲行为，休闲活动也会存在于对他人有益的活动中，如利用自由时间自愿地去帮助他人，也可以为自己的国家和社区做一些有益的事情。这样休闲不但可以促进个体发展，也可以推动人类进步。

---

① ［美］杰弗瑞·戈比：《你生命中的休闲》，第14页。

（2）休闲是自由和愉快的。休闲活动能够给人带来乐趣，在休闲活动中人们是自由自在的，并且全身心地投入其中，不为私心杂念所困扰，获得“畅”的最佳心理体验，此时人们是最自信的。史密斯认为：“学习和对活动的投入是我们的快乐的源泉，那些可以从思想中发现乐趣的活动是最好的，因为它们是快乐的真正的源泉。”[①]休闲就是这类活动，它可以带给人快乐，使人们愉快地生活在这个世界上。

（3）休闲活动是身份的象征。不同社会背景、不同年龄阶段的人从事休闲活动的方式是不同的，自由时间内的活动会让我们知道某人会是怎么样的一个人，因此休闲活动打上了个人风格的烙印，可以展现一个独特的自我。

（4）休闲活动具有康复功能。休闲活动可以让我们从繁重的工作或其他强制性活动所带来的危害中缓解过来，获得一个喘息的机会，有利于人的身心健康；在休闲活动中，因为人们全身心地投入其中，所以有利于情绪的宣泄，同时也可以转移人的注意力，把人们从日常的功利世界中引开，从而进入一个自足的世界。

（5）休闲活动与消费有关。许多休闲活动的目的在于消费某些物质商品，即在商场中参与的休闲。它一方面体现了休闲的经济意义，另一方面，购物可以给人们带来使自己得以社会化的机会，从而获得满足感。

（6）休闲具有精神性作用。自古希腊以来，自由时间内的活动一直都体现出一种精神性的功能。休闲的精神因素是同人的存在状态联系在一起的，被人们认为是一种精神活动的祈祷、沉思或冥想。好奇、赞美和健康状态中的精神因素好像是在休闲活动中呈现出来的，或者说，是人们在参与这些休闲活动时所引起的。

（7）休闲能够寻找生命的真实。人们通过参与休闲活动，尤其是通过旅游，可以到一些地方去寻找返璞归真的感觉，从而获得生命的真实。

（8）休闲具有整合功能。在休闲中人们能够融入其中并感同身受，与之浑然一体。戈比把休闲理解为“人在破碎的文明中的整合因素”[②]。娱乐（recreation）是休闲的一个常用同义词，可以理解为“再造”（re-creation），是指一种对工作和劳动所造成的身心磨损和老化的修复和治疗过程。就是说，娱乐一词意味着恢复、复原，回到原初的或理想的状态。换句话说，娱乐用来使人再度成为一体。在娱乐或休闲活动中，可以获得一种完整感或整合感。这样，人们就有机会表现出全部的自我，而不只是一小部分或一个侧面。

休闲促进人类发展这一论点的主要支撑点有以下三个：

（1）休闲是塑造人类智力发展的一个重要领域。有资料表明，人类的大脑具有可塑性，就是说它会伴随时光的流逝而发生变化，而人们的行为在这个变化中也起到了某些作用。“在某种程度上，一个人的经历和行为就能决定着我们的大脑容

① ［美］托马斯·古德尔、杰弗瑞·戈比：《人类思想史中的休闲》，第 255 页。

② ［美］杰弗瑞·戈比：《你生命中的休闲》，第 180 页。

量。”[①] 众所周知，工作是智力发展的一个重要方式。但人们越来越体会到休闲同样是塑造人类智力发展的一个重要领域。休闲活动要求人们应具备的智力条件以及人们在休闲活动中的各种各样的体验，会在不知不觉中改变其思维能力，或提高或降低人们的智力水平。因此，你所选择的休闲方式将对你的智力发展起着相当重要的作用。尽管我们的基因构成可能设定了我们的能力极限，但是，我们能逼近这一极限的程度部分地取决于我们怎样行动。在休闲活动中，倘若其环境比较“丰富”并且休闲活动又比较有挑战性的话，就能更充分地发挥智力潜能，促进人们智力的发展，但把休闲当成休息的人就无此收益。

参与休闲似乎也是成年人，尤其是上了年纪的人保持智力水平的一个重要方式。相关研究表明，老年人的智力水平与他们选择的休闲方式有关，智力水平较高的老年人似乎会有一些特定的休闲选择（比如打桥牌），同时，老年人在闲暇时所选择的休闲方式有可能使他们保持和增加各方面的能力，因此，我们可以通过促进其改变休闲行为的方式来增强他们的智力功能。

（2）休闲教育促进人类发展。古雅典人认为，自由人如果不想使自己的生活沦为灾难，就一定得接受休闲人生的教育。休闲已成为人类生活的重要组成部分，它将越来越成为影响人生幸福的核心因素。不良的休闲嗜好不仅会伤害到我们的身体，而且会阻碍人类的发展。为了避免这种消极的后果，人们应当为休闲活动做各方面的准备，要接受休闲教育。休闲实践证明，在休闲活动中，有技术、有能力的人更有希望感受到快乐并获得健康成长。

应强调指出的是，人们错用、滥用或过度地使用休闲，不仅使人们的生活质量下降，甚至有可能会损害个体成长和发展的潜力，休闲教育可以帮助人们更合理地、优化地、建设性地使用休闲时间，妥善地利用休闲，使人们以一种整体性的、脱离低级趣味的、文明的、有创造性的方式享受自由时间，这样可以造福于我们的生活，使我们感到生活是一个整体，充分感受到生活的价值，从而促进人类的进步。

对一些特殊人群，如发育不健全、精神错乱、肢体残疾和刑满释放的人来说，如何获得满意的休闲方式是个难题。他们能否在社会上独立生活，不仅取决于他们的就业能力，而且还要看他们是否能获得满意的休闲方式。休闲教育对这些特殊人群有特别的意义，他们需要学会从众多休闲方式中做出选择，他们还需要对休闲领域有更为广泛全面的了解，以提高自己的选择能力。戈比认为，从广泛的意义上来说，教育的理想立足于这样一种信念，人们能够做出选择，知识的整个目的是使人做出正确的选择。因此，可以对这类人群提供休闲咨询服务，向他们提供休闲资源的有关信息，或者用其他方式提高他们的休闲能力，这样可以拓展他们的休闲思路，明确休闲价值，改变休闲观念。接受休闲教育对这类人群来说，不单富有挑

① ［美］杰弗瑞·戈比：《你生命中的休闲》，第 295 页。

战性，并且在很大程度上将决定着他们的独立生活能力，也将决定他们的命运。

在戈比看来，学校的正规教育着重用理性来控制情感，认为只有勤奋学习、掌握知识才是正道，强调学习有用的知识、对未来工作做准备和规划个人成长才是最重要的事情。这意味着大学教育从本质上是为职业服务的，没有考虑到让学生从多种途径理解人生的意义。很多大学生觉得被社会疏远了，他们的许多休闲活动看上去既奇怪，又逃避现实，学校应当进行休闲教育，全面开发学生的感官、情感、智力、心理和精神等各方面的综合素质。休闲教育应该提高学生的智力，教师应当培养学生的“自由的”（liberal）技艺。因为自由技艺涉及人的精神领域，学校要开设对学生的智力发展、身体健康以及审美情趣的培养“有用的”课程，它们虽然不是生存或工作所必需的，但拥有这些会使他们感受到作为一个人的存在意义，使其成为通过休闲教育培养出来的完整的人，成为既关心他人的生活和幸福，也关心人类的进步和社会的发展的社会成员。

我们的休闲价值观和休闲活动会随着年龄的增长而变化，休闲兴趣也会发生改变，所以休闲教育是一项终身教育，即从幼儿园以前到退休以后的终身教育。学校提供的休闲咨询是非常有限的，其他组织机构实施休闲教育也许更为合适。这些机构的努力，能促进与人的休闲相关的价值、态度、技巧和知识的发展，从而提高他们所在社会的质量。

休闲教育涉及各种活动，通过这些活动，人就能更好地理解他们生命中的休闲的作用，基于这种理解，人们能提高他们的生活质量。

（3）休闲有助于人类过上健康的生活。随着现代国家的人们用于工作上的时间从占时间长度的 50% 降到 20%，休闲在人类健康方面的影响变得越来越重要了。戈比认为，休闲与人类的健康息息相通，休闲活动可以成为紧张的生活和疾病之间的缓冲器。研究显示，过于紧张的生活环境会导致身体和精神上的疾病，休闲活动能够从两个方面帮助人们减缓压力，一是社会支持，二是自主能力。而休闲活动对于提供社会支持，建立和保持自主能力有着关键的作用。[①]

休闲被看作缓解心理压力的解毒剂，而心理压力被看作是形形色色疾病的祸首，所以娱乐、公园和休闲服务机构将在更广泛的意义上提供服务，更注重提供一些缓解人们的心理压力，或者能有效地抑制心血管系统疾病发生的项目。在未来的几十年中，休闲最重要的功能大概将是减轻压力，这意味着人们将有机会放慢生活节奏，享受独处的乐趣，尽可能地接近自然并拥有一份安宁。通过参加休闲娱乐项目，可使人身心放松，在参与过程中还可以学习和受到教育，这样人的身心都得到锻炼，机体得到调节，也可使自己不断提高心理承受能力，有利于健康。

① Coleman, D., & S. E. Iso-Ahola (1993). “Leisure and Health: The Role of Social Support and Self-Determination,” *Journal of Leisure Research*, 25(2), pp.111–128.

针对现代国家人民健康状况不断恶化的情况，许多休闲服务将更加直接地将自己重新定义为健康服务，为健康不佳和有身体障碍的人提供合适的休闲活动将变得越来越重要，疗养性娱乐将成为需求量更大的服务。

西方进入后工业社会后，随着社会的整体价值观从工业社会的追求“物质成功”转变为追寻“自我表现”，休闲价值观也开始关注人的生存。人们将休闲重新定位为能够自由地选择方式来实现自我价值的途径。对休闲与工作之间关系的认识也发生了很大变化，强调休闲是生活的主要乐趣，代替了统治休闲认识领域长达数百年之久的“工作和劳动是生活主旋律”的观念。西方当代休闲观旨在回归“生命中的自由与意义”，如恩格斯所言，每一个社会成员都能完全自由地发展和发挥他的全部才能和力量。从休闲与社会的辩证关系来看，缺失理想的社会不可能有普遍的休闲，反之，缺失普遍的休闲则不可能是理想的社会和理想的生存状态。

第四章　孔子、庄子的审美与休闲境界

中国传统的审美与休闲智慧形成于先秦儒道互补的人文精神和自然哲学。从某种角度讲，休闲的本质是人的自然化，也即自在生命的自由体验。孔子哲学思想不仅有自然的人化，更有人的自然化。孔子人的自然化思想有着丰富的休闲哲学智慧，并呈现为极高的审美境界。“舞雩之乐”与“孔颜乐处”是孔子审美休闲智慧与境界的两个方面，前者从人的自然情感欲求出发，寻求洒落适性的人生道路，倡导在山水游玩之中实现人的自我价值；后者倡导以休闲的生活与心态超越人生的苦难与困境，无论是遭遇困境或是享有富贵，都要随遇而安，保持快乐的心境。庄子哲学是人的自然化思想的典型体现，最早开启了中国哲人自在生命的自由体验精神。庄子的审美与休闲境界有着丰富而深刻的内涵。首先庄子提出了“无为自然”的休闲个体化原则，其次他提出了“逍遥游”的休闲自由原则，最后庄子提出一种“无江海而闲”的休闲超越原则。

第一节　孔子的审美与休闲境界

一、孔子休闲审美思想的内在理路

何谓人的自然化？人的自然化是与自然的人化相对应的过程。这里的人应该理解成“理性的人”，理性人的特征是知识论以及道德论范畴下的人，也就是通常意义上的“文化人”。自然的人化体现为人的社会性的塑造，即人对内在自然与外在自然进行“文化”；而人的自然化是将人回归到其自然情感，回到个体自身生命体验上来，也即回到人的感性经验上来。回到感性经验上来并不是要回到动物的水平，而是回到整体的人、本真的人的生存状态。回到感性经验上来也不是不要理性，而是纠正过往以理性人那种纯粹以理性为中心，压抑感性经验，并以理性为最终归宿的片面人的现象。所以，回到人的情感经验，不是以理性压制情感，也不是情感排斥理性，而是在以情感为本的状态下，寻求情理间的动态平衡。

人的自然化有两个层次，一个层次是人化于外界的自然，即人能够回归自然山

水，同大自然和谐共处，主动地去欣赏自然，游嬉于自然之中。另一个层次是人化于人自身的自然本性之中，即人摆脱物的束缚与异化而回到自我生命的本真性情上来。以自我生命为目的去实现生命的价值，而非以自我生命为手段实现物的价值。人的自然化之第一层次很明显属于人类休闲活动的重要内容，即自然休闲。而后者人对自然本性的回归更是休闲活动之内在特征。著名休闲学家杰弗瑞·戈比认为休闲是“从文化环境和物质环境的外在压力中解脱出来的一种相对自由的生活，它使个体能够以自己所喜爱的、本能地感到有价值的方式，在内心之爱的驱动下行动，并为信仰提供一个基础”[①]。从休闲与“解脱”“自由”等概念的必然联系中可以看出，休闲是人向自然本性回归的经验活动。

孔子的思想一般被认为是体现了自然的人化。一方面是“非礼勿视，非礼勿听”(《论语·颜渊》)，是以仁义道德来使人的自然生命人化，即道德化；另一方面又体现为“学而优则仕”(《论语·子张》)、“邦有道，则仕”(《论语·卫灵公》)的个体生命的职业化。这种道德化与职业化的结果是造成了儒家的“无我”，即个体之我的消失，而成就了一个集体之我、国家之我、社会之我、历史之我。这也即是安乐哲所谓“无我的自我”[②]。李泽厚认为孔子的仁体现了一种个体人格的主动性与独立性，并举“己欲立而立人，己欲达而达人”(《论语·雍也》)，“我欲仁，斯仁至矣”(《论语·述而》)[③]，但这种“人能弘道，非道弘人”(《论语·卫灵公》)的个体人格，更是具有一种很强的历史责任感。我们认为孔子所强调的这种个体人格是服从于作为士的历史责任感的，抑或说这种个体人格体现于对历史与社会责任的双重承担上。从休闲学的视角来看，这种自然的人化恰恰是对个体自我的消解[④]。

自我的道德化与职业化会使人处于紧张与忙碌之中，这从孔子一生的生命实践中即可看出，“无终食之间违仁”(《论语·里仁》)，“战战兢兢，如临深渊，如履薄冰”(《论语·泰伯》)，孔子栖栖遑遑奔走一生，知其不可为而为之。另外，自我的道德化即成己，职业化则为成物。成己成物的人生路向，纵然高蹈，但其践履却甚是辛苦。就孔子来说，其从十五志于学，至七十从心所欲不逾矩，将近一生都在道

---

① ［美］杰弗瑞·戈比：《你生命中的休闲》，第 14 页。

② ［美］安乐哲：《自我的圆成：中西互镜下的古典儒学与道家》，彭国翔编译，石家庄：河北人民出版社，2006 年版，第 312 页。

③ 李泽厚：《中国古代思想史论》，天津：天津社会科学出版社，2003 年版，第 19 页。

④《中庸》中云：“天命之谓性，率性之谓道，修道之谓教。”其中“教”集中体现了儒家的教化思想以及“自然人化”的理论品格。伽达默尔于《真理与方法》一书中对人类的“教化”活动作如此说：“教化作为向普遍性的提升，乃是人类的一项使命。它要求为了普遍性而舍弃特殊性。但是舍弃特殊性乃是否定性的，即是对欲望的抑制，以及由此摆脱欲望对象和自由地驾驭欲望对象的客观性。”（参见［德］汉斯－格奥尔格·伽达默尔：《真理与方法》[上卷]，第 14、15 页。）由此我们也可以认为，儒家的教化思想（即人的道德化、职业化）也最终导致宋理学所谓的“存天理，灭人欲”，舍弃个体自我原则，舍弃快乐原则，而抑制欲望。

德的自我约束与职业化的自我营谋中度过。实际上，在道家代表人物的眼中，孔子被刻画成终生奔走劳苦却劳而少功的一个形象。

> 夫儒者以六艺为法。六艺经传以千万数，累世不能通其学，当年不能究其礼。故曰“博而寡要，劳而少功”。
>
> 《史记·太史公自序》[①]

不仅治学是劳而少功，在当时的社会历史条件下，孔子奔走一生推行其政治哲学的努力也并没有获得成功。其“老者安之，朋友信之，少者怀之”(《论语·公冶长》)的社会政治构想也成为一种理想。然而在面对隐逸者的嘲讽与规劝时，孔子及其弟子是这样回答的：

> 夫子怃然曰：“鸟兽不可与同群，吾非斯人之徒与而谁与？天下有道，丘不与易也。”……子曰：“隐者也。”使子路反见之。至则行矣。子路曰：“不仕无义。长幼之节，不可废也；君臣之义，如之何其废之？欲洁其身，而乱大伦。君子之仕也，行其义也。道之不行，已知之矣。”
>
> 《论语·微子》

隐者即“辟世之士”，即对社会空间主动退避，而固守个人空间。而孔子是不轻言放弃的，程颐对此解释：“圣人不敢有忘天下之心，故其言如此也。”[②]张载也如是解释：“圣人之仁，不以无道必天下而弃之也。”[③]康有为更是直接指出孔子“宁知乱世浑浊而救之，非以其福乐而来之也……恻隐之心，悲悯之怀，周流之苦，不厌不舍”[④]。这反映了孔子积极进取的人生原则。

但是，孔子思想不仅仅体现出自然的人化，同时也有人的自然化倾向。就人生哲学来讲，自然的人化与人的自然化是人生进路的两极，是截然不同的两个方向。前者粗略地说是一个人社会化的过程，是个体生命公共空间的赢取与占有，即所谓的欲达至“立德、立功、立名”之三不朽；而后者则是一个人自然化的过程。自然化即自我性情化，它是个体生命私人空间的占有，本质上是本真自我的回归。现实生活中，赢取公共空间的代价往往是个体生命在众多社会关系与外界事物中沉溺而不能自拔，即孟子所谓“陷溺其心”。即使从养生的角度看来，公共空间往往是受客

---

① 司马迁：《史记》(第10册)，北京：中华书局，1963年版，第3290页。文中所引《史记》篇目，皆引自此书，其余只随注篇名，不再加脚注。

② 朱熹：《四书章句集注》，北京：中华书局，1983年版，第184页。

③ 同上。

④ 康有为：《论语注》，楼宇烈整理，北京：中华书局，1984年版，第280页。

观命运法则的左右，很容易伤害个体生命。康有为说孔子“特入地狱而救众生”，萨特言“他人即地狱”，于此我们可以说公共的社会空间即有可能成为异化生命的空间。在孔子那个时代，社会空间确实不足以让人期待了，如楚狂接舆歌而过孔丘：

> 凤兮凤兮，何德之衰；往者不可谏，来者犹可追。已而已而，今之从政者殆而！
>
> 《论语·微子》

对此，孔子听后亦“欲与之言”，可见其深有感触。政治环境的“殆而”，表明了当时政治空间，即公共领域不值得让人留恋。于是歌者欲劝孔子停下奔劳而归于休止，朱熹注解此段时说：

> 来者可追，言及今尚可隐去。已，止也。[①]

“有道则见，无道则隐”(《论语·泰伯》)其实也是孔子所认同的人生哲学。孔子乃“圣之时者也”(《孟子·万章下》)，又言“子绝四：毋意、毋必、毋固、毋我”(《论语·子罕》)。孔子虽然执着于士之历史责任意识，但在现实的具体行为上，孔子则从“权”。孔子因此体现出强烈的实用理性，“道不行，乘桴浮于海”(《论语·公冶长》)。可见，孔子并不是非要执着于在公共的社会空间中消耗自我生命，他的“时进时止”，其实就是在公共领域与私人领域自由出入的精神，并不凝滞于一隅。而这种“邦无道，则可卷而怀之”(《论语·卫灵公》)的归隐意识，即被认为是儒道相通之处，也是我们切入孔子休闲美学的关键。

在中国的哲学传统中，“休止”“隐逸”常常被看作是私人领域的回归，私人领域的回归即是人的自然化的开始。对于孔子而言，当社会的公共空间不能容纳自我价值的实现时，孔子会很自然地将自我价值的实现转向个体自我道德的成长，即转向成己或内圣上来。这种内圣的过程表面看来是自然的人化，但在孔子看来，内圣是很自然的事情，所谓“我欲仁，斯仁至矣”。内圣建立在人的自然情感（欲）之上，容不得丝毫的虚伪。所以孔子才说“巧言令色鲜矣仁”(《论语·学而》)、“吾未见好德如好色者也”(《论语·子罕》)，此一方面言好德者鲜见，另一方面言好德应如好色一样成为情感自然之投射。关于孔子仁的心理情感原则，李泽厚言之多矣[②]。践履仁道不是从外在的道德法则或圣人权威或神的超绝之意志出发，而是从人的最基本的心理情感出发。三年之丧建立在“心安”的基础上，礼乐建立在“仁”的基

---

① 朱熹:《四书章句集注》，第184页。

② 参见李泽厚:《中国古代思想史论》，第16页。

础上。而道德仁义之据守最终是通过“游于艺”“成于乐”的“游乐”境界显示出来[①]，这一切都似乎说明了孔子思想中人的自然化之一面。

内圣即是为仁的过程。孔子认为这一过程完全是个体自我一己之事，而非关天道、人事。“不怨天，不尤人，下学而上达。知我者其天乎”（《论语·宪问》），“为仁由己，而由人乎哉”（《论语·颜渊》），这种对自我内在意识的觉悟实际上是对个体私人领域的重视。孔子认为私人领域虽非关人事，却正因此成为个体人格完整如一的重要场所。“慎独”虽由子思提出，但也是孔门一致的思想。曾子“三省吾身”，即言其在闲暇之余回到个人领域以便省思自己之言行。而孔子也是非常重视人对闲暇的利用的：

> 子曰：弟子入则孝，出则弟，谨而信，泛爱众，而亲仁。行有余力，则以学文。
>
> 《论语·学而》

这里孝悌、爱众、亲仁，都是在社会空间中实现的，而一旦闲暇而有余力，则“学文”。“学文”，即“游于艺”之谓。闲暇即意味着时空向自我展开，这时人最容易放荡，也最容易无所事事。因此，闲暇对于一个人的成长显得尤为重要，孔子也意识到了这点。于是他说：

> 子曰：饱食终日，无所用心，难矣哉！不有博弈者乎，为之犹贤乎已。
>
> 《论语·阳货》

“饱食终日”与“博弈”其实都是属于私人领域的休闲之事，因为都不用去关心公共事务。但两者对于一个人的成长显然判若云泥。“饱食终日”容易使心流荡不归，而博弈下棋虽为小道，但也“必有可观者焉”（《论语·子张》）。孔子认为无所事事地度过余暇，还不如专心于一些休闲的活动上来。

孔子虽然终生奔忙，但亦有闲暇无事之时，此之谓闲居。子思言闲居须“慎独”，表现出如履薄冰的谨慎敬畏感。但在孔子，闲居则显得更加从容宴然：

> 子之燕居，申申如也，夭夭如也。
>
> 《论语·述而》

何以能至此境界？孔子曾说过“君子坦荡荡，小人长戚戚”（《论语·述而》），君子

① 朱熹注解“游于艺”谓“游，玩物适情之谓”，此即明确指出了君子成仁成德过程中休闲的价值。

乐道，以道自守，而不为忧患得失撄扰其心，故亦言“仁者不忧”“仁者乐”，小人则反是。

以乐道自守，人其实获得的是一颗“闲心”。孔子困于陈蔡之间，绝粮，“从者病，莫能兴。孔子讲诵弦歌不衰。子路愠见曰：‘君子亦有穷乎？’子曰：‘君子固穷，小人穷斯滥矣。’”（《论语·卫灵公》）朱子注解曰：

> 愚谓圣人当行而行，无所顾虑。处困而亨，无所怨悔。于此可见，学者宜深味之。①

我们认为此即孔子闲心之表现。这种在困境中仍然悠然自得的境界，在后代儒家那里起到了很好的示范作用。苏轼自不待言，他正是以此之精神来度过屡次遭贬之困境。朱熹亦是如此。朱熹一生繁多的自然山水休闲活动，正是消解其因党祸而遭迫害之利器。而这一切，我们都可以认为是儒家以人的自然化消解自然人化过程中所带来的异化现象，是以休闲来战胜人生困难的表现。

以自然的人化言孔子之学，乃指孔子“修齐治平”的社会政治理想；而若言孔子之学之人的自然化，则须言及孔子的“舞雩风流”和“孔颜乐处”，这两个命题正是孔子休闲哲学的集中体现。

二、舞雩风流：休闲审美隐喻

《论语·先进》一篇之最后一章记录了孔子与四位弟子的一段谈话。当时曾点在鼓瑟，孔子问四个人的志向。子路说可以去治理好一个大国，冉有说可以治理小国，公西华有些谦虚，说只能做宗庙小相。孔子对这三人初皆未置可否。问及曾点：

> 鼓瑟希，铿尔，舍瑟而作。对曰：“异乎三子者之撰。”子曰：“何伤乎？亦各言其志也。”曰：“莫春者，春服既成。冠者五六人，童子六七人，浴乎沂，风乎舞雩，咏而归。”夫子喟然叹曰：“吾与点也！”

这一段向来被注释家所重视，但又都异议纷呈，莫衷一是。由于曾皙点明游玩沂水的时间是“暮春”，即夏历三月，很多注解都谓北方之暮春尚为寒冷，因此浴乎沂不应该是在河水里游泳洗澡，钱穆解此段为：“遇到暮春三月的天气，新缝的单夹衣上了身，约着五六个成年六七个童子，结队往沂水边，盥洗面手，一路吟风

---

① 朱熹：《四书章句集注》，第161页。

披凉，直到舞雩台下，歌咏一番，然后取道回家。”① 而王充更是认为“浴乎沂”，乃“涉沂水也，象龙从水中出也”。他以当时舞雩之古俗认为，曾点所言并非一次游玩活动，而是一次舞雩之祭祀活动，时间是在“正岁二月”。王充驳斥了“风，干身”的说法，认为“尚寒，安得浴而风干身”，他认为“风，歌也”，把“咏而归”解释成“咏而馈，歌咏而祭也”。王充认为孔子赞同曾点，是因为“曾点之言，欲以雩祭调和阴阳，故与之”。② 王充的这一诠释被认为是对舞雩风流之事的本源解释。③《论语正义》又引宋氏凤翔的言论称王充的解释最为允当，但他认为王充将舞雩的时间定为正岁二月是不对的，应是即将四月，时天气已转暖。虽转暖，但尚不至于在水里洗澡，故他基本上认同王充之论。④ 但对于王充与宋氏之言论，我们不取，因为《论语》中记载曾点乃一孔门狂士⑤，并无意于世，休闲性情浓厚。且从上下文语境中，“铿尔，舍瑟而作”，亦可见曾点性情之处。以祭祀言舞雩风流不免大煞风景。

而朱熹则认为当地或许有温泉，他认为浴是盥洗的意思，近祓除之风俗。风，朱熹解释为乘凉。可见，钱穆之解释即取自朱熹。朱熹认为：

> 曾点之学，盖有以见夫人欲尽处，天理流行，随处充满，无少欠阙。故其动静之际，从容如此。而其言志，则又不过即其所居之位，乐其日用之常，初无舍己为人之意。而其胸次悠然，直与天地万物上下同流，各得其所之妙，隐然自见于言外。视三子之规规于事为之末者，其气象不侔矣。⑥

此以天地气象解读曾点，乃继承程颐之说，固然比王充之解为胜，但正如钱穆所言“此实深染禅味”⑦。

至此，从王充至钱穆，虽解释各异，但一以为舞雩乃祭祀之行为，一以为祓除之风俗，实乃大同小异，即无论是祭祀活动，还是民间之风俗，都略显矜庄，与曾点之狂放形象不侔。至少祭祀与祓除皆为功利旨向极为明显的活动，前者为求雨除旱，后者则为攘除灾邪。若以此而言其为天地境界尧舜气象，则不符曾点之情，明矣！

而李泽厚之解似乎更显不同，他是这样解释的：“曾点说，暮春季节，春装做

---

① 钱穆：《论语新解》，成都：巴蜀书社，1985 年版，第 281 页。
② 黄晖：《论衡校释》，北京：中华书局，1990 年版，第 674—679 页。
③ 赵树功：《闲意悠长：中国文人闲情审美观念演生史稿》，石家庄：河北人民出版社，2005 年版，第 158 页。
④ 刘宝楠：《论语正义》，高流水点校，北京：中华书局，1990 年版，第 477 页。
⑤ 《四书章句集注》载程颐之言曰“曾点，狂者也”，参见朱熹：《四书章句集注》，第 131 页。
⑥ 朱熹：《四书章句集注》，第 130 页。
⑦ 钱穆：《论语新解》，第 280 页。

好了，和五六个青年，六七个少年，在沂水边洗澡游泳，在祭坛下乘凉，唱着歌回家。”[①] 这种解释完全是从字面解释，也许更能接近曾点之原意。其实在王充的《论衡》中我们还发现这么一句：“说《论》（《鲁论》）之家，以为浴者，浴沂水中也，风，干身也。”[②] 这就意味着李泽厚的解释与《鲁论》是近似的。这里的关键其实是在暮春时节究竟能否入水洗澡的问题。因为无论祭祀，还是祓除之风俗，都没有提到可以在水中洗澡。涉水、盥洗皆为较为矜持之行为，此正可以与祭祀、祓除相对应。但曾点乃狂者，以单纯之涉水、盥洗来描述这次春游之行为，似显不当。且与咏歌之行为不侔。再者，如果以天气寒冷便言不能洗澡，则以足涉水，或以河水盥洗，似乎也是经不起推敲的。而一群人水中洗澡，唱着歌回家，此明显为一游乐纵欢之行为，此则差近曾点狂放之气象。

其实孔子所生活的年代之气候与后代皆有不同，竺可桢在其成名作《中国近五千年来气候变迁的初步研究》中早已指出，春秋与战国时期北方属于亚热带气候，气温明显地高于后世。例如其在论文中指出：“《左传》中往往提到，山东鲁国过冬，冰房得不到冰；公元前 698、前 590 和前 545 年尤其如此。”又说：“到战国时代（前 480—前 222 年）温暖气候依然延续。”[③] 而孔子生活的年代恰好是公元前 551 年至公元前 479 年。由此可见，我们虽然不能知道孔子时代暮春时节的具体温度，但在气候尚处于亚热带气候的四月，其温暖程度应该可想而知。如果天气晴朗，又在中午时分，天气应该更为温暖，在水中洗澡当不为过。洗澡游玩至傍晚，唱着歌回去，此亦人情之自然而然之事，并无丝毫勉强。我们认为孔子赞赏曾点，也是因其能在适当的时令，不拘于公共事务的萦绕而能随性所适，且度过一个悠然畅快的时光，这也是人之本性的自然呈现。

另外，对于其他三个人以从事公共事务为志向，孔子当然并不反对。且孔子自己也多次表明过有从仕之意，如“富而可求也，虽执鞭之士，吾亦为之”（《论语·述而》）。孔子的思想主要体现为自然的人化，是外向空间的拓取。然而孔子并非执着于此，当“邦无道”，政治社会环境变得狭隘，不足以实现士人君子之抱负时，孔子也并非即如隐士所言“是知其不可而为之者”（《论语·宪问》）。对于孔子来说士人最重要的是人格的自由，只要秉承道义在身，自由的人格是无所执拗的，也就是“毋意、毋必、毋固、毋我”。所以，孔子在上句话之后接着就说“如不可求，从吾所好”（《论语·述而》）。“从吾”，即意味着既然公共事务不足以为之，那么索性退回到个人的私人领域，也即苏轼所言“勾当自家事”[④]。“所好”何事？钱穆

① 李泽厚：《论语今读》，合肥：安徽文艺出版社，1998 年版，第 271 页。
② 黄晖：《论衡校释》，第 675 页。
③ 竺可桢：《中国近五千年来气候变迁的初步研究》，《考古学报》，1972 年第 1 期。
④ 《济南先生师友谈记》，孔凡礼：《苏轼年谱》，北京：北京古籍出版社，2004 年版，第 1849 页。

注解为“所好惟道”[①]，其实不只是道，个人兴趣所在、情性自然所至都可以理解为“所好”。当时孔子所处之环境，富贵已然不可求，而曾点“舞雩风流”正是“从吾所好”之应有之义，故对于四个弟子的志向，孔子更倾向于曾点，就不足为怪了。

至于程朱以天地境界、尧舜气象来解读舞雩风流，程朱后学更是淈其泥而扬其波，如与王阳明同时的夏东岩即言“孔门沂水春风景，不出虞廷敬畏情”[②]，这已经从很大程度上抹煞了舞雩风流的休闲审美情调。而王阳明以“无入而不自得”“不器”言曾点，则有些近似。王阳明曾多次表明曾点是其追慕之对象。其赠夏东岩诗云:“铿然舍瑟春风里，点也虽狂得我情。”[③]这里的情，已经不是程朱理学所谓的“性情”，而是“情性”，即人的自然欲情。正因此，李泽厚指出阳明心学及其后学之人性论实际上“走向或靠近了近代资产阶级的自然人性论：人性即自然的情欲、需求、欲望”[④]。

可以认为，曾点之舞雩实乃孔学人的自然化思想之现实体现，它从人的自然情感欲求出发，寻求洒落适性的生活方式，而休闲游玩正是这一生活方式的典型实践。

舞雩风流实际上成为古代士人休闲审美的一种隐喻，它的所指即休闲游玩的活动，尤其指在山水园林间休闲。例如汉末仲长统：

> 使居有良田广宅，背山临流，沟池环匝，竹木周布，场圃筑前，果园树后。舟车足以代步涉之艰，使令足以息四体之役。养亲有兼珍之膳，妻孥无苦身之劳。良朋萃止，则陈酒肴以娱之；嘉时吉日，则亨羔豚以奉之。蹰躇畦苑，游戏平林，濯清水，追凉风，钓游鲤，弋高鸿。讽于舞雩之下，咏归高堂之上……[⑤]

这完全是向人们描绘了一种闲适自得的生活方式。汉末士人已经有了群体自觉与个体的自觉。面对个人与社会、私人领域与公共政治领域之间的矛盾，士人开始了对自我生命安适的反省。正如《王充王符仲长统列传》中指出仲长统：

> 常以为凡游帝王者，欲以立身扬名耳，而名不常存，人生易灭，优游偃仰，可以自娱。欲卜居清旷，以乐其志。[⑥]

---

① 钱穆:《论语新解》，第164页。
② 黄宗羲:《明儒学案》，北京：中华书局，1985年版，第65页。
③ 《月夜二首》,《王文成全书》卷34，钦定四库全书本。
④ 李泽厚:《中国古代思想史论》，第234页。
⑤ 《王充王符仲长统列传》,《后汉书》卷79，钦定四库全书本。
⑥ 《后汉书》卷79，钦定四库全书本。

仲长统以舞雩风流的休闲生活方式向外界展示了一种士人独特的姿态，显现了其对人生的深刻思考。

戴逵更是以舞雩风流为闲游之活动，作《闲游赋》以颂之：

> 故虽援世之彦，翼教之杰，放舞雩以发咏，闻乘桴而懔厉。况乎道乖方内，体绝风尘，理楫长谢，歌凤逡巡，荡八疵于玄流，澄云崖而颐神者哉？然如山林之客，非徒逃人患避争门，谅所以翼顺资和，涤除机心，容养淳淑，而自适者尔。[①]

此与仲长统不同者在于戴逵认识到舞雩之休闲乃非为逃名弃利，而纯属为个人性情自适所为。

非但一般士人以舞雩为性情闲适之典据，甚至上层官僚休闲之际也乐于引用舞雩之故事来表明其休闲娱乐活动是正当的、安于人性的，如唐代韩愈记载的一次上层官僚的休闲活动：

> 与众乐之之谓乐，乐而不失其正，又乐之尤也。四方无斗争金革之声，京师之人，既庶且丰，天子念致理之艰难，乐居安之闲暇，肇置三令节，诏公卿群有司，至于其日，率厥官属，饮酒以乐，所以同其休、宣其和、感其心、成其文者也。三月初吉，实惟其时，司业武公，于是总太学儒官三十有六人，列燕于祭酒之堂。樽俎既陈，肴羞惟时，盏斝序行，献酬有容。歌风雅之古辞，斥夷狄之新声，褒衣危冠，与与如也。有一儒生，魁然其形，抱琴而来，历阶以升，坐于樽俎之南，鼓有虞氏之《南风》，赓之以文王宣父之操，优游夷愉，广厚高明，追三代之遗音，想舞雩之咏叹，及暮而退，皆充然若有得也。武公于是作歌诗以美之，命属官咸作之，命四门博士昌黎韩愈序之。
>
> 《上巳日燕太学听弹琴诗序》[②]

实际上，舞雩风流正是与兰亭禊事一起成为文人士大夫休闲行乐经常引用的典故：

> 暮春三月，时物具举，先师达贤，或风于舞雩，或禊于兰亭。所以畅性灵，涤劳苦，使神王道胜，冥人天倪。
>
> 权德舆《暮春陪诸公游龙沙熊氏清风亭诗序》[③]

---

① 《艺文类聚》卷36，钦定四库全书本。

② 韩愈：《韩昌黎集》（五），上海：商务印书馆，1930年版，第11页。

③ 周绍良主编：《全唐文新编》（第3部），第1册，长春：吉林文史出版社，2000年版，第5814页。

> 处江淮而不变，对朝市而闲居。……诚因闲而养拙，亦有乐于嘉肥。……袭成服以逍遥，愿良辰而聊厚。乃席垅而踞石，遂啸俦而命偶。同浴沂之五六，似禊洛之八九。……跌荡世俗之外，疏散造化之间。人生行乐，聊用永年。
>
> 李骞《释情赋》[①]

当然士人中普遍存有的这种舞雩情结例子是很多的，兹不多举。

三、孔颜乐处：休闲审美境界

从休闲哲学的角度，如果说舞雩风流侧重的是人的自然化中个体性与自由性，那么孔颜乐处则主要是一个超越性的问题。唯有充分认识到个体自我生命的重要性，唯有积极去追寻一种自由的体验，处于劳世中的人才会认识到休闲的价值。而个体生命的自由体验本质上指向的就是一种超越的境界。那么超越的是什么？

儒家的超越境界体现在两个方面：一个是外向的超越，即成物；一个是内向的超越，即成己。所谓外向的超越是将一己融于家庭、社会、国家、天下，体现为事功拓取，是人的社会价值的实现；内向的超越[②]是一个人内在人格境界的修养，体现为心性的成长，是人的自我价值的实现。前者是横向的超越，后者是纵向的超越。就休闲来讲，其个体性与自由性的特征决定了人的休闲思想与实践，属于内向的超越在生活中的体现。当然，内向的超越并不一定体现为休闲，但休闲却一定是在内向超越的过程中实现的。没有内向的超越活动，就不会有休闲的发生。孔子开创的儒家哲学的品格一开始是内外超越皆有，但至宋以来，尤其是到了阳明心学之后，其内向超越的理论品格占了上风，外向的超越随着外在客观环境的制约而发生了内向转移。

就孔颜乐处来说，我们认为主要是反映了孔颜的内向超越境界，它指向一种休闲的人生观与生活方式。试着分析如下：

> 子曰：贤哉，回也！一箪食，一瓢饮，在陋巷。人不堪其忧，回也不改其乐。贤哉，回也！
>
> 《论语·雍也》

---

① 赵逵夫主编：《历代赋评注·四·南北朝卷》，成都：巴蜀书社，2010年版，第392页。

② 笔者所言儒家之“内向超越”并不同于现代新儒家所谓的“内在超越”。后者是相对于西方文化中的外在超越而言儒家哲学之特质，而我们所说的“内向超越”则指儒家思想内部的两种理论指向。如果说儒家理论结构含有内圣、外王两个方向，而圣与王都是个体自我的超越完成，那么内圣即是一种内向超越，而外王则是外向超越。

此段从字面意思看很是晓畅，简单地说即是孔子赞叹颜回能在非常穷困的生活环境下而不改其乐。另一处孔子自道：

> 子曰：饭疏食，饮水，曲肱而枕之，乐亦在其中矣。不义而富且贵，于我如浮云。
>
> 《论语·述而》

孔颜之同，在于“食”与“饮”皆极简陋，意指生活于贫贱之中，与富贵生活相对。孔子常言“富贵在天”，此处甘于贫穷，可以证实孔子当时客观环境决定了其与富贵已然无缘，故能“各正性命”而内心安乐。一般人面对贫困、简陋的生活，能做到“无谄”“无怨”就已经很不错了，这里孔颜于贫困中乐处，即超越之意。

贫困而乐，所乐者何？这里应先排除“乐道”，更不是“乐贫”。后者不必申说，就乐道而言，程朱早已予以驳斥：

> “颜子在陋巷不改其乐，不知所乐者何事？”先生（指程颐）曰：“寻常道颜子所乐者何？”侁曰：“不过是说所乐者道。”先生曰：“若有道可乐，不是颜子。”①

但孔颜所乐何处？这一问题成为孔颜乐处的关键，历来注释论语者于此皆语焉不详，含混而过。以程朱为例，其也只是说：“箪瓢陋巷非可乐，盖自有其乐尔。其字当玩味，自有深意。”朱熹跟着道：“程子之言，引而不发，盖欲学者深思而自得之。今亦不敢妄为之说。”②

我们认为“所乐何事”之提法是基于一种认识论的视角，而“乐”作为人的一种对当下生存境遇的体验，是存在论的。以认识论的视角去回答一个存在论的问题，显然总不能让人满意。我们只有把孔颜乐处还原到孔颜的生活处境中，才有可能揭开其“乐”之源。

颜回虽短命早夭，却天资甚高，其学问德行在孔子弟子中堪称最优。孔门弟子德行科之首便是颜渊，可见其一生精力都用在心性之修养上。在孔子的众多弟子之中，颜渊算得上内向超越的代表。但就是这样一个人物却一生未仕，身居陋巷，这意味着颜渊是隐而不出的。他并不像其他弟子一样汲汲于外向的超越，向往着治国平天下的外王之志。也许颜渊认为外向的超越是没有意义的，或者没有必要。在

---

① 黄宗羲：《宋元学案》，北京：中华书局，1986年版，第647页。

② 朱熹：《四书章句集注》，第87页。

《韩诗外传》中载颜渊的执政理想为无为而治[①]，当每一个人都返回到内向的超越，修养各自德行，国家自然就治理好了。[②]

尚无为，并不意味着就是道家的思想，儒家的内向超越亦表现出“无为”[③]之特征。“无为”的思想是儒道互补的纽结之处，是二者共有的特点。但有学者指出庄子之学实源于颜渊[④]，而《庄子》一书中频频出现颜回的故事，其中有一条颇有助于我们了解颜回日常生活之境况：

> 孔子谓颜回曰：“回，来！家贫居卑，胡不仕乎？”颜回对曰：“不愿仕。回有郭外之田五十亩，足以给饼饘粥；郭内之田十亩，足以为丝麻；鼓琴足以自娱，所学夫子之道者足以自乐也。回不愿仕。”孔子愀然变容曰：“善哉回之意！丘闻之：‘知足者不以利自累也，审自得者失之而不惧；行修于内者无位而不怍。’丘诵之久矣，今于回而后见之，是丘之得也。”
>
> 《庄子·让王》

这一段完全有理由作为《论语》中孔颜乐处的注脚。颜回面对孔子的质疑，表示了一种对外向超越的回避姿态，然后他描述了一种自足自乐的生活状态，这俨然是对休闲生活的陶醉。接连四个“足以”并不因其外在物质生活的富足，而是源于一种内在精神的自我超越：知足、自得、行修于内。当人以自我的内在超越为其人生价值意义所在时，便不会在意外在环境的变化。这样一种人生境界即是审美的境界，也就是休闲的境界。李泽厚在评价孔颜之乐时说：“乐是什么？某种准宗教的心理情感状态也……它高于任何物质生活和境遇本身，超乎富贵贫贱之上。”[⑤]钱穆认为颜回之乐：“乐从好来。寻其所好，斯得其所乐。”[⑥]“好”即兴趣所在，也就是“以欣然之态做心爱之事”，此虽是言休闲，也是言乐。

---

① “无为而治”实乃被孔子称赞。“子曰：无为而治者，其舜也与？夫何为哉，恭己正南面而已矣。”（《论语·卫灵公》）

② 参见《韩诗外传》卷7曰：“各乐其性，进贤使能，各任其事，于是君绥于上，臣和于下，垂拱无为，动作中道，从容得礼。”

③ 我们认为儒家“独善其身”的思想，便是其“内向超越”即无为之一面。无为指的是不要人为地去涉足、干涉公共事务。

④ 吴冠宏提出庄子源于颜渊的论据有五：（1）注意到庄子喜欢征引孔颜之对话来立论的现象，并视此为颜庄关系的重要线索。（2）认为颜子为“隐居避世”之人，并从此观点建立颜庄之关系。（3）从“生命形态”如“清且如愚”处着眼，或于境界上“道德与艺术”的共感之角度来综合颜子与庄子的关系。（4）立足于内倾的修养论，认为颜庄在修养论上有其血脉相连相通之处。（5）从后代文献中，颜渊与道家的微妙关系来逆推以证成先秦儒（颜）道（庄）之关系。参见吴冠宏：《圣贤典型的儒道义蕴试诠：以舜、宁武子、颜渊与黄宪为释例》，台北：里仁书局，2000年版，第163—201页。

⑤ 李泽厚：《论语今读》，第180页。

⑥ 钱穆：《论语新解》，第164页。

外在的物质环境，受制于客观的法则，所谓“天有不测风云，人有旦夕祸福”，人并不能控制，如果人的欲望完全被激发运用于对外在客观之物的索取与满足上，即庄子所谓“骀荡而不得，逐万物而不反”（《庄子·天下》），那么这种人生便是一种忙碌的状态，“世人嗜好苦不常，纷纷逐物何颠狂”[①]。外向超越即自然的人化，然而自然的人化往往成为一厢情愿，其结果容易流于一种异化。相反地，人若能从内向超越的自我精神出发，做到知足、自得、自娱，就能无论处于何种境遇，都一往而乐。内向超越即人的自然化，它超越的是人的物质性存在，自我成为自然的“主人”[②]，这就是孔颜乐处中“乐”的真义。

知足、自得、自娱的内向超越的生活不就是休闲的生活吗？“知足者不以利自累”，这样可以令身闲；“审自得者失之而不惧”，如此可以使心闲；“无位”者，身心可以俱闲。林安梧先生说：“颜回之居陋巷，一箪食，一瓢饮，这是不得已的……他是以一种无执着的方式，让自己在没有挂搭的情况之下，长养他自己的胸襟与志气。”[③]这种“无执着”的休闲观并非由于懒惰，也不是一种“精神胜利法”，而是孔颜对当时严酷的客观环境做出的明哲保身的反应，也是对个体自我意义与价值的深刻体悟后做出的选择。

总之，孔颜乐处的意义在于让人超越物质环境的制约，无论遭遇困境还是享有富贵，都要随遇而安，保持快乐的心境。中国哲学向来都是人生的哲学，人生的哲学就是旨在寻求生命的安适，而安适即是乐。寻求乐是人的本能，人皆有趋乐避苦之心。然而孔颜乐处告诉我们的不仅如此，更重要的是如何在苦中依然能作乐。苦中作乐，体现出人生的境界，是人的一种内向超越精神。而休闲是乐的情感在现实经验中的集中体现。在休闲中人无疑感受到的是最自然、最本真的乐。苦中作乐，即在困境中得休闲之乐。“在当时社会动荡物质贫乏的状况下，孔子为人们提供了一种依然可以让心灵宁静愉悦的生活态度和生活方式”[④]，这实际上也体现出休闲作为人类的一种生活方式或生活心态，所具有的深刻人生智慧。这是达观者的姿态，也是人类面对困苦人生的一种超拔。

① 吴承恩：《吴承恩诗文集》，刘修业辑校，上海：古典文学出版社，1958年版，第11页。

② 苏轼云：“江山风月本无常主，闲者便是主人。”言其为“主人”，并非有丝毫的主宰意，而是人与自然亲密无间、相通无碍的表现。

③ 林安梧：《问心：我读孟子》，台北：汉艺色研文化事业有限公司，1991年版，第138页。

④ 马秋丽：《〈论语〉中的休闲理论初探》，《山东大学学报》，2006年第5期。

第二节 庄子的审美与休闲境界

一、庄子休闲审美的内在理路

休闲审美是人由外向超越向内向超越的回归，是自然的人化向人的自然化的回归。休闲的本质是人的自然化，也即自在生命的自由体验。人在休闲审美活动中会主动地亲近外在的自然，也会重视内在自然性情的抒发与表现。从人的自然化角度而言，以孔子为代表的先秦儒家和老庄代表的道家都不乏人的自然化的思想，其中庄子的思想毋宁是人的自然化思想的理论提升。然而同样是人的自然化，儒道之间亦有较大的差异。具体而论，儒家人的自然化思想并不是儒家思想的主要特征，也就是说儒家思想之所以与道家不同，其最大的特点即是儒家重进取、有为。从内在方面说，它是要成仁成圣；从外在方面说，它是要齐家治国平天下。因此，对于儒家来说，以人的自然化为特征的休闲并非不需要，但也仅是在自然的人化之余再行考虑的事情，抑或者是自然的人化，即进取时遭遇挫折失败的明哲保身之举。[①]对于儒家来说，休闲审美活动主要取独善之意，休闲本身并不能成为目的，独善是为了伺机而动，兼济天下。从休闲审美来看，儒家之休闲并没有获得其独立性，仍然依附于工作之下，或者是以实现某种外在的道德之善为目的。用现在的话说就是休闲是为了更好地工作。这就是儒家休闲的特点。

因此，儒家总是汲汲于正向地去做、实践，如成己、成物、达人、赞天地化育等，而庄子道家则取消了人去做的意义，认为成就是毁，不修不为乃自得。故前者呈现的是工作的哲学，后者则是休闲的哲学。这是因为庄子代表的道家思想从整体上来说就是人的自然化。“我以为，道家和庄子提出了‘人的自然化’的命题，它与‘礼乐’传统和孔门仁学强调的‘自然的人化’，恰好既对立，又补充。”[②]就庄子而言，他的人的自然化思想体现在无为自然的个体化原则、逍遥游的自由原则以及“无江海而闲”的超越原则。三者紧密相连，又内在相通，比较完整地反映出庄子审美休闲的哲学特质。曾有学者指出：“老庄是教授中国人享受悠闲之福的始祖，又是教授中国人具有‘活命哲学的’观念的始祖，当然，更是教授中国人真正体悟平淡自然与绚烂伟丽之大美的始祖。”[③]庄子讲无为、无用、无知无识，甚至讲无情，用意都是在于将人自然化。庄子所建构的真人、圣人也都是无为闲适的人格形象。固然庄子也讲无用之大用，无为而无不为，但是这里的大用、无不为也都是就人的自

---

① 所以，李泽厚说：“在于，对孔子和儒门来说，这种‘咏而归’‘自爱自知’，大概应该在‘治国平天下’之后。”参见李泽厚：《美学三书·美的历程》，合肥：安徽文艺出版社，1999 年版，第 301 页。

② 李泽厚：《美学三书·美的历程》，第 291 页。

③ 梅墨生：《中国人的悠闲》，沈阳：辽宁人民出版社，1997 年版，第 17 页。

然化的成就而言，并非是指忙碌于事物、功利的进取。庄子“逍遥游”于人间世，不是纷纷逐物而游，而是精神的逍遥，是一种“心闲”。在庄子的思想中，真人、神人其实并非一定要逃往深山老林中不食人间烟火才显其人格的伟大，最重要的是这样的人格能于此纷纷扰扰、熙熙攘攘的世间独处“无事之地”，展现出闲暇自若的身姿，也就是“无江海而闲”。有学者这样评价庄子的休闲哲学：“从‘无为’到‘逍遥’的逻辑对中国人的休闲观念产生了深远影响：‘无为’，就是无欲，或寡欲，亦即限制人的欲望。这是休闲的内在心理基础及内在心理状态。而‘逍遥’则是弃欲无为后的潇洒生存状态，它主要是人们内心的精神自由、狂逸和超拔，其理想境界就是‘三无’：‘至人无己，神人无功，圣人无名。’”[①]因此，从“无为自然”“逍遥游”“无江海而闲”各自的内涵中去深入挖掘其休闲的因素，我们才能寻找出真正的庄子休闲哲学。

1. 无为自然：审美休闲的个体化原则

休闲是非常个人化的一种体验，它取决于个体的理解和感悟。同时，之所以言休闲是个人化的体验，还由于休闲作为人类的一种生存状态，是从公共领域到个体私人领域的回归。这一回归体现了公共领域的虚无化，肯定了个体的内在价值。方东美认为庄子的哲学首先体现为一种“个体化与价值原则”，即：

> 在这个世界上，每一种存在都不是泛泛的存在，都有一个存在的中心；这个中心都是从他内在生命的活力上，表现了一种生命的情操；而在那个内在的生命情操里面，又贯注着一个内在的价值。这个内在的价值若不是超出他的有效范围，则任何别的立场都不能否定它的价值。[②]

这种对“生命的情操”和“内在价值”的肯定可以说是庄子哲学较为独特之一面，不同于儒墨老韩等先秦诸子，庄子所追求的是一种超脱的理想人格和人生境界。[③]这种超脱的人生境界一方面发展为一种艺术的精神[④]，一方面则发展出对文化（道德化、社会化）的否定。这里需要注意的是，同是作为道家，老子尚表现出积极问世的政治哲学，庄子则转而探寻个体的逍遥之境。劳思光先生以“情意我”的理论指向来概括道家哲学，是有道理的。[⑤]但以“情意我”指代庄子尚可，而老子思想中对“情意我”的理论指向并不明显。因为，据笔者看来，老庄虽然共同持守“无为而无不为”之原则，实际上，老子“无不为”的思想倾向更大，而庄子则更侧

① 刘晨晔：《休闲：解读马克思思想的一项尝试》，第 95 页。

② 方东美：《原始儒家道家哲学》，台北：黎明文化事业有限公司，1983 年版，第 255 页。

③ 李泽厚：《中国古代思想史论》，第 168 页。

④ 徐复观：《中国艺术精神》，沈阳：春风文艺出版社，1987 年版，第 87 页。

⑤ 劳思光：《新编中国哲学史》（第 1 卷），桂林：广西师范大学出版社，2005 年版，第 187 页。

重于“无为”的生命状态。思想旨归于“无不为”，决定了老子的入世品格；旨归于“无为”，则使得庄子真正地发展出“情意我”以及一种个体化的生命哲学。李锦全认为：“有无关系上，老子偏重道之‘有’义，主生的功能；庄子偏重道之‘无’义，主‘化’的功能，这是老庄体道之异的根源。故老子讲‘虚’‘静’，庄子讲‘去’‘外’。”[①]庄子更注重一种内在的超越，重视个体的生存；而老子则重在外向的超越，重视社会的治理、个人的处事。虽然二者同持“无为而无不为”之旨，庄子重“无为”，老子重“无不为”。庄子重个体，老子重群体；庄子重情感，老子重理性。相对于老子，庄子思想的休闲品格更明显。

劳先生认为：“无为是心灵所现之自性……驻‘无为’中之自觉心，即生命情意之我。”[②]同时，他认为：“庄子之自我，驻于‘情意’一层。此种‘情意我’就发用而言，为观赏之我，故可说为‘Aesthetic Self’；就体性而言，则为纯粹之生命境趣。”[③]可见，所谓情意之我实际上就是审美之我。李泽厚就说“庄子的哲学是美学”。[④]对于庄子来说，个体生命与天地万物都应是一种审美关系的呈现。个体存在的意义与价值并不是功利性的开拓公共空间，也非莫须有的道德修养，而仅仅是呈现天地之美：

> 天地有大美而不言，四时有明法而不议，万物有成理而不说。圣人者，原天地之美而达万物之理。是故至人无为，大圣不作，观于天地之谓也。
>
> 《庄子·知北游》

这里的“观”很重要。“观”并非参与，大概儒家所谓“参赞天地之化育”(《中庸》)，庄子是不认同的。参赞天地，必然体现为善；而“观”，因为是一种有距离的看，因此它摒绝了功利性的参与，而是一种美的呈现。再从“无为”“不作”来看，“观”毋宁说是一种休闲的观，审美的观，是超功利的、内心闲静的观。皮珀曾深刻地指出：“为什么总是有这个或那个，而不是什么都没有？……显然问这样的问题已经大大超越日常生活的工作世界并将之远远抛却在后了。”[⑤]如何才能“原天地之美”，首先要做到的是“无为”和“不作”。两个词从不同角度让人认识到了休闲的生命状态对于审美世界呈现的意义：(1) 从人生的旨趣上，并不积极地建构一个工作的世界而重在生命的私人体验；(2) 从心理情感上，摒弃功利性的思维模式，“任

---

① 李锦全、曹智频：《庄子与中国文化》，贵阳：贵州人民出版社，2000年版，第136页。
② 劳思光：《新编中国哲学史》(第1卷)，第188页。
③ 同上书，第190页。
④ 李泽厚：《中国古代思想史论》，第168页。
⑤ [德] 约瑟夫·皮珀：《闲暇：文化的基础》，第85、86页。

其自为而已”[①]，做到“心闲而无事”（《庄子·大宗师》）。这种“无为”、“不作”、因任自然的思想是庄子审美休闲个体化原则的本体论基础。只要人真正做到了无为自然，便处在了休闲的境地：

> 天地之鉴也，万物之镜也。夫虚静恬淡寂漠无为者，天地之平而道德之至，故帝王圣人休焉。休则虚，虚则实，实者伦矣。虚则静，静则动，动则得矣。
>
> （《庄子·天道》）

“休”即喻指了休闲，当然应指本体意义上的休闲。庄子认为只有“休”才能“虚、静”，最终才能“得”。得到什么？可以说是“道”，也可以说是“天地之美”。后世苏轼所言“江山风月本无常主，闲者便是主人”（《与范子丰》），也是此意。

然而何谓“休”？何谓“无为”“不作”？难道就是要彻底地不做事情吗？牟宗三指出：“无为是高度精神生活的境界，不是不动。……讲无为就涵着讲自然。……道家的自然是个精神生活上的观念，就是自由自在，自己如此，无所依靠。”[②]讲“无为”要从自然的角度讲是对的，然而也不能一味地强调其“无所依靠”。以西方的自由观念来解读庄子必然有失。我们认为，庄子之“无为”是立足于自然原则的一种生活方式。从社会领域退出之后，庄子并不像古希腊犬儒学派的第欧根尼一样，整日缩在酒桶里睡觉，以此来宣扬其自然主义人生观。而是仍然生活在现实的世界中，是立足于日常生活的内在超越：

> 舜以天下让善卷，善卷曰：“余立于天地之中，冬日衣皮毛，夏日衣葛絺。春耕种，形足以劳动；秋收敛，身足以休食。日出而作，日入而息，逍遥于天地之间而心意自得。吾何以天下为哉！悲夫，子之不知余也！”遂不受。于是去而入深山，莫知其处。
>
> 《庄子·让王》

杨国荣解此段说：“隐者通常被理解为离群索居，而疏远政治活动（包括治天下）则似乎意味着与社会的隔绝，然而，善卷的如上自述中，与政治活动相对的逍遥，却并不仅仅表现为远离社会生活，相反，它具体地展开为‘日出而作，日入而息’的日常活动，所谓‘逍遥于天地之间’，其实质内容便表现为逍遥于生活世界。”[③]若从休闲的角度观之，治理天下会让人行劳神悴，失去本身；而休闲无为并

---

① 郭庆藩：《庄子集释》，北京：中华书局，1961年版，第735页。

② 牟宗三：《中国哲学十九讲》，台北：学生书局，1983年版，第89、90页。

③ 杨国荣：《庄子的思想世界》，北京：北京大学出版社，2006年版，第224页。

非无所事事，而是能在其中体现出一种生命的自然节奏来。它固然亦有为生存而劳动的一面，然而随着自然法则下的春耕秋收，人也能在劳动之后，获得一段较长的闲暇时间。白天虽然要去劳动，晚上却也能按时安逸地得到休息。最为关键的是在这种休闲无为的生命状态下，即使在自然的劳作之中，人的精神仍然可以做到“逍遥于天地之间而心意自得”，这是处休闲无为之地的最大价值所在。

“无为”即自然，自然是天的法则，也是道的法则。老子曰：“人法地，地法天，天法道，道法自然。”（《道德经》第25章）在庄子看来，事物的本然之性即为“天”，而与之相对的则是“人”。前者所遵循的法则是“无为”，后者则是“有为”。“无为”并非什么都不做，而是一种逍遥自得的精神状态，它自然而然并非有意为之，无目的性、无功利性（或言超目的性、超功利性）是其最大的特征。而“有为”则体现为做作、扭曲、有意为之的生命异化状态，有目的性、功利性是其最大特征：

> 牛马四足，是谓天。落马首，穿牛鼻，是谓人。故曰：无以人灭天。
>
> 《庄子·秋水》
>
> 无为为之之谓天。
>
> 《庄子·天地》
>
> 至人无己，神人无功，圣人无名。
>
> 《庄子·逍遥游》

所谓“无为为之”，是相对于目的性的追求而言，其特点在于非有意而为。事物的本然之性是自然而然，进一步说也就是无目的性。凡事总是要寻一个目的，似乎是人类所特有的。正因为总是在前方高悬一个行为的目的，人类才与自然分开，其行为也总是带有一定的功利性，从而导致休闲的不易获得。休闲本质上是一种无目的性的活动。休闲并没有任何目的，抑或说休闲的目的即是其自身。而人的异化形式根本来说就是将人的生命转化为实现某种非生命形态的手段，我被非我所异化，我成为非我的手段。在人的生命存在的两种形式——休闲与劳作中，很明显，公共领域的劳作最容易使人的生命流于异化，成为手段；而只有在休闲中，人才能找回自身。此时人的生命完全转向内在，寻求和彰显生命的内在价值，而非成为某种外在目的的手段。“孔子主张通过社会道德工具引导和规范人的行为，而庄子则借自然性否定道德作为社会工具的功能。庄子虽然肯定人的目的性价值，但拒斥使这一价值得以实现的社会工具。”[①] 所以，牛马在自然的状态中是悠闲自在的，一旦以人之目的落马首、穿牛鼻，就意味着牛马失去了其自性，而以人的目的为目的，牛马的生命就体现为一种手段了。在人的目的性需求的眼光看来，牛马也就成为一种终生

① 孙以楷、甄长松：《庄子通论》，北京：东方出版社，1995年版，第125页。

劳累的象征。只有如“至人、神人、圣人”一般“无己、无功、无名”，才能彻底摆脱功利性、目的性的障幕，而回至一种完全自然化的纯净人生之中。

2. 逍遥游：审美休闲的自由原则

自由是休闲的标签。“尽管不同的研究者提出了多种不同的因素，但有一个因素是一切有关休闲的模式所共有的，即自由或自由选择的感觉，很多模式中还把这一点作为休闲的主要成分。”① 虽然自由的多义性与复杂性，使我们不能简单地将休闲与自由等同起来，但可以肯定的是，对于任何一个从精神领域探究人的存在的自由状态的研究，我们都可以将其纳入休闲视域之内，至少是与休闲范畴相关的问题。审美与休闲之所以能够相通，在很大程度上也是由于二者都表征了生命自由的形式。

众所周知，儒道都讲自由。孔子言“从心所欲不逾矩”，这显示了儒家之自由的社会性，但它主要是一种伦理实践的自由哲学；而庄子的自由则是“无待”前提之下的“逍遥游”，故庄子之自由愈显其潇洒、内在。正是因为庄子的这种精神自由，所以，从审美艺术上看来，庄子才被徐复观等称为中国艺术之精神。然而徐复观认为庄子的这种精神上之自由解放并无意为艺术而发，“而系为了他针对当时大变动的时代所发出的安顿自己、成就自己的要求。此一精神之落实，当然是他自身人格的彻底艺术化”②，并认为这种“艺术性的生活”即“游”。孙以楷等指出，“庄子对社会的态度，便是既轻蔑又失望，他的人生哲学所反映的，正是丧失了物质领地而拥有文化的士君子的心态。他的人生哲学的终的，也正是士阶层在乱世中如何保持自己的独立人格、求生存的哲学”③，因此，“庄子哲学是一部人生哲学，而他的人生哲学又首先是一部关于人如何逍遥自由的哲学”④。而李泽厚更是认为庄子的逍遥游即是一种审美的人生态度：“可见，庄子哲学作为美学，包含了现实生活、人生态度、理想人格和无意识等许多方面，这就是‘人的自然化’的全部内容。美学在这里，也就远不只是个赏心悦目的欣赏问题或艺术问题，而是一个与自然同化、参其奥秘以建构身心本体的巨大哲学问题了。”⑤ 由上述精妙论断我们可以认为，庄子这种以逍遥游的自由原则为特征的哲学并非仅仅用审美艺术的分析可以阐释得了的。实际上，庄子的哲学更原始地应为一种自由的人生哲学，它已经超越了美学而进入了审美的休闲哲学领域。

《逍遥游》是《庄子》首篇，被认作是庄子思想的灵魂，奠定了《庄子》一书的

① ［美］亨德森等主编：《女性休闲》，第 24 页。
② 徐复观：《中国艺术精神》，第 87 页。
③ 孙以楷、甄长松：《庄子通论》，第 114 页。
④ 同上书，第 102 页。
⑤ 李泽厚：《美学三书 · 美的历程》，第 330 页。

基调。[①]但何为逍遥，却是一个难点，古今解庄者无不师心自用，歧义纷出。然而就《逍遥游》篇来看，对逍遥游最为直接的解释即“无待”而游于世[②]。“无待”之意很是玄妙，若在经验世界做到绝对之“无待”，则不可能。绝对的“无待”也许只能算是一超验现象。因此，郭象注逍遥游时便进行了一次误读。他认为逍遥游之意为：“夫小大虽殊，而放于自得之场，则物任其性，事称其能，各当其分，逍遥一也，岂容胜负于其间哉！”[③]这样解释逍遥游，我们认为正是将庄子之思想世俗化了。逍遥游思想本身的批判性与复杂性之内涵都大大减少了，这与魏晋时期个体人格强化与圣人理想的弱化有关。[④]但同时也有学者指出，郭象如此解读庄子，以“自得”解释逍遥游，是对庄子思想中审美经验的弱化[⑤]，我们认为是有道理的。这种世俗化的解释一方面促成了魏晋士人个体人格之自觉[⑥]，是一种玄学的生活化体现；另一方面却也造成了士人似达非达、似放实滥的现象。这是士人借助“物”来标榜自我人格之独立性与特殊性的必然结果。鲁迅在《魏晋风度及文章与药及酒之关系》一文中已经有所揭示。而苏轼更是多次嘲讽刘伶、阮籍、嵇康，甚至陶渊明等所谓的魏晋名士，认为他们溺于物中不能自拔，实在不能说是达者。魏晋名士表面上看来是庄子思想的第一次实践，其实这次实践是不成功的。而这与郭象之《庄子注》不无关系。郭庆藩在《集释》中也表示了异议：

> 天下篇庄子自言其道术充实不可以已，上与造物者游。首篇曰逍遥游者，庄子用其无端崖之词以自喻也。注谓小大虽殊，逍遥一也，似失庄子之旨。[⑦]

庄子言得道者须经过“破三关，体四悟”。“破三关”即“外天下，外物，外生”，“外”就是遗忘、舍弃之意。要舍弃俗世的牵系、平庸的价值观，使心灵从俗情杂念的团团围困中逃脱出来，拓展个体的精神空间。三关既破，还要四悟，即

---

① “庄子对精神自由的祈向，首表现于《逍遥游》，《逍遥游》可以说是《庄子》一书的总论。”见徐复观:《中国人性论史》，上海：上海三联书店，2001年版，第350页。

② 郭庆藩疏曰:“唯当顺万物之性，游变化之涂，而能无所不成者，方尽逍遥之妙致者也。”参见郭庆藩:《庄子集释》，第20页。

③ 郭象注，成玄英疏:《南华真经注疏》，曹础基、黄兰发点校，北京：中华书局，1998年版，第1页。

④ 徐复观也同样认为郭象所谓的“逍遥游”:“只是相对的自由，而不能算是绝对的自由，因为还有‘所待’。”参见徐复观:《中国人性论史》，第350页。笔者认为郭象所言自由从气势上已然是落下庄子很多了。庄子的自由即是无待，无论是从精神上讲，还是从现实物质上讲。另外，方东美在其《原始儒家道家哲学》中亦尖锐地批评了郭象:“这种看法只是近代的‘小市民的心声’！这个心灵是每个人都有的微末的观点；在这个观点里，人们只求他自己生活范围内一切欲望的满足，各当其分。”参见方东美:《原始儒家道家哲学》，第246页。

⑤ 张节末:《禅宗美学》，杭州：浙江人民出版社，1999年版，第39页。

⑥ 余英时:《士与中国文化》，上海：上海人民出版社，2003年版，第269—286页。

⑦ 郭庆藩:《庄子集释》，第2页。

“朝彻，见独，无古今，不死不生”。庄子最后将其归结为“撄宁”，即在扰乱中保持安宁。悟此四者，方进入道之佳境，方为真人之境。庄子在篇后又借颜渊之言反复论及此种境界，即“心斋”“坐忘”。“何谓坐忘？”颜回曰：“堕肢体，黜聪明，离形去知，同于大通，此谓坐忘。”（《庄子·大宗师》）这些都是要求人回到“无”之本体，回到“物之初”，此乃逍遥游的前提。逍遥游本质上是存在论意义上的生存状态，而非郭象偏重于心理主义层面的“自得”[①]。当时在逍遥游的解释上能与郭象分庭抗礼的支道林，显现出不同于郭象的另一种解释：

> 夫逍遥者，明至人之心也。庄生建言大道，而寄指鹏鷃。鹏以营生之路旷，故失适于体外；鷃以在近而笑远，有矜伐于心内。至人乘天正而高兴，游无穷于放浪。物物而不物于物，则遥然不我得；玄感不为，不疾而速，则逍然靡不适。此所以为逍遥也。若夫有欲当其所足，足于所足，快然有似天真，犹饥者一饱，渴者一盈，岂忘烝尝于糗粮，绝觞爵于醪醴哉！苟非至足，岂所以逍遥乎！[②]

郭庆藩认为支道林此意乃道出了郭象之所未道。[③]“至人之心”，此心非精神之谓，而是感性的情感。这是从情感的适与不适来解读逍遥游的。支道林认为大鹏“以营生之路旷”，翱翔于几千里之外而后止，对于躯体来说太劳苦了，这是“失适”之行为。而鷃虽体不累而心劳，即“矜伐于心内”。就休闲哲学的视角来看，很明显前者大鹏属于身不闲，而后者则心不闲。若至人则既能做到身闲，即“玄感不为，不疾不速，则逍然靡不适”；也能做到心闲，即“物物而不物于物，则遥然不我得”。最后支道林认为这种身心皆闲来自“至足”，“至足”即要“欲当其所足”，欲望与其能力正平衡，此谓“足于所足”。“至足”意味着人从身体欲望与内心情感上都不再有过多的要求，从而不再劳形累心地去追寻这些东西，这样人就能逍遥自在，游于物之初始。从自然适意的角度解读逍遥游便自然地导向了一种休闲的人生实践：

> 苟简为我养，逍遥使我闲。寥亮心神莹，含虚映自然。[④]
>
> 晞阳熙春圃，悠缅叹时往。感物思所托，萧条逸韵上。尚想天台峻，仿佛岩阶仰。……愿投若人踪，高步振策杖。[⑤]

---

① 庄子很少言“自得”，而郭象《庄子注》中则多以“自得”之论解庄。

② 转引自郭庆藩：《庄子集释》，第1页。

③ 方东美先生也认为：“反倒是东晋时代的支道林勉强刻意了解庄子这种精神。”参见方东美：《原始儒家道家哲学》，第248页。

④ 《咏怀诗五首》，见《古诗纪》卷47，钦定四库全书本。

⑤ 同上。

近非域中客，远非世外臣。憺怕为无德，孤哉自有邻。[1]

事实上，从庄子文本来看，其对于“适”的言说也是指明了向闲之人生的途径。首先，庄子之“适”是由“身之适”到“心之适”，再到“忘适之适”。

> 工倕旋而盖规矩，指与物化而不以心稽，故其灵台一而不桎。忘足，屦之适也；忘要，带之适也；知忘是非，心之适也；不内变，不外从，事会之适也。始乎适而未尝不适者，忘适之适也。
>
> 《庄子·达生》

屦、带之“适”，其实就是“身之适”，由“身适”到“心适”，最后“忘适”，是一个工夫渐进的过程，也是不断“物化”、“一而不桎”的过程。郭庆藩疏“身适”“心适”曰：

> 夫有履有带，本为足为要；今既忘足要，履带理当闲适。亦犹心怀忧戚，为有是非；今则知忘是非，故心常适乐也。[2]

《庄子·齐物论》言“大知闲闲，小知间间”，于是我们可以断定，对外在形迹的执着、是非善恶的执着，最终都是小知的表现。大知乃无是无非，故而“闲暇而宽裕也”（郭庆藩疏）。由此看来，无论是“身适”，还是“心适”“忘适”，皆是从“忘”而来，而能“忘”则为“大知”，也就是能闲暇。毫无疑问，“适”是指向闲的。

其次，庄子之适为“适志”：

> 昔者庄周梦为胡蝶，栩栩然胡蝶也，自喻适志与！不知周也。俄然觉，则蘧蘧然周也。
>
> 《庄子·齐物论》

郭象注“栩栩然胡蝶也，自喻适志与”：自快得意，悦豫而行。郭庆藩疏“蘧蘧然”：惊动之貌。看来，能“适志”自然即显闲暇貌。

最后，庄子之“适”为“自适”：

> 若狐不偕、务光、伯夷、叔齐、箕子、胥余、纪他、申徒狄，是役人之役，

---

① 《咏怀诗五首》，《古诗纪》卷47，钦定四库全书本。
② 郭庆藩：《庄子集释》，第662页。

适人之适，而不自适其适者也。

《庄子·大宗师》

庄子所举这几个人乃儒家常颂之人物，他们是“适人之适”，是为人所役，为他人所驱使，为他人奔波而忙碌。凡是有为于天下之人，皆不得“自适”，所以不闲。而“自适”者，则闲。郭庆藩疏此为：

此数子者，皆矫情伪行，亢志立名，分外波荡，遂至于此。自饿自沈，促龄夭命，而芳名令誉，传诸史籍。斯乃被他驱使，何能役人！悦乐众人之耳目，焉能自适其情性耶！[①]

这里的“适”，可以释为满足，“自适”即自我满足。自足于己而不外求，这也是“适”的应有之义。自足之适也就是自得。

自足而自得，则心闲而无事。“适”乃闲的重要条件，庄子虽未明言，但其意在此，不可疑也。对于劳劳人生，庄子认为如何才能使之“悬解”？答曰：

且夫得者，时也，失者，顺也；安时而处顺，哀乐不能入也。此古之所谓悬解也。

《庄子·大宗师》

又说：

知其不可奈何，安之若命，德之至也。　　《庄子·人间世》

这仍然是要人达到“适”，是“安之若命”“安时处顺”的心之安。人能做到安适，则不仅与周围的世界取得了和谐，更是人与自身的和谐。只要安适于心中，那么人便获得了一份从容与闲暇。也许，安适、自适的存在状态才是逍遥游所彰显的自由原则的最现实的体现。

3.“无江海而闲”：审美休闲的超越原则

“个性所面临的世界是超越的世界，在实现自己的时候，个性就在超越”[②]，因此休闲的个体性特征意味着休闲必然具有超越性特征。在这里我们不想深究超越的深意。我们所理解的休闲的超越性即休闲能够让人暂时或长久地从日常性的生活经验中脱离出来。所谓的日常性的生活经验即功利性的、异化性的、非本真的、忙碌的

① 郭庆藩:《庄子集释》，第662页。

② ［俄］别尔嘉耶夫:《美是自由的呼吸》，济南：山东友谊出版社，2005年版，第45页。

生活，而休闲则以超越的姿态超然于日常经验。这里的超越或超然并非指休闲的世界是另外的世界，而是说休闲的世界仍然在这世界之中，是即此世而超然的境界。

庄子认为："无思无虑始知道，无处无服始安道，无从无道始得道。"（《庄子·知北游》）这是庄子从正面直接肯定了休闲无为的价值。当然，庄子此处并无休闲二字，然而从"症候阅读"的角度，"无思无虑，无处无服，无从无道"，这便是休闲的应有之义："无思无虑"这是"心闲"，"无处无服"这是身闲，而"无从无道"则是整体上言休闲。故《庄子》文本中凡肯定"无"之价值者，基本上都可以纳入休闲之领域。此处可见，庄子认为休闲无为中并非无所事事，什么都没有，什么都不去做，而是其中蕴含着巨大的价值，乃至宇宙万物生成的秘密（"知道、安道、得道"）。亚里士多德认为休闲是万事万物围绕的中心，与此相近（《庄子》文本中亦有"道枢"之观念）。

然而，休闲固然很重要，但工作、社会责任等也当是人生所必不可少的，甚至在一定的程度上，后者更是人生的"常态"。正如庄子所说：

> 天下有大戒二：其一命也；其一义也。子之爱亲，命也，不可解于心；臣之事君，义也，无适而非君也，无所逃于天地之间，是之谓大戒。是以夫事其亲者，不择地而安之，孝之至也……自事其心者，哀乐不易施乎前，知其不可奈何而安之若命，德之志也。
>
> 《庄子·人间世》

庄子也并非主张人一定不要做事。人生在世，为各种社会责任和义务而忙、而累，可能也是生命之常态。作为人间世之人来说，做事是不可避免的。担当一定的社会责任更是人伦之常。所谓"无所逃于天地之间"是也。然而，庄子休闲哲学之最大的贡献就在于身处有为之累中而仍能获得超然之境界，这就是其所谓"安之""自事其心"，也就是"知其不可奈何而安之若命"。这其实也就是"心闲"的境界。"心闲"的境界即"与天为徒"的本质内涵（《庄子·秋水》曰："天在内，人在外，德在乎天。"故"心闲"即"与天为徒"）。只要达到这种"心闲"的境界，人就能复返其本然的状态（与道为一），就能无往而不安，无往而不闲。

因此，庄子并非是避世主义者，把庄子说成是后世逃避社会、隐居山林的岩穴之士的鼻祖，看来是站不住脚的。因为庄子明确地表白过他的观点：

> 独与天地精神往来，而不敖倪于万物，不谴是非，以与世俗处。
>
> 《庄子·天下》

徐复观认为"独与天地精神往来"正显庄子之"超越性"，而"不敖倪与万物"

则显庄子之“即自性”，[①] 此当为确论。庄子其实是批判过那些抛家弃国、故作高雅的隐士的：

> 就薮泽，处闲旷，钓鱼闲处，为无而已矣；此江海之士，避世之人，闲暇者之所好也。
>
> 《庄子·刻意》

表面看来，若想获得休闲，或者内心的宁静，无外乎逃出人间世，逃到深山老林隐居起来，过逍遥的生活。然而这在庄子看来，实际上是一种刻意而为的做法。真正的圣人却是超越了空间的限制，也不受外在道德利害观念等的束缚。圣人包括真人、至人其实并非玄高之论，实则是直达生命之根处，其表现出的闲暇自适则是精神上的超越：

> 若夫不刻意而高，无仁义而修，无功名而治，无江海而闲，不道引而寿，无不忘也，无不有也，淡然无极而众美从之。此天地之道，圣人之德也。故曰，夫恬惔寂寞，虚无无为，此天地之平而道德之质也。故曰，圣人休休焉则平易矣，平易则恬淡矣。
>
> 《庄子·刻意》

“无江海而闲”是庄子所提出来的非常重要的休闲命题，反映出休闲的超越维度。庄子认识到，人若想逃离现实社会是非常难的；独守山林之中，也定会非常清苦。且如韩愈所言：“山林者，士之所独善自养，而不忧天下者之所能安也。如有忧天下之心，则不能矣。”[②] 真正能自甘寂寞、隔绝人寰的山林处士并不多见，更多的是借助隐逸之名获取前进之阶。圣人真正的“休”不是靠物质环境的屏障，也非为闲而闲，圣人之“休”在于获得“平易恬淡”“虚无无为”的本真的生存状态。这样的生存状态乃是由巨大的超越而得，看似简单，实则至难。非经历人生之艰辛者似不能言此。

《庄子》中很多对其理想人格——真人的描写很精彩，但也非常令人不解，真人身上所附加的特异功能为其增添了许多神秘色彩：

> 古之真人，不逆寡，不雄成，不谟士。若然者，过而弗悔，当而不自得也。若然者，登高不栗，入水不濡，入火不热。是知之能登假于道者也若此。古之

---

① 徐复观：《中国艺术精神》，第 94 页。

② 《韩昌黎全集》卷 16，《后廿九日复上宰相书》。

> 真人，其寝不梦，其觉无忧，其食不甘，其息深深。真人之息以踵，众人之息以喉。屈服者，其嗌言若哇。其耆欲深者，其天机浅。古之真人，不知说生，不知恶死，其出不欣，其入不距，翛然而往，翛然而来而已矣。不忘其所始，不求其所终。受而喜之，忘而复之，是之谓不以心捐道，不以人助天，是之谓真人。
>
> 《庄子·大宗师》

笔者认为庄子此意实为说明得道之人所达到的人生境界。所谓的“登高、入水、入火”皆为对生活遭遇的喻指而已，即说无论真人处于什么样的环境下，都不会被“物于物”，不会因外界环境的变化而失其本心。所以庄子说：“至人之用心若镜，不将不迎，应而不藏，故能胜物而不伤。”（《庄子·应帝王》）这是一种心闲的表现形式。

概括说来，庄子“无江海而闲”的休闲观念实际上已经进入一种心闲的超越之境。拥有此种境界之人，方为逍遥游在现实生活中之真实体现，也才能从内在之精神层面为休闲无为之活动提供形而上的人生之思。这种“心闲而无事”的人生观念为后世之休闲奠定了一种精神化之基调。休闲不仅仅是一种外在的生命形态，也更是内在精神的超越体现。

第五章 陶渊明、白居易的审美与休闲境界

凡是崇尚自然主义人生观的时代或个人，大都会重视人的休闲性情的表达与实践。先秦老庄作为中国古代文化的自然主义的源头，其以自然为宗，从人的个体化、自由性以及超越原则三个方面奠定了古代审美休闲的形而上基础。然而作为一种实践性颇强的休闲哲学，在先秦并没有普遍实现的历史基础，庄子的休闲思想在先秦可谓是曲高和寡。虽然汉初有尊黄老而与民休养生息的政策，也毕竟是一种政治文化策略。真正将老庄的审美休闲思想贯穿于生命—生活的现实实践之中的时代是魏晋南北朝时期。相比于之前的时代，这一时期的审美哲学文化的总体变化特征是如宗白华先生所言的“向外发现了自然，向内发现了自己的深情”。“向外发现了自然”是指自然山水作为一种具有独立价值的审美对象被发现，这从当时山水诗歌、山水绘画的兴起可见一斑。“向内发现了自己的深情”则意味着人的内在自然同时也被发现，标志着一种人的觉醒、人的自觉。这从《世说新语》所记载的诸多名士风流不羁、自然率性的言行之中也可看出。无论外在自然山水的发现，还是内在自然性情的挥洒，这种人的自然化思想的回归，显示了当时审美休闲文化潮流的第一次形成。事实上，像自然山水诗歌与山水画的诞生与发展，以及内在自然性情的挥洒无不需要通过种种休闲活动来赋予其现实的内容。白居易作为中古士人休闲精神转向的过程中的重要代表，在古代审美休闲史上，贡献给后世的最有思想史价值的便是中隐观。与陶渊明的不为五斗米折腰不同，白居易在人格独立和皇权依附、物质享受和精神操守的边际找到了平衡点，形成了中古传统士大夫典型的世俗休闲境界。

第一节 陶渊明的审美与休闲境界

陶渊明作为魏晋风流的代表人物，其自然化的哲学思想以及人生实践，都是魏晋自然化思潮的成熟体现。他不仅仅以自然为归宿，而且超越了魏晋前期以“竹林七贤”等为代表的旧的自然主义学说，形成了一种新的自然主义人生观。正是因为其崇尚自然的生活，有着对自然人生的回归，才促使陶渊明选择了审美休闲的生活方式。也正是因为其自然主义的人生观是一种新的自然说（这种自然说既有对田园

自然生活的向往，同时又不停留在或根本就不迷信于自然身体的不朽长存，而真正地回到老庄“外化而内不化”的逍遥精神，去追寻内心的宁静与自然本性），他的审美休闲的生命实践体现为对人的本真存在的回归。随着后世士人文化形态的逐渐内倾化，陶渊明人格形象的闲适一面以及其本真化生存的一面也渐渐成为士人所津津乐道、极力推崇的对象。陶渊明也一度成为古代休闲文化领域的象征符号。值得注意的是，后人在讴歌、赞颂、效仿陶渊明的闲适人格的同时，也出现了对陶渊明不同程度的超越。其中最为关键的两次超越即白居易的中隐观以及苏轼的“休闲等一味”的思想。

一、自然与回归：审美休闲的发生

陶渊明是古代自然主义文化传统承前启后的关键性人物。陈寅恪曾指出陶渊明思想属于魏晋自然主义思潮中的“新自然说”。因为代表旧自然说的嵇康、阮籍、刘伶等人，还不是真正地做到了“自然”，对此苏轼、朱熹、鲁迅以及陈寅恪、袁行霈诸人都已经一致指出了。而且陶渊明这种自然、自得、自适的新自然说直接影响了白居易、苏轼的人生观。何谓“新自然说”？新自然说是否意味着开启了一种休闲的生活模式？

陈寅恪先生认为：

> 渊明之思想为承袭魏晋清谈演变之结果及依据其家世信仰道家之自然说而创改之新自然说。惟其为主自然说者，故非名教说，并以自然与名教不相同。但其非名教之意仅限于不与当时政治势力合作，而不似阮籍、刘伶辈之佯狂任诞。盖主新自然说者不须如主旧自然说之积极抵触名教也。又新自然说不似旧自然说之养此有形之生命，或别学神仙，惟求融合精神于运化之中，即与大自然为一体。因其如此，既无旧自然说形骸物质之滞累，自不致与周孔入世之名教说有所触碍。故渊明之为人实外儒而内道，舍释迦而宗天师者也。[①]

按陈先生之论断，陶渊明之新自然说首先区别于名教说。何谓“名教”？胡适《名教》一文指出：“总括起来，‘名’即是文字，即是写的字。‘名教’便是崇拜写的文字的宗教；便是信仰写的字有神力，有魔力的宗教。”[②] 其把“教”释为“宗教”似有不妥。陈先生在上文之前有对名教的解释：

---

① 陈寅恪：《金明馆丛稿初编》，北京：生活·读书·新知三联书店，2001年版，第228页。

② 欧阳哲生编：《胡适文集》（第4册），北京：北京大学出版社，1998年版，第52页。

> 故名教者，依魏晋人解释，以名为教，即以官长君臣之义为教，亦即入世求仕者所宜奉行者也。其主张与崇尚自然即避世不仕者适相违反。①

这里“名”释为“官长君臣之义”，“教”乃一种入世求仕中应该遵行的规范。而名教即人的自然生活外化过程中所应遵循、信奉的社会化、道德化规定。崇尚自然的学说则倾向于自在生命的自由表达。自然与名教之分，正对应于我们所提出的自然的人化与人的自然化之别。因此陶渊明之新自然说与魏晋时期普遍流行的旧自然说，都是一种对人的社会化公共空间的主动规避，而转向一种对人的内在自然生命、性情的关注与表达。正如汤用彤先生所言：

> 其时之思想中心不在社会而在个人，不在环境而在内心，不在形质而在精神。于是魏晋人生观之新型，其期望在超世之理想，其向往为精神之境界，其追求者为玄远之绝对，而遗资生之相对，从哲理上说，所在意欲探求玄远之世界，脱离尘世之苦海，探得生存之奥秘。②

虽然，从魏晋玄谈的深层原因看，嵇康、阮籍之旧自然说不可避免地有政治上的原因，但至少从魏晋士人的生活表象上看，他们所体现的正是一种对个体私人空间的刻意营构与表现。因此，无论是旧自然说者还是陶渊明代表的新自然说者，其基本的面貌是对个体生存之重视，对自然生命、自然生活的向往与回归，此乃无可置否之论。

我们知道，“回归”同样是陶渊明思想的核心主题。一定程度上可以说，“归去来兮”成了陶渊明的象征。而陶渊明弃官归田也在历代士人的重复讴歌下，演变为一种文化符号。以至于，后代士人的和陶、追陶现象，“代表了对某种文化的归属，标志着对某种身份的认同，表明了对某种人生态度的选择”③。在陶渊明思想中，“回归”有这样两层含义：一是回归田园，即从外在的公共领域回到个体的私人领域，从公共的事务中退回到个体的私人事务中来；二是回归自然，回到一种自然而然、无拘无束的人的本性上来。前者回归田园是现实生活层面的“迹”，而后者才反映出陶渊明形而上的人生之思。然而，无论是回归田园，还是回归人的自然本性，总归是体现为陶渊明人格系统中“自然”的因素。

持新自然说者爱好在自然中生活，因为生活于田园自然间，感受到的是一份恬静与悠闲：

---

① 陈寅恪：《金明馆丛稿初编》，第 203 页。

② 汤用彤：《魏晋玄学与文学理论》，《中国哲学史研究》，1980 年第 1 期。

③ 袁行霈：《陶渊明研究》，北京：北京大学出版社，1997 年版，第 170 页。

> 结庐在人境，而无车马喧。问君何能尔，心远地自偏。采菊东篱下，悠然见南山。山气日夕佳，飞鸟相与还。此中有真意，欲辨已忘言。

《归园田居》组诗呈现出的都是这样的悠闲之境。在此溢于纸面的闲适氛围里，诗人想表达一个休闲的主体（“心远”“悠然”），以及休闲的境域（“无车马喧”“地自偏”“南山”“飞鸟相与还”）。并且，很显然，诗人所得到的休闲境域完全是休闲自我的精神呈现。苏轼尝言：“陶公此诗，日诵一过，去道不远矣。”（《自书陶渊明结庐在人境诗并跋》）这里的“道”，笔者以为即是陶诗中之“真意”。这里的“真意”是指本真之我与自然界之真的相互呈现与融合。但“道可道，非常道”（《道德经》第1章），同样，“真意”也是不可言辩的。之所以不可言辩，是因为它涉及人的存在境域。存在境域是不可思，不可言说，不可分别（辨）的。但它能被人所领悟与体会，也能被诗人所感知，这就是“真意”。这种“真意”的人生，本质上也即休闲的人生。有学者即认为：

> 陶渊明选择弃官而躬耕田园，种豆于南山之下，他并不在乎庄稼的长势和秋后的丰收，最要紧的是“心远地自偏”的逍遥自在，是“复得返自然”的悠然欣喜，是“带月荷锄归”的惬意轻松，是“不为五斗米而折腰”的人格独立。他体会到的“真意”乃是人生的要义、为人的要义，也是休闲的要义。①

这固然是将陶渊明之田园生活想象得过于浪漫，实际上审美休闲之人生是需要一定的物质基础的，陶渊明也曾多次因贫困潦倒不得不向邻居乞食、乞酒，这也是一种生活的难堪。不过，这里所强调的陶渊明归耕田园带来的人的自然化以及“成为人”的休闲的回归，却是我们所认同的。

二、复真：审美休闲的旨归

陶渊明的回归可以说就是回归到这种“真意”的生活上来。崇尚“真”在陶渊明的诗文中屡见不鲜。养真、任真、含真成为陶渊明基本的人生态度与价值追求，可以说陶渊明的一生，就是追求“真”并实现“真”的过程：

> 养真衡茅下，庶以善自名。

---

① 徐放鸣、张玉勤：《全球化语境中的休闲文化研究》，《江苏社会科学》，2005年第4期。

《辛丑岁七月赴假还江陵夜行涂口》

傲然自足，抱朴含真。

《劝农》

天岂去此哉，任真无所先。

《连雨独饮》

羲农去我久，举世少复真。

《饮酒二十首》

"真是其哲学思想的一个重要范畴，它可以通向自然，但不完全等于自然，它带有人生价值判断的意义。"[①] 笔者认为"真"是陶渊明新自然说的最终落脚点，是其对个体人生乃至当时整个社会的终极关怀与思考。

陶渊明关于"真"的情怀可以说是继承了老庄之思想。在先秦儒家典籍中，我们并没有发现有关"真"的言论，倒是在老庄的文字中有很多对"真"的描述。老子曰："孔德之容，惟道是从。道之为物，惟恍惟惚……其中有精，其精甚真。"(《道德经》第21章）又曰："修之于身，其德乃真。"(《道德经》第54章）"真"对于老子主要还是与"伪"相对的概念，如苏辙《老子解》所言："物至于成形，则真伪杂矣。方其有精，不容伪也。"[②] 庄子则进一步把"真"超越而成为人生本体的范畴："谨修而身，慎守其真，还以物与人，则无所累矣。……真者，精诚之至也。……真者，所以受于天也，自然不可易也。故圣人法天贵真，不拘于俗。愚者反此，不能法天，而恤于人；不知贵真，禄禄而受变于俗，故不足。"(《庄子·渔父》）这里庄子明确指出"真"乃人性之本然（受于天），其特征是"自然"，即自然而然，无所矫饰、人为。郭象认为"夫真者，不假于物而自然也"[③]，不假于物，也就能避免被"物于物"，从而回到个体自我生命的自在本体上来，这就是真。得到"真性"的人即为真人。郭象认为真人的特征为："凡得真性，用其自为者，虽复皂隶，犹不顾毁誉而自安其业。故知与不知，皆自若也。若乃开希幸之路，以下冒上，物丧其真，人忘其本，则毁誉之间，俯仰失错也。"[④] 得真性的人是"自然化"之人，因其"自然化"而能"自为"，"自为"即人能主动回到个体私人领域，为其生命自然之事务，而外在事务之变化不能撄扰其心。此即"不顾毁誉而自安其业"。"自为"的结果即"自若"。"自若"是一种生命境界。这样的境界本质上是内在休闲之境界，也是审美的人生境界。故郭象说："凡此皆自彼而成，成之不在己，则虽处万

① 袁行霈：《陶渊明研究》，第14页。

② 苏辙：《老子解》（卷上），文渊阁四库全书。

③ 郭象注，成玄英疏：《南华真经注疏》，第142页。

④ 同上书，第30页。

机之极，而常闲暇自适，忽然不觉事之经身，悗然不识言之在口。而人之大迷，真谓至人之为勤行者也。”[①]可见，“闲暇自适”是“真”的应有之义，而“不真”之人即为俗人，俗人“禄禄而受变于俗，故不足”，俗人忙碌于对欲望的追求不舍的劳作之中，是“与物相刃相靡，其行尽如驰，而莫之能止，不亦悲乎！终身役役而不见其成功，苶然疲役而不知其所归，可不哀邪”（《庄子·齐物论》），庄子的这一悲情论断是对世俗忙碌之人异化于现实世界之中的典型揭示。庄子认为人应该回到“真”的状态，也就是回到如婴儿般自然、闲暇自适的状态。显而易见，陶渊明所谓的“真”，正是继承了老庄哲学的这一精髓。

所以，从对“真”的回归、涵养上看来，“自然”是陶渊明思想的核心，而闲暇自适、悠然自得的生活理念，则是陶渊明自然主义人生观的必然体现。新自然哲学无疑意味着休闲生活模式的展开：

> 蔼蔼堂前林，中夏贮清阴。凯风因时来，回飙开我襟。息交游闲业，卧起弄书琴。园蔬有余滋，旧谷犹储今。营己良有极，过足非所钦。舂秫作美酒，酒熟吾自斟。弱子戏我侧，学语未成音。此事真复乐，聊用忘华簪。遥遥望白云，怀古一何深。
>
> 《和郭主簿》

清代邱嘉穗指出陶的这首诗开首几句与其《与子俨等疏》中“少学琴书，偶爱闲静……见树木交荫，时鸟变声，亦复欢然有喜，尝言五六月中，北窗下卧，遇凉风暂至，自谓是羲皇上人”[②]这几句所表达的意思相近，都是对闲静自然生活的享受与自赏。以我们看来，“息交”即意味着与公共领域的断绝；“游闲业”，逯钦立认为即是“游于艺”，“闲业”是指“弹琴读书等业艺”[③]，是一种退回到私人领域之后的休闲审美生活。逯钦立指出“营己”就是经营私人生活[④]，相比起仕宦之类的公共生活（“华簪”）对自我生命的异化现实而言，私人领域中“闲而无事”的生活（“遥遥望白云”）是对真我的回归，是一种真正的人生之乐（“此事真复乐”）。

“真”的思想与生活实践体现为休闲自然的审美生活，这不仅是渊源于老庄，也有来自孔子“人的自然化”思想的痕迹：

---

① 郭象注，成玄英疏：《南华真经注疏》，第 141 页。

② 《东山草堂陶诗笺》，《古典文学研究资料汇编·陶渊明卷》（上编），北京：中华书局，1962 年版，第 187 页。

③ 陶渊明：《陶渊明集》，第 60 页。

④ 同上书，第 61 页。

延目中流，悠想清沂。童冠齐业，闲咏以归。我爱其净，寤寐交挥。但恨殊世，邈不可追。

《时运》

“闲咏以归”，即孔门之舞雩风流，可见陶渊明似乎也认为“名教之中自有乐地”①。虽然并未直接说，但是其对孔门这种自然化生活的向往追求，可以说明陶渊明不管是“外儒内道”，还是“外道内儒”，他从心灵深处崇尚一种自然、闲适、真淳的生活理念则是可以确定的。同时这种生活理念可以看作是陶渊明之人生本体价值观：

少无适俗韵，性本爱丘山。误落尘网中，一去三十年。羁鸟恋旧林，池鱼思故渊。开荒南野际，守拙归园田。方宅十余亩，草屋八九间。榆柳荫后檐，桃李罗堂前。暧暧远人村，依依墟里烟。狗吠深巷中，鸡鸣桑树颠。户庭无尘杂，虚室有余闲。久在樊笼里，复得返自然。

《归园田居》

这首诗中，陶渊明非常明白地向读者宣扬了一种休闲审美的人生观：前八句指明这种人生观的依据乃是性好自然。不仅爱好外在的大自然，他的内在本性也是自然的。这种自然主义的思想使其对“尘网”“俗韵”有一种天生的排斥情绪。在陶渊明看来，尘网即仕宦之途，抑或我们所说的公共领域。人在公共领域无异于“羁鸟”“池鱼”，是不自由的象征。“守拙”，通过向外界表明自己没有应付公共事务的能力才干，陶渊明以此给自己一个回到私人领域的理由。这也许是一种谦辞，也许是实情②。而“拙”则是历代士人由进而退，从公共事务的忙回到个人领域的闲的普遍的托词。在古代社会，似乎只有“拙人”“懒人”这样被认为并不合格的人才真正有资格让自己闲起来。

在声称自己拙于做事之后，陶渊明回到了自己的田园。后面的十句便是对自己闲适生活的细致描述。这十句堪称对闲适恬淡的田园生活进行描述的经典之笔，也开启了后代田园诗的先河。值得注意的是，陶渊明休闲生活的获得虽由隐居而来，但他的隐居又大大不同于之前的所谓隐士的生活。作为隐士，陶渊明并不是像之前的岩穴之士深遁于荒山野岭，人迹罕至之处，而是仍然处在“人境”：“结庐在人境，而无车马喧。”陶渊明所回避的仅仅是政治领域，即不入世，是避世，而非避人。

① 刘义庆编著:《世说新语校笺》(上册)，徐震堮校笺，北京：中华书局，2001年版，第14页。

② 苏辙即曾指出:“渊明隐居以求志，咏歌以忘老，诚古之达者，而才实拙。”他认为陶渊明虽性好闲适、隐逸，但本身并无参与公共事务的才干。

"心远地自偏"，强调的就是内心闲而不俗的境界，而非在"偏远"的地方寻求刻意的孤僻。陶渊明所谋划的这种闲澹自然的世界是非常生活化的，这在古代休闲审美史中是一个转折。

然而，陶渊明的局限就在于"避世"。正如王维所说的"一惭之不忍，而终身惭乎"[①]，苏轼也曾指出："渊明得一食，至欲以冥谢主人，此大类丐者口颊也。哀哉！哀哉！非独余哀之，举世莫不哀之也。"（《书渊明乞食诗后》）避世虽然给陶渊明带来了审美的闲适，但同时因为对公共事务的不参与而没有了可靠的经济来源，屡致贫困。闲适与美毕竟是需要物质基础为保障的，没有了必要的经济来源，陶渊明的休闲生活显得有些寒酸。

另外，陶渊明处于魏晋风流的最后阶段，受魏晋玄学思潮影响较深。这样，一方面，他能乘魏晋风流之余波，而发展出更高的自然主义哲学观，"他达到了风流的最自然的地步，因而是最风流的风流"[②]。正是由此真自然、真风流，陶渊明的休闲生活才体现出一定的从容、淡然的审美特征。但另一方面，他又不能做到完全的自然，也就是说从理论的深刻性上，我们看到了一种不同于往昔旧自然说的真正自然说，然而在陶的实际生活中，我们却也看到了很多犹豫、徘徊、矛盾与痛苦。这种痛苦与矛盾虽然有来自经济拮据的，但更多的还是来自对仕与隐、生与死的执着。无论是仕、是隐，还是说什么"委任运化""死去何所道，托体同山阿"（《拟挽歌辞三首》），看似洒脱自然，实则内心中仍然放不下矛盾双方对立带来的苦恼[③]。正如鲁迅所言：他"总不能超于尘世，而且于朝政还是留心，也不能忘掉'死'"[④]。从休闲审美的角度看来，陶渊明的内心并没有获得完全的超越，也即没有获得真正的"心闲"。这也许是一种历史的必然。生死、出处问题的解决是要在中唐之后，历经白居易，最终在北宋苏轼那里实现的。

三、陶渊明审美休闲境界的后世回响

陶生前默默，逝后亦冷清了一段时间。自唐以来，陶的价值才渐被士大夫阶层广泛认可。但在唐代一方面陶的价值被重新认识，另一方面也多见对陶不理解的声

---

① 王维：《与魏居士书》，《古代文学研究资料汇编·陶渊明卷》（上编），第 16 页。

② 袁行霈：《陶渊明研究》，第 33 页。

③ 苏轼在《陶渊明无弦琴》一文中指出："但恨其犹以生为寓，以死为真。嗟夫，先生岂真死得非寓乎？"又在《渊明非达》文中说："陶渊明作《无弦琴》诗云：'但得琴中趣，何劳弦上声。'苏子曰：渊明非达者也。五音六律，不害为达，苟为不然，无琴可也，何独弦乎？"

④ 鲁迅：《魏晋风度及文章与药及酒之关系》，《魏晋风度及其他》，上海：上海古籍出版社，2000 年版，第 198 页；另外，关于对陶渊明思想的矛盾与痛苦的分析，参见邵明珍：《重读陶渊明》，《文艺理论研究》，2010 年第 3 期。

音。如李白认为“陶令去彭泽，茫然太古心。大音自成曲，但奏无弦琴”[①]，在引以为知音的同时，他又认为陶的退隐缺乏建功立业的壮志，“龌龊东篱下，渊明不足群”[②]。杜甫亦言：“陶渊明避俗翁，未必能达道。”[③]甚至声称“我从老大来，窃慕其为人”（《郊陶渊明体诗十六首》）的白居易，也曾惋惜：“以渊明之高古，偏放于田园。”[④]唐代士子的建功立业的豪迈以及富贵享乐的心态，使得他们不可能从内心深处真正认同陶渊明。

陶在北宋则几乎获得了交口称赞。由于时代向内转型的趋势已越来越明显，士人建功立业的豪情已经褪去了锋芒，而内在生活之情趣、个体私人领域之价值越来越被重视。因此陶渊明的另一面，即闲情的一面很自然地便被北宋士人所认可。如徐铉：“陶彭泽古之逸民也，犹曰：‘聊欲弦歌以为三径之资’，是知清真之才，高尚其事，唯安民利物可以易其志，仁之业也。”[⑤]此将陶之闲情比附于儒者之事，亦是给陶之闲情一个正当的理由。苏轼之好友文同也是陶渊明的崇拜者，他与苏轼一样经常携带着陶渊明的诗集，有时就放在床边案头。每在公事之余，文同即诵读渊明诗，甚慕其为人：“也待将身学归去，圣时争奈正升平。”[⑥]这里的欲“归去”明显已并非为官有“折腰之辱”，而是羡慕陶渊明之闲适恬淡的生活方式。

历来评价陶渊明者不外乎从两方面，一是其诗，二是其人。对于前者，自从唐以来，陶诗的艺术成就已经慢慢被人发现进而被欣赏推崇，如杜甫“焉得思如陶谢手，令渠述作与同游”[⑦]。而对于陶渊明的人格思想则多有争议。其人格集中体现于此两方面：一是弃官归田之气节、勇气；二是悠闲自然之性情。对于弃官归田也主要有两种争议，一是认为陶渊明之所以在第五次做官，即任彭泽令时，最终选择弃官归隐，是因为他看不惯丑陋、令人不自在的官场生活，正所谓“我不能为五斗米，折腰向乡里小人”。还有就是认为“自以曾祖晋世宰辅，耻复屈身后代，自高祖王业渐隆，不复肯仕。所著文章，皆题其年月，义熙以前，则书晋氏年号，自永初以来，唯云甲子而已。与子书言其志，并为训诫”[⑧]。不堪折腰之辱与不仕二主，其实都是意在陶渊明之独立的人格与气节。然而对此，后代人也是有疑问的，如王维一方面非常推崇陶渊明归隐田园的闲适情怀，另一方面也对陶渊明以折腰之辱弃官归隐感到不解：

---

① 李白：《赠临洺县令皓弟》，李白、杜甫：《李太白集杜工部集》，长沙：岳麓书社，1987年版，第78页。

② 李白：《九日登巴陵置酒望洞庭水军》，李白、杜甫：《李太白集杜工部集》，第183页。

③ 杜甫：《遣兴五首》，《古代文学研究资料汇编·陶渊明卷》（上编），第18页。

④ 白居易：《与元九书》，《古代文学研究资料汇编·陶渊明卷》（上编），第22页。

⑤ 徐铉：《送刁桐庐序》，《古代文学研究资料汇编·陶渊明卷》（上编），第23页。

⑥ 文同：《读渊明集》，《古代文学研究资料汇编·陶渊明卷》（上编），第26页。

⑦ 杜甫：《江上值水如海势聊短述》，《古代文学研究资料汇编·陶渊明卷》（上编），第18页。

⑧ 沈约：《宋书·隐逸传》，《古代文学研究资料汇编·陶渊明卷》（上编），第3页。

> 近有陶渊明，不肯把板屈腰见督邮，解印绶弃官去，后贫。《乞食诗》云："叩门拙言辞。"是屡乞而多惭也。尝一见督邮，安食公田数顷。一惭之不忍，而终身惭乎！此亦人我攻中，忘大守小，不恤其后之累也。[①]

王维一生半仕半隐，仕隐这对传统士人的矛盾在王维那里第一次获得了一定程度上的消解。他不以仕途做官为累，亦不以归隐不出为高。他认为作为士人君子，首先应该"布施仁义、活国济人"，此其所谓"大"；至于君子之"存亡去就""折腰向督邮"，这些都是人生之迹，因此是"小"。因此，他认为陶渊明之归隐不仕最终是"忘大守小"，不足为取。在盛唐士人重进取的时代风气下，王维下此论断也是可以理解的。

若陶渊明确实是因不堪折腰之辱，抑或纯是一种政治的原因，那么王维之论倒也有其道理。然而事实上，对于陶渊明之归隐的缘由争议很大。陶渊明同时代的好友颜延之的评论值得我们重视：

> 初辞州府三命，后为彭泽令。道不偶物，弃官从好。遂乃解体世纷，结志区外，定迹深栖，于是乎远。灌畦鬻蔬，为供鱼菽之祭；织絇纬萧，以充粮粒之费。心好异书，性乐酒德，简弃烦促，就成省旷，殆所谓国爵屏贵，家人忘贫者与？[②]

据颜延之的记载，陶渊明辞官就隐并非主要是政治上的原因，更主要的是他本身之性情"道不偶物"，区外之志。这里的"物"，是外在功名、事业之类。陶渊明对于"物"并没有兴趣，做官可能也是形势所迫。而其归隐田园后，虽然贫困，但其生活却是性情化、闲适化的。

所以当中唐白居易说自己是"异世陶元亮"(《醉中得上都亲友书，以予停俸多时，忧问贫乏》)时，就已经不是从"不为五斗米折腰"毅然归隐田园的角度去衡量自己与陶渊明，而是真正从一种闲适的人格情调上言此。也许士人文化演进到中唐，士人们若再一味地像陶渊明一样地隐居不仕，就变得不新鲜了，重要的是不能解决士人日益尖锐突出的仕隐矛盾的文化心理结构。因此，白居易自称"异世陶元亮"，其用意在于表明一种人生在世的根本存在价值，在于展现一种自由的士人人格。而这种自由人格的实现需要的是策略，而不是一时之意气用事。这种自由需要的是精神上的超脱而非依靠自然山水作为屏障来实现。于是白居易提出了"中隐观"，以消

---

① 王维:《与魏居士书》,《古代文学研究资料汇编·陶渊明卷》(上编)，第16页。

② 颜延之:《陶征士诔》,《古代文学研究资料汇编·陶渊明卷》(上编)，第1页。

解自陶渊明以来就没有解决的士人仕隐矛盾。中隐观的实质在于以一种休闲游戏的态度克服大隐的喧嚣与危险以及小隐的冷落与萧瑟。中隐观首先是一种人生的策略，它体现的是白居易对审美休闲生活方式的选择。

其实自中唐以后，尤其是宋朝士大夫对于陶渊明的理解，更多的是从外在仕隐矛盾转向了对陶渊明本身性情的层面，也就是从内在自我的人生进路去认识陶渊明的价值。这一方面与宋代文化整体上的内在转型有关，另一方面也与士大夫休闲文化在宋代的繁荣有关。且看欧阳修对陶渊明的接受：

> 吾见陶靖节，爱酒又爱闲。二者人所欲，不问愚与贤。奈何古今人，遂此乐尤难。饮酒或时有，得闲何鲜焉。浮屠老子流，营营盈市廛。二物尚如此，仕宦不待言。官高责愈重，禄厚足忧患。暂息不可得，况欲闲长年。少壮务贪得，锐意力争前。老来难勉强，思此但长叹。决计不宜晚，归耕颍尾田。
>
> 《偶书》[①]

又有诗曰：

> 幽闲靖节性，孤高伯夷心。
>
> 《联句·鹤联句》[②]

作为一代文豪、政客的欧阳修如此爱闲、赏闲，并把“闲”提升至人生本体的层次，十分难得。这标志着士大夫文化在宋代新的发展趋势。同时，欧阳修明确地将陶渊明之性情定性为“幽闲”，并对之表示欣赏，这也开了宋代从休闲的主题追和陶诗、爱慕陶渊明人格风范的先河。诗的最后，欧阳修决计“归耕颍尾田”，这种“归”的主题是否亦有政治的含义？有的。但是从全诗来看，享受自我生命性情，过一种闲适自然、无功利的生活，成了诗人内心实实在在的精神向往。欧阳修以及大多数宋代士人，包括苏轼，他们在言及“回归”的人生话题时，已经很难看到如陶渊明当年所赫赫宣称的“不为五斗米折腰”的政治内涵，而是明白地表示“回归”或“归隐”就是为了能够摆脱外在功名利禄、事业的纷扰，摆脱外在公共空间异化的生活，而返回到休闲自适的生活中，回到符合本真自我性情的自由生活。

北宋的慕陶之风在苏轼那里达到了一个高潮。性好山水、自然率真的苏轼在读到庄子时便一拍即合，而陶渊明的人格精神对于苏轼来说，更是支撑了他的一生。

---

① 欧阳修:《欧阳修诗文集校笺》(中册)，洪本健校笺，上海：上海古籍出版社，2009年版，第1369页。

② 同上书，第1386页。

早在通判杭州时，他就有“不独江天解空阔，地偏心远似陶渊明”（《监洞霄宫俞康直郎中所居四咏·远楼（栖）》）之句。随着仕宦的起伏，罹祸愈深，苏轼更是愿意从渊明身上找到其灵魂的依归。离黄赴汝时，他便指出“渊明吾所师”（《陶骥子骏佚老堂》）。元祐间知杭，又说：“早晚渊明赋归去，浩歌长啸老斜川。”（《和林子中待制》）从知扬开始，苏轼追和陶诗。尤其是其在知定州时，东坡与李之仪等论陶诗，为“种豆南山下，草盛豆苗稀。晨兴理荒秽，戴月荷锄归”（《归园田居》）的闲静生活唏嘘叹息。南迁时，他随身只带了陶渊明与柳宗元的文集，视之为“南行二友”。绍圣二年三月四日在惠州，他一觉醒来，听见儿子苏过正在读《归园田居》，于是起意和陶，一发而不可收，“今复为此，要当尽和其诗乃已耳”（《和归园田居六首》）。渊明千载而后又有苏轼如此执着之知音，可谓幸甚！

李泽厚曾认为，在古今诗人中“只有陶渊明最合苏轼的标准”，“才是苏轼顶礼膜拜的对象”。[①] 陶渊明是苏轼最为佩服的人，二人的人格性情也最为相近。苏辙认为苏轼之诗“比杜子美、李太白为有余，遂与渊明比”[②]，从文学水平上，苏轼超越了李杜，而唯有陶渊明堪与苏轼并论，这是看到了苏轼与陶渊明在诗歌风格与意境上的相似。黄庭坚《跋子瞻和陶诗》云：“彭泽千载人，东坡百世士。出处虽不同，风味乃相似。”[③] 晁补之《饮酒二十首同苏翰林先生次韵追和陶渊明》其三云：“陶公群于人，而无人之情。……东坡怜此翁，同调但隔生。”[④] 这是从人格境界上把苏轼与陶渊明联系在一起。其实即便是苏轼本人也不止一次表明自己心师渊明，更甚者竟然认为自己是陶渊明之“后身”：

> 渊明吾所师，夫子乃其后。
>
> 《陶骥子骏佚老堂》
>
> 我欲作九原，独与渊明归。
>
> 《和陶贫士七首》
>
> 东坡平日自谓渊明后身，且将尽和其诗乃已。
>
> 李之仪《跋东坡诸公追和渊明归去来引后》[⑤]

由此可见苏轼有一种明显的师陶情怀，其一生几乎尽和陶诗即为佐证：

---

① 李泽厚：《美学三书·美的历程》，第163页。

② 苏辙：《子瞻和陶渊明诗集引一首》，四川大学中文系编：《苏轼资料汇编》（上册），北京：中华书局，1994年版，第62页。

③ 四川大学中文系编：《苏轼资料汇编》（上册），第93页。

④ 同上书，第131页。

⑤ 同上书，第33页。

古之诗人，有拟古之作矣，未有追和古人者也。追和古人，则始于东坡。①

拟古之作、追和之作确有微弱不同。“拟古是学生对老师的态度，追和则多了一些以古人为知己的亲切之感。”② 苏轼虽然从早年便对陶渊明情有独钟，然而其追和陶诗却始自扬州时期，且越到暮年，生存环境越是艰苦，其和陶诗也越多。其在人生最为艰难也是最后一个阶段，即贬放儋州时期的和陶诗就占其全部和陶诗的三分之二。由此可见，陶渊明实际上已经成为苏轼在最为艰难时期的灵魂支柱。

苏轼追和陶诗，一方面是他极力推崇陶渊明诗歌的艺术成就：

吾于诗人无所甚好，独好渊明之诗。渊明作诗不多，然其诗质而实绮，癯而实腴。自曹、刘、鲍、谢、李、杜诸诗人，皆莫及也。吾前后和其诗凡百数十篇，至其得意，自谓不甚愧渊明。③

另外，苏轼也尝指出陶诗具有一种“高风绝尘”的“超然”之境，其风格为“枯澹”。何为枯澹？“所贵乎枯澹者，谓其外枯而中膏，似澹而实美，渊明、子厚之流是也。”（《评韩柳诗》）以“枯澹”描述陶诗，此语一出便成为定评。陶渊明在古代文学史上的崇高地位，应该说与苏轼的极力推崇有很大关系。

另一方面，苏轼追和陶诗不仅是从诗歌艺术层面雅好陶诗，更重要的是其对陶渊明这个人具有浓厚的兴趣。在苏轼看来，陶渊明不单在诗歌文学上取得了巨大的成就，其人格魅力也足以彪炳千古，令人叹羡：

然吾于渊明，岂独好其诗也哉！如其为人，实有感焉。④

苏轼认为陶渊明不肯为五斗米折腰，与自己出仕三十余年，其道一也。后之君子自有评判这两种不同处世方式的标准。其实无论渊明还是苏轼，身上都能体现出士人特有的闲适人格。苏轼在《题渊明诗》中指出：

靖节以无事自适为得此生，则凡役于物者，非失此生耶？

“无事自适”，即闲适。闲适者，乃“得此生”者。“役于物者”，劳碌者也，一

---

① 苏辙：《子瞻和陶渊明诗集引一首》，四川大学中文系编：《苏轼资料汇编》（上册），第 61 页。
② 袁行霈：《陶渊明研究》，第 171 页。
③ 苏辙：《子瞻和陶渊明诗集引一首》，四川大学中文系编：《苏轼资料汇编》（上册），第 61、62 页。
④ 同上书，第 62 页。

般指奔忙于仕宦名利之途，此乃“失此生”者。所谓“得此生”，即获得了真正的人生，是本真之我的实现；而“失此生”，非指失去生命，而是指人生之异化为“物”，生命成为手段而非目的。

能够“自适”，就是“真”：

> 陶渊明欲仕则仕，不以求之为嫌；欲隐则隐，不以去之为高。饥则扣门而乞食，饱则鸡黍以迎客。古今贤之，贵其真也。
>
> 苏轼《书李简夫诗集后》

其实这是苏轼对陶渊明的一种误读，亦或言此乃是对陶渊明的“心造”。我们在阐述陶渊明休闲思想时已经看到，他的五次入仕，虽然亦称自己要“时来苟冥会，宛辔憩通衢”（《始作镇军参军经曲阿作》），但其内心中始终有着仕与隐的徘徊和犹豫的。仕隐间的矛盾在陶渊明之时代并没有得到解决，他最终的“归去来兮”便是证明——这是以逃避仕来成全隐。然而，陶渊明之“真”处也正在于其最终能隐，且隐得潇洒而闲适。苏轼的误读在于其已经把仕隐之矛盾完全消解了。在苏轼看来，仕与不仕这种外在之“迹”已经不是评判士人的唯一标准了。他在彭城之时就已经认为：“古之君子，不必仕，不必不仕。必仕则忘其身，必不仕则忘其君。”（《灵壁张氏园亭记》）对于君子与士人来说，仕与隐之间的抉择是一种两难。因为若必仕，则会有“怀禄苟安”之弊；必不仕（隐），则会有“违亲绝俗”之讥。解决此难题的办法便是留情于休闲之中：

> 今张氏之先君，所以为其子孙之计虑者远且周。是故筑室艺园于汴、泗之间，舟车冠盖之冲，凡朝夕之奉，燕游之乐，不求而足。使其子孙开门而出仕，则跬步市朝之上，闭门而归隐，则俯仰山林之下。于以养生治性，行义求志，无适而不可。
>
> 《灵壁张氏园亭记》

此种亦仕亦隐的生活审美模式不就是休闲吗？在休闲中“无适不可”的生活境界其实便是士人自由人格的体现。如果这种在私家园林中获得暂时休憩的做法，尚是一些略有经济实力的士人所为，那么若使得心灵超越现实物质功利世界的束缚而能“安于所遇而乐之终身”（苏轼《书李简夫诗集后》）的话，便会更显得难能可贵。苏轼认为陶渊明就是属于这种类型，此乃夫子自道之语。

陶渊明之闲适人格确实影响了苏轼，他于生活中追求自然、闲适、真意的做法，也深为苏轼赞赏。陶渊明这种闲适自然的审美生活观对于苏轼形成旷达、豪放的人格起到了巨大的作用，并帮助苏轼度过了其人生最困难的时期：

“结庐在人境，而无车马喧。问君何能尔，心远地自偏。采菊东篱下，悠然见南山。山气日夕佳，飞鸟相与还。此中有真意，欲辨已忘言。”陶公此诗，日诵一过，去道不远矣。庚辰岁正月十三日，饮天门冬酒，醉书。

苏轼《自书陶渊明结庐在人境诗并跋》

陶渊明此类体现闲适自然的审美境界，被苏轼称为离“道”不远。其实苏轼认为陶渊明之归隐田园确实是因为耽于此种闲适情结：

渊明堕诗酒，遂与功名疏。

苏轼《和陶始经曲阿》

只不过，陶渊明是最终通过隐居而达其志，而苏轼则是拓宽了自由人格得以展现的领域。若说陶渊明是通过身闲而获取自由人格的话，苏轼则是通过心闲而获得无入而不自得的自由境界。由身闲到心闲，标志着古代士人自由人格本体境界的形成。

苏轼在隐逸文化休闲化的过程中起到了非常重要的作用，因为直至苏轼，士大夫才第一次提出隐逸休闲化的明确表述，即“休闲等一味”。这一休闲美学命题虽然是以诗的形式提出，但无疑是中国古代士大夫休闲文化的一次总结与提升，代表了古代休闲审美文化的第一个高峰的出现。

“休闲等一味”是苏轼在贬谪儋州时一首和陶诗中提出的：

退居有成言，垂老竟未践。何曾渊明归？屡作敬通免。休闲等一味，妄想生愧腼。聊将自知明，稍积在家善。城东两黎子，室迩人自远。呼我钓其池，人鱼两忘反。使君亦命驾，恨子林塘浅。

《和陶田舍始春怀古》

苏轼尝言“出处依稀似乐天”(《予去杭十六年而复来，留二年而去》)，他自出仕至死皆在官任，这一点与白居易是相似的。但他不仅久久不忘功成身退的人生理想，而且自其早年便有栖身世外的思想倾向。葛立方说：“苏东坡兄弟以仕宦久不得归蜀，怀归之心，屡见于篇咏。”[1]然而苏轼怀归隐之志却一生未隐。归隐情结在苏轼是较为特别的，不同于传统的那种政治目的，即不愿与当政者或同僚同流合污的归隐情结。虽然一生三次遭贬，被人诽谤陷害、被当政者不信任等等这些政治风波

① 四川大学中文系编:《苏轼资料汇编》(上册)，第463页。

足以有理由让苏轼看透仕宦政治的黑暗腐败与险恶，然而苏轼没有选择毅然归去，没有选择“休”，这是耐人寻味的。从这一角度说，苏轼是抛弃了陶渊明，或者说是一种对陶渊明归隐田园的超越。但是苏轼的陶渊明情结又是“垂老”未变而愈笃，这说明陶渊明之归隐已然成了一种精神象征、文化符号而被苏轼所秉承。陶渊明归隐之精神即“真”之精神，是对人生之真、生命之真的回归，而这又是通过自我闲适的生活之“迹”显现出来的。这种在自我闲适的生活方式下展现的本真生命观，正是苏轼从陶渊明那里继承下来的“合理内核”。由此可见，苏轼于“归隐”之途念念不忘，就是对这“合理内核”的念兹在兹。

闲中即可实现隐，闲与隐实现了等值的替换，这也就是“休闲等一味”的含义。“休闲等一味”：此处之休，乃归休之意，亦即退居。闲则指休闲的心态，主要指心闲。或指闲适自然的生命状态。苏轼在此已经明显道出了休与闲的等值关系。其实真正的休，对于任何人，尤其是士人，都是非常困难的，真正能做到休的寥寥无几。而只要认识到了闲的价值，能够安于闲暇之中，并能创造出本真之自我，那么闲一样可以起到休所具有的效用，成为士人安身立命之本。

“妄想生愧腼。聊将自知明，稍积在家善”：妄想，即对功名外物的渴欲。自知之明在于回到私人领域（“家善”），回到本真自我的生命呈现之中。因为功名事业在专制集权的古代并不能获得其实在性，是虚幻不实的，仅凭个体自我是掌握不了，也实现不了的。而在私人领域，士人则能充分展开其创造力，能够自由地将自我一己之精神与天地宇宙万物协同起来，并能感受到大化流行之美意，这也就是后面几句“呼我钓其池，人鱼两忘反。使君亦命驾，恨子林塘浅”的意蕴所在。

总之，虽然陶渊明尝言“心远地自偏”，但其最终还是要避世于田园自放；虽然陶渊明声称“纵浪大化中，不喜亦不惧”（《形影神三首・神释》），但苏轼不是也常批评其“纵浪大化中，正为化所缠”（《问渊明》）吗？因此，陶渊明固然在古代休闲美学史中占有重要一环，是士人休闲文化的真正开始，也是休闲生活的自觉追求者、享受者、抒写者，但由于其并非是彻底的“达者”，他的休闲生活仍然要去借助“隐”来实现，他并未达到心闲的最高境界。可以说陶渊明式的休闲范式是“高人”式的，这种休闲意念一方面令人崇敬，但另一方面因隐逸而带来的生活寒酸也多少让人望而却步。陶渊明是以贫困寂寞的生活来换得身闲，然后再以心灵的巨大超脱能力来化解生活之贫困，从而安于休闲的生活，这就是陶渊明休闲生活的特征。

第二节 白居易的审美与休闲境界

有学者认为白居易是“宋型文化”的第一个代表人物。[①]“宋型文化”论之者多矣，刘方教授认为：“以追求内圣、精神的圆满自足为目标的宋学，构成了宋型文化的基本内核的重要方面。”[②]正是在这一意义上，“白居易在处理个人与国家、皇权的关系上，在依附皇权与保持个性独立的‘两难’之间，成功地找到了一个平衡的支点，从而最大限度地既得到了物质上的享受，又保持住了独立的心灵空间”[③]。我们认为，审美休闲文化作为人的自然化的体现，是传统士人的生命精神转向个体私人领域的表现形式。因此，所谓的“宋型文化”也必然在很大程度上包含着士人整体精神向休闲审美领域转变的内容。而谈及“宋型文化”必先言及中唐白居易，这也正说明了白居易是古代士人休闲精神转向的过程中的重要一环，有着不可替代的意义。在古代审美文化史上，白居易贡献给后世最有思想史价值的便是中隐观。正如张再林所言：“白居易所说的‘中隐’，首先是指做‘闲官’，这样就能避免承受实际事物的压力和责任而充分享受生活的闲情逸致。但其意义远不限于此，它更指一种于物无着、闲适旷达的人生态度。”[④]这种对中隐的诠释应该是具有代表性的，它从两个角度表达了中隐的审美休闲的特质：一是身闲；二是心闲。这也是休闲审美文化两个基本的要素。二者指向的是两种相互关联的自由领域。然而，这并不像张再林所说的白居易似乎已经完全达到了心闲的境界，或者说一种与物无着的超然人生态度。相比于陶渊明的休闲审美实践，白居易的中隐观确实无论在身体层面还是精神层面都有其超越之处。然而白居易之精神的超越却是建基于其身体的闲暇舒适之上的自然表现。所以，我们认为，白居易作为身处封建时代上升时期的士人不可能再去寻求归隐之路，刻意地去过贫困寂寥的生活。白居易是通过大力认定和宣扬“闲适”的价值，并将其进一步提升至人生本体的地位，从而试图以“闲”来消解士人仕隐出处间的矛盾。但是相较于之前的陶渊明与之后的苏轼，白居易的“闲适”思想显示了较为消极的一面。一是表现在白居易晚年的折中主义；二是留恋于物质生活的丰裕，并将其休闲生活建立在这种充分的物质生活保障之上。这严重影响了白居易审美与休闲境界的超越。

---

① 张再林：《白居易是“宋型文化”的第一个代表人物》，《中州学刊》，2006年第1期。

② 刘方：《宋型文化与宋代美学精神》，成都：巴蜀书社，2004年版，第30页。

③ 张再林：《白居易是“宋型文化”的第一个代表人物》。

④ 同上。

一、白居易“中隐”思想与审美休闲

1. 隐与闲

可以肯定的是，中国古代的隐逸文化是休闲文化的源泉与集中体现。隐逸文化的不断发展演变也正对应了古代休闲文化的发展演变。隐逸并不等于休闲，隐逸更是一个政治意义上的行为，休闲则是人生本体意义上的生命实践。但在很多时候，隐逸与休闲不相分割，联系紧密，甚至互为条件。隐逸意味着从公共空间的繁忙生活中退出，回到私人空间的闲适生活中，隐逸能够促成休闲的实现；同时，休闲作为个体自由生命的实现，又会迫使处于樊笼中的个体主动寻求隐逸的生活。隐逸与休闲同作为一种“隐性”的或“消极”的（此消极并无贬义）文化形态，与注重仕途进取的“显性”的或“积极”的文化形态，一起组成了古代士大夫最为丰富复杂的文化结构。

从休闲学的角度来看，隐逸文化促成休闲的形成的方式是探讨隐逸休闲的关键。休闲的本质是人的自然化，它以闲作为人生之本体，通过一种适意的生活方式达至一种超越的人生境界。隐逸当然是从异化的社会空间回到个体的私人领域，因此隐逸生活即意味着人要去过一种自然化的生活，意味着休闲的开始。但是隐逸并不一定就会导向休闲，也并不一定就利于休闲的开展。白居易提出“中隐”，一方面是对以往的小隐、大隐这两大隐逸形态的批判与继承，另一方面也是树立了一种新型的隐逸休闲观：

> 大隐住朝市，小隐入丘樊。丘樊太冷落，朝市太嚣喧。不如作中隐，隐在留司官。似出复似处，非忙亦非闲。不劳心与力，又免饥与寒。终岁无公事，随月有俸钱。君若好登临，城南有秋山。君若爱游荡，城市有春园。君若欲一醉，时出赴宾筵。洛中多君子，可以恣欢言。君若欲高卧，但自深掩关。亦无车马客，造次到门前。人生处一世，其道难两全。贱即苦冻馁，贵则多忧患。唯此中隐士，致身吉且安。穷通与丰约，正在四者间。
>
> 《中隐》

这里白居易将隐逸行为三种最重要的方式放在一起进行了比较，最终表示选择中隐。大隐即隐于朝市之中，既享受名禄之实，又能保持一种相对自由。可以说从外在的形态上看，大隐与白居易这里所提出的隐于留司官的中隐并无实质区别，都是在仕宦中隐逸。然而，白居易在这里指出“朝市太嚣喧”，也就是说在高官厚禄面前，人际纷争必然扰扰不宁，个人也极容易枉道殉物；再加上“贵则多忧”，若想保持独立与自由的人格，安享人生之福并不容易。然而大隐毕竟指出了一条在精神上远离尘嚣而又身不离世的观念。《庄子》中就已经有了这种思想的端倪。《庄子·则

阳》把熊宜僚描述为一个“陆沉者”，因为他能够“与世违，而心不屑与之俱”。而东方朔无疑是大隐最早的自我标榜者。他说：

> 陆沉于俗，避世金马门。宫殿中可以避世全身，何必深山之中，蒿芦之下。
>
> 《史记·滑稽列传》

“何必”一词所暗含的修辞模式，意指对小隐的不屑与对大隐的炫耀，它的意思是想让人知道立地成“隐”是可能的，隐于林薮无异于自找苦吃。我们在白居易的诗文中也多次看到类似的表达：

> 何必沧浪去，即此可濯缨。
>
> 《答元八宗简同游曲江后明日见赠》
>
> 好是修心处，何必在深山。
>
> 《禁中》
>
> 人间有闲地，何必隐林丘。
>
> 《赠吴丹》
>
> 即此可遗世，何必蓬壶峰。
>
> 《题杨颖士西亭》
>
> 何必守一方，窘然自牵束？
>
> 《归田》

以“何必”为修辞的表达模式，在白居易诗文中不胜枚举。与白居易所表达的意思不同之处在于，东方朔的大隐境界更多地偏向于一种明哲保身之道，有着圆滑处世的味道。因此后世如苏轼就曾尖锐地批判过看似逍遥的大隐境界：

> 大隐本来无境界，北山猿鹤漫移文。
>
> 《夜直秘阁呈王敏甫》

而白居易则重在一种生活化的休闲之道：

> 肺病不饮酒，眼昏不读书。端然无所作，身意闲有余。鸡栖篱落晚，雪映林木疏。幽独已云极，何必山中居？
>
> 《闲居》

对于深居幽山僻水式的岩穴小隐，白居易并不是很赞同，其原因是太“幽独”了，这是一种弃绝人寰式的冷清。当然除此之外还有弃官归隐，这意味着依附于政治体制的士人将会失去可靠的经济来源，而致使贫困，即“贱即苦冻馁”。古代社会，从休闲学的立场看，士人获得休闲人生的最为简捷的方式便是毅然地弃官归隐，小隐往往能为休闲创造最大限度的自由时空。陶渊明从繁忙而屈辱性的官场生涯中决然退出、回归田园，并不是没有这方面的考虑。作为小隐形态的典型的代表，他获得了大量的休闲生活，并以一种自由的方式实现了自我的独立人格。然而，休闲的悖论在于，作为休闲最为基础的两个因素的自由时间与物质财富，两者通常是不能两全的。正如现代歌词所唱：“有了钱的时候，我却没时间……有时间的时候，我却没有钱。”[①] 小隐在实现自由时间的充裕之时，却陷入了贫困之中。在这种情况下，如果休闲主体的自我人格不够超拔，甚至即便超拔如陶渊明者，当贫困至乞食邻舍的地步时，休闲的质量可想而知。自由若没有了金钱做保障也通常会陷入尴尬的境地。

小隐既然不可取，那就还要去做官，做官的同时还要去表白一种自由、清高的人格，那就要标榜另一种“隐逸”的方式，即“吏隐”。何谓吏隐？杨晓山指出：“吏隐一词大概形成于7世纪晚期或8世纪早期，指的是在出仕并享受出仕的好处的同时保持个人心境的超凡脱俗。”[②] 无论大隐还是中隐，我们认为都是吏隐的不同表现形式，大隐指身居高位而隐，中隐指身处卑职而隐。在白居易看来，身居高位则“忧”。这里的“忧”可以认为来自两个方面，一是，位高责重，忧国忧民必不可少，至如范仲淹所谓“先天下之忧而忧，后天下之乐而乐”(《岳阳楼记》)[③]，如此忧心很难从容享受个体生命的休闲。二是，忧心国家若能实现自己的理想抱负也还好，然而自古以来忠臣良将几个有好下场的？这就意味着“忧”不仅来自士人内在的责任忧患意识，更多的是来自外界环境的残酷和官场的险恶：

> 君看裴相国，金紫光照地。心苦头尽白，才年四十四。乃知高盖车，乘者多忧畏。
>
> 《闲居》

因此，白居易从闲适生活与明哲保身的角度认为“朝市太嚣喧”“贵则多忧患”，相比之下，中隐是最合适的人生选择。

再回到《中隐》这首诗。从白居易对中隐的描述看来，中隐之所以为“中”，一是从人的外在行迹来说，“似出复似处”，它既不是在朝市享尊贵之位，也不是在丘樊遭冷落凄寂，而恰在留司官这样一个不痛不痒、无关紧要的位置；二是在人生的

---

① 《我想去桂林》，陈凯词，主唱韩晓，http: //www.qq190.com/getgeci/245166.htm

② ［美］杨晓山：《私人领域的变形：唐宋诗歌中的园林与玩好》，南京：江苏人民出版社，2009年版，第31页。

③ 曾枣庄、刘琳主编：《全宋文》(第18册)，上海：上海古籍出版社，2006年版，第402页。

命运上，中隐使得人生处于穷通丰约之“中”，既不会大富大贵，也不至于穷困潦倒。

中隐的特征是“非忙亦非闲”。“非忙”即“无公事”之意，“非闲”并不是休闲之“闲”，而是指“无所事事”。因为在后面几句中我们看到白居易所谓中隐正是可以恣意地去休闲：

君若好登临，城南有秋山。君若爱游荡，城市有春园。君若欲一醉，时出赴宾筵。洛中多君子，可以恣欢言。君若欲高卧，但自深掩关。亦无车马客，造次到门前。

《中隐》

这里可以判断白居易所认为的中隐之地必须选在自然山水丰裕之地，即有山水可登游，有园林可玩赏，还要有交游，而当时像洛阳这样的地方简直就是人文荟萃之地。除此之外，白居易特别强调且无时不记挂心头的是中隐最基本的条件：经济。

不劳心与力，又免饥与寒。终岁无公事，随月有俸钱。

《中隐》

正如杨晓山指出的：“他之所以对‘小隐’不以为然，并不是因为他附和物议，认为小隐的精神境界过于狭窄，缺乏一定的道德灵活性。而是出于物质的考虑：山林‘小隐’的生活实在是过于‘冷落’。入仕和洁身乃是一个由来已久的冲突，现在取而代之的是物质生活的舒适度和精神生活的准则之间的紧张关系，而这种紧张关系在‘中隐’的生活方式中得以调和。”[①] 不同于小隐那种对贫困生活的忍耐与心灵的超越，白居易特别强调“俸钱”在其中隐生活中的作用，体现了一种实用主义的隐逸观。

自然、交游、经济便是中隐观之三要素，这三要素也完全是白居易休闲生活得以展开的保障。中隐的思想确实在促成白居易由公共的繁忙忧惧的生活方式，向闲适无为的休闲生活方式转变过程中起了不可小视的作用。但这三个要素毕竟皆属于所谓的“外物”。既然是外物便多半是可遇不可求，常常表现为客观地不被人所控制。因此，寄托于三要素之上的中隐观在促成一种休闲生活形成的同时，会不会也相应地制约、束缚了休闲生活在更广阔的人生道路上的展开？通过进一步研究白居易的休闲观，也许这个问题便会得到解答。

---

① ［美］杨晓山：《私人领域的变形：唐宋诗歌中的园林与玩好》，第 35 页。

2. 闲与适

如果说陶渊明诗文中的核心思想是"自然"的话，那么白居易就是以"闲适"为其诗文之核心。这样说似乎有些大胆，因为标题为闲适诗的只是白居易诗歌分类中的一种，其他还有如讽喻诗、感伤诗等。但若把只要显露出闲适特征的诗歌就算作闲适诗的话，据学者研究，闲适诗确实已经占到白居易诗歌的70%左右[①]。其2800多首诗中"闲"出现了600多次，联系到白居易诗歌总量在唐朝是首屈一指的，那么闲的使用以及闲适诗的数量可见十分显著。据日本学者松浦友久教授的看法，"这类闲适诗的抒情和说理，实际上构成了白诗的最基本要素和特质"[②]。

白居易虽然也有过兼济天下之志，但在早年遭遇了一系列的政治风波后，随着对人生体验的增加，他也越来越认识到"闲"的价值。到了晚年，他实际上是将"闲"作为人生本体意义的生活形态来看的。这体现在两个方面：一是忙不如闲；二是对适的追求。

忙与闲是人生在世的两大生存状态，而忙更是一种常态[③]，因此我们常说"劳生"，海德格尔也说此在在世界中的状态便是操劳于周围的存在者中。庄子言："一受其成形，不亡以待尽。与物相刃相靡。"（《庄子·齐物论》）司马迁言："天下熙熙，皆为利来；天下攘攘，皆为利往。"（《史记·货殖列传》）这种熙熙攘攘的状态也是忙的状态。对人来讲，忙意味着去做事情，是以牺牲个体的自由性而达到或完成某种物性的目的。[④] 所以，忙往往会被认为是"陷溺其心"，是异化。如此，闲便显得难得而可贵。白居易就曾感叹：

> 人生无几何，如寄天地间。心有千载忧，身无一日闲。何时解尘网，此地来掩关。
>
> 《秋山》

闲成为个体自由性生命得以实践的人生状态，以摆脱物性的法则实现人的生命自由。白居易对忙与闲有着清醒的认识，在他看来，人生之忙即奔波于仕宦利禄之途，犹如鱼鸟入笼池，是不自由的标志：

---

① 檀作文：《试论白居易的闲适精神》，《安庆师范学院学报》，2000年第2期。

② ［日］松浦友久：《论白居易诗中"适"的意义》，《山西师大学报》（社会科学版），1997年第1期。

③ 马尔库塞即认为"劳动的做首先通过三个因素表现出来，即通过它本质上的持续性、经常性和本质上的负担性"，参见［德］赫伯特·马尔库塞：《现代文明与人的困境：马尔库塞文集》，李小兵译，上海：上海三联书店，1989年版，第219页。

④ "在劳动中，人总是离开他的自我存在而表明一个他者，人在劳动中总是处于他者并为着他者。"参见［美］赫伯特·马尔库塞：《现代文明与人的困境：马尔库塞文集》，第221页。

春色有时尽，公门终日忙。

《惜春赠李尹》

要路风波险，权门市井忙。

《分司洛中多暇数与诸客宴游醉后狂吟偶成十韵》

殷勤江郡守，怅望掖垣郎。渐见新琮什，思归旧草堂。事随心未得，名与道相妨。若不休官去，人间到老忙。

《钱侍郎使君以题庐山草堂诗见寄，因酬之》

天时人事常多故，一岁春能几处游？不是尘埃便风雨，若非疾病即悲忧。贫穷心苦多无兴，富贵身忙不自由。唯有分司官恰好，闲游虽老未能休。

《勉闲游》

与忙相对，闲则是一种生命的自由体验：

月出鸟栖尽，寂然坐空林。是时心境闲，可以弹素琴。清泠由木性，恬淡随人心。

《清夜琴兴》

寂然空林，虽有一丝禅境，却身心交闲，其境也恬淡悠然。这也许算是休闲之最佳境界。但此境界并非容易得到，在现实生活之中，往往是身闲而心忙，抑或心闲而身忙：

身闲心无事，白日为我长。我若未忘世，虽闲心亦忙。世若未忘我，虽退身难藏。我今异于是，身世交相忘。

《池上有小舟》

白居易始终认为休闲之最高境界乃是身心交闲，这也是其人生最高境界的体认。然而主观上的忘世虽然能够带来心闲，但客观社会政治环境往往会让人不得休憩，也即不得身闲。白居易给出的方法是“身世交相忘”，忘身则就不必拘于隐遁在深山僻壤中，而是朝市人寰中便可休闲。无论身处何境，都能泰然处之，此即身闲。忘世，则就不必汲汲于功名仕途，而是随缘任运，心境悠然清静，此即心闲。

通过一番闲忙的权衡，白居易从人生本体价值意义上认识到了忙不如闲，休闲之生活才是其最乐意选择的人生之途：

奔走朝行内，栖迟林墅间。多因病后退，少及健时还。斑白霜侵鬓，苍黄日下山。闲忙俱过日，忙校不如闲。

《闲忙》

不争荣耀任沉沦，日与时蔬共道亲。北省朋僚音信断，东林长老往还频。病停夜食闲如社，慵拥朝裘暖似春。渐老渐谙闲气味，终身不拟作忙人。

《闲意》

巧未能胜拙，忙应不及闲。

《宿竹阁》

遍问交亲为老计，多言宜静不宜忙。

《池上逐凉》

今日看嵩洛，回头叹世间。荣华急如水，忧患大于山。见苦方知乐，经忙始爱闲。未闻笼里鸟，飞出肯飞还。

《看嵩洛有叹》

宾客暂游无半日，王侯不到便终身。始知天造空闲境，不为忙人富贵人。

《春日题乾元寺上方最高峰亭》

然而，虽然从价值意义上闲胜于忙，但现实的人生又不许人终闲而不忙，忙是人生的常态，如何又能完全地拒去呢？所以白居易虽口口声声说“终身不拟忙”（《郡斋暇日忆庐日草堂兼寄二林僧社三十韵多叙贬官已来出处之意》），同时他又认为“闲忙各有趣，彼此宁相见”（《新秋喜凉，因寄兵部杨侍郎》），又说“唯此钱塘郡，闲忙恰得中”（《初到郡斋寄钱湖州李苏州》），“自喜老后健，不嫌闲中忙”（《偶作二首》），又说“非忙亦非闲”，“年来数出觅风光，亦不全闲亦不忙”（《闲出觅春，戏赠诸郎官》）。在他看来，忙与闲在现实中应该被辩证地看待，两者本就不相分离。无闲就无忙，无忙也不会有闲。况且如果用一种趣味的眼光去看闲与忙，两者又都是有意义有价值的。这种对闲忙的认识，显示了白居易高明超越之处，也是中国古代休闲观极富价值的思想。

白居易这种休闲观以及对休闲人生的追求又是建立在适的生活基础上的。可以说，没有生活之适，就不会有白居易之闲。适乃白居易达成其闲的人生理想的手段与必要前提。

不可否认，闲与适之间的关系既非常紧密，同时又非常微妙难辨。我们可以说，若从适的自由义来看，闲乃适之必要条件，因闲而生适；但若从适的满足义来看，适又会是闲的充分条件，闲因适才有。在这里，我们主要先从适的满足义来看适是如何成为白居易休闲人生之前提条件的，也就是说白居易之闲是如何依赖于适，又是如何建立在适的基础之上的。

松浦友久教授认为：“白居易的闲适诗与其说是‘闲’，倒不如说是‘适’更切

恰。‘适’的境界是在‘闲’的状况下得以充分实现的，舍此无他。”[①] 松浦友久以此来说明适在白诗中的地位是毋庸置疑的，适作为境界义来说确实是依赖于闲的。但他忽视了适除了作为一种境界义，尚有一般意义上的满足义。当适为满足义时，适便成为实现闲的前提条件，而闲作为一种境界，也就成了白居易所追求的目的。

适在白诗中首先是一种生理上的满足、舒适，如“身适忘四支”(《隐几》)，“足适已忘履，身适已忘衣”(《三适赠道友》)，“或行或坐卧，体适心悠哉”(《立秋夕凉风忽至炎暑稍消即事咏怀寄汴州度使李二十尚书》)，“有食适吾口，有酒酡吾颜”(《闲题家池，寄王屋张道士》)。

其次适表现为心理上的满足或惬意，如“人心不过适，适外复何求”(《适意》)，“安身有处所，适意无时节”(《偶作二首》)，“但问适意无，岂论官冷热”(《再授宾客分司》)，“适情处处皆安乐，大抵园林胜市朝”(《谕亲友》)。

还有一种适，表现为人的整体状态，这种适的状态是由生理与心理上的共同安适所营造的：

> 内无忧患迫，外无职役羁。此日不自适，何时是适时？
>
> 《首夏病间》
>
> 年长身且健，官贫心甚安。幸无急病痛，不至苦饥寒。自此聊以适，外缘不能干。
>
> 《朝归书寄元八》

生理上的适其实最多的是指人的基本生理欲求皆得以满足，不至于饥寒，以及“外无职役羁”，就是没有过多的公务牵绊身体的自由。心理上的适是指心的安宁与和适。适的观念虽然与身心都有关系，但是白居易所追求的适最终还是要达到精神的层次，即“心适”。然而这并不代表白居易可以忽略身体层次的适，或者说他已经超越了身体的适而能无往而不心适。他认为身体的安适是心适的基础，甚至也是人得以休闲的基础：

> 先务身安闲，次要心欢适。
>
> 《咏怀》
>
> 世间尽不关吾事，天下无亲于我身。只有一身宜爱护，少教冰炭逼心神。
>
> 《读道德经》

个体生命是如此的重要，以至于一切都应以此为中心，亦即为延长个体生命之长度并保持逍遥适意而努力。也许没有哪一个诗人比白居易更为强调“口腹四肢”

---

① ［日］松浦友久：《论白居易诗中“适”的意义》，《山西师大学报》(社会科学版)，1997年第1期。

之适了，这表现在诗人对自己薪水不厌其烦地曝光，对中隐的依恋，对生理健康的欣喜以及对衰老来临的念念不忘：

小才难大用，典校在秘书。三旬两入省，因得养顽疏。茅屋四五间，一马二仆夫。俸钱万六千，月给亦有余。既无衣食牵，亦少人事拘。遂使少年心，日日常晏如。

《常乐里闲居，偶题十六韵》

诏授户曹掾，捧诏感君恩。感恩非为己，禄养及吾亲。弟兄俱簪笏，新妇俨衣巾。罗列高堂下，拜庆正纷纷。俸钱四五万，月可奉晨昏。廪禄二百石，岁可盈仓囷。

《初除户曹，喜而言志》

为郡已多暇，犹少勤吏职。罢郡更安闲，无所劳心力。舟行明月下，夜泊清淮北。岂止吾一身，举家同燕息。三年请禄俸，颇有余衣食。乃至僮仆间，皆无冻馁色。行行弄云水，步步近乡国。妻子在我前，琴书在我侧。此外吾不知，于焉心自得。

《自余杭归，宿淮口作》

人间有闲地，何必隐林丘？……终当乞闲官，退与夫子游。

《赠吴丹》

食饱拂枕卧，睡足起闲吟。浅酌一杯酒，缓弹数弄琴。既可畅情性，亦足傲光阴。谁知利名尽，无复长安心。

《食饱》

白发生一茎，朝来明镜里。勿言一茎少，满头从此始。青山方远别，黄绶初从仕。未料容鬓间，蹉跎忽如此！

《初见白发》

也许是因为白居易少小家贫，以致其对饥寒交迫的生活充满了厌恶，而且他也时时不忘让全家老小都过上温饱的生活。更为重要的原因也许是不适的生活制约了他向往的休闲自由的生活方式。在其诗文中，我们发现，凡是其言适的地方，总是能表现出一股闲情；反之若是其称自己不适，也就意味着一种不自由、困窘的生活：

忆昨为吏日，折腰多苦辛。归家不自适，无计慰心神。

《寄题盩厔厅前双松》

十年为旅客，常有饥寒愁。三年作谏官，复多尸素羞。有酒不暇饮，有山不得游。岂无平生志，拘牵不自由。一朝归渭上，泛如不系舟。置心世事外，无喜亦无忧。终日一蔬食，终年一布裘。寒来弥懒放，数日一梳头。朝睡足始

起，夜酌醉即休。人心不过适，适外复何求。

《适意》

不当官时，有贫苦之忧；当官，则有折腰之苦、尸素之羞。两种不适的情形皆是导致白居易休闲生活受到限制的原因，也即所谓“有酒不暇饮，有山不得游”。而此时白居易虽然归居于渭上丁母忧，但已然是翰林学士，虽然俸职清简，但也衣食无忧。他在《寄同病者》中云：“四十官七品，拙宦非由他。年颜日枯槁，时命日蹉跎。岂独我如此，圣贤无奈何！回观亲旧中，举目尤可嗟。……穷饿与夭促，不如我者多。以此反自慰，常得心平和。”这种相对适意的状态反而让白居易能够效仿陶渊明过起休闲自由的生活来。

由此，我们认为白居易休闲生活的展开是建立在生活相对适意的基础上的。这也恰恰说明了白居易热衷于中隐的亦官亦隐的生活方式的原因，既能给予丰裕的物质基础，至少可以衣食无忧、生活相对安顿平和，又不会有繁多的吏务缠身，还能远离政治的风波。这些对于古代的士大夫来说，都是其向往休闲、过休闲生活的非常重要的条件。白居易通过提出中隐而解决了其前很多士大夫无法解决的仕隐矛盾，他从休闲之中获得了士大夫人格的独立与自由。但正是因为他过分地依赖于中隐的生活模式，又将优裕的生活看得如此重要，他的休闲只能是一种相对富裕状态下的休闲。一旦其脱离这个富裕的环境，或者人生遭遇更大的坎坷，他的休闲生活是否仍然能够进行，他的自由、闲适是否依然能够展现出来，则让人怀疑。更为重要的是，他最终不能超越物质的束缚，不能超脱对名利的欲求，这使其休闲的人格境界亦受后人的诟病。苏轼便是深受白居易中隐休闲观影响却又对其提出尖锐批评，并进而超越他的人。

二、白居易审美休闲的历史比较

从文化的关联与差异的角度来谈苏轼、白居易二者的关系，学界已经做了一些精彩的探讨。从关联的角度来看，苏轼在出处行藏的人生轨迹上与白居易非常相似，对此苏轼本人也多次指出过。而在人生的态度上，在对私人领域的关注以及处世的超然上，苏轼也在很大程度上受到白居易的影响。至于其差异的一面，很多学者也指出了，白居易尚执着于富贵利禄，在面对贬谪遭遇时并未获得完全的超然。而苏轼则把白居易的中隐文化发展到了一个新阶段，甚至成为古代封建士大夫文人的一个标本。而从古代休闲文化的视角，我们更愿意将陶渊明、白居易和苏轼放在一起进行对比。从陶渊明之“自然”、白居易之“闲适”到苏轼的“超然”，我们发现了一条古代休闲文化清晰的发展轨迹。正是经过了陶、白、苏三者的人生探索与生命践履，中国古代的休闲文化才逐渐从萌芽到定型再到最后的成熟。而自然、闲适、超然也成了中国古代休闲文化的三个最重要的关键词，奠定了中国古代士大夫休闲的基本框架。

苏轼曾说自己是陶渊明的后身，恰巧白居易也如此说过。在苏轼之前，对陶渊明最为推崇且自觉效仿的莫过于白居易了，他曾自称“异世陶元亮”，而且两千多首诗中大概有七十多首言及陶渊明。陶、白、苏三者之间有一种内在的精神脉络。所以，苏轼不仅说“渊明吾所师”，“欲以晚节师范其万一”（《追和陶渊明诗引》），而且对于白居易，苏轼也是敬爱有加。周必大指出：“本朝苏文忠公不轻许可，独敬爱乐天。”[①] 南宋罗大经言：“东坡希慕乐天。”[②] 苏轼亦自言：“出处依稀似乐天，敢将衰朽较前贤。”（《予去杭十六年而复来，留二年而去》）“我似乐天君记取。”（《赠善相程杰》）对于陶、白二人，苏轼曾放在一起进行了比较，他说：

> 渊明形神自我，乐天身心相物。而今月下三人，他日当成几佛。
>
> 《刘景文家藏乐天〈身心问答〉三首，戏书一绝其后》

从这首诗中我们可以读出苏轼对陶渊明是称赞的，而对白居易则带有一种批评。“形神自我”意指一种自然的人格精神，而“身心相物”则指沉溺于物欲享乐的人生态度。总体而言，从内在的人格精神来讲，苏轼最终是敬佩陶渊明的，而对白居易有所訾议；从外在的人生行迹来说，即对士人出处选择的方式而言，苏轼还是倾心于白居易，而对陶渊明的为闲守贫的做法有些不解。

白居易的《自戏三绝问》很明显是有意模仿陶渊明的《形影神三首》而作的。我们只先来看陶渊明这三首诗中的小序以及最后一首：

> 形影神三首
>
> 贵贱贤愚，莫不营营以惜生，斯甚惑焉；故极陈形影之苦言，言神辨自然以释之。好事君子，共取其心焉。
>
> 神释
>
> 大钧无私力，万理自森著。人为三才中，岂不以我故！与君虽异物，生而相依附。结托既喜同，安得不相语！三皇大圣人，今复在何处？彭祖爱永年，欲留不得住。老少同一死，贤愚无复数。日醉或能忘，将非促龄具！立善常所欣，谁当为汝誉？甚念伤吾生，正宜委运去。纵浪大化中，不喜亦不惧。应尽便须尽，无复独多虑。

① 陈友琴编：《古代文学研究资料汇编 · 白居易卷》，北京：中华书局，1962 年版，第 142 页。
② 同上，第 140 页。

“自然”是陶渊明之所以伟大之处，也是最为后人所称道之处。我们讲过陶渊明虽然在现实人生之中也并未真正做到“自然”，但就其思想所达到的水平而言，他的自然观确实也已经不同于之前魏晋名士的旧自然观，而上升至一个新的水平。以休闲学的视角来看，第一次真正形成一种休闲的人生观并得以实现的算是陶渊明了，而他对古代休闲文化的贡献就在于提出了一种新型的自然观。这种自然观让人释去形累，纵化委运，“形神自我”，并最终有助于一种自由人格的实现。这种自然主义精神也被白居易、苏轼完全接纳，融贯到他们各自的人生观念体系之中。休闲的本质在于人的自然化，这也是休闲得以发生的内在的精神前提。认识不到这种自然化的思想，就不会得到真正意义上的休闲。从这一角度我们可以说陶渊明是古代第一次形成休闲人格的人。

然而，自然主义虽然会形成很高的人生境界，但其极致往往又离现实人生太远。陶渊明隐逸不仕、远遁田园之间，由此致贫难堪的人生选择就为白居易、苏轼所不取。隐逸不仕，是对仕的逃避与拒绝，作为身为天下先的士人，如果这样做，必然会有摆脱社会责任之嫌。苏轼曾说必不仕者“忘其君”，并有“违亲绝俗”之讥。白居易也对隐于丘樊这样的小隐进行了批评，认为其“太冷落”。

所以休闲文化在解决了人的自然化这一本质之外，还需要进行更深入的发展。休闲不仅仅是人的自然化，还是生命自由自在的现实体验。既然是现实体验，便不能停留于观念上的高蹈。于是，白居易从非常世俗的人生享乐的角度出发，提出了一种“闲适”的休闲观，这从其效仿陶渊明之《形影神三首》的《自戏三绝问》就可以看出：

心问身

心问身云何泰然？严冬暖被日高眠。放君快活知恩否？不早朝来十一年。

身报心

心是身王身是宫，君今居在我宫中。是君家舍君须爱，何事论恩自说功？

心重答身

因我疏慵休罢早，遣君安乐岁时多。世间劳苦人何限，不放君闲奈我何？

闲适在白居易那里最终固然是指向一种精神的境界，但从这里我们可以看出使得白居易之所以为白居易的并不在于其精神上如何达到“闲适”，而是其史无前例地开始重视身体当下的休闲享乐。休闲大概与审美一样，本就是人类最为世俗、最为普遍的人性需求，它理应回到人的身体上来，回到日常生活上来。白居易对世俗享乐的强调，恢复了人类休闲的本来面目。他认为人生来并不是为受苦的，世间之所以充满了劳苦，那是人的作茧自缚。人只有“闲”下来才能快活。于是，白居易正如上文所说选择了中隐的生活方式。在一种清闲的工作中，既能保证其有一定的积蓄供休闲之资，同时又不至于被工作压得喘不开气。这就是白居易对人生之“适”的强调。他一生未忘情于仕宦[①]，并非一直都是因为兼济之志，更主要的是仕宦途中更容易使得他获得“适”。然而“适”既可以是一种知足知止的自我满足，又很容易流于为了显示自我满足的舒适生活而穷奢极欲的放纵。白居易也有在贫困之中得“适”的时候，他的知足知止的工夫也支撑着他度过了贬谪期间的艰苦生活。然而由于白居易最终选择了中隐的处世方式，加上其才名卓著，他的生活显然大部分时间都在“中人”水平以上，所以他的休闲生活自然表现出富贵的特征：

> 香山出身贫寒，故易于知足。……故自登科第，入仕途，所至安之，无不足之意。……可见其苟合苟完，所志有限，实由于食贫居贱之有素；汔可小康，即处之泰然，不复求多也。
>
> 赵翼《白香山诗》[②]
>
> 乞身于强健之时，退居十有五年，日与其朋友赋诗饮酒，尽山水园池之乐。府有余帛，廪有余粟，而家有声伎之奉。此乐天之所有，而公之所无也。
>
> 苏轼《醉白堂记》

所以苏轼尝言：“我甚似乐天，但无素与蛮。”（《次京师韵送表弟程懿叔赴夔州运判》）“茅屋归元亮，霓裳醉乐天。”（《至真州再和》）此皆言白居易家有声伎之奉。白居易极力地展示其闲适的生活，念念不忘闲与适，正如苏轼所说：“知闲见闲地，已觉非闲侣。”（《徐大正闲轩》）白居易的这种对闲适价值的推崇也许正反映了其内心并未获得真正的超然。

白居易未忘情于仕宦，更根本的是忘情不了富贵的生活，对此后人有一语中的者：

> 人多说其清高，其实爱官职，诗中凡及富贵处，皆说得口津津地涎出。[③]
>
> 乐天号达道，晚境犹作恶。陶写赖歌酒，意象颇沉着。谓言老将至，不饮何时乐。未是忘暖热，要是怕冷落。[④]

范成大谓白居易闲情的抒发依赖于歌酒，虽说有些不实，但也是看到了白居易“身心相物”之一面，且其看似热闹的休闲活动其实是怕被冷落。由此看来，白居

---

① “白乐天号为知理者，而于仕宦升沉之际，悲喜辄系之……是未能忘情于仕宦者”，参见葛立方：《韵语阳秋》卷 11，上海：上海古籍出版社，1984 年版，第 134 页。

② 赵翼：《瓯北诗话》卷 4，霍松林、胡主佑校点，北京：人民文学出版社，1963 年版，第 47 页。

③ 陈友琴编：《古代文学研究资料汇编 · 白居易卷》，第 138 页。

④ 范成大：《读白傅洛中老病后诗戏书》，陈友琴编：《古代文学研究资料汇编 · 白居易卷》，第 140 页。

易在宋代也并不是都是被接受的，像他这种看似超脱实际不超脱的地方就多被宋人指摘。

后人在把苏轼与白居易联系起来比较时，认为两者在很多地方确实相似，但其不同之处亦很明显：

乐天名位聊相似，却是初无富贵心。[①]

东坡希慕乐天，其诗曰："应似香山老居士，世缘终浅道根深。"然乐天蕴藉，东坡超迈，正自不同。魏鹤山诗云："溢浦猿啼杜宇悲，瑟琶弹泪送人归。谁言苏白能相似，试看风骚赤壁矶。"此论得之矣。[②]

罗大经点出白居易"蕴藉"，苏轼"超迈"，确实是看出了两者之不同。蕴藉者，乃言心中常纠结而不能洒脱。超迈者，则能超越外界的束缚而直指心灵之自由境界。同样是遭遇贬谪，白居易常含"冤愤难抑的迁谪意识"[③]；而苏轼则"任性逍遥，随缘放旷"（苏轼《论修养帖寄子由》），"以此居齐安三年，不知其久也"（苏辙《武昌九曲亭记》）。其实苏轼即便是到了一生最为艰难、环境最为恶劣的海南时，仍然是"不见衰老之气"，仍然可以闲适放旷，并无多少怨气，反而很乐观。那么同样是以拥有闲适情怀著称的士人，为什么苏轼能做到无往而不闲适，白居易却只能仰赖相对充裕的物质生活及良好的生存条件来展示其休闲生活呢？也许从苏轼下面的三首和陶诗中可见端倪：

天地有常运，日月无闲时。孰居无事中，作止推行之。细察我与汝，相因以成兹。忽然乘物化，岂与生灭期。梦时我方寂，偃然无所思。胡为有哀乐，辄复随涟洏。我舞汝凌乱，相应不少疑。还将醉时语，答我梦中辞。

《和陶形赠影》

丹青写君容，常恐画师拙。我依月灯出，相肖两奇绝。妍媸本在君，我岂相媚悦。君如火上烟，火尽君乃别。我如镜中像，镜坏我不灭。虽云附阴晴，了不受寒热。无心但因物，万变岂有竭。醉醒皆梦耳，未用议优劣。

《和陶影答形》

二子本无我，其初因物著。岂惟老变衰，念念不如故。知君非金石，安得长托附。莫从老君言，亦莫用佛语。仙山与佛国，终恐无是处。甚欲随陶翁，移家酒中住。醉醒要有尽，未易逃诸数。平生逐儿戏，处处余作具。所至人聚

---

① 黄庭坚：《山谷集》卷 9，钦定四库全书本。

② 罗大经：《鹤林玉露》，陈友琴编：《古代文学研究资料汇编 · 白居易卷》，第 140 页。

③ 蹇长春、尹占华：《白居易评传》，南京：南京大学出版社，2002 年版，第 161 页。

观，指目生毁誉。如今一弄火，好恶都焚去。既无负载劳，又无寇攘惧。仲尼晚乃觉，天下何思虑。

《和陶神释》

陶渊明的《形影神三首》，点名“自然”之旨。然而那里的自然可以说还是一种“有心之自然”，苏轼说陶渊明“纵浪大化中，正被化所缠”，即是此意。而苏轼此处和陶之诗，亦含有自然之旨，但已经是“无心之自然”。如果说陶渊明之自然说相对于魏晋名士之自然说乃称为新自然说的话，那么我们可以认为苏轼的自然说是对这种新自然说的超越。白居易的《自戏三绝句》道出了人生贵在闲适，但其所言闲适仍是刻意为之，并有沉溺于“物”中之嫌；而苏轼此处是更为根本地指出休闲的宇宙本体意义。宇宙人生本是一个“无”，人所要做的就是回到这个“无”之本体。回到这个本体即是“既无负载劳”，此即身闲；“又无寇攘惧”，此乃“心闲”。身心交相闲其实就是达到了休闲的最高境界。

这也就是苏轼最终领悟并实践之的休闲超然境界。于此，他在人格的境界上完成了对陶渊明和白居易的超越，达到了古代士大夫文化的一个顶峰，同时也使士大夫休闲文化迈向了一个崭新的高度。

第六章　苏轼、邵雍的审美与休闲境界

宋代士人生存的特殊环境，使得宋代艺术审美走向了精致化的同时也越来越贴近日常生活，艺术与生活的充分接近与融合渐成为一时的审美风尚。中国的休闲文化于宋代全面兴起乃至繁荣，它与审美和艺术互相呼应，宋人在生活中追求艺术境界的同时，也在艺术中追求生活情趣。美学切入生活，走向休闲；生活走向审美，追求品质和趣味。[①] 士大夫休闲是宋代休闲文化的主流形态。不同于汉唐士人功利进取的人生旨趣，也与之后元明清士人的世俗休闲文化相异，宋代士人的休闲文化蕴含了深刻而又复杂的文化内涵。一方面，宋代士人开始自觉地追求闲适、自然的生活，他们通过远游山水、亲近林泉、构建私人园林、游戏文墨等方式展现出潇洒飘逸而又极具才情的休闲生活；另一方面，在这种看似玩弄风月的生活方式下，休闲的人生诉求包含了士人对政治出处、显隐、得失，以及对人生情性之道、人生意义与价值乃至宇宙天地意识的深入思考和体悟。因此，我们可以说，宋代士人的休闲文化具有一种宇宙人生意识的深度与社会日常生活的雅趣，这是后代元明清士人休闲文化所不能同日而语的。苏轼和邵雍，一个作为宋代文人集团的代表人物，一个作为宋代道学家的代表人物，其休闲境界有一个共同的特点，即个体本真体验中的天人之趣。

第一节　苏轼的审美与休闲境界

苏轼的审美与休闲思想有它的哲学基础，这便是以情的本体、乐的工夫以及无心而一的境界构成的情本论哲学。苏轼审美与休闲的理论构成也从本体、工夫、境界三个层次展开。其审美与休闲的本体的表现即是对情感的重视以及私人领域的回归；其工夫体现在“我适物自闲”上，适是达至私人领域闲情的工夫，适又离不开游，是从游而适，由适而闲的。苏轼审美与休闲境界即超然的休闲境界，主要体现在两个方面：一是无所往而不乐；二是即世所乐而超然。这种超然的休闲境界是古

① 潘立勇等:《中国美学通史》(宋金元卷)，南京：江苏人民出版社，2014 年版，第 313 页。

代士大夫审美与休闲文化的最高峰。

苏轼在中国古代士大夫休闲文化的演进历程中占有重要的一环，他继陶渊明、白居易之后，将古代士大夫休闲文化推向了又一个高峰，并把其审美与休闲的人生观念彻底地贯彻到了他的文学、艺术、哲学以及士人出处仕隐的遭际之中。苏轼是以休闲的心态成就了审美人生。他不仅是一代文宗，也是一个在日常生活中践履审美休闲哲学的行动的智者。

秦观曾评价："苏轼之道，最深于性命自得之际。"① "性命自得"，这是对苏轼人生哲学的精炼概括，也是其审美与休闲人生的写照。如果说"性命自得"重点在"自得"的话，那么其自由性、私人性的特征必然意味着一种审美休闲人生观的形成。"苏轼之'深于性命自得'的意义，就在于由对外在的社会功业的追求转化为对内在心灵世界的挖掘，把禅宗的生死、万物无所住心与儒家、道家执着于现实人生及个体人格理想的实现联系起来，使个体生命价值最终实现作为人生的最高境界，成为后世追求个体人格美的典范。"② 审美与休闲就是成为人的过程，苏轼个体人格的最终实现正是在其一生漫长而丰富的审美与休闲的生命实践之中完成的。

一、审美与休闲本体："勾当自家事"

表面看来，苏轼一生有归隐之志却终未归隐，有人便评论说其仍然有眷恋仕宦之情，这其实是未能真正地了解苏轼。苏轼虽然看似始终在公共的仕宦空间优游徘徊，但他的个体精神已经完全回归到更为自由超越的"私人领域"③。正如李泽厚所言："苏一生并未退隐，也未真正归田，但他通过诗文所表达出来的那种人生空漠之感，却比前人任何口头上或事实上的'退隐''归田''遁世'要更深刻更沉重。因为，苏轼诗文中所表达出来的这种'退隐'心绪，已不只是对政治的退避，而是一种对社会的退避。"④ 诚哉斯言！对社会的退避并不等于对"公共空间"的退避，而是一种更为根本意义上的人生的退避，也就是向"私人领域"的回归。苏轼认为极为简单、微不足道的生活方式恰恰蕴含了巨大的价值，它能够实现主体在公共生活中失去的自由：

> 山有蕨薇可羹也，野有麋鹿可脯也，一丝可衣也，一瓦可居也，诗书可乐

① 秦观：《淮海集》卷 30，《答傅彬老简》。

② 邹志勇：《苏轼人格的文化内涵与美学特征》，《山西大学学报》（哲学社会科学版），1996 年第 1 期。

③ 所谓的私人领域："是指一系列物、经验以及活动，它们属于一个独立于社会天地的主体，无论那个社会天地是国家还是家庭"。参见［美］宇文所安：《中国"中世纪"的终结：中唐文学文化论集》，第 71 页。

④ 李泽厚：《美学三书·美的历程》，第 159、160 页。

也，父子兄弟妻孥可游衍也，将谢世路而适吾所自适乎？

《送张道士叙》

衣食住行皆极为简单，所娱乐者简单，交游亦简单。“谢世路”的目的即是过一种简单的生活。生活越是简单，似乎越能体现士人的自由人格。在他看来，微物属于自己能把握的私人领域，更能体现士人自主自由的主体意识；而宏大之物不是人所能控制得了的，且容易将人异化于其中。

苏轼把回到私人领域称为“勾当自家事”。当听说韩维晚年欲纵情声色之中，苏轼让其婿代以转告：“所谓自家事者，是死时将得去者。吾平生治生，今日就化，可将何者去。”[①]值得注意的是，苏轼并没有如一般理学家那样以道德之口吻说什么“玩物丧志”“存天理，灭人欲”之类的话，而是劝说韩维要“勾当自家事”。“勾当自家事”可以排除“劳心声酒”“举家诸事”。家务之事是劳形，“劳心声酒”则是累心，即有“物芥蒂于心”[②]。两者都容易使人失去自我。自家事，是“死时将得去者”，这才是真正的休闲。皮珀指出：“所有那些因经历深刻的人生骚动而跌入生活夹缝中的人，濒临死亡边缘的人，都一样不属于工作世界。他们所经历的人生骚动经验使他们能借此体验到另一个非功利性质的世界：他们超越了工作世界并走出去。”[③]面向死亡而居才真正属于自我之事。因此，声乐酒色并非不要，而是应对之保持一种审美的超越。

这种“勾当自家事”，即回到私人领域的思想，苏轼也许是受到了禅宗的影响。苏轼一生多与佛僧交往，且交情不浅，其中杭州佛印和尚与之感情犹笃。苏轼遭贬惠州，佛印致书苏轼，劝其“寻取自家本来面目”[④]。此处“自家本来面目”即“性命所在”，也就是上文苏轼所言“勾当自家事”，是本真自我的呈现。相反，“富贵功名”，遇不遇知于主上，此乃公共领域之事，“是有命焉”[⑤]，受客观法则的支配，人并不能控制，反而容易“堕落”。佛印认为苏轼这次遭贬，不必介意于怀，而应借此“勾断”公事而回归自我。“性命所在”，不在于公共空间的营构，而在于私人空间的体验。禅宗之精神指向在三教之中最为私人化，即最注重个体生命的体验。理学家常常批评佛者之流太自私。如果说理学家的性命所在最终指向的是“修齐治平”的经世之业，是外向空间的开拓与进取，那么禅释的性命所在则主要指向个体自我的

---

① 李廌：《师友谈记》，钦定四库全书本。

② 《师友谈记》又记载：“范景仁平生不好佛。晚年清慎，减节嗜欲，一物不芥蒂于心，真是却学佛作家……”苏轼虽然一生与声酒结缘，却不曾“留意”于此，只是借声酒以“寓意”罢了。“寓意”即“不芥蒂于心”。

③ ［德］约瑟夫·皮珀：《闲暇：文化的基础》，第 87 页。

④ 陶宗仪编：《说郛》卷 45，钦定四库全书本。

⑤ 韩愈：《送李愿归盘谷序》，韩愈：《韩昌黎集》（五），第 13 页。

生命体验，是内向空间的沉潜与收敛。外向空间构建出的是社会领域，内向空间构建的是私人领域。在社会领域中，人常常会殉身于名物之中；而在私人领域，人则倾向于寻求一己之自由享受与闲适之体验。苏轼常于性命自得之际寻求名教之乐地，则说明了对于个体生命之自我享受体验，在苏轼的生命旨趣中占有很重要的位置。

苏轼并不是没有外向空间的拓取，他“中大科，登金门，上玉堂”①，官至翰林学士便是明证。然而外向空间的这种营构，在佛印看来，乃客观之命运，并不是其所求而得，也非其生命旨趣所在。而且，所谓的名位加身，因不在自己生命所控制范围内，便显得虚幻而不实。况且，名与位更是苏轼一生命运坎坷、人生飘零的罪魁祸首。因此，在宋代特有的政治文化环境下，传统士人对于外向空间营构的积极性已经大大降低，取而代之的是对自我生命领域的享受与体验。而休闲正是士人寄托这种个体性命情怀的最主要的实践活动（“坐茂树以终日”②）。如果说在以前，休闲仅仅是士人在忙碌的生活之余得以休养生息的活动，或者是达官贵人挥霍金钱、炫耀名位的手段，那么在苏轼所生活的宋代，休闲则成为士人性命之所在，是个体生命的追求。能够得闲、能够休闲并能够享受这闲暇，常常被认为是通达的象征。

海德格尔曾说：“真正的栖居困境乃在于：终有一死的人总是重新去寻求栖居的本质，他们首先必须学会栖居。倘若人的无家可归状态就在于人还根本没有把真正的栖居困境当作这种困境来思考，那又会怎样呢？而一旦人去思考无家可归状态，它就已然不再是什么不幸了。”③栖居并非仅仅指外在物质环境的居住，更为根本意义上的栖居当是心灵的栖居，即人生之归宿为何。当人彷徨于人生的路口而不知所措时，当人生的意义被判为虚无时，人就面临失去家园的危险。苏轼其实已深刻意识到这虚无的存在：

> 寄蜉蝣于天地，渺沧海之一粟。哀吾生之须臾，羡长江之无穷。挟飞仙以遨游，抱明月而长终。知不可乎骤得，托遗响于悲风。
>
> 《赤壁赋》

此处乃同于陈子昂登幽州台之歌，有念天地之悠悠，独怆然而涕下之哀怨。此乃对人生之有限、生命之渺小，而又无法超越而产生的情绪。虚无感往往是由对宏大叙事的依恋所致。面对难以企及的功名事业、无穷宇宙时如何调适自己的心灵与之相对，这是古代士人必须解决的一个问题。苏轼给予的解答便是回归“闲情”之我：

---

① 陶宗仪编：《说郛》，钦定四库全书本。

② 同上。

③ 孙周兴选编，［德］马丁·海德格尔著：《海德格尔选集》，第 1204 页。

盖将自其变者而观之，则天地曾不能以一瞬；自其不变者而观之，则物与我皆无尽也，而又何羡乎？且夫天地之间，物各有主。苟非吾之所有，虽一毫而莫取。惟江上之清风，与山间之明月，耳得之而为声，目遇之而成色，取之无禁，用之不竭，是造物者之无尽藏也，而吾与子之所共适。

《赤壁赋》

苏轼所言乃消解对宏大叙事之迷恋，有限与无限也是相对而言的。自其变者观，则无限也是有限；自其不变者观，则有限也是无限。所谓不变者，就是本然之世界，也即本真之物我。怎么样回到本真之世界？苏轼认为是以审美态度看待世界。以审美之姿态相处于世界中，则当下有限之物我皆能获致无限，而闲者最能够拥有审美态度。

休闲能让人不朽，何必去汲汲于名利事业呢？再说对于本真之自我来说，什么是真正的事业？"醉饱高眠真事业，此生有味在三余"（《二月十九日，携白酒、鲈鱼过詹使君，食槐叶冷淘》），"士者，事也"。此时苏轼认为士人的人生价值取向已经不再是为了功名事业之进取，而是转向了休闲，即"醉饱高眠"。人生之真味并不在忙忙碌碌之中，而是在"三余"[1]之时。苏轼认为"余事"乃人生之真味，是最值得人去追求、去享受的。

晚年流放海南，是苏轼休闲人生观的成形期，此时他的生活更是充满了闲情。他能从日常生活的琐事上寻找到乐趣与美意。在一种闲情雅致之中，理发、午休、洗脚[2]这样琐碎的日常生活之事都能成为其诗意生活的灵感来源。因闲情而能关注并享受这些生活之余事的快乐，是休闲生活的重要特征。苏轼常能注诗意于生活之微观领域中，以闲者的姿态去观察生活、体验生活。正如李渔所说："若能实具一段闲情、一双慧眼，则过目之物尽是画图，入耳之声无非诗料。"[3]因"闲情"而赋予"闲物""闲事"以诗情画意，这种平常之物所呈现出的"画图""诗料"，以及在微观之物上所体会出的浓浓意趣，是苏轼所代表的士大夫阶层生活文化的重要表征。

从公共领域回到私人领域，从外在时空的束缚制约中解放出来，世界向苏轼呈现出本真的面目，闲之本体由此呈现，同时苏轼的心灵也是一片澄明之境。于是，由于闲情的获得，苏轼开始了其"诗意的栖居"。

---

① 三余，指岁之余、月之余、日之余。盖代指闲暇时光。《三国志·魏志·董遇传》中曰："或问'三余'之意。遇言：冬者，岁之余，夜者，日之余，阴雨者，时之余也。"《小窗幽记》中曰："夜者日之余，雨者月之余，冬者岁之余。当此三余，人事稍疏，正可一意学问。"

② 苏轼在海南写过《谪居三适》，包括《晨起理发》《午窗坐睡》《夜卧濯足》三首诗。

③ 李渔：《李渔随笔全集》，成都：巴蜀书社，1997年版，第134页。

二、审美与休闲工夫：我适物自闲

从休闲学的角度来看，适乃休闲之工夫。适作为一种自我满足之意，从生理的层次言，是解放了身体，而获致身闲；从心理的层次而言，是精神上的自得，此乃心闲。适首先意味着人的身心放松，是从内外环境的压力中解脱出来。不适则意味着紧张、烦神、劳顿。因此，适之为适，更多的是表示从参与公共事务的活动中退身而出，回到私人领域，寻求一种自由的生活。

由于适与自由人格的这种关系，重视适的价值已经成为士人普遍的人生诉求，苏轼只不过是最典型的代表。苏辙曾这样评价苏轼：

> 盖天下之乐无穷，而以适意为悦。方其得意，万物无以易之；及其既厌，未有不洒然自笑者也。譬之饮食，杂陈于前，要之一饱而同委于臭腐，夫孰知得失之所在？唯其无愧于中，无责于外，而姑寓焉。此子赡之所以有乐于是也。
>
> 《武昌九曲亭记》[①]

苏轼之所以乐于“休闲”于山水自然之中，就是因为他能“以适意为悦”。在这里，适意也是乐的一种。在苏轼的哲学体系中，乐乃情本哲学之工夫，那么适意也便是情本哲学的工夫；就休闲而言，适意还是休闲之工夫。以适意为悦，苏轼便不会再去计较得失、优劣。适意，就是既要有节制，又要做到“无愧于中，无责于外”，内心澄然清净，不沾染那些得失、优劣的念头。这样，苏轼之放情山水的休闲活动才能够纯粹地展开。

苏轼最终提出适与闲的关系，是在其贬落儋州之时，其诗《和陶归园田居》有句道：“禽鱼岂知道，我适物自闲。悠悠未必尔，聊乐我所然。”这首诗的重要性在于以形象的方式道出了闲与适的关系。诗中暗用了庄子“鱼之乐”的典故，以说明鱼鸟的悠然之乐，实际上是来自人的适。人能适则物也显现出闲暇之貌，物的闲暇即是人的闲暇。而这一切的前提便是“我适”。

然而，苏轼一生并不总是能够适意，对于不适的生活苏轼很敏感。作为士人来说，苏轼认为最大的问题是对人生出处的选择。士的社会责任意识要求“学而优则仕”，且外出做官成为士阶层谋生的主要出路。然而在苏轼看来，做官恰恰又是士人最大的不适。而不做官，就意味着归隐不出，则经济来源便没有了保障。虽然能够获得更多的自由，但又要忍受贫困，并有“违亲绝俗之讥”：

> 古之君子，不必仕，不必不仕。必仕则忘其身，必不仕则忘其君。譬之饮

① 苏辙：《苏辙集》，北京：中华书局，1990年版，第406页。

食，适饥饱而已。然士罕能蹈其义、赴其节。处者安于故而难出，出者狃于利而忘返。于是有违亲绝俗之讥，怀禄苟安之弊。

《灵壁张氏园亭记》

在苏轼看来，仕与不仕，都是不适。包弼德曾别有见地地指出："道德和政治是不同的——同时既合乎道德，又要适应政治是自毁。"[①] 政治与道德、政治与人格的完整与独立向来就是一对矛盾，仕与不仕都会激化这一矛盾。因此如何找到一个折中之点，既能在政治的公共空间实现士人的社会历史使命，又能保持人格的相对自由与独立以实现个体生命的价值，这是苏轼不断进行思考之处。

宋代私人园林的发达，是士大夫文化向内转型的集中体现。士人钟情于园林之中，可进可退、可出可处。园林这一壶中天地，是士人适意人生的重要组成部分，也是士人休闲生活的主要场所与方式。苏轼一生没有退隐，也没有真正地归田，那么当面对所遭际的外在艰苦环境时其内在精神产生的巨大空漠之感，他是如何消解的呢？也许首先能从其山水园林之游中得到解释。"某种意义上说，苏轼文化成果中之最精致、超迈部分，其人生哲理之领悟，均得之对天人之际的悉心体察，得之于自然审美。这正是苏轼对道家哲学的忠实继承与具体发扬，也可视为宋人自然审美精神成果的最精致部分。"[②] 苏轼在《灵壁张氏园亭记》中以欣赏的语气描述张氏之先君"开门而仕""闭门归隐"，这显然是士人颇为欣赏的中隐境地。这种士人生存模式追求的首先是身心皆适，且能保证士人完整人格的实现。从生理层面讲，它能"养生治性"；从精神层面上讲，它又能"行义求志"。苏轼此文虽然是记别人之园林，但此亦仕亦隐大概也是当时士林之风尚。苏轼在其仕宦的途中，也是眷恋山水园林的。从生活的艺术化角度而言，山水游玩之适对于消解苏轼官场不得意的郁闷与单调乏味的生活有着很重要的作用，且他正是由此而获得了休闲自适的生命体验。

"游在中国美学思想发展史上，有着悠久的历史，但真正从美学的角度将其推向高峰的是苏轼。"[③] 游对于苏轼来说，既是一种生命运行的方式，同时也是一种人生的境界。从方式来看，这种游的美学形成了苏轼审美与休闲的人生。在苏轼那里，游具有两个层次的含义，一是游动，二是游戏。两者完整地体现在苏轼的人生实践中，构成了苏轼审美与休闲的人格。

首先看游动。前面所提到的苏轼游于自然山水与人造园林以求适意人生的活动便是游的游动义的具体体现。另外，游之原始意象是水（水之流谓游），而苏轼对水

---

① ［美］包弼德：《斯文：唐宋思想的转型》，南京：江苏人民出版社，2000 年版，第 272 页。

② 薛富兴：《宋代自然审美述略》，《贵州师范大学学报》（社会科学版），2006 年第 1 期。

③ 郑苏淮：《游：苏轼美学思想的特征》，《江西教育学院学报》（社会科学版），2008 年第 1 期。

可谓是情有独钟。水承载着苏轼的人生智慧，它周流无滞，变动不居。在苏轼眼中，水是道的象征：

> 万物皆有常形，惟水不然，因物以为形而已。……今夫水，虽无常形，而因物以为形者，可以前定也。是故工取平焉，君子取法焉。惟无常形，是以迕物而无伤也。惟莫之伤，故行险而不失信。[①]

老子言“上善若水”（《道德经》第 8 章），孔子临川而叹，都是以水喻道，其实也暗示着一种人生智慧。不同的是，老子善水，看到的是水利万物而不争的无为无不为之一面，孔子则看到了水的原泉混混、自强不息的一面。而苏轼的水则是“因物以为形”“随物赋形”，表面看来这是回到了水的原始形态上来，即游动。何谓“因物以为形”？苏轼道：“圣人之德虽可以名言，而不囿于一物，若水之无常形。此善之上者，几于道矣。”[②]又说：“所贵于圣人者，非贵其静而不交于物，贵其与物皆入于吉凶之域而不乱也。”[③]

游动的过程即“随物赋形”的过程，就人的行为来说，是“不囿于一物”，是“与物皆入于吉凶之域而不乱”。可见，游对于苏轼来说，自始至终处理的便是人与物的关系，或心与物的关系。凡有行迹、对待的都可以看作是物。对于士大夫阶层来说，诸如出处、仕隐、得失、富贵贫贱这些就是物。如何处理这些矛盾，既能在这些物中获得自由的心境，又能在现实经验中自在地生存，这是历来士大夫困惑之处。而苏轼由此给予的人生策略是游。像陶渊明志不得则隐遁丘樊，这不是游；白居易做到了游，但并不彻底，他尚纠缠于得失之间。苏轼继承了白居易中隐的处世方式，借山水自然、园林而游动于仕与不仕之间，既有忠君报国之志，又不乏优游闲适之情。而苏轼超越白居易之处在于，其对于人生得失、富贵贫贱皆能淡然处之，真正做到了“随物赋形”，洒然无累。如果说中隐之游还是一种“游于物之内”的话，那么超越人生得失、富贵贫贱，超越现实世界的痛苦与烦恼就是一种“物外之游”。通过“游于物之初”，苏轼做到了无往而不适，无适而不可，从而达到了一种“与物皆入于吉凶之域而不乱”的境界。

游除了游动意，还有游戏意。苏轼在惠州给道友参寥子的信中说道：

> 老师年纪不少，尚留情诗句画间为儿戏事耶？然此回示诗，超然真游戏三昧也。居闲，不免时时弄笔，见索书字要楷法，辄往数篇，终不甚楷也。只一

---

① 苏轼：《东坡易传》，龙吟注评，长春：吉林文史出版社，2002 年版，第 128 页。
② 同上书，第 296 页。
③ 同上书，第 233 页。

读了，付颖师收，勿示余人也。

《答参寥》

这里“儿戏事”即游戏，是一种并非严肃、一本正经的消遣活动。“游戏三昧”本是佛家语。游戏，指自在无碍；三昧，指正定，即不失定意。综合起来就是指自在无碍，而常不失定意。禅指游化众生，神通自在之禅心，无碍无缚之禅定。用游戏之心，放下一切名利束缚，超然自在地游化世间。苏轼“居闲，不免时时弄笔”，此其言书法亦为游戏之事。从此简中我们至少有两个信息可以读出：一是，一向被视为“经国之大业，不朽之盛事”的诗书文章，在苏轼看来也可以是游戏之事；二是，游戏也指一种自在无碍的境界。相比之下，杜甫所谓“为人性僻耽佳句，语不惊人死不休”(《江上值水如海势聊短述》)[①]，卢延让之“莫话诗中事，诗中难更无。吟安一个字，拈断数茎须”(《苦吟》)[②]，这些都是苦为诗词的例子。苏轼甚不满贾岛、孟郊之诗，就是因为此类诗人都是苦吟诗人，意境颇不闲暇自适。[③]

苏轼讲“游以适意”(《雪堂记》)，又在一首诗中说道：“自言其中有至乐，适意无异逍遥游。”(《石苍舒醉墨堂》)可见出游、舞墨都是为了达到适意，获得快乐。苏轼无论为文、为诗词、为书法、绘画，无不是以游戏的态度。如其所尝言：

> 夫昔之为文者，非能为之为工，乃不能不为之为工也。……凡一百篇，谓之《南行集》。将以识一时之事，为他日之所寻绎，且以为得于谈笑之间，而非勉强所为之文也。

《南行前集序》

苏氏父子由“作文”到“有所不能自已而作者”，并“得于谈笑间”，此即明显以游戏的态度为文。赫伊津哈在《游戏的人》中指出游戏的非功利性质：“它不作为‘平常’生活，而是立于欲望和要求的当下满足之外。实际上它打断了欲望的进程。它作为一个暂时活动添加进来，自娱自乐。”[④]而这一游戏的作文方式，无疑是为了达到适意而休闲的目的，这正是“遣怀”之意。文艺需以游戏的态度对待，或文艺本身即为游戏，这在古希腊以及先秦孔子那里便已有明显的确证。如柏拉图认为

---

① 《江上值水如海势聊短述》，李白、杜甫:《李太白集杜工部集》，长沙：岳麓书社，1987年版，第193页。

② 萧枫选编:《唐诗宋词全集》(第12卷)，西安：西安出版社，2000年版，第332页。

③ 苏轼曾云:“我憎孟郊诗。”又说:“何苦将两耳，听此寒虫号。”曾季狸认为:“东坡性痛快，故不喜郊之词艰深。”参见四川大学中文系编:《苏轼资料汇编》，第420页。

④ ［荷兰］约翰·赫伊津哈:《游戏的人：文化中游戏成分的研究》，第10页。

“一个人应该在‘游玩’中度过他的一生——祭献、唱歌、跳舞”，[①] 孔子也说过“游于艺”，朱熹注释此“游者，玩物适情之谓”。这都与苏轼的“适意无异逍遥游”之游异曲同工。

可以说，苏轼的休闲人生是通过“适意”而达到的，而适意生活的具体实现形式则是游。无论是游于自然山水，还是园林建筑，无论是“游于物之内”，还是“游于物之初”，苏轼总是以此游动的人生哲学来化解人生的诸种不适与矛盾纠葛，从而完成一种独立自由的士大夫人格，进入审美与休闲的境界。

三、审美与休闲境界：超然物外

苏轼的超然境界有两层含义：一是无往而不乐；二是即世所乐而超然。近来学界在对苏轼文化人格的研究上，认为苏轼的人格特征是高风绝尘和旷达。两种人格特征表面看来有其一致之处，但亦有不同。其中，高风绝尘反映的是苏轼“即世所乐而超然”的休闲境界，旷达则与“无往而不乐”相通。

苏轼审美与休闲境界的思想集中体现在《超然台记》一文中。苏轼是个以休闲为人生之本的人，他无处不在利用当地的环境与自己的遭际来获取休闲。然而密州生活条件的恶劣，足以给苏轼带来休闲的制约（“无以自放”，苏辙《超然台赋》）。但苏轼却能通过合理地创造休闲所需的条件来达到人生快意的目的。超然台正是作为一种诗意的空间，聚纳周围的风景，栖居困难中的人生。休闲虽然需要一种“物外之游”，但又绝不能脱离开物质的载体。苏轼在其官宦沉浮的一生中，就非常重视休闲载体的作用，比如这里的超然台，还有密州的快哉亭，以及徐州的黄楼、黄州的雪堂斋等。这些人工筑造的空间，是休闲活动得以展开并得以实现的必不可少的因素。建筑作为物质的实体，一旦被赋予诗意的名称，它便寄寓了修建者以及游乐者的精神观念。超然台是苏轼修建的，但取名却来自苏辙。苏辙之“超然”一词，来自老子。苏辙《老子解》云：“荣观虽乐，而必有燕处，重静之不可失如此。”[②] 这其实是说动以静为本。王弼释“燕处超然”为“不以经心也”[③]，则是从“圣人有情而无累”的角度诠释的。而苏辙在这里所指似乎又别有含义。在苏辙的眼中，超然者完全是一个无往而不休闲者。游宦之途必然勤苦终年，此士人之无可奈何者。然而超然者的超然之处在于“惟所往而乐易”（苏辙《超然台赋》），能焚膏继晷地以休闲为乐，此苏辙所谓之“超然”。

---

① ［古希腊］柏拉图:《法律篇》，张智仁、何琴华译，上海：上海人民出版社，2001 年版，第 224、225 页。

② 苏辙:《老子解》（卷上），文渊阁四库全书本。

③ 王弼:《王弼集校释》，楼宇烈校释，北京：中华书局，1980 年版，第 70 页。

苏辙可谓真懂苏轼者。苏轼不仅欣然接受了“超然”这个台名，还认为超然之名乃“以见余之无所往而不乐者”(《超然台记》)。其实两人对超然之理解稍稍有异，苏辙似仍停留在士人出处之际上言无往而不乐，苏轼则在《超然台记》中展示了更为普遍的“乐”的哲学。其千古名作《超然台记》云：

> 凡物皆有可观。苟有可观，皆有可乐，非必怪奇伟丽者也。餔糟啜醨，皆可以醉；果蔬草木，皆可以饱。推此类也，吾安往而不乐？

按照苏轼的逻辑可以推出：一切世间之物，皆可以为乐。只是需注意的是，这里的“物”并不一定就是物体之物，还应当包括事物之物，即所谓的贫富、贵贱、出处、祸福等等人的际遇，都可以称之为物。无物不乐的结果是将与个体生命对立的物给予“情感化”(乐)，是完全回到主体内心。如果说一切物都可以令人“乐”的话，那么物的殊异性就被超越了。只有从情感上润化、超越“物”的殊异性，人才会无往而不乐。

> 夫所谓求福而辞祸者，以福可喜而祸可悲也。人之所欲无穷，而物之可以足吾欲者有尽。美恶之辨战乎中，而去取之择交乎前，则可乐者常少，而可悲者常多，是谓求祸而辞福。夫求祸而辞福，岂人之情也哉！物有以盖之矣。
>
> 《超然台记》

此乃言常人如何“不乐”。“物有以盖之”即被物所蒙蔽之意。现实经验中的人们惯常以美恶为辨，以祸福为别。求福辞祸，求美辞恶，看似人之常情，却恰恰是此诸种人为的区别常常陷自己于可悲、可痛之境。因为，“物之可以足吾欲者有尽”。故对于物，本非我之所有，便不要想着去占有，而是释之以审美的方式去欣赏它，这也就是要去“游于物之外”：

> 彼游于物之内，而不游于物之外；物非有大小也，自其内而观之，未有不高且大者也。彼挟其高大以临我，则我常眩乱反复，如隙中之观斗，又焉知胜负之所在？是以美恶横生，而忧乐出焉，可不大哀乎！
>
> 《超然台记》

此处又提游与乐的关系。游，即是一种生活方式，也会导向一种人生境界。“游于物之外”显然是庄子的话头。庄子所追求的“心闲而无事”的境界即是在“游于物之外”的方式下获得的，反之，“物之内”，乃大小、美恶之别充焉，此心难闲。就苏轼现实的经历来说，从钱塘繁华之地，忽然迁至密州如此僻陋之所，说是天上与人间的差别，从“物之内”的角度说并不为过。然而这种由富到贫，由安到劳，由美到恶的现实转变，苏轼认为此皆为“物”之变，而作为人生之乐之心并没有改变。他取消了物之间的差别[①]，以“游于物之外”的方式达到一种超然的休闲境界：“以见余之无所往而不乐者，盖游于物之外也。”

那么，“游于物之外”是不是会导致离群绝俗，彻底地逃避物呢？超然是这样的决绝吗？苏轼并不以为然：“世之所乐，吾亦乐之。子由岂独能免乎？”（《书李邦直超然台赋后》）苏轼所谓超然，其实就是休闲的最高境界。休闲是人类最为现实，也最为普遍的存在方式。它不等同于享乐纵欲主义，但也非禁欲主义。在苏轼看来，禁欲在某种意义上正与纵欲是相同的，都是“未离乎声味”（《书李邦直超然台赋后》），都没有做到自然而然，是执着一面的表现。超然并不是让人去排斥世俗之物，更非逃避世界；休闲也不是让人去过不食人间烟火的日子，而是“即世之所乐而得超然”（《书李邦直超然台赋后》）。苏轼将之看作一个非常高的人生境界，认为连“古之达者”都难以企及。苏轼其实已经通过超然之道超越了纵欲与禁欲两种休闲的模式。

“游于物之外”往往被看作是那些逃离世外、居住在仙山上的真人所能为。在《雪堂记》中，苏轼绘雪于堂上，优游其下，而客人却以老庄之口吻斥其以堂为居，以雪为名，仍然未逃离物、名的纠缠，所谓“身待堂而安，则形固不能释，心以雪而警，则神固不能凝”（《雪堂记》），并邀苏轼去“藩外之游”，很明显这是反对苏轼有待于物的世俗之乐。而苏轼却认为自己能够优游于雪堂之下，已经是在“藩外之游”了。苏轼建雪堂，是取一个“静”字，“以雪观春，则雪为静。以台观堂，则堂为静。静则得，动则失”（《雪堂记》）。反之，“动”就是“彼其趑趄利害之途、猖狂忧患之域者”（《雪堂记》），实际上就是在世上为了名禄奔忙不休的状态。而“静”是休闲之意，雪堂提供了一个可资休闲的场所。苏轼并不反对客人“藩外之游”的一番宏论，但其言论足以“自儆”。苏轼认为“子之所言者，上也；余之所言者，下也。我将能为子之所为，而子不能为我之为矣”（《雪堂记》）。在苏轼看来，那看似超然者，纵使说得多么玄妙，好似不食人间烟火。但问题是这样的超然，首先显得很不现实，只可能成为一种玄谈，而不能成为具体的生活之资。其次，正因为其不现实，若标榜这样的超然境界，往往会走向其反面。

所以，东坡之超然并非远离世间、超远玄妙，而是即世而乐，是对现实人生的肯定；所谓超然境界是“逃世之机”而非“逃世之事”。然而问题是，这种对世俗的过分接近，以及对物的不疏离，将如何做到超然？在哲学观上，苏轼曾提出“无心而一”的境界哲学，与此相对应的是，在休闲观念领域，苏轼倡导一种超然的休闲

---

① “人生一世，如屈伸肘。何者为贫，何者为富。何者为美，何者为陋。或糠核而瓠肥，或粱肉而墨瘦。何侯方丈，庾郎三九。较丰约于梦寐，卒同归于一朽。”参见苏轼《后杞菊赋》。

境界。不同于以往对超然的理解，将心超脱于物之上，苏轼主张“寓意于物”，即情感寄托于物并超越之。这种观点既不疏离于物，也不胶着固执于物，而是对物采取一种审美的态度，这便是休闲的最高境界：

> 君子可以寓意于物，而不可以留意于物。寓意于物，虽微物足以为乐，虽尤物不足以为病。留意于物，虽微物足以为病，虽尤物不足以为乐。老子曰：“五色令人目盲，五音令人耳聋，五味令人口爽，驰骋田猎令人心发狂。”然圣人未尝废此四者，亦聊以寓意焉耳。刘备之雄才也，而好结髦。嵇康之达也，而好锻炼。阮孚之放也，而好蜡屐。此岂有声色臭味也哉，而乐之终身不厌。
>
> 《宝绘堂记》

如果说《超然台记》更多的是受道家思想的影响，而提出一种超然物外的观点的话，那么这篇《宝绘堂记》则明显是对道家思想的修正。道家通过对人为的否定进而否定了人的情欲。虽然道家的无情无欲观是让人回到一种自然的情感上来，但老子所谓的“五色令人目盲……”也绝不是危言耸听。其流波所及，便是对享乐主义休闲人生的否定。“五色、五音、五味、驰骋田猎”其实就是休闲娱乐以及审美活动的代指。苏轼认为“圣人未尝废此四者”，休闲娱乐乃人之本性的需求，这里的关键不是要不要休闲的问题，而是如何休闲，休闲应该达到一个什么样的境界的问题。

在这里，苏轼提出休闲的两种方式，也是两种境界，即“寓意于物”和“留意于物”。向来研究苏轼“寓意”思想的学者，大都将寓意释为“审美状态”或“非功利的状态”，而“留意”则相反的是“功利状态”。[①]我们无意否认这种解释的合理性，只是指出以功利和非功利的角度去解释寓意与留意，明显是受康德认识论美学的影响，是心理学意义上的解读。而我们尝试从另外一种角度，即存在哲学的角度去解读。对物的寓与留，是人生持存的不同方式。与对物的疏离不同，寓意于物和留意于物都是将个体生命置身于物之中，保持对物的关注。然而，就寓与留二者来说，又各不同。《说文解字》中“寓，寄也”，“寄，托也”。而托与寄可以互训。托还有暂时寄放的意思。《说文解字》中“留，止也”，“留”本义有停留、留下，含有不动的意思。《广韵》中“止，停也，息也”。寓意于物即将情感寄托在物之上，既然是寄托，便意味着短暂的停留、居住，也即逗留。人是逗留于这世上的，正如陶渊明所吟唱的“寓形宇内复几时”（《归去来兮》）。人在天地间的生存是“寓形”，而人之情感投向于“物”则是“寓意”或“寓心”。宇宙的演化是“大化流行”，而人生的存在则为“纵浪大化中”“乘化而往”“委任运化”。然而这看似通达的顺化而

---

① 参见王世德：《苏轼的“寓意于物”论和康德的非功利审美论》，《四川师范学院学报》（哲学社会科学版），1994年第1期；冷成金：《苏轼的哲学与文艺观》，北京：学苑出版社，2004年版，第658页。

往，在苏轼看来则极容易被“化”所缠。因此，当如何应对外界的变化？苏轼指出物就是变化得失之际，那么如何应对便是心、意如何应对物。庄子认为物是使心灵役化的外在因素，故应“外物”；孟子亦认为物是陷溺人心的力量，故要“寡欲”；苏轼则指出：

> 天地与人，一理也。而人常不能与天地相似者，物有以蔽之也：变化乱之，祸福劫之，所不可知者惑之。……夫苟无蔽，则人固与天地相似也。[①]

那么如何解蔽？是如庄子一样“外物”，继而外天下、一生死吗？苏轼认为物既然存在，就不能对之视而不见，而要“使物各安其所”“万物自生自成，故天地设位而已”[②]。这明显是受郭象自然独化论之影响。苏轼认为“物”虽变化无常，但只要心能“通之，则不为变化之所乱”[③]。以心“通之”其实就是寓意于物。物只能是心所投射、寄寓的东西。物与人本是各安其所，人不去占有物，而物也不会伤害、奴役人。这也就是“即物而有”：

> 我未尝有，即物而有，故“富”。如使已有，则其富有畛矣。……吾心一也，新者，物耳。[④]

何谓“即物而有”？从《赤壁赋》中可得一二：

> 盖将自其变者而观之，则天地曾不能以一瞬。自其不变者而观之，则物与我皆无尽也，而又何羡乎？且夫天地之间，物各有主。苟非吾之所有，虽一毫而莫取。惟江上之清风，与山间之明月，耳得之而为声，目遇之而成色。取之无禁，用之不竭，是造物者之无尽藏也，而吾与子之所共适。

“自其变者”就是从物的变化角度看，天地也是有限的。正因为有变化才常新，“新者，物也”，新旧变化之际界限分明，即“其富有畛”；“自其不变者”即从心、意的角度，苏轼谓“吾心一也”。以恒常之心看，物与我都是无限的。从哲学的角度分析，物是无限，我是无限，天地间不能有两个无限，故此时物与我合为一体。物我之对立界限取消了，主客融合为一，我即物，物即我，这就是庄子所谓“物化”。

---

① 苏轼：《东坡易传》，第 294 页。
② 同上书，第 329 页。
③ 同上书，第 295 页。
④ 同上书，第 297 页。

何谓“物化”？庄子谓：“圣人处物不伤物。不伤物者，物亦不能伤也。唯无所伤者，为能与人相将迎。”（《庄子·知北游》）“处物不伤物”此即苏轼所言“寓意于物”。苏轼《宝绘堂记》中云：“凡物之可喜，足以悦人而不足以移人者，莫若书与画。”其中“不足以移人”就是指“内不化”。可见，寓意于物即“外化而内不化”（《庄子·知北游》），是物常新而心为一。苏轼自言：

> 吾薄富贵而厚于书，轻死生而重于画，岂不颠倒错缪失其本心也哉？自是不复好。见可喜者虽时复蓄之，然为人取去，亦不复惜也。譬之烟云之过眼，百鸟之感耳，岂不欣然接之，然去而不复念也。于是乎二物者常为吾乐而不能为吾病。
>
> 《宝绘堂记》

对于书画来说，“蓄之”和“为人取去”，此皆物之变化也。而吾心“一不化者也”（《庄子·知北游》），此心即“无往不乐”之心。以此心寄寓任何物中，都可以乐。此时，我的心是自由的，因为我的主体性得到了保护；物也是自由的，物并没有被占有、侵凌。留意于物恰恰相反。留是停止、不动的意思。意停止于物上，意味着人占有物。在海德格尔看来，掌握客体与随心所欲一样，均是对物之存在本身的侵袭和搅扰，这种侵袭和搅扰在取消了物之自由存在的同时，也已封死了逗留者自身存在的自由之路。寓意于物的休闲哲学意味着人成为真正的主体，正如马尔库塞所说，人一旦成为真正的主体后，便成功地征服了物质。否则，若是留意于物，则人的主体性就会丧失，人会不知不觉役化于物，即物化。

从存在哲学的角度，我们可以说，留意于物，即功利地占有物，是人与物的双重异化：人通过占有物而迷失于其中；而物也因被功利地占有，其自身完整的感性形象也难以彰显。休闲只有进入精神层次才算真正的休闲，审美正是最高境界的休闲。寓意于物便是通过对象化（物的超越）、精神化（心的超越），使休闲精神化、内在化，也即审美化。审美化的休闲是超然的，它可以融入外界事物之中而不为外界所束缚。“精神的快慰比肉体的快慰廉价，它们较少危险并可随意获得。”[①] 苏轼由此找到了古人安身立命的最佳方式，同时也达到了古代休闲文化的最高境界。这种超然物外、寓意于物的休闲境界就是“心闲”，只有到了苏轼这里，“心闲”才最终得以真正地实现。

① ［美］赫伯特·马尔库塞：《审美之维》，第 24 页。

第二节　邵雍的审美与休闲境界

在宋儒中，邵雍是略显另类的人物。与人们一般印象中道学家的道貌岸然不同，他自号“安乐先生”，将自己的住宅命名为“安乐窝”，自称“安乐窝中快活人，闲来四物幸相亲”①。邵雍诗酒居游，处处寻乐，乃至形成了自己的“快乐哲学”,“乐”在他的精神自我中具有极为重要的意义。然而，邵雍貌似“逍遥”，但其骨子里，仍然执着地追求中国哲人，尤其是儒家哲人的本源性境界。本节先从邵雍“乐”的三重境界，窥视其人生的审美与休闲境界之追求，进而分析其审美与休闲境界的具体呈现。

一、邵雍的快乐哲学

邵雍说:“予自壮岁业于儒术，谓人世之乐何尝有万之一二，而谓名教之乐固有万万焉，况观物之乐复有万万者焉。”②这是邵雍“乐”的三重境界。虽然“人世之乐”“名教之乐”“观物之乐”是有等级层次之分的，但邵雍并没有否定任何一个层次之乐，即使是处于最底层的“人世之乐”。“人世之乐”“名教之乐”“观物之乐”这样的排序方式，将三者之间的关系显示无疑:“人世之乐”为“名教之乐”“观物之乐”提供了必要的物质基础;“名教之乐”中道德功名的实现可以提升“人世之乐”，将内在的生命欲求与外在的伦理规范统一起来，以免其落于一般的生理快感;而作为最高境界的“观物之乐”是能够统摄、提升、超越“人世之乐”与“名教之乐”的人生境界。

1. 人世之乐

所谓“人世之乐”主要是一种顺从人的生物性与世俗需求而带来的满足与愉悦，也即物质自我层面的“谋生”③的快乐。邵雍对“人世之乐”并非完全否定，相反认为“身者心之区宇也，身伤则心亦从之矣”④。身是心的区宇，是心的寓所，心的存在必须依赖于身体，如果身受到伤害，心也必会受到伤害。“物者身之舟车也，物伤则身亦从之矣。”⑤由此可见，邵雍对身心物三者关系的认识还是比较现实和深刻的，甚至与现代社会心理学对自我的看法不约而同。现代社会心理学将自我的构成分为“物质自我”“社会自我”“精神自我”三个层面，认为“物质自我”是基础。

① 《安乐窝中四长吟》，邵雍:《邵雍集》，北京：中华书局，2010年版，第317页。
② 《伊川击壤集序》，邵雍:《邵雍集》，第180页。
③ “谋生”“荣生”“乐生”是借用陈望衡先生的说法。
④ 《伊川击壤集序》，邵雍:《邵雍集》，第180页。
⑤ 同上。

忽略“物质自我”的存在和需求，将使人陷入虚无缥缈的空中楼阁。这种认识也是与邵雍自己的人生经历直接相关的，少时的贫困及迁居洛阳之初经济的窘迫使其对物身心的关系有切身之体会。他不仅不排斥“人世之乐”，还对之进行了赞美，其诗言：“饱食高眠外，自余无所求。”[①]“堂上慈亲八十余，阶前儿女笑相呼。旨甘取足随丰俭，此乐人间更有无？”[②]之所以将“人世之乐”放于乐境界的最底层，应该是三方面的原因使然。一是出于他对人之情的看法。在他看来，人之情是理解终极之道的障碍。从本质上看，人之情与人的“身”和“时”是联系在一起的：“谓身则一身之休戚也，谓时则一时之否泰也。一身之休戚则不过贫富贵贱而已，一时之否泰则在夫兴废治乱者焉。……身之休戚发于喜怒，时之否泰出于爱恶，殊不以天下大义为言者，故其诗大率溺于情好也。噫！情之溺人也，甚于水。”[③]显然，在生活中人由于囿于一己之情感，而不能超脱于一己之喜怒、一己之荣华富贵、一时之否泰，这不管是对于人的道德境界的提升，还是对于终极之道的把握，都是不利的。二是由其学缘背景造成的。不管是儒家还是道家在一定程度上都有轻视“人世之乐”的倾向，如孔子称赞颜回：“贤哉，回也！一箪食，一瓢饮，在陋巷，人不堪其忧，回也不改其乐。贤哉，回也！”自称：“饭蔬食饮水，曲肱而枕之，乐亦在其中矣。不义而富且贵于我如浮云。”儒家提倡“安贫乐道”，以一种近乎宗教虔诚般的信念去追求道德圆融的“内乐”，不计较富贵贫贱，不计较名利得失，主张通过克制人的感性欲望及情感，即“克己”“寡欲”的修身方式去达到更高层次的道德境界之乐。道家提倡精神的自由，为了精神的自由更将物欲视为一种“物累”。其代表人物庄子生活贫困潦倒，但精神富有，视权势如粪土，戏千金于污泥，表现出贫贱不能移的高尚情操，并提倡“心斋”“坐忘”等修养方式以期达到与道合一的逍遥自由境界。学缘于儒道的邵雍由此而将“人世之乐”放置于最底层也在情理之中了。三是缘于在邵雍一生中，“人世之乐”确实是相对较少的，所以谓“人世之乐何尝有万之一二”。从家庭之乐来看，邵雍的母亲去世之时邵雍刚好在外游学，母亲离世时作为儿子的他未能在身边相伴这是其人生永远的遗憾；由于家贫，已过而立之年的邵雍未能娶妻生子；在其父刚过世的第二年同父异母的弟弟又不幸离世，带给邵雍的打击及其悲痛之情在《伤心行》《伤二舍弟无疾而化》《听杜鹃思亡弟》等诗中表露无遗。从朋友之乐来看，邵雍虽与司马光、富弼、吕公等上流社会的达官贵人有交情，虽与二程兄弟、张载等哲人往来，但终未遇到真正理解自己及其学问的知音，这也是其人生之最大遗憾。他曾感叹：“自是尧夫不善琴，非关天下少知音。老年难做少年

① 《弄笔》，邵雍：《邵雍集》，第 228 页。

② 《闲居述事》，邵雍：《邵雍集》，第 237 页。

③ 《伊川击壤集序》，邵雍：《邵雍集》，第 179 页。

事，年少不知年老心。”[①] 其孤独与无奈可见一斑。

2. 名教之乐

“名教之乐”体现了邵雍对儒家思想的自觉认同，“名教之乐”实际上就是实现道德功名的境界之乐，按现代社会心理学的理解是一种社会自我实现和被认同的快乐，是一种“荣生”之乐。这种快乐，来自对社会伦理性的善的追求，通过个体对社会规范的自觉认同与践履，实现人生的社会目的。孔子言“君子不器”，作为君子，就要“践行尽性”，充分发挥人性的潜能，并将其无所不达、无所不及，“知、勇、廉、艺”俱备，内德外文，粹然完美，从而获得一种“从心所欲不逾矩”的道德人格自我实现的快乐。

据《宋史邵雍传》记载：“雍少时，自雄其才，慷慨欲树功名。”[②] 其在《代书寄友人》诗中曾回忆道：“当年有志高天下，尝读前书笑谢安。”[③] 自小就站在儒家的立场，坚持修身、齐家、治国、平天下的抱负，以潜心名教为乐，饱读群书，慨然有“为往圣继绝学”的志向。邵雍的成名作《皇极经世书》气魄宏大，邵伯温解释为“至大之谓皇，至中之谓极，至正之谓经，至变之谓世”[④]，可见邵雍试图构建一个囊括宇宙自然、社会人世的完整体系，并提供给人们一个上知天文、下应人事，无所不包的全息哲学。

同时代的张载慨言“民胞物与”，“夫天地之塞吾其体，天地之帅吾其性”[⑤]，将儒家的道德使命推举到了无以复加的地位。邵雍同样认为：“仁配天地，谓之人，唯仁者，真可以谓之人矣。”[⑥] 他特别强调“仁”的意义，认为：“仁也者尽人之圣也，礼也者尽人之贤也；义也者尽人之才也，智也者尽人之术也。”[⑦] 即使在拜李之才为师研习易学后，邵雍仍是以孔子的道统自命，自言“予非知仲尼者，学为仲尼者也”[⑧]。邵雍推崇儒家《诗》《书》《易》《春秋》之四经，其所建构的思想体系大体本于儒家的名教理想，并希望通过自己的学术体系为之提供一个形而上的宇宙本体。因此邵雍说“名教之乐固有万万”，并写了一系列关于名教之乐的诗，如《仁者吟》《仁圣吟》《为善吟》《好勇吟》《善恶吟》等，把儒家的圣人作为自己努力追求的典范。

然而，“名教之乐”在邵雍乐的人生境界中还不是最终的追求，并没有让他感受

① 《又二首》，邵雍：《邵雍集》，第 351 页。
② 邵雍：《邵雍集》，第 576 页。
③ 同上书，第 243 页。
④ 邵伯温：《性理大全书》卷八，钦定四库全书本。
⑤ 黄宗羲：《明儒学案》，北京：中华书局，1985 年版，第 1476 页。
⑥ 《观物外篇》，邵雍：《邵雍集》，第 151 页。
⑦ 《观物内篇》，邵雍：《邵雍集》，第 16 页。
⑧ 同上书，第 24 页。

到终极的快乐。这很大程度缘于邵雍在现实的“名教”追求中体验到的无奈和失落。邵雍的功名仕途并不顺利，青壮年时期他以儒家的“名教”作为自己的人生追求，虽然“名教”让他在修德成人的过程中得到了精神的快乐，但功名未得之痛也让他刻骨铭心。于是在《还鞠十二著作见示共城诗卷》中他忧伤地感叹：“功名时事人休问，只有两行清泪揩。”[①]无奈与伤感弥漫其间。邵雍晚年朝廷几次出诏却屡隐而不仕，原因在于邵雍深知当时复杂的政治环境并不适合自己出仕，连处于当时政界高层的司马光、富弼也都因不赞同王安石的变法，只能归隐洛阳而不能施展才华，更何况自己年华老去，身体常有不适，授予的官职也未必能实现自己的政治理想抱负。凡此种种，皆造成了邵雍晚年隐居不仕。“遇不遇者，时也”（《荀子·宥坐》），正是邵雍对自己所处境遇的无奈感叹。既然不能通过出仕实现自己的才华，那么不如效仿孔子所为，转而立言著书，将自己的学识及理想撰写于《皇极经世书》一书中。邵雍甚至在“弄丸余暇”[②]时寄情于《伊川击壤集》，写出了3500多首诗歌，表达出乐天安命、悠游闲适的逍遥情怀和洞见。可见，“名教之乐固有万万焉”，然得之不易，体之也未能尽然，“固有”一词，憾意显现。接下去是“况观物之乐复有万万者焉”，在“观物之乐”中，邵雍才感受到了真正的天人一体的快乐，也达到了人生快乐的至极境界。

3. 观物之乐

“观物之乐”邵雍又把它称为“天理真乐”，是指一种以“勿我”“勿必”的心态和目光，超脱一己之功利成见，以“天下之心”去观察万物之理，从而在达到与道合一的境界时所体验到的快乐。借用现象学的说法，是“让事物自己呈现”，去除尘世的遮蔽，让世界真如地显现。当然，邵雍在那个时候不可能有这样的自觉意识，而且他的“以物观物”，侧重点仍在解蔽他所谓的私意，以进入他追求的圣域。然而我们确实可以从中解读出类似的洞彻性意趣。邵雍说的“方将与物同休戚……天地与人同一体”[③]，“宇宙在乎手，万物在乎身”[④]，“万物于人一身，反观莫不全备”[⑤]都表达了这种万物一体的观物之乐。如果说，“人世之乐”传达的是物质自我的“谋生”乐趣，“名教之乐”体现了社会自我的“荣生”乐趣，那么，“观物之乐”则已接近精神自我的“乐生”的乐趣，这是一种更为洞彻、更为超绝的精神境界。在拜李之才为师之后，邵雍开始接受道家和道教，并专心习《易》，对老庄由衷钦佩。他称赞

---

① 邵雍:《邵雍集》，第333页。

② 《自作真赞》，邵雍:《击壤集》卷12，钦定四库全书本。

③ 《首尾吟》，邵雍:《邵雍集》，第532页。

④ 《宇宙吟》，邵雍:《邵雍集》，第446页。

⑤ 《乐物吟》，邵雍:《邵雍集》，第509页。

“老子，知易之体者也”[①],“老子五千言，大抵皆明物理”[②]；盛赞庄子善通物,《观物外篇》云:“庄子与惠子游于濠梁之上，庄子曰‘鲦鱼出游从容，是鱼乐也。’此尽己之性，能尽物之性也。非鱼则然，天下之物则然。若庄子者，可谓善通物矣。”[③]正是在儒道两家思想的研习中邵雍最终形成了儒道兼综的人生境界，这是一种理性与情感融为一体，主体与对象自然而然地合而为一，从而进入物我一体、内外无别的出神入化境界。

邵雍“观物之乐”深受儒道两家修养工夫的影响。他认为要能够窥见万物之理，必须通过儒家至诚的修养工夫。故云:“天所以谓之观物者，非以目观之也。非观之以目而观之以心也，非观之以心而观之以理也。天下之物莫不有理焉，莫不有性焉，莫不有命焉。所以谓之理者，穷之而后可知也。所以谓之性者，尽之而后可知也。所以谓之命者，至之而后可知也。此三知者，天下之真知也。”[④]前一个“理”就是指用人的理性认识去把握万物皆有的理、性、命，即通过理性认识去穷理、尽性、至命。那么人怎样才能达到用理性认识去把握物的理、性、命呢？邵雍认为这必须以儒家对个体道德人格的修养为基础，其言“至理之学，非至诚则不至”[⑤],“诚者，主性之具，无端无方者也”[⑥]。儒家历来强调“不诚无物”，只有在有了至诚至德后，主体才能对物观之以理，才能把握物之理、性、命。窥见了万物之理后，还必须有道家“主静”的修养工夫收敛主体身心，使心达到静寂的境界，这时才能与外在之物相接应，其言“心一而不分，则能应万物”[⑦]。邵雍在《击壤集》中多处提及“静”的工夫，“仙家气象闲中见，真宰工夫静处知”[⑧]，“闲中气象乾坤大，静处光阴宇宙清”[⑨]。可见只有经过儒家“至诚”、道家“主静”的修养工夫之后，主体自身才具备观物的境界。在这一境界中主体才能做到以有我而又忘我的类乎主体间性的“以物观物”的方式，去得到观物之乐。他说:“不以我观物者，以物观物之谓也。既能以物观物，又安有我于其间哉！是知我亦人也，人亦我也，我与人皆物也。”[⑩]因而邵雍的“观物之乐”是通过人的理性认识去穷理、尽性、至命之后又排除人的主体性而达到的与物合一的境界。这是一种在穷尽物理、窥尽天机后获得的游刃有余、无往而不适的有我而又忘我的主客合一、万物一体的乐境。

---

① 《观物外篇》，邵雍:《邵雍集》，第164页。
② 同上书，第169页。
③ 同上书，第163页。
④ 《观物内篇》，邵雍:《邵雍集》，第49页。
⑤ 《观物外篇》，邵雍:《邵雍集》，第154页。
⑥ 同上书，第165页。
⑦ 同上书，第154页。
⑧ 《首尾吟》，邵雍:《邵雍集》，第539页。
⑨ 《依韵和王安之少卿谢富相公诗》，邵雍:《邵雍集》，第395页。
⑩ 《观物内篇》，邵雍:《邵雍集》，第49页。

邵雍的“观物之乐”虽受庄子通过齐万物而达到“天地与我并生，万物与我为一”的物我合一的逍遥境界的影响，但与道家物我两忘的境界又是不一样的：道家的物我两忘境界是通过“堕肢体”“黜聪明”而达到的一种超然的境界，邵雍与物合一境界是首先通过主体的理性认识并在主静修养工夫之下运用以物观物的方式达到的物我一体的境界。道家的境界中更多的是通过物我两忘而达到精神境界的自由与逍遥，其具有超然性，是超越于物之上的精神的自由与逍遥。邵雍观物之乐是通过识物之至理而达到的有我却忘乎我的物我合一的逍遥境界。由此，天地万物都是邵雍所观的对象，大至天地宇宙，小到风物花草皆有阴阳之理、造化之机，观万物皆可得乐。邵伯温的《易学辨惑》有记载，邵雍春日率程颐同游于天门街观花，程颐不愿去，说：“平生未曾看花。”邵雍说：“庸何伤乎物？物皆有至理。吾侪看花异于常人，自可以观造化之妙。”①

综上所述，如果在一定程度上说儒家追求的是善的境界，道家希望达到的是真的境界，那么，“观物之乐”则是邵雍在融儒家之善的道德境界与道家之真的宇宙境界为一体的审美境界中，实现的一种超越了二者的美的生命境界。它既注重在现实人生中寻求人的安身立命之所，又注重人的精神生活的自由与超越，其实它也是一种审美与休闲的境界。如当代学者所言：“儒家哲学立足于人类的社会生存，执着于人类整体的终极关怀，为人类在现实世界寻求安身立命之所。就个体而言，比较重视形体生命，追求现实人生的安稳，所以说修身的目的是为了身安。道家哲学立足于人类的自然生存，执着于对普遍的个体生命意义的追求，为人类在理想世界寻求精神的慰藉，心灵的家园。就个体而言，比较重视精神生命，力图超脱现实人生，追求精神上的绝对自由和生命的终极愉悦，所以说修心的目的是为了心乐。邵雍则力图把二者统一起来。他立足于现实人生，力图超脱世俗生活，既追求现实生活的安稳又追求精神生活的超脱，既重视形体生命的安康，又追求精神生命的自由与快乐。”②

“观物之乐”是邵雍最为看重的，是其乐的最高境界。邵雍认为人的境界是有层次的。他说：“有一人之人，有十人之人，有百人之人……是知人也者，物之至者也。圣也者，人之至者也。”③并明确指出只有人之至者的圣人才能获得“观物之乐”。圣人何以能获得“观物之乐”呢？首先圣人是能达到儒家仁义的极致，进入道德自由自觉状态从而获得一种“从心所欲不逾矩”的道德人格境界的人之至者，不仅是小人不能比拟的，其境界也高于一般儒家的君子。“君子喻于义，贤人也，小人喻于利而已。义利兼忘者，唯圣人能之。君子畏义而有所不为，小人直不畏耳。圣

① 邵伯温：《易学辨惑》卷一，钦定四库全书本。

② 王竞芬：《天人统一于一心：论邵雍儒道兼综的境界哲学》，《孔子研究》，2000 年第 6 期。

③ 《观物内篇》，邵雍：《邵雍集》，第 7 页。

人则动不踰矩，何义之畏乎！”[①] 圣人能够达到上顺天时、下应地理、中循物情的天地情怀，实现个体生命与万物生命相通，因而能弥纶天地，出入造化，进退古今，表里时事。人之至者，“谓其能以一心观万心，一身观万身，一物观万物，一世观万世者焉。又谓其能以心代天意，口代天言，手代天工，身代天事者焉。又谓其能上识天时，下尽地理，中尽物情，通照人事者焉。又谓其能弥纶天地，出入造化，进退古今，表里人物者焉”[②]。所以圣人既能遵从社会理性，又能顺其自然，实现个体生命与万物生命相通，实现自然本性与社会属性、个体生命与宇宙生命的完美统一，由此才能达到“其见至广，其闻至远，其论至高，其乐至大”[③]。

孔子在邵雍看来就是这样的圣人。在邵雍的眼里，孔子不仅是儒家推行仁义道德的至圣，也是兼容道家的思想因素，而达到了通阴阳消长之妙、观天地人情物理之至、融天地人为一体的境界的圣人。“人皆知仲尼之为仲尼，不知仲尼之所以为仲尼。不欲知仲尼之所以为仲尼则已，如其必欲知仲尼之所以为仲尼，则舍天地将奚之焉？”[④] 孔子不仅精通人道，而且洞彻天道，是一个实现了融天、地、人为一体，具有天地情怀与境界的圣人。其实邵雍也常把自己比照成孔子这样的圣人，其言“予非知仲尼者，学为仲尼者也”[⑤]。自许能如孔子一样能体验到“观物之乐”，所以信言“观物之乐复有万万者焉”。“观物之乐”是邵雍从本体论上对生命存在状态探寻后达到的与道合一的生命体验，是其援儒去道又本归于儒的生命境界，这境界中不仅有儒家之善、道家之真，更被其赋予了美的价值意蕴。“在‘北宋五子’中，邵雍的道家情结虽最为明显，但在文化价值理想上他却更是儒家的。透过积极整合以往儒道两家的相关识见，并对其做了创造性转化之后，邵雍赋予该理念以实质是儒家文化价值向度的全新意蕴。”[⑥] 因此“观物之乐”被邵雍置为其乐的最高境界，同时也是其人格境界的最高层次。

二、邵雍审美与休闲境界的呈现

1. 学之乐：“学不至于乐，不可谓之学”

邵雍自小受到父亲邵古的学术与人格熏染，少年时就刻苦读书。“于书无所不读，始为学，即坚苦刻厉，寒不炉，暑不扇，夜不就席者数年。”[⑦] 古代人读书是一

---

① 《观物外篇》，邵雍：《邵雍集》，第 173 页。
② 《观物内篇》，邵雍：《邵雍集》，第 7 页。
③ 同上书，第 49 页。
④ 同上书，第 21 页。
⑤ 《观物内篇》，邵雍：《邵雍集》，第 24 页。
⑥ 王新春：《邵雍天人之学视野下的孔子》，《文史哲》，2005 年第 5 期。
⑦ 《宋史邵雍传》，邵雍：《邵雍集》，第 576 页。

种成家立业的工夫与途径，此时的邵雍也不例外，对儒家经典的阅读使其获得了知识，开启了心智。而且邵雍当时所读之书，也不仅仅限于儒家的经典，读书的范围非常广泛，从其后来所编的历史年表来看，其对古代史事了如指掌，谈之如数家珍，对许多历史人物、历史事件都有自己独到的看法与见解。其丰富的历史知识，是在青少年时期就开始积累的。在拜李之才为师研习易学之后，更是狠下功夫，“三年不设榻，昼夜危坐以思”①。这时其所读之书的范围更加广泛，开始阅读涉及物理性命、术数之学的书籍。其言“欲为天下屠龙手，肯读人家非圣书”②。这从其后来完成的《皇极经世书》一书来看，是显而易见的。朱熹称《皇极经世书》是一部“自易以后，无人做得一物如此整齐，包括得尽”③的奇书，宋人张崏也认为此书“本诸天道，质以人事，兴废治乱，靡所不载。其辞约，其义广；其书著，其旨隐。呜呼，美矣，至矣，天下之能事毕矣！”④。从接受儒家的纲常名教，到转而研习道家的易学传统，直至最终建立自己的易学体系，应该说邵雍的一生都是在读书为学中度过的。熙宁五年（1072 年）时年六十二岁的邵雍在诗中云：“五十年来读旧书，世间应笑我迂疏。”⑤邵雍一生为学读书，不仅勤奋，而且善于思考领悟，并能够将所学的知识加以融会贯通，将其变为为己所用的真理。“天下之言读书者不少，能读书者少。若得天理真乐，何书不可读？何坚不可破？何理不可精？”⑥在北宋，政治斗争较为复杂，居于当时政治漩涡之中的邵雍之所以能在安乐闲适中度过一生，这与其读书获得的“天理”不无关系。邵雍学习虽刻苦，但并非枯燥无味，而是充满了学习的乐趣，“学不至于乐，不可谓之学”⑦。邵雍的读书生涯，从为入仕而读书到为乐而读书，正如孔子言：“知之者不如好之者，好之者不如乐之者。”（《论语・雍也》）邵雍为学之休闲境界可见一斑。

2. 诗之乐：“安乐窝中诗一编，自歌自咏自怡然”

邵雍作为一位崇尚快乐哲学的思想家，其诗也以快乐为宗旨。诗集《伊川击壤集序》开篇即自言：“击壤集，伊川翁自乐之诗也。非唯自乐，又能乐时，与万物之自得也。”⑧自称：“安乐窝中诗一编，自歌自咏自怡然。”⑨从先秦的“诗言志”，魏晋的“诗缘情”，到邵雍的“诗自乐”，中国的“快乐诗学”才真正形成。诗的本体意义，也从社会志向的表达，到人生情感的抒发，转向了本体乐境的生成。《伊川击

---

① 陈继儒辑：《邵康节先生外纪》，北京：中华书局，1991 年版。
② 《闲行吟》，邵雍：《邵雍传》，第 276 页。
③ 黎靖德编：《朱子语类》，北京：中华书局，1988 年版，第 2546 页。
④ 黄宗羲：《宋元学案》，第 467 页。
⑤ 《依韵和吴传正寺丞见寄》，邵雍：《邵雍集》，第 303 页。
⑥ 《观物外篇》，邵雍：《邵雍集》，第 168 页。
⑦ 黄宗羲：《宋元学案》，第 379 页。
⑧ 《观物外篇》，邵雍：《邵雍集》，第 179 页。
⑨ 《安乐窝中诗一编》，邵雍：《邵雍集》，第 318 页。

壤集》收诗三千多首，一少部分是阐述其先天之学的；一部分是对儒家道德仁义的吟咏，如《仁者吟》《君子与人交》《仁圣吟》《为善吟》《求信吟》等；大多数则是"只管说乐"的诗篇，主要抒写他乐天安命、优游闲适的生活情趣和境界，如《闲适吟》《逍遥吟》《欢喜吟》《安乐吟》《安乐窝中自讼吟》《懒起吟》《喜乐吟》《静乐吟》……一部《击壤集》就是其"为快活人"的闲适享乐生活的全面写照。诗的境界是快乐的，作诗的工夫也不例外。其言："平生无苦吟，书翰不求深。"①"句会飘然得，诗因偶尔成。"②"苦吟"是"诗因"所为，"飘然"则是性情所致。在邵雍笔下，人生所见所遇、所感所触，莫不妙然成诗，工夫与境界浑然一体。特别是在晚期《皇极经世书》完成之后，更是无物不成理，无处不是诗，诗已经成为他生活的状态，生命的一部分。诗歌之乐是邵雍人格审美境界的自然流露与表达，是其自觉于人间的"情累"纤芥无存而达到的与道合一之境界，即"物理悟来添性淡，天心到后觉情疏"③，也是"乐天四时好，乐地百物备"④的与物为一境界中的自得的快乐。从诗歌艺术的角度评价，邵雍也许并不是最优秀的诗人，但从生命哲学的意义上说，他却堪称诗意的乐者，真正做到了"诗意地栖居"，"以欣然之态做心爱之事"。

3. 酒之乐：饮酒莫教成酩酊，一樽酒美湛天真

中国文人历来都将酒与诗极奇妙地结合在一起，使之成为他们自身的一种象征，一种人生追求，散发着独特的人格魅力。邵雍于此也不例外："每逢花开与月圆，一般情态还何如。当此之际无诗酒，情亦愿死不愿苏。"⑤在花开月圆的美好时节如果没有诗酒相伴，那么其宁愿死去，可见其对诗酒的依赖已达到了关乎生命存活的高度。诗酒已是其生命的一部分，这一部分如果没有了，生命也就终止了。邵雍喝酒，正如他的为人处世，淡泊为怀，酒是微醉，诗是醇真，更能显出其儒道兼综的风范。他将道家的坦夷旷达与儒家的仁和中庸合为一体的生命审美境界真切地融进酒里，化入诗中，也将酒意之醇与诗情之真和谐完美地写进了人生。因有儒家的仁和中庸，所以我们看到他虽钟情于酒，但并不放浪于酒。其自称"纵然时饮酒，未肯学刘伶"⑥，并劝人"饮酒莫教成酩酊，赏花慎勿至离披"⑦。在其看来保有快乐的秘诀绝不是放纵自己，而是凡事适可而止。道家的旷达与潇洒使其在酒中寻得了人生的真性情、真趣味、真价值。"安乐窝中酒一樽，非唯养气又颐真。频频到口微成醉，拍拍

---

① 《无苦吟》，邵雍:《邵雍集》，第 459 页。
② 《闲吟》，邵雍:《邵雍集》，第 231 页。
③ 《答人放言》，邵雍:《邵雍集》，第 211 页。
④ 《乐乐吟》，邵雍:《邵雍集》，第 312 页。
⑤ 《花月长吟》，邵雍:《邵雍集》，第 265 页。
⑥ 《知非吟》，邵雍:《邵雍集》，第 488 页。
⑦ 《安乐窝中吟》，邵雍:《邵雍集》，第 341 页。

满怀都是春。”[①]在微醉状态中，视盲耳聋，感觉迟钝，人不再以认知的方式去看待外物，从而使外界事物的功利意象模糊朦胧，忘怀了人生的得失，进而进入了物与我浑然为一、自然与人合为一体的生命境界。其诗言“一樽酒美湛天真”[②]，在这样犹如婴儿般的天真本然的境界中，人更能体验到自然景物之美，获得无穷的审美感受与体验：“春在对花饮，春归花亦残。对花不饮酒，欢意遂阑珊。酒向花前饮，花宜醉后看。花前不饮酒，终负一年欢。”[③]邵雍不仅将酒作为追求人生的享乐，也以酒来表现自己生命的洒脱态度：“把酒嘱儿男，吾今六十三。处身虽未至，讲道固无惭。世上荣都谢，林间乐尚贪。语其贪一也，且免世猜嫌。”[④]酒让邵雍获得了身心的放松与愉悦，酒中的微醉状态让他更能感受到生活之美与乐，酒实现与加强了其生活的诗意化与艺术化，毫不夸张地说，在酒中邵雍更加逍遥自在地实现了审美与休闲的人生。

4. 游之乐：交贤俊之游，吟凡物之美

除诗酒之外，交游也是邵雍获得其乐的重要活动。首先从与之交游的人物来看，其交友之广遍及当时洛阳的各个阶层，既有上层官僚群体，又有一般的士大夫。与这些才华横溢的士人交游给邵雍带来了无限的快乐与满足，与他们的交游，使邵雍审美休闲人格的境界得以展露，诗意的生活得以强化。邵雍与当时的达官显贵如司马光、富弼、吕公等都有深厚的交情，邵雍身上那种洒脱、乐观、豁达、逍遥的生命境界，常常使正处于失意状态的官宦好友得到精神慰藉，使其暂时忘却烦恼，忘却官场的不得志，进而享受人生短暂的快乐。因此，富弼居洛后闭门谢客时，唯独对邵雍另眼相待。司马光更是将邵雍视为知己，频频与之登高望远，郊外同行，安乐窝饮酒赋和，独乐园畅谈古今。“静坐养天和，其来所得多。耽耽同厦宇，密密引藤萝。忘去贵臣度，能容野客过。系时休戚重，终不道如何。”[⑤]这是邵雍写给司马光的一首诗，意思是：静坐以养自身平和心态与浩然之气，这样得到的自然很多。追求心安，即便荒园一亩，也意足为多，这是一种源于灵魂深处的安乐与平和。不可对一时之休戚否泰看得过重，否则，将始终不会理解“道”的含义。没有儒家的中庸平和，没有道家“吾丧我”的逍遥与自在，能写出这样的诗吗？没有发自内心灵魂深处的儒道兼综的审美与休闲境界，能影响当时处于政治失意状态的司马光吗？其次从交游空间来看，在邵雍诗歌唱和交游中，出现过的亲友园林有司马光独乐园、富郑公园、王拱辰环溪园、张氏会隐园、静居张氏园等。除了公卿名园之外，洛阳城的山水风月更是邵雍交游的广阔空间。他徜徉在这些园林之中，赏花赋

① 《安乐窝中酒一樽》，邵雍：《邵雍集》，第 319 页。
② 《安乐窝中四长吟》，邵雍：《邵雍集》，第 317 页。
③ 《花前劝酒》，邵雍：《邵雍集》，第 292、293 页。
④ 《把酒》，邵雍：《邵雍集》，第 329 页。
⑤ 《和君实端明花庵独坐》，邵雍：《邵雍集》，第 305 页。

诗，怡然自得。正因有了审美与休闲的境界与心胸，他才能对生活之中最平凡的事物投以乐趣，进行审美的关照。“春看洛城花，秋玩天津月。夏披嵩岑风，冬赏龙山雪。”①邵雍就这样徜徉在这秋月春风中，涵泳着生命的快乐，将其快乐人生的哲学思想完美地和现实生活融为一体，呈现出悠然自得的审美休闲境界。

5. 居之乐：“安乐窝中快活人，闲来四物幸相亲”

邵雍自号安乐先生，将其居所命名为安乐窝：“所居寝息处，名安乐窝，自号安乐先生。”②这个“安乐窝”不仅是邵雍现实世界的“安乐窝”，是其日常快乐生活展开的寓所，是其安身立命的场所；更是其精神世界的“安乐窝”，是其构建学术体系的场所，是其向外界表达认知、思想与信仰，与士大夫谈古论今、吟风弄月的集雅之地和相互交往的精神平台。在安乐窝中，邵雍放下世俗的欲念，过起了看花观柳、饮酒赋诗的安乐与逍遥的闲适生活。在《安乐窝中四长吟》中邵雍如此描述安乐窝中的这种生活：“安乐窝中快活人，闲来四物幸相亲。一编诗逸收花月，一部书严惊鬼神。一炷香清冲宇泰，一樽酒美湛天真。太平自庆何多也，唯愿君王寿万春。”③“一编诗”是指其撰写的诗集《伊川击壤集》；“一部书”是指倾注其一生精力和心血，表达其易学思想体系的《皇极经世书》；“一炷香”主要是敬拜易学老祖陈抟，以帮助其凝神静思、修养心性；“一樽酒”是其借酒吟诗、醉里乾坤的审美生活。可见邵雍在“安乐窝”中的生活是充实的、自适快乐的。这样的快乐因有精神向度的价值本体支撑，所以不仅不是放浪形骸与精神空虚的放纵之乐，而且还是有底蕴、有诗意的境界之乐。为了安享“安乐窝”中自适闲乐的生活，邵雍制定了“时有四不出，会有四不赴”④的生活原则。所谓“四不出”，就是在大热、大冷、大风、大雨的天气不出门；所谓“四不赴”，是指不参加公会、广会、生会、醉会。可见，安乐窝中的邵雍不仅注重身体的保养，也注重性情的自适，乐得有自我，乐得有原则，不会为了迎合外在而放弃自我，能够做到听从心的召唤，自适地享受“安乐窝”中的快乐生活。他在一首诗中说：“有时自问自家身，莫是牺皇已上人。日往月来都不记，只将花卉记冬春。”⑤闲适自在的快乐生活甚至让邵雍忘记了物理时间的流逝，而仅与四季美景同在。

审美休闲境界的实现，快乐人生哲学的确立，使邵雍实现了日常生活的审美化与诗意化。朱熹说：“看他（邵雍）诗，篇篇只管说乐，次第乐得来厌了。圣人得底如吃饭相似，只饱而已。他却如吃酒。”⑥他认为邵雍滔滔不绝地咏叹生命的快乐，

---

① 《闲适吟》，邵雍：《邵雍集》，第 373 页。
② 黄宗羲：《宋元学案》，第 464 页。
③ 邵雍：《邵雍集》，第 317 页。
④ 《四事吟》，邵雍：《邵雍集》，第 402 页。
⑤ 《谢君实端明用只将花卉记冬春》，邵雍：《邵雍集》，第 347 页。
⑥ 黎靖德编：《朱子语类》（第 7 册），第 2546 页。

乐得有些过分了，乐得玩物为道。其实这是他站在儒家泛道德主义的立场而忽视了邵雍的快乐生活是以对宇宙和生命的独特理解为底蕴的，这里既有道家的坦夷旷达，又有儒家的中庸仁和，是一种融真善为一体的审美与休闲的生命境界的呈现。

当代人类社会闲暇时间不断增加，但如何聪明地用闲，如罗素所言，还是对人类文明的终极考验。我们不难注意到现代生活中存在着某些不和谐的现象：在生活日益休闲娱乐化的同时却淡化了人生的终极意义；虽有极丰富的物质财富却享受不到生活的乐趣。如何真正实现人的审美化生存，如何真正实现日常生活的审美化？也许，我们还可以从邵雍的快乐哲学中获得某种积极的启示。

第七章 陈白沙、李渔的审美与休闲境界

之所以选择陈白沙、李渔作为明清两代士人休闲思想和境界的代表，是出于这样的考虑：明代中叶是中国传统封建社会最后的一个思想活跃期，期间形成的心学对中国近代人本意识和休闲风尚的成熟产生了极为重要的影响。陈白沙作为明代心学的先驱，其对“自然之乐”的崇尚无疑贴近休闲旨趣，他的休闲境界除了有与宋代士人相似的天人之趣外，更切近人本性情。到了清代，封建社会的气数将尽，相关士人索性就把心智从理想主义的宏大叙事转向对当下生活细节的精细品味上，李渔及其《闲情偶寄》就是这种休闲文化的代表。他的休闲境界，已经不重天，只重人；不重远大，只重当下。

第一节 陈白沙的审美与休闲境界

陈白沙是以诗人的气质投身学术的,《明儒学案》称“先生不著书”[①]，陈白沙自己也有诗云:“他年得遂投闲计，只对青山不著书。”[②]故虽被列入“儒林传”，但从其精神气质来论，陈白沙更是一位真性情的诗人。在为学旨趣上，陈白沙重体悟涵养而不重积功力思，主张“学者以自然为宗，不可着意理会”[③]，只需“日用间随处体认天理”[④],“以自然为宗，以忘己为大，以无欲为至，即心观妙”[⑤]；在人生境界上，他追求“自然之乐，乃真乐也，宇宙间复有何事”[⑥]。这种为学旨趣和人生境界使得陈白沙很自然地与美学精神相通，并呈现出颇具中国特色的休闲境界。

作为一名崇尚“自然之乐”、深具审美意趣的哲学家，陈白沙在曾点的“舞雩风流”中看到了“鸢飞鱼跃”的“自然之乐”，天地之道、为人之理也都在精神的愉

---

① 《举人李大厓先生承箕文集》，黄宗羲:《明儒学案》，第93页。

② 同上。

③ 《与湛民泽》，黄宗羲:《明儒学案》，第86页。

④ 同上书，第87页。

⑤ 《赠张廷宝序》，黄宗羲:《明儒学案》，第91页。

⑥ 《与湛民泽》，黄宗羲:《明儒学案》，第86页。

悦之中得到了本然的澄明。这种“自然之乐”不是学理上拘执索求的觉解，而是在超然自得的生存境域和审美体验中方可达到的真正潇洒、浪漫而又真切的生命境界，是理智、意志、情感和谐相融，人生之真、善、美和谐统一的休闲境界。这种“自然之乐”的休闲境界，是儒家“孔颜乐处”“曾点之乐”，道家“知乐天者”“与物无累”，禅家“万化随缘”“无所住而生其心”的休闲智慧的超越性融合，达到了道德境界、审美境界和超越境界的和谐统一，对于我们当代社会的和谐生存，具有一定的启示意义。

一、“自然之乐”作为休闲与审美境界的确立

陈白沙追求诗意的人生境界，其关键是对“乐”的重视。他融合中国传统文化中儒家文化的“颜乐”和道家文化的“天乐”思想，直接提出了“自然之乐”的境界论。这是一种主张超越世俗社会名利、地位的束缚，以实现个人的崇高精神境界。陈白沙追求的“乐”境之源头可以追溯到《论语》：

> 子曰：饭疏食饮水，曲肱而枕之，乐亦在其中矣。不义而富且贵，于我如浮云。
>
> 《论语·述而》
>
> 子曰：贤哉回也！一箪食，一瓢饮，在陋巷，人不堪其忧，回也不改其乐。贤哉回也！
>
> 《论语·雍也》

这两段话，分别是孔子的自我表白和对学生颜回的赞叹。他们这种富贵贫贱处之如一、不拘时地其乐如常的精神修养，后人将其概括为“颜乐”，亦有称“颜子之乐”者，“颜子之乐，非乐箪瓢陋巷也，不以贫窭累其心而改其所乐也，故夫子称其贤”[①]。“颜乐”是儒家学说中的重要命题，其义一是指人处贫穷之中不以为苦，不以为贱，不以为穷；二是指贫穷之中自得其乐，自得其趣，自得其安；三是指贫穷之中乐得真味，乐而忘忧，乐不思改。这一命题，无疑为我们提出了这样的学理问题：此种令颜回获得至高无上乐趣的内在原因到底是什么？进一步说，应如何理解它的审美价值及内涵？

古人于“颜乐”多有探讨，对其“乐”之所在也有颇多解释。先秦老庄学派评颜回修“道”至高，几达于“集虚”“坐忘”之境，故记载颜回曰：“回之未始得使，实自回也；得使之也，未始有回也。可谓虚乎？”夫子曰：“尽矣。”（《庄子·人间

① 朱熹：《四书章句集注》，第87页。

世》）曰："回坐忘矣。"仲尼蹴然曰："何谓坐忘？"颜回曰："堕肢体，黜聪明，离形去知，同于大通，此谓坐忘。"他们以道家理念评述颜回，故言其所"乐"，为道家自然大化之乐，于"无何有"（《庄子·逍遥游》）之中得其自然而然之真趣。孟子则力避颜回退守避世之说，认为颜回极有济世之志与济世之功，虽与"三过其门而不入"的大禹救民于水火的方式不同，但机理则一，因此他所体味的"颜乐"乃是与先圣济天下一样的"自得其乐"。《列子》主"知足"之乐，说："吾昔之闻夫子曰：'乐天知命故不忧。'回所以乐也。"（《列子·仲尼》）其已达知足常乐的至高境界。李泽厚先生将其分析为："此'孔颜乐处'之原始根源似巫术神秘经验即和宇宙万物一体之销魂快乐。"①

至唐宋之后，又渐有"乐道"说，如宋高宗仿唐玄宗《颜子赞》所谓："德行首科，显冠学徒。不迁不贰，乐道以居。食埃甚忠，在陋自如。宜称贤哉，岂止不愚。"②到了宋明理学时代，"颜乐"思想被称为"孔颜真乐"，成为士大夫向往的圣贤境界。在理学家中，较早提出"孔颜乐处"的是周敦颐。程明道曾回忆说："昔受学于周茂叔，每令寻仲尼、颜子乐处，所乐何事。"又曰："自再见周茂叔后，吟风弄月以归，有'吾与点也'之意。"③表明理学开山之祖周敦颐已开始推崇"乐"的人生风范和境界。二程和朱子论及道德修养时都以此为人生的极致。程颢说："须知义理之悦我心，犹刍豢之悦我口。玩理以养心，如此。盖人有小称意事，犹喜悦，有沦肌浃体，如春和意思，何况义理。然穷理亦当知用心缓急，但苦劳而不知悦处，岂能养心！"④这是亦将我与理的完全合一当作持守的终极目标，而且认为养心必是"乐"事。朱子也认为："若夫圣贤存养之熟，人欲顿消，天理方行，其心淡然虚明，若明镜止水。然则我之与万物，自然相照映，所以能见其有春意。"⑤这说的亦是精神超越的问题。朱子毕竟是思想家兼文学家，能够利用自我的审美感受力去深入体悟曾点所拥有的洒落和美的人生境界。其所说的"与万物为一，无所窒碍，胸中泰然，岂有不乐"⑥正是一种物我合一的浑融超越之境，除去其中关于天理人欲之辨的意思，则可用以描述体道的安详宁静及平易和乐。"乐道"即是"乐理"，也就是说，"孔颜之乐"在二程兄弟和朱子这里，不仅是指颜回的箪瓢、陋巷等形而上的道德境界，即"理"的境界，而且还包括"形而中"⑦的审美境界。这在理学家中带有普遍

① 李泽厚:《论语今读》，第183页。
② 《陋巷志》卷5，清嘉庆二十二年刻本。
③ 黄宗羲:《宋元学案》，第519页。
④ 同上书，第619页。
⑤ 陈荣捷:《近思录详注集评》，台北：学生书局，1992年版，第267页。
⑥ 黎靖德编:《朱子语类》，第796页。
⑦ 徐复观先生曾指出在"形而上者谓之道，形而下者谓之器"中间应添上一句"形而中者谓之心"，参见其《心的文化》，李维武编:《中国人文精神之阐扬》，北京：中国广播电视出版社，1996年版，第114页。

性，如陆九渊也喜欢用“悠然”“冲然”“漠然”“超然”等形容人生的超功利境界，也即“吾与点也”这种道德人生的审美境界。

陈白沙直接提出了“孔颜之乐”就是“心之乐”的思想命题。他说：“仲尼、颜子之乐，此心也；周子、程子，此心也，吾子亦此心也。得其心，乐不远矣。愿吾子之终思之也。”[①]“心之乐”其实就是陈白沙反复强调的“自得之乐”，所谓“于焉优游，于焉收敛；灵台洞虚，一尘不染。浮华尽剥，真实乃见；鼓瑟鸣琴，一回一点。气蕴春风之和，心游太古之面。其自得之乐亦无涯也”[②]。这样就摆脱了理学家们把“理”作为外在的、绝对的道德本体，而对主体所产生的某种程度的外在性、强制性的压抑和束缚，从而实现主体超越物我，达到了与宇宙时空融为一体的“自然之乐”的境界。

同时，陈白沙的“自然之乐”又深受道家文化所包含的“天乐”思想的影响。道家思想家庄子提出“天乐”“至乐”的思想。庄子认为真正的快乐是与“道”同化、顺乎自然的快乐，“无为为之之谓天”。所以庄子有时又把快乐的极境称为“天乐”。他说：“知天乐者，其生也天行，其死也物化。静而与阴同德，动而与阳同波。……言以虚静推于天地，通于万物，此之谓天乐。”（《庄子·天道》）因此，在庄子的“天乐”中，世俗所谓的“富”“贵”“寿”“善”之乐，都失去了意义。他的理想人生是富于超越意蕴的。庄子又十分关注人生问题，庄子哲学从内容到方法再到表述方式都近乎审美体验。它把“道”引向心灵，构成审美的人生境界，从而使对道的契合与追求审美自由相结合，成为一种人生境界的哲学；它所关注的是人的精神生命的自由、扩展；它把人生所能臻至的最高境界描述为超越一切物质的、肉体的、名声的、逻辑的、富贵穷达的局限，而达到绝对。故“与道契合”就是“至乐无乐”，就是审美的最高境界。在庄子“至乐无乐”的审美过程中，人们可以借最富于自由创造性的审美活动，实现对人自身局限的突破，以及对外在的功利价值、社会压力、等级秩序等等的消解和超越，使其成为通往人的高度自由的重要桥梁。道家思想家们对社会现实持较为清醒、理性的批判态度，反对人的异化，执着追寻个体存在的意义，肯定生命的自由与快乐的绝对价值。这种世界观使他们在现实生活中能蔑视传统、笑傲王侯、重自然、轻人事，以一种超脱的审美态度去对待生活中的进退荣辱，乃至生死。

受其影响，陈白沙反复强调“自然之乐”就是“真乐”。“自然之乐，乃真乐也。宇宙间复有何事？”[③]陈白沙认为，“真乐”是形而上审美境界的另一种表述。人只要达到了“真乐”的审美境界，人世间的一切都不用计较，不用执着了，即“宇宙间

---

① 《寻乐斋记》，陈白沙：《陈献章集》，北京：中华书局，1987年版，第48页。

② 《湖山雅趣赋》，陈白沙：《陈献章集》，第275页。

③ 《与湛民泽之九》，陈白沙：《陈献章集》，第192页。

复有何事”。因此，陈白沙把“真乐”与“脱屣人间”[①]紧密联系起来，强调“真乐”是“脱屣人间”的形而上境界。试看下面几则文字：

> 出处语默，咸率乎自然，不受变于俗，斯可矣。[②]
>
> 存存默默，不离倾刻，亦不着一物，亦不舍一物，无有内外，无有大小，无有隐显，无有精粗，一以贯之矣。此之谓自得。[③]
>
> 天命流行，真机活泼。水到渠成，鸢飞鱼跃。得山莫杖，临济莫渴。万化自然，太虚何说？绣罗一方，金针谁掇？[④]

在此，其论述的核心在“自然”二字，而其对立面则为“俗”，若欲“咸率乎自然”，必须“不受变于俗”。这便是陈白沙最著名的立学宗旨：“自然之乐，乃真乐也。”“真乐”不在世俗生活之中，它存在于人的境界当中。

当然，陈白沙并不反对仁义教化，其“鸢飞鱼跃”之本意便是万化得行而万物各得其所之意，所以然与所当然隐然合一。但陈白沙的立脚点仍在于自我的受用，这便是所谓的“亦不着一物，亦不舍一物”，换言之，即不离世俗而又超越于世俗，这显然是禅宗所倡导的随缘任运的态度，则其目的也应是自我的解脱与受用。无独有偶，后来的佛家禅宗也说出这样的话：“青青翠竹，尽是真如，郁郁黄花，无非般若。”真是千古圣贤，所见略同。其实，陈白沙的悟道方法比禅宗更为主观化，他甚至连禅家的棒喝也不再需要，只要悟得“万化自然”的道理，便会获得“活泼”的心灵自由。也就是朱子所说的“胸次悠然，直与天地万物，上下同流”。世间万物，无非春生、夏长、秋收、冬藏，如果人人都能在春夏盛季到远郊去“浴乎沂，风乎舞雩，咏而归”，人与自然和谐融洽、心旷神怡，那么，生活的乐趣不就从中体现出来了吗？曾点之志，是一种超脱了个人功利欲的远大志向，它也表现出一种随缘任化、自然处世的人生观念，而其中“自得其乐”的感受，非有修“道”体验深刻之人不能切知了。这种人生智慧，不是单靠逻辑思维和理论探讨可以得到的，它必须通过一个人的世界观、人生观、价值观和苦乐观的全面、彻底的改造而觉解，它是一个人心性上超越世俗的表现。

从上述的简单讨论，我们看到白沙把先秦儒家、庄子、禅宗以及理学前辈的各种相关思想融合起来，形成其独特的心学理论，并以对“自然之乐”的崇尚而实现对本体境界的超越。其心学的精髓在于使人的精神轻松自得，从中体悟得道的愉悦。

---

① 《湖山雅趣赋》，陈白沙:《陈献章集》，第 276 页。
② 《与顺德吴明府四则》，陈白沙:《陈献章集》，第 209 页。
③ 《与缉熙书三十一则》，陈白沙:《陈献章集》，第 975 页。
④ 《示湛雨》，陈白沙:《陈献章集》，第 278 页。

这种理论的彻底化就是追求自我的适意。其影响通过王阳明而波及晚明士人，使得自得狂放的士风一时之间蔚然成风。

众所周知，以孔孟为代表的儒家境界论，虽然具有超世俗、超伦理的形而上特征，但它始终是立足于现实人伦秩序之上的超越。这种超越虽然具有审美境界的特点，如"吾与点也"的境界；但儒家的境界论主要是一种道德境界论，如孔子提倡的仁的境界、乐的境界，这种境界是立足于现实的人伦秩序之上与人际关系之中的，如"有朋自远方来，不亦乐乎！"(《论语·学而》)，即表现为在现实的人际关系中品味着乐、享受着乐。而以老庄为代表的道家境界论则较多地偏向于审美境界。因为道家的境界论是超越于现实人伦秩序之上，超脱现实的人际关系的。特别是庄子的"天乐""至乐"的审美境界更具有这种特征。如庄子的"至乐无乐，至誉无誉"(《庄子·至乐》)的思想，就是强调最高的快乐是超越人世间的快乐。陈白沙的境界论是儒家境界论和道家境界论的综合和发展，是既突破了儒家境界论偏重道德境界的偏向，也突破了道家境界论偏重审美境界的偏向，而把二者有机地统一起来形成的新的"自然之乐"的本体境界论。

二、陈白沙审美与休闲境界的呈现

1. 诗酒之乐："蚬酒三钟一曲歌，江边长袖舞婆娑"

在中国传统文人的生活中，诗与酒常常结下不解之缘，在诗酒交融的生命体验中，文人们更容易摆脱尘世物累，表现出旷达自适的休闲心态。西晋正始时代，阮籍、嵇康、刘伶等"竹林七贤"常在山林酣饮赋诗，徜徉终日。东晋诗人陶渊明更将诗酒之乐推到了契合无间的极致，在《饮酒二十首并序》中说自己"偶有名酒，无夕不饮。顾影独尽，忽焉复醉。既醉之后，辄题数句自娱"。他在四海之志落空后，退而求自然天伦之乐，常常以诗酒自娱，以酒为怡然的媒介、欢欣的使者。《杂诗十二首》其四云："丈夫志四海，我愿不知老。亲戚共一处，子孙还相保。觞弦肆朝日，尊中酒不燥。缓带尽欢娱，起晚眠常早。"其中表现出旷达自适的人生志趣。盛唐诗人李白与贺知章、张旭等人曾在长安酒家豪饮，被誉为"饮中八仙"。杜甫有诗云："李白斗酒诗百篇，长安市上酒家眠。天子呼来不上船，自称臣是酒中仙。"[①]其狂放恣肆的行为与豪放不羁的精神，充盈着饱满的自我主体意识，宣泄着生命的自由与欢欣，诗人本真的生命状态在诗酒交融中冲破了重重世俗遮蔽，独立自由的人格显示出了超常非凡的精神力量和藐视权贵、傲视天地的豪气。

对于传统中国文人来说，诗与酒都是体验和表达生命的重要手段，意在让自己从尘世的种种枷锁中解脱出来，在似醉非醉的放松状态中恢复自然天真的人性本色。

① 杜甫：《饮中八仙歌》，《御定全唐诗》卷216，钦定四库全书本。

写诗不一定都需要酒来引发，但诗要在自由真诚的灵魂中流出，就往往离不开酒神的眷顾；没有天马行空的不羁气概，很难进入自由奔放的审美境界。西方有“酒神精神”之说，它的实质是以酒为媒所表现出的一种迷狂与精神自由。尼采认为，在酒神引导的迷狂状态中，人生的日常界限和外在规则烟消云散，个体化的魅力澄然四射，通向存在之母、万物核心的道路无遮蔽地敞开了。中国哲学中虽然没有出现“酒神精神”的字样，但并不意味着中国哲学中没有酒神精神。如果说西方的酒神精神是以酒神狄俄尼索斯为滥觞，那么可以说中国的酒神精神则以道家哲学的诞生为滥觞，以庄子的浪漫哲学为集大成者。可以说，酒神精神是一种自由精神，包括行为自由与精神自由，又主要体现在精神自由中，其实质是一种超越——感性对理性的超越、精神对物质的超越、个体对群体的超越、自然对社会的超越、理想对现实的超越等。相比较而言，西方的“酒神精神”更多地表现为强烈的迷狂，而中国的“酒神精神”则更加从容有度，在旷达自适中展现对自在生命的自由体验。

因此，陈白沙的“酒神精神”不是失去自我的迷狂，而主要表现为对一种自然、永恒精神的追求，让生命能量在以酒为酵母的激活下得到纵情而舒适的释放，从而体验到与宇宙一体的心灵自由，进入“自然之乐”的休闲境界。陈白沙自称“有欢开酒禁，无力控诗狂”[①]，可见诗与酒在其生活中的重要位置及其二者不可分割的密切联系。酒不仅帮助陈白沙迈向自然之道，也使他不断品味着醇美与充满诗意的人生。他在喝酒、吟诗、写字、弹琴等日常世俗生活中，感受美，享受欢乐，“以欣然之心做心爱之事”。在陈白沙诗中，表现这种陶然忘机、诗酒之乐的佳句俯拾即是：“蚬酒三钟一曲歌，江边长袖舞婆娑”[②]，“放倒琼林半醉间，半留醒处着江山”[③]，“白头无酒不成狂，典尽春衫醉一场。只许木犀知此意，晚风更为尽情香”[④]，“醉中自唱《渔家傲》，击碎花边老瓦盆”[⑤]，“今古一杯真率酒，乾坤几个自由身”[⑥]。在诗酒交融中，他追求的是真率，向往的是自由。

作为诗人，陈白沙毫不掩饰地追求“狂”的境界，“放歌当尽声，饮酒当尽情”[⑦]，“白头无酒不成狂，典尽春衫醉一场”，他有诗仙李白的豪气，然而作为心本自然的哲人，他又有超越李白的休闲境界，故能在旷达自适中“得趣于心”。诗酒交融的状态使陈白沙更能体悟到自然运化的无穷，他是“以心之玄为酒之玄，举天

---

① 《九日寄丁明府》，陈白沙：《陈献章集》，第 357 页。
② 《炒蚬忆世卿》，陈白沙：《陈献章集》，第 601 页。
③ 《次韵张廷宝东所寄兴见寄》，陈白沙：《陈献章集》，第 569 页。
④ 《木犀》，陈白沙：《陈献章集》，第 588 页。
⑤ 《饮马氏园，赠童子马国馨》，陈白沙：《陈献章集》，第 595 页。
⑥ 《题应宪副真率卷》，陈白沙：《陈献章集》，第 556 页。
⑦ 陈白沙：《陈献章集》，第 926 页。

地之元精，胥融液于醇醪之内，而以大块为卮，万物为肴”[①]，他要以天地的精气为酒液，以天地为酒卮，与大化造物同乎一体。这种逸兴豪情正是陈白沙“无累于外物，无累于形骸”[②]的心灵高峰体验，或按国外当代休闲学家米哈里·契克森米哈赖的说法是“畅”（flow）或“心醉神秘”（ecstasy）的心灵极致体验。这就是陈白沙的“真乐”，如其诗《真乐吟效康节体》所云：“真乐何从生，生于氤氲间。氤氲不在酒，乃在心之玄。行如云在天，止如水在渊。”[③]

陈白沙诗酒交融的审美精神是一种自由的生命精神，是醉，更是心灵的自远。这种自远使人走向生命的自在真实，感受到勃发的生命力，达到超越时空、精骛八极的审美极致。这种生命状态似醉而非醉，既充满激情又收放自如，既飘逸旷达又澄明无滞，在生命力的高扬中，得到了人生境界的自由与超越。

2. 菊花之爱：“世人有眼不识真，爱菊还他晋时人”

陈白沙不仅喜欢喝酒、吟诗、写字、弹琴，还喜欢种花、种树。忘情于大自然的陈白沙，怀着对自然的一腔热爱，写了大量的咏物诗，对梅、兰、竹、菊等各种富于生意与自然灵气的花草，都一一吟咏。尽管这些诗的写作也往往基于传统的比德说，即运用比兴寄托的手法，将自然草木与人的道德属性联系起来，富于浓厚的传统道德伦理色彩与人格内涵；然而，立足本心，以自然为宗，以自然为乐的陈白沙更多地在咏物诗中表现了他那独具一格、隐逸高洁、休闲自得的人生境界。在其咏物诗作中，他对菊花情有独钟，其实那正是其人生境界的夫子自道。

陈白沙特别崇拜陶渊明，常以菊比之，其《菊逸说》云：“陶元亮似菊。……菊，花之美而隐者也。”[④]这种比喻取屈原《离骚》中“夕餐秋菊之落英”之意，寓高洁之志。陈白沙咏菊，总是将它与陶渊明联系在一起，“霜前淡淡花，瓢内深深酒。今日陶渊明，庐山作重九”[⑤]，“菊花正开时，严霜满中野。从来少人知，谁是陶渊明者。碧玉岁将穷，端居酒堪把。南山对面时，不取亦不舍”[⑥]。在这些诗中，酒神的自由精神与菊之隐逸高洁的品格自然地联系在一起，它们成为陶渊明人格的表征，既是对这位千古隐士的褒扬，也是陈白沙心灵的表白。在“世人有眼不识真，爱菊还他晋时人”[⑦]的诗句中，陈白沙特别地将陶渊明尚“真”的个性与菊直接联系起来，揭示了对“真”的追求是陶渊明人格美与诗歌美的内涵与灵魂。当年针对“真风告退，大伪斯兴”的社会风气，陶渊明曾发出“羲农去我久，举世少复真”的

① 陈白沙：《陈献章集》，第926页。
② 《与太虚》，陈白沙：《陈献章集》，第225页。
③ 陈白沙：《陈献章集》，第312页。
④ 同上书，第59页。
⑤ 《九日》，陈白沙：《陈献章集》，第523页。
⑥ 《寒菊》，陈白沙：《陈献章集》，第308页。
⑦ 《答惠菊》，陈白沙：《陈献章集》，第321页。

感叹，竭力呼唤一个“真”字。他对“傲然自足，抱朴含真”的生活由衷向往，表示“养真衡茅下，庶以善自名”。陶渊明所谓“真”实际上是对一种本真的自然人性的追求。《庄子·渔父》指出：“真者，所以受于天也，自然不可易也。故圣人法天贵真，不拘于俗。”这说明“真”的品格与世俗的矫饰与虚伪是迥然对立的。归隐后的陶渊明之所以在人格上深得后人的钦敬，就在于他坚守了这一可贵的禀性，将一己同化于真实而永恒的自然之中。

陈白沙的诗以菊喻陶渊明之人格，正表露出他本人高洁脱俗、任真自保的君子之德，以及休闲自得的人格理想。可以说，无论是写陶渊明爱菊，抑或是写陶渊明嗜酒，陈白沙这类诗都含有明显的用意，就是借这位古代先贤的酒杯浇自己心中的块垒，陈白沙与陶渊明的心是息息相通的。试看《对菊》一诗：“渊明无钱不沽酒，九日菊花空在手。我今酒熟花正开，可惜重阳不再来。今日花开颜色好，昨日花开色枯槁。去年对酒人面红，今年对酒鬓成翁。人生百年会有终，好客莫放樽罍空。贫贱或可骄王公，胡乃束缚尘埃中？簪裾何者同牢笼！”[①] 有了陶渊明这样的前朝知己，还有什么不能放下的呢？诗中所表达的是潇洒、旷达、淡泊、隐逸的魏晋情怀，是与菊为邻、与酒为伴、与鹤为伍的自由精神和休闲境界。

陶渊明之“采菊东篱下，悠然见南山”，形象地道出了中国休闲的审美境界：自我生命与自然生机交融为一，自然无遮蔽地向自我呈现，自我无间隔地融入自然。虽然陶渊明早已离去，但是，他的休闲精神却在陈白沙的身上得到了发扬。

按我们现在的理解，休闲的价值不在于提供物质财富或实用工具与技术，而是为人类构建意义的世界和精神的家园，使人类的心灵不为政治、经济、科技或物质的力量绝对地左右，使现实世界摆脱异化的扭曲而呈现其真实的意义，使人真正地为自在生命而生存，使心真实地由“本心”自由地体验。陈白沙的菊花之爱，在以物喻志的意境中，已隐含了这样的休闲意识。

3. 田园山水之趣：“逍遥复逍遥，白云如我闲”

陈白沙“自然之乐”的休闲境界，更多地表现在对自然山水的热爱和体会，以诗人的本真体验田园山水之趣。“江山鱼鸟，何处非吾乐地？”[②] 在陈白沙看来，田园生活虽然很辛苦，很清贫，但却显得逍遥自在，故他说“归耕吾岂羞”[③]，强调“吾道在躬耕”[④]，并称赞“渔樵真有道”[⑤]。他称回归田园的生活为“逍遥复逍遥，白云如我闲”[⑥]。大自然界处处充满着美，处处给人们以美的享受，既有高山大川的静态

① 陈白沙：《陈献章集》，第 327 页。

② 《与胡佥宪提学》，陈白沙：《陈献章集》，第 154 页。

③ 《归田园》，陈白沙：《陈献章集》，第 738 页。

④ 《景云田蔄尾》，陈白沙：《陈献章》，第 507 页。

⑤ 《张地曹寄林县博用韵答之》，陈白沙：《陈献章》，第 380 页。

⑥ 同上书，第 737 页。

美，又有沉鱼飞鸟的动态美。这种美是自然而然的，具有丰厚的感性内容。面对世俗世界的繁复和纷扰，栖息于田园、徜徉于山水，被陈白沙认为是获得心灵自由的必然途径。

他特别向往陶渊明田园之乐式的自在生活，通过田园野趣，寄托自己的欢乐情感。其《东圃诗序》云："东圃方十亩，沼其中，架草屋三间，傍植花卉、名木、蔬果。翁寄傲于兹，或荷丈人条，或抱汉阴瓮，兴至便投竿弄水，击壤而歌。四时之花，丹者摧，白者吐。或饮露而餐英，或寻芳而索笑；科头箕踞，桎阴竹影之下，徜徉独酌；目诸孙上树取果实，嬉戏笑语以为适。醉则曲肱而卧，借之以绿草，洒之以清风，寤寐所为，不离乎山云水月，大抵皆可乐之事也。"[①] 在田园自然境域中，既有种花、植树、钓鱼等闲情逸致，又有孝敬父母、尊敬兄长、嬉戏儿孙的人伦之乐。"日月逝不处，奄忽几华颠。华颠亦奚为，所希在寡愆。韦编绝周易，锦囊韬虞弦。饥餐玉台霞，渴饮沧溟渊。所以慰我情，无非畹与田。提携众雏上，啼笑高堂前。此事如不乐，它尚何乐焉！"[②] 陈白沙经常同孙子一块儿玩耍，有时"目诸孙上树取果实，嬉戏笑语以为适"，有时同他们在母亲面前一起欢笑高歌，"啼笑高堂前"，体味着亲情融融的人伦快乐。这种"世俗之乐"构成了陈白沙"自然之乐"休闲境界的人伦内涵。

《春日写怀》其二云："一觞复一曲，不觉夕阳残。好景我只醉，春风人未闲。青红今满路，风日未登山。何如海中鸟，鼓翅蓬莱间。"[③] 诗人在春日中独酌畅饮，陶醉在嫣红翠绿的山野之中，以至于不知日之将夕。迷醉中的陈白沙畅想着像海鸟一样鼓翅飞向蓬莱仙山，进入一种逍遥自得的境界。他的自然自得学说与其说是一种思想的创发，不如说是一种人生的真实体悟，一种让人心仪的人格风度，一种价值归依。在《湖山雅趣赋》中，陈白沙直接表明了"自然、自得"的休闲志趣："富贵非乐，湖山为乐；湖山虽乐，孰若自得者之无愧怍哉！"[④] 他在谈到罗浮山的体验时，曾这样说："罗浮之游，乐哉！以彼之有入此之无，融而通之，玩而乐之，是诚可乐矣。世之游于山水者皆是也，而卒无此耳目之感：非在外也。由闻见而入者，非固有在内则不能入，而以为在外，自弃孰甚焉！"[⑤] 他深刻地感受到：最大的快乐，还是忘情山水、归化于宇宙自然的"悠然"之趣、"自得"之乐。这里的"自得"，正是"鸢飞鱼跃"的极好注脚。当其处于山水之间，就忘记了自我的存在，不仅所有世俗的欲念、个人的富贵穷达无系于心，连生死大事也变得微不足道。因为心和道的契合而泯灭了我与物的界限，精神超越了形体的实在，进入浑然一体之境。用

---

① 陈白沙：《陈献章集》，第 22 页。

② 《漫题》，陈白沙：《陈献章集》，第 290 页。

③ 陈白沙：《陈献章集》，第 388 页。

④ 《湖山雅趣赋》，陈白沙：《陈献章集》，第 275 页。

⑤ 《与林缉熙书》，陈白沙：《陈献章集》，第 976 页。

他自己的话说："盼高山之漠漠，涉惊波之漫漫；放浪形骸之外，俯仰宇宙之间。当其境与心融，时与意会，悠然而适，泰然而安。物我于是乎两忘，死生焉得而相干？"[①] 这就是人在大自然中所获得的自由超脱境界。

陈白沙"自然之乐"的休闲境界，作为一种人生修养和人格风范，它除了"静养端倪"和"日用体认"以外，的确并无什么奇异特殊的修习方式；但就是这种融于生活又超越尘俗，极高明而道中庸的心性修养，造就了一代又一代的圣贤人格，让人从中获得了一种"仁者浑然与物同体"的至大至广、至真至乐的精神受用。这种精神受用，不同于一般意义上的感官愉悦和物质享受：由满足欲望而得来的世俗快乐，是建立在个体"小我"的基础上的，个人的物欲满足就快乐，不满足就失落悲戚，是世俗、低级的"有物之乐"；而陈白沙的休闲境界却超越了狭隘的物欲之乐，达到了儒家"颜乐"、道家"天乐"和佛家"禅悦"交融的至境，从而忽略了身处贫穷、困厄的现实处境，能够长期地保持一种精神饱满、愉快的心灵状态，这是一种超脱、高级的"无物之乐"。诗酒之乐使其解脱羁缚，旷达自适；菊花之爱，使其远离俗尘，隐逸本真；田园之趣使其忘情山水，返归自然。这就是聪明的休闲、超越的境界，是自在生命的自由体验。

第二节　李渔的审美与休闲境界

李渔学识渊博，多才多艺，一生著述甚丰，包括戏曲、小说、诗文、随笔等，在明清文坛堪称一位妇孺皆知的大名士。他以曲家闻名于世，所创作戏曲据载有"内外八种"和"前后八种"，共计十六种。这些戏曲结构精巧，关目灵动，适合舞台搬演，历来备受推崇，可与孔尚任、洪昇并列为清代戏曲的代表人物。李渔的小说成就亦不容忽视，其构思精巧，语言诙谐，反映社会生活面也较广，孙楷第先生称之"差不多都是戛戛独造，不拾他人牙慧之作"，"篇篇有篇篇的境界风趣，绝无重复相似的毛病"。[②] 此外，李渔的读史随笔亦堪称一绝，每每自出机杼，独具匠心慧眼，时有新见。

在李渔的著作中，《闲情偶寄》覆盖面最广，最贴近生活，也是李渔最为满意且最能体现他思想旨趣的著作。他在与朋友的信中曾道："弟以前拙刻，车载斗量，近以购纸无钱，每束高阁而未印。独《闲情偶寄》一书，其新人耳目，较他刻为尤甚。"[③] 此书成书于康熙十年（1671 年），从某种程度上说，堪称其一生艺术和生活经

---

① 《湖山雅趣赋》，陈白沙：《陈献章集》，第 275 页。
② 孙楷第：《李笠翁与〈十二楼〉》，北京：人民文学出版社，1986 年版，《十二楼》附录。
③ 李渔：《闲情偶寄》，前言第 3 页。

验的结晶。书首乃康熙辛亥（1671 年）立秋日清代学者余怀作序：“今李子以雅淡之才，巧妙之思，经营惨淡，缔造周详，即经国之大业，何遽不在？”[①] 全书正文分词曲、演习、声容、居室、器玩、饮馔、种植、颐养八部，共 234 个小题，论及戏曲创作和表演、装饰美容、园林建筑、家具古董、饮食烹饪、养花种树、医疗卫生等，从休闲娱乐到柴米日用，无所不包。同时，李渔又以其独特的文人眼光，在纷繁复杂的生活琐事中融入奇思妙想，给生活以淡雅、古朴的妆容，实用性和美的享受在李渔的生活中结合得天衣无缝，进而达到“适用美观均收其利”[②]。

一、《闲情偶寄》的审美与休闲智慧

李渔著《闲情偶寄》，洋洋洒洒八部 234 个小题，涵盖之广，堪称中国古代生活的小百科全书，字里行间，多寄寓了他生活的点滴情趣与感悟，自存文士之清雅、超俗、野逸情怀。然以“闲情”为题，消遣为意，或许较之千年来传统文人之经国大业、宏大叙事，未免境界偏俗、气度浅近，故正统士人虽心存之，却羞于坦言。《闲情偶寄》也因此长期被人以无聊闲书目之。

然时至今日，社会价值取向转入人本需求，商业与消费推动了整个社会范围内生活品质的提高，生活成为一种享受，审美变得举足轻重，生活审美化与审美生活化的交融延伸出一种自在的休闲生活方式，即自在生命的自由体验。从这一时代特征出发，我们再来看《闲情偶寄》，它俨然是一本明清时代休闲生活的美学指南，对于研究当时社会生活的审美体悟，以及当下物质世界中的审美情怀和人文关怀，可谓是具有非常独特且重要的美学意义。休闲时代既已来临，我们有必要站在现代回归人本、讲究生活品质的角度，重新审视《闲情偶寄》的美学价值和休闲智慧。可以说，就生存与审美的关系而言，李渔《闲情偶寄》的最大价值在于告诉我们一种可能性的审美化生存方式；对于当下生活而言，李渔对生活细节的雅致品味可以给我们许多借鉴和启发。

1. 渐近自然的饮食之道

在中国的传统文化中，饮食文化占据着重要的地位，其寓意往往超越食品含义，而以食喻身。如孔子所言：“食不厌精，脍不厌细”“割不正不食”（《论语 · 乡党》），比喻身正和严格要求自己。“饭蔬食饮水，曲肱而枕之，乐亦在其中矣”，“一箪食，一瓢饮，在陋巷，人不堪其忧，回也不改其乐”，粗茶淡饭堪比德行之高。老子在《道德经》中言：“治大国，若烹小鲜。”饮食之道，犹治理国家，把握分寸，适可而

① 《余怀序》，李渔：《闲情偶寄》，第 2 页。
② 《箱笼箧笥》，李渔：《闲情偶寄》，第 240 页。

止。古语又云："王者以民为本，而民以食为天。"[①]"天"者，至高尊称，悠悠万事，唯此为大。儒家认为民食问题关系着国家的稳定，孟子的"仁政"理想在于让人们吃饱穿暖，以尽"仰事俯畜"之责，甚至儒者所梦想的"大同"社会的标志也不过是使普天下之人"皆有所养"。这是中国传统政治哲学精粹之所在。

在《闲情偶寄》中，李渔没有从宏观的社会民生来论及饮食对社稷众生的意义，而是从个体出发使美味与情趣文化水乳交融，怀着愉悦的心情去顾赏和品味，以一个文人独具的敏锐感触，尽情地享受着大自然的馈赠。这就使得他的饮食观渗透着强烈的美学意识与文化内涵。"吾辑《饮馔》一卷，后肉食而首蔬菜，一以崇俭，一以复古。"[②]李渔的饮食手记，以蔬食第一，谷食第二，肉食第三排列，认为蔬菜天地所生，食近自然，人可以从中摄入天地间之气，以之养生，由此看出蔬菜在其饮食中的地位。这从现代营养学的观点来说，也是非常正确的。在《闲情偶寄·饮馔部》中，李渔的主要精神是重蔬食、崇俭约、尚真味、主清淡、忌油腻、讲洁美、慎杀生、求食益，毫无饕餮之态，虽一粥一饭之微，蔬笋虾鱼之俭，概有一定的讲究。

古有庄子"庖丁解牛"喻饮食技巧的运用要遵循自然规律，而李渔则从饮食内涵中寻找自然之精华。"渐近自然"是李渔的饮食之道。在论述制菜之法时，"摘之务鲜，洗之务净"[③]，短短八字，即将蔬菜之自然精髓呈现出来。所谓鲜，"曰清，曰洁，曰芳馥，曰松脆而已矣"，"能居于肉食之上者，只在一字之鲜"。[④]如笋，"从来至美之物，皆利于孤行"，"断断宜在山林，城市所产者，任尔芳鲜，终是笋之剩义"；[⑤]如鱼，"食鱼者首重在鲜，次则及肥。肥而且鲜，鱼之能事毕矣。然二美虽兼，又有所重在一者。……鱼则必须活养，候客至旋烹。鱼之至味在鲜"[⑥]；如蟹，"蟹之鲜而肥，甘而腻，白似玉而黄似金，已造色香味三者之至极，更无一物可以上之"[⑦]。《闲情偶寄》之于饮食，唯一"鲜"字足矣，源于自然，饮天地之灵气，方见物之灵性，这是一种浪漫的自然情怀，有别于庄子感怀天地的旷然坦达，转而从万事万物中寻求对自然及永恒精神的追求。生命在最基本的温饱中得到自得的舒适质感，纵情于万物的自然灵性，体验与自然一体的心灵自由，进入一种"自然之乐"的休闲状态。

在尽享自然之美的基础上，李渔不忘给生活以美学点缀。《闲情偶寄》中详细记

---

① 班固:《汉书》，郑州：中州古籍出版社，2003年版，第156页。
② 《饮馔部·蔬食第一》，李渔:《闲情偶寄》，第262页。
③ 同上书，第262页。
④ 同上书，第263页。
⑤ 同上书，第263页。
⑥ 《饮馔部·肉食第三》，李渔:《闲情偶寄》，第281页。
⑦ 同上书，第284页。

载了李渔做花香饭的方法：

> 予尝授意小妇，预设花露一盏，俟饭之初熟而浇之，浇过稍闭，拌匀而后入碗。食者归功于谷米，诧为异种而讯之，不知其为寻常五谷也。此法秘之已久，今始告人。行此法者，不必满釜浇遍，遍则费露甚多，而此法不行于世矣。止则一盏浇一隅，足供佳客所需而止。露以蔷薇、香橼、桂花三种为上，勿用玫瑰，以玫瑰之香，食者易辨，知非谷性所有。蔷薇、香橼、桂花三种，与谷之香者相若，使人难辨，故用之。①

从这里我们看出，李渔能遵从生活的自然之道，从各个细节出发，去创造那种能够贴近自然、娱乐生活的审美因素，营造一种独具匠心的休闲氛围。

2. 以心为乐的颐养之学

心之体验，使日常生活中的事事物物有了某种审美意味，这是在生存境界基础上人的自我价值的提升，既是生存境界的审美化，也是审美境界的生活化。“诗意地栖居”是德国哲学家海德格尔提出的心的体验与人的生存在审美高度的一种理想规定，这是人的自由选择，是人性的本真以及畅然的心灵体验。“日常生活审美化”的美学发展趋势揭示了人按着其固有的规律生活的同时，也按着“美的规律”生产和发展，这也正是马克思主义人的价值的实现途径，是其“自由”“自觉”本性的充分体现，是休闲生活的本质所在。

中国自觉的休闲智慧始于老庄，老子“无为而无不为”的观念主张人要活得自然、自在、自由、自得；庄子“逍遥游”，主张“天人合一”“物我齐一”，以感怀人心之乐。孔子则认为，道德上的充实，才是真正的快乐，“饭疏食饮水，曲肱而枕之，乐亦在其中矣。不义而富且贵，于我如浮云”，“发愤忘食，乐以忘忧，不知老之将至云尔”（《论语·述而》），“知者不惑，仁者不忧”（《论语·子罕》），“知者乐，仁者寿”（《论语·雍也》），只有实现了仁德，才能体验到心中之乐。

在李渔看来，既已生，就应“擅有生之至乐”②。在《闲情偶寄·颐养》中，他将行乐置于首位，“乐不在外而在心”③，李渔深切体会到心之体验对于个人审美生活的重要性，或者说占据了核心地位。所谓人生“为时不满百岁”，且充满“忧愁困苦、疾病颠连、名缰利锁、惊风骇浪”，还有“日日死亡相告”，实属不易，而“心以为乐，则是境皆乐；心以为苦，则无境不苦”④，这又与王阳明的思想有几分相似。

---

① 《饮馔部·肉食第三》，李渔:《闲情偶寄》，第 271 页。
② 《颐养部·行乐第一》，李渔:《闲情偶寄》，第 351 页。
③ 同上书，第 340 页。
④ 同上书，第 339、340 页。

王阳明曾说："心外无物，心外无事，心外无理，心外无义，心外无善"[①]，"乐是心之本体"，"悦则本体渐复矣"。这就要求人们从心理和生理上摆脱世俗名利与禁欲主义的束缚，努力调节心理和生理状态，使之常处于内乐至乐之境。乐之根本在于心，所以人人都有享乐的权利。李渔从心之体验出发，本着"自然体用"的原则，为不同的人设计了不同的切实可行的行乐之法。贵人行乐在于"必先知足"；富人行乐在于"少敛"，"觊觎者息而仇怨者稀，是则可言行乐矣"[②]；穷人行乐在于"退一步"，这是李渔最为推崇的行乐之法，既可以说是"比上不足，比下有余"的安贫乐道，又掺杂着"退一步海阔天空"的豪情旷达，而实质上则是从别人或者自己的不幸中受到感染，从而不自觉地忘掉眼前的不幸，进而达到"无往而非乐""无入而不自得"。

3. 自然雅致的居室之乐

李渔的审美生活架构更多地表现在他的建屋筑瓴和居室设计上，也就是对生活空间的美学灵动。李渔一生为自己营造了三个园居，分别为伊园、芥子园和层园，其中伊园和层园都是依山而建的，追求与大自然相融，"把大自然的美景浓缩到有限的园林空间，使园林成为大自然美景的缩影。令人能从中偎依大自然的怀抱，观赏大自然的风光，感受大自然的生机，呼吸大自然的空气，乃至静听大自然的乐音，这也正是中国古代园林建筑最基本的要求"[③]。对自然本性的追求使李渔在居室构造上崇尚"浓淡得宜"，反对一味地人工雕琢，"宜简不宜繁，宜自然不宜雕琢"[④]，"但取其简者、坚者、自然者变之，事事以雕镂为戒，则人工渐去，而天巧自呈矣"[⑤]。但师法自然毕竟不等同于自然，李渔园林之美，也只能用最世俗的方法，即"一卷代山""一勺代水"这种"假手于人"之法来尽可能地亲近自然。从这里可以看出，作为世俗之人的李渔在《闲情偶寄》中给予了世人一些具体的操作上的参考，同时这也是李渔所代表的文人在面对精神和现实之间的种种矛盾时的挣扎、无奈与妥协。

在室内的设计中，李渔还注重居室空间的搭配，具体表现在空间与人的整体协调性上。"夫房舍与人，欲其相称。画山水者有诀云：'丈山尺树，寸马豆人。'"[⑥]空间的合理搭配能够给人以心灵的宽慰，给人至真至善的美感。当代居家设计往往也注重不同的空间与色彩给人的不同感受。同时，深谙生活艺术的李渔，以其敏锐的观察力和感受力，致力于倡导"新"，即创新的设计理念。他对"肖人之堂以为

---

① 王守仁：《王文成公全书》卷4，北京：商务印书馆，1933年版，第58页。
② 《颐养部·行乐第一》，李渔：《闲情偶寄》，第343页。
③ 黄艺农：《中国古园林审美特征》，《湖湘论坛》，1998年第6期。
④ 《居室部·窗栏第二》，李渔：《闲情偶寄》，第189页。
⑤ 同上书，第190页。
⑥ 《居室部·房舍第一》，李渔：《闲情偶寄》，第180页。

堂，窥人之户以为户，稍有不合，不以为得，而反以为耻”[①]的行为嗤之以鼻，同时也贬斥“立户开窗，安廊置阁，事事皆仿名园，纤毫不谬”[②]的因循守旧的做法。在《居室部·窗栏第二》中李渔说：“吾观今世之人，能变古法为今制者，其惟窗栏二事乎！窗栏之制，日新月异，皆从成法中变出。”[③]这就要求对待前人已有法度采取灵活创新的态度，用法而不被法用，这样才能有创造，有独见，才能达到尚奇求新的境界。他强调室内外景观的因借，提出“取景在借”思想，指出“开窗莫妙于借景”[④]，即“把观赏者的目光引向园林之外的景色，从而突破有限空间达到无限的空间”的理论[⑤]，凭借此理论李渔创造了三种新的开窗样式：“便面窗”“尺幅窗”“梅窗”。所谓“梅窗”是李渔将偶得的一株老梅残枝依形稍加修剪嵌入窗洞中，并在枝头饰以红花绿萼，成为宛如天成的景观窗，把材料本身的美感发挥到了极限，这种顺应材料本性制造出独特的个性特征，力求自然环境与人造环境有机融合的做法，清新雅致，当如沈复所说的：“大中见小，小中见大，虚中有实，实中有虚，或藏或露，或浅或深。不仅在周回曲折四字……”[⑥]这正是现代室内环境设计所追求的一个特点，也是中国一般艺术的典型。

李渔设计的居室是一个素洁高雅、错落有致、妙于变化、自然清新、富有文人诗画情趣的理想空间，映射出中国古代文人士子反对千篇一律地追求奢侈豪华，提倡变化，追求韵致、高雅、空灵的审美趣味。这种自然雅致的居家环境、创意萌发的生活氛围正是现代社会所追求的，并越来越形成一股清新自然的审美风气。

4. 回归世俗的戏曲艺术

学者黄果泉对李渔将戏曲艺术置于生活艺术的范围一直不解，认为：“戏曲是真正的艺术，而居室、器玩、饮馔、种植等等不过是生活的内容或者技艺，它们各自有别，李渔将之概称为‘闲情’，颇令人不可思议，似有拟于不伦之感。”[⑦]而审视当今之社会现状，笔者不得不佩服李渔的别具慧眼以及对生活与艺术超前的领悟能力。反观当今社会，戏曲、电影等早已不再是高高在上的不可触摸的高雅艺术，而影像技术的发展和媒体的传播，使戏曲电影更是以不可阻挡的趋势进入了家家户户，成为观众随时可以欣赏的大众文化，占据着日常审美生活的重要地位。

李渔认为，对于戏曲艺术，“解明曲意”是最基本的前提，“唱曲宜有曲情，曲

---

① 《居室部·房舍第一》，李渔：《闲情偶寄》，第 191 页。
② 同上书，第 180 页。
③ 李渔：《闲情偶寄》，第 189 页。
④ 《居室部·窗栏第二》，李渔：《闲情偶寄》，第 193 页。
⑤ 叶朗：《中国美学史大纲》，上海：上海人民出版社，1985 年版，第 443 页。
⑥ 沈复：《闲情偶记》，北京：人民文学出版社，1980 年版，第 19 页。
⑦ 黄果泉：《雅俗之间：李渔的文化人格与文学思想研究》，北京：中国社会社学出版社，2007 年版。

情者，曲中之情节也。解明情节，知其意之所在，则唱出口时，俨然此种神情”[①]，也就是说戏剧性是戏曲艺术的核心，是其与其他乐曲的区别。李渔是从当时“曲艺界”存在的“始则诵读，继则歌咏，歌咏既成而事毕矣”，“有终日唱此曲，终年唱此曲，甚至一生唱此曲，而不知此曲所言何事，所指何人”[②]这种不良风气来论述戏剧性对于曲艺从艺人员的重要性，认为“欲唱好曲者，必先求明师讲明曲义。师或不解，不妨转询文人，得其义而后唱”[③]，这无疑强调了戏曲贵在内容的充实性和品质涵养的提高。这一点或许能够给现代生活中的大众文化以某种提醒。在影像遍布的今天，大众媒体和大众艺术越来越注重技术含量，光怪绚丽的视觉享受和高科技的运用让观众感受视听大餐的同时，却不经意间忽视了故事本身的充实性和饱满度，失去了作为一种文化其应有的营养成分。审美的日常生活中，形式上的美感是必要的，而内容上的美感则是主要的，讲什么样的故事和怎样讲故事在观众看来同样重要。

李渔在《闲情偶寄》中将戏曲艺术实践与戏曲艺术经验、感性认识与理性认识有机地结合起来，深刻揭示了中国古代戏曲在创作、导演、搬演、欣赏等过程中普遍存在的相反相成、矛盾对立而又和谐共存、辩证统一的种种关系，处处闪现出不同凡响的睿智与灼见，充分体现了李渔的戏曲理论具有明显的艺术哲学性质。他一再强调戏曲曲文“贵显浅”，“曲文之词采，与诗文之词采非但不同，且要判然相反。何也？诗文之词采，贵典雅而贱粗俗，宜蕴藉而忌分明。词曲不然，话则本之街谈巷议，事则取其直说明言”[④]。从而李渔有力地推动了戏曲等大众文化的普及，可以说当今文化艺术审美能够降临世俗生活，与雅文化的通俗化息息相关，而李渔在这方面的认识和他的从商经历以及商业意识有着莫大的关系，这也与如今商业化发展促进日常生活的审美化，有着令人惊奇的相似之处。

二、李渔的生存境界：生活细节的审美与休闲品味

《闲情偶寄》主张以“闲”和“适”为人生目标，但这种人生目标的表达不同于庄子的“逍遥游”，不同于老子的“无为”，不同于陶渊明的“采菊东篱下，悠然见南山”，因为这些中国传统的美学大家游弋于精神世界中的美，往往只关注一种精神的寄托与心的体验，形而上的色彩非常浓厚。而李渔不同，《闲情偶寄》更多表现为对世俗生活本身的关注与执着，将艺术依附在日常细微且琐碎的生活细节中，这样在生活艺术化的文化取向上就不免带有形而下的色彩，具体说来就是生活的技艺

---

① 《演习部·授曲第三》，李渔：《闲情偶寄》，第 112 页。
② 同上书，第 112 页。
③ 同上。
④ 《词曲部·词采第二》，李渔：《闲情偶寄》，第 33 页。

化、工艺化，即借助生活的技巧、工艺以提高生活的质量。《闲情偶寄》展现了李渔在生活上的高超技艺和智慧，而即便是这种智慧，李渔本人也视之为“技”，他自称“生平有两绝技”，“一则辨审音乐，一则置造园亭”，“自不能用，而人亦不能用之，殊可惜也”。[①]为何“自不能用，而人亦不能用之”，原因在于这两个绝技已融入李渔主观之感受，上升为一种艺术，非常具有个人的特色和审美感受，而不再是简单的随处可见的技术成品。自然体用成为李渔人生观的根基，其享乐自适也是建立在“体用”基础上的，他推崇“寓乐于用”。李渔认为：“物无论好丑，于世各有资。”[②]“一事有一事之需，一物备一物之用。”[③]“置物但取其适用。”[④]“同一费钱，而有庸腐新奇之别，止在稍用其心。心之官则思，如其不思，则焉用心为哉！”[⑤]他认为天既生人造物，则必有一方之用。《闲情偶寄》就是其“自然体用”的结晶。从这一层面看，《闲情偶寄》的每一个角落，无不点滴散落着李渔对生活艺术的审美享受和用心点缀，以求得在生活中达到修身养性的理想境界。

李渔这种缜密的心思是从对生活的细腻感悟和对自然的热爱中衍生出来的，正是这种休闲智慧，让我们看到自我生命与自然生机的交融为一。生活的每一个角落，都能捕捉到自然的影子，李渔在满足了人之为人最基本的渴求时，也得到了自然的最为本质的眷顾，日常生活饮食之乐与自然之乐共同铸就了美学的感受。在审美生活中，这种独具匠心的创意生活方式若被广为提倡，将有力地改善人性的平面性和单维度性这一物质化极端。

拥有另类身份——商人身份，是李渔能够跳出传统框架，在《闲情偶寄》中构建专属于自己的审美乐土的前提之一。我们所见的传统文人，清寡雅居，不求功利，仿佛任何的美，一旦与世俗相联系，与金钱发生关系，就会礼崩乐坏，人心不古，所以他们追求的美，仅限于心中，是压抑于情感之内的美，超然于人这个主体的。然而李渔不同，明清时代商品经济的发展导致了商人的功利性在李渔身上的外化，这种功利性的追求需要他将所谓的美外化成为一种可以用视觉看见、用听觉听见，甚至用触觉触摸得到的实体，并与时刻行进中的生活结合，所以他会综合考虑各种因素，将感性因素与理性因素结合起来，如追求可见的商业利益最大化一般去追求审美效果的最大化。于是，美不再高高在上不可触摸，不再游离于头脑之中，不再是精神上的遐思，所谓的“阳春白雪”的艺术美学就这样与生活中俗不可耐的柴米油盐结合起来，让美变得真实而有力。这就是为什么现代生活中消费以及商业活动能成为促使“日常生活审美化”发展的推动力之一。尔后，人们从生活点滴的审美

---

① 《居室部·房舍第一》，李渔：《闲情偶寄》，第 180 页。
② 李渔：《李渔全集》（第 2 卷），杭州：浙江古籍出版社，1991 年版，第 26 页。
③ 《器玩部·制度第一》，李渔：《闲情偶寄》，第 229 页。
④ 同上书，第 247 页。
⑤ 《居室部·墙壁第三》，李渔：《闲情偶寄》，第 208 页。

愉悦中体验悠然自得的切实的舒适感，这也正是现代休闲生活的要领所在。

《闲情偶寄》在审美与休闲上注重人与自然的相得益彰，这也是日常生活审美化以及现代休闲生活极力倡导的生活方式。《闲情偶寄》着重体现中国审美文化中的"雅"，化繁为简，去粗取精，力求在简练明朗的形式中表现出深厚的文化意蕴，不消费至上，不铺张豪华，同时又不背离一定的道德规范，最终达到返璞归真的自然之美。"声音之道，丝不如竹，竹不如肉，为其渐进自然。吾谓饮食之道，脍不如肉，肉不如蔬，亦以其渐近自然也。"[①] 李渔永远保持着一种浪漫而又务实的生活激情，一种优雅而又不夸张的艺术格调，一种精致而又不烦琐的人生品格。《闲情偶寄》从饮食的自然鲜味、园林的天人和谐中提出凡事要顺从"物性"，也就是依据事物的本性而为之，自然之性成为李渔的待物之道，这一方面即便在论述女子服饰的主观性极强的《声容部》中也有所提及："妇人之衣，不贵精而贵洁，不贵丽而贵雅，不贵与家相称，而贵与貌相宜。"[②] 总之，俭简实用与雅致新美在有着高度审美眼光和创美能力的笠翁手里获得了巧妙和谐的统一。[③]《闲情偶寄》的多个篇章都体现了这一最天然最原始却也最令人神往的审美情趣。

李渔日常生活中的审美与休闲的基础是"为乐由心"，这是王阳明"乐是心之本体""悦则本体渐复矣"的哲学理念及"无入而不自得""无往而非乐"的人生境界的尽兴实践和充分体现；他对"心"的重视也与老子的"不见可欲，使民心不乱"（《道德经》第 3 章）一脉相承，又和儒家德行的力量内在相符。和平、知足、镇静、忍耐就是中国人德行的特征，德行的力量就是心的力量。心具备了这种力量，那么痛苦也就不再可怕。对心之体验的关注在当下的审美生活中尤受推崇，在充满焦灼的现代社会中寻找一丝心境的平和与安宁，是休闲的真正意义所在。主体需要在社会活动中把握自我，并自觉地积极地发挥主体时间的意义，克制"休而不闲"和极端的享乐主义带来的自我主体的麻痹和自我价值的湮灭，最终达到精神的超然与愉悦。李渔还善于从坐、立、站、行以及琴、棋、书、画等生活各处中发现乐趣，以陶冶生活情操。对于因愈来愈大的生活压力而变得孤独和精神贫乏的现代人来说，沉重的心理负担最渴望自由的空间，而融入生活的自然乐趣使得他们在充满游戏与娱乐的休闲审美生活中，能够摆脱感性本能和道德规范的限制而进入自在自由的状态，以实现幸福、宁静和安定。这是心灵的自远，也是审美的极致。生命需要在日常的琐碎中获得张力，乃至获得人生的自由与超越。

---

① 《饮馔部·蔬食第一》，李渔:《闲情偶寄》，第 262 页。
② 李渔:《闲情偶寄》，第 154 页。
③ 钱晓田:《简评李渔"生活美学"观》，《五邑大学学报》，2005 年第 2 期。

三、休闲化生存的当下启示

李渔的审美与休闲思想，在当代还可以给我们许多启示。笔者在卷首已经提出，我们不仅应该从审美的角度看休闲，也有必要从休闲的角度看审美。前者是生存境界的审美化，后者则是审美境界的生活化。强调审美的休闲旨趣或休闲意义，也就是强调了审美走向生活，强化了审美在生活中的实践指导意义，使美学从纯粹的"观听之学"成为实践的"身心之学"。以休闲作为审美境界生活化的切入点，可以把当代社会大众审美活动的各种形式、各个领域的许多事物都包括进来，比如美容、服饰、旅游、体育竞技、康体养生、工艺制作、影视娱乐、歌舞表演等活动。通过休闲活动，"抽象"的审美转化为人的具体生活态度和生活方式，"纯粹"的艺术转化为人生的艺术活动和艺术享受，"精神"的境界转化为生存的实在，审美的更广泛的现实价值由此得到切实的体现。①

李渔的生平和论著，尤其是《闲情偶记》其实已很早地，也很好地为我们提供了审美与休闲结合的范例。李渔谈人生求雅趣，谈审美不空疏，生活中的细枝末节在他的审美与休闲的视野和情趣中得到了优雅的品位，并提升到了一种不离生活又超越生活的休闲境界，是中国"极高明而道中庸"的传统人生智慧的精致体现。我们不必像过去那样指责他的"胸无大志"或"玩物丧志"，而可以用一种更宽阔的视野和人本意识去同情与理解他的生活情趣。当休闲时代已经来临，休闲生活已成为人们提高生活品质的必要内涵的时候，我们更可以从他的生活审美与休闲中获得很实在的启发，我们的美学也可以超越过多的书卷气的局限，现实地切入生活，关注实际人生，在普通人的日常生活中更好地发挥其应有的现世人文功能。

① 参见潘立勇:《审美与休闲：自在生命的自由体验》,《浙江大学学报》(人文社会科学版)，2005 年第 6 期。

后　记

本书为浙江大学人文学院哲学系潘立勇教授负责承担的国家社科基金项目“审美与休闲：和谐社会的生活品质与生存境界研究”（07BZX065）的最终成果。

本书的主要研究内容包括：（1）揭示审美与休闲的本质关系。提出审美是休闲的最高层次和境界，休闲是审美的生活化和现实指向，两者的共同之处是自在生命的自由体验。（2）揭示审美、休闲与生存境界的内在关系。指出审美与休闲最终体现为人的理想的生存境界，在人的理想生存状态和社会理想状态中具有本体意义，审美与休闲是本真的“成为人”的过程，不仅是在寻找快乐，也是在寻找生命的意义。（3）分析审美与休闲的人本哲学与心理基础，指出休闲、审美与生活品质、生存境界的内在关系。所谓休闲，就是人的自在生命及其自由体验状态，自在、自由、自得是其最基本的特征，这也正是审美活动最本质的规定性。本书结合人本哲学和人本心理学，对其中的关系做了深入的论证与分析。（4）分析精神失衡和亚健康状态对于社会状态的负面影响，揭示审美境界与休闲生态对于构建和谐社会的现实意义。从和谐社会的审美与休闲意蕴入手，通过对“审美休闲与身心和谐”“审美休闲与人际和谐”“审美休闲与天人和谐”逐层展开的关系的分析，深入揭示了审美休闲与和谐社会构建的内在关联。（5）分析审美文化对当代体验经济、文化产业及休闲消费的现实引导意义。揭示了休闲活动是连接体验和产业的中介，其形而上层面是生存的理想与境界，其形而下层面是满足身心需求的活动与载体，由此形成以体验为特征的消费经济和文化；并着重围绕“休闲消费与审美文化”主题展开对当代中国日常消费的分析，强调休闲消费为审美文化提供了现实空间，审美文化则为休闲消费提供了发展导向。（6）分析审美与休闲活动、场所对于提升人们生活品质的现实意义。从“宜游”“宜乐”“宜心”“宜居”的角度深入分析了旅游、文体娱乐、宗教及城市环境等活动或场所的审美与休闲因素，指出旅游的本质就是审美与休闲体验，文体娱乐的本质是通过审美与休闲来释放人的生命本真和生命价值。宗教通过终极关怀的日常映照，体现对日常生活的审美与休闲超越，引发人体验生命的诗性与崇高。休闲城市则是人类生存居所的美学象征，是人的诗意的栖居场所。（7）梳理中外审美与休闲的思想智慧及其对提升当代生活品质、构建和谐社会的启示价值。本书从“审美休闲与人性自由”“审美休闲与心理体验”“审美休闲与社会发展”三个方面对西方古往今来的审美与休闲智慧做了系统的梳理和分析，并从中揭示了对中国当代生存可能带来的启示；同时，精选中国先秦、魏晋、唐宋、明清各时代最能体现审美与休闲生存智慧的代表性人物，深入分析了他们的审美与休闲境界，特别从中国传统的人文哲学智慧“本体—工夫—境界”的理路，分析了审美与休闲和生存境界的人本关系，以及给当代可能带来的启示。（8）初步分析了休闲美学的理论构成及其研究方法，指出走向休闲是中国当代美学不可或缺的现实指向，与当代中国社会从以政治为本，到以经济为本，再到以人为本的变化相应，中国当代美学也应与时俱进，应从以政治为本，到以学理为本，切实地转到以人的生存境界及其体验为重要关注点。“日常生活审美化”的泛论应落实到休闲美学。休闲美学的研究方法，应较传统的美学研究更注重当下的观照与现实的品质，注重人的生存境界与生活品质，关注体验与载体，注重思辨与实践的结合，展开多学科交叉的研究。

本书的主要观点是：休闲、审美与生活品质、生存境界内在相关。所谓休闲，就是人的自在生命及其自由体验状态，自在、自由、自得是其最基本的特征，这也正是审美活动最本质的规定性。审美是休闲的最高层次和最主要方式，要深入把握休闲的本质特点，揭示休闲的内在境界，就必须从审美的境界进行思考；而要让审美活动更深层次地切入人的实际生存，充分显示审美的人本价值和现实价值，也必须从休闲的活动现实地把握。强调休闲具有审美本质的理论意义，是生存境界的审美化；强调审美走向休闲活动中的现实价值，是审美境界的生活化和审美体验的产业化。审美与休闲活动在提升当代生活品质，推动和谐创业，构建和谐社会中具有重要的理论意义和实践价值。

本书的创新之处包括：（1）提出了休闲的审美本质——生存境界的审美化，提出了审美的休闲指归——审美境界的生活化；（2）直接以休闲活动为中介和载体，使审美活动真正现实地切入生存实际，体现人本价值；（3）通过休闲消费，将美学与产业内在结合，揭示文化产业的人本基础，把握文化产业的内在灵魂，透显“美学经济”的现实前景；（4）超越一般应用层面的休闲活动和审美现象，揭示其人本哲学和心理学基础及其内在逻辑构成，使休闲美学研究理论升华；（5）深入系统地梳理了中西审美与休闲的生存智慧，并揭示其当代价值；（6）将审美境界与休闲生态作为和谐社会的精神家园。

本书由潘立勇提出思路、拟写提纲，并最后整合统稿，由潘立勇及其所指导的博士共同完成。具体章节撰稿说明如下：代序（潘立勇），上编第一章《审美、休闲与生存境界》（潘立勇、陆庆祥），第二章《审美、休闲与和谐社会》（吴树波），第三章《审美、休闲与消费文化》（潘立勇、潘海颖），第四章《宜游：旅游与审美休闲》（潘海颖），第五章《宜乐：文体娱乐与审美休闲》（何丹），第六章《宜心：宗教与审美休闲》（吴树波），第七章《宜居：城市与审美休闲》（潘立勇、章辉）；下编第一章《西方关于审美休闲与人性自由的理论》（王煦），第二章《西方关于审美休闲与心理体验的理论》（王煦），第三章《西方关于审美休闲与社会发展的理论》（王煦），第四章《孔子、庄子的审美与休闲境界》（陆庆祥），第五章《陶渊明、白居易的审美与休闲境界》(陆庆祥),第六章《苏轼、邵雍的审美与休闲境界》(潘立勇、陆庆祥、赵春艳),第七章《陈白沙、李渔的审美与休闲境界》(潘立勇)。

本书的大部分章节已经分别发表于相关学术刊物,根据逻辑结构的需要,整合到书中时略做了修改调整,具体不再一一标明。

潘立勇

2017年春节

于蒙卡岸新寓

图书在版编目（CIP）数据

审美与休闲：和谐社会的生活品质与生存境界研究 / 潘立勇等著 . — 杭州：浙江大学出版社，2019.5
（休闲书系）
ISBN 978-7-308-18998-9

Ⅰ. ①审… Ⅱ . ①潘… Ⅲ . ①闲暇社会学—美学—研究 Ⅳ . ① B834.4

中国版本图书馆 CIP 数据核字（2019）第 039564 号

审美与休闲：和谐社会的生活品质与生存境界研究
潘立勇等 著

责任编辑 王志毅
文字编辑 焦巾原
责任校对 闻晓虹
装帧设计 周伟伟
出版发行 浙江大学出版社
（杭州天目山路 148 号 邮政编码 310007）
（网址：http:// www.zjupress.com）
制　　作 北京大有艺彩图文设计有限公司
印　　刷 浙江印刷集团有限公司
开　　本 710mm × 1000mm 1/16
印　　张 19
字　　数 394 千
版 印 次 2019 年 5 月第 1 版 2019 年 5 月第 1 次印刷
书　　号 ISBN 978-7-308-18998-9
定　　价 65.00 元